4D프레임 수학체험

수학 아트
존슨 입체 도형

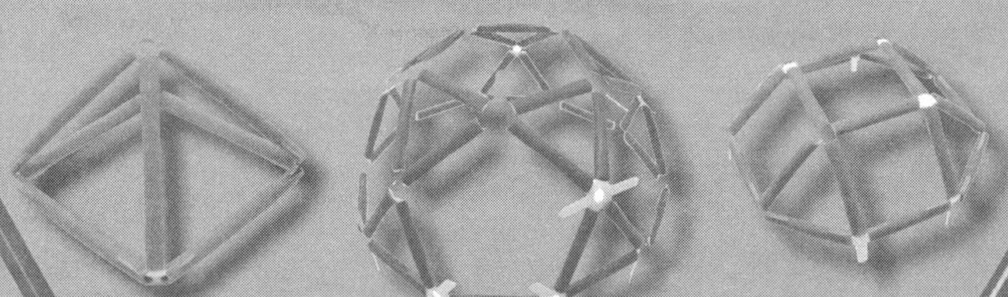

저자 임문태 박호걸

gb 지오아카데미

박호걸
포디수리과학창의연구소 소장

1962년 강원도 원주시 신림면 금창리에서 태어났다. 가난한 집안 형편 탓에 중학교 졸업 후 곧바로 생계에 뛰어들어 인쇄소, 가방공장, 공예사 등에서 다양한 경험을 쌓는다. 꾸준히 적성에 맞는 일을 찾다가 서울 정수직업훈련원에서 목공예 기술을 배우며 재능을 인정받는다. 이후 기흥성 모형 공사에서 12년간 모형 기술자로 일하며 천안 독립기념관, 경동교회, 롯데월드 민속관 등 수많은 건축물 모형 제작에 참여했다.

1993년 에벤에셀 모형을 설립하여 본격적으로 건축 모형과 어린이용 교구 제작을 시작했다. 이후 '가볍고, 구하기 쉽고, 누구나 간단하게 만들 수 있는' 빨대와 우리나라 전통 한옥의 목조구조에서 착안한 '4D프레임'을 개발하여 국내 교구재 시장의 새 장을 열었다.

2003년 ㈜포디랜드를 설립하고 수리과학 융합, 창의, 발명체험 교구 및 교육 프로그램 개발에 더욱 매진하였다. 2007년부터는 교육강국 스웨덴을 시작으로 핀란드, 이스라엘, 미국, 중국, 일본, 사우디아라비아, 카타르, 오만, 몽골, 남아프리카공화국 등 전 세계 25개국에 진출하여 우리나라 교구의 우수성을 널리 알리고 있다.

현재 포디수리과학창의연구소 소장이자 60여 건의 특허를 보유한 발명가이며, 한국교원대학교 대학원 과학영재교육 박사 과정에 재학 중인 만학도이기도 하다. 가족으로는 아내 양효숙 ㈜포디랜드 대표와 하늘, 하종, 하준 삼 형제가 있다.

이메일 Parkhogul2@gmail.com
페이스북 hogul.park.3

수학아트 존슨입체도형

초판인쇄 2021년 7월 15일
초판발행 2021년 8월 1일

저　　자 임문태 박호걸
펴 낸 곳 지오아카데미
주　　소 경기도 고양시 덕양구 오금로 7 302동 1706호
등　　록 2016년 3월 7일 제395-2016-000014호
전　　화 02)381-0706 | **팩스** 02)371-0706
이 메 일 emotion-books@naver.com
홈페이지 www.geobooks.co.kr

값 19,000원

4D프레임 수학체험

수학 아트

존슨 입체 도형

gb 지오아카데미

Johnson 입체 도형 1~14

Johnson 입체 도형 15~28

Johnson 입체 도형 29~42

Johnson 입체 도형 43~56

Johnson 입체 도형 56~70

Johnson 입체 도형 71~84

Johnson 입체 도형 85~92

J0 존슨입체

존슨 입체이란[1]

존슨입체에 대한 정의는 다음과 같이 여러 가지 의미로 해석되어 지고 있다.

존슨 입체는 엄격한 볼록한 다면체인데, 그 각각의 면은 정다각형이지만, 균일하지 않기 때문에, 플라톤 입체(5개의 정다면체), 아르키메데스 입체(13개의 준정다면체), 각기둥 또는 엇각기둥이 아니다. 각 면이 동일한 다각형, 또는 동일한 다각형이 각 꼭짓점을 중심으로 결합되어야 한다는 요구사항은 없다. 존슨 입체의 예로는 정3각형을 면으로 하고 밑면이 정4각형인 정4각뿔(J1)이 있다. 이 정4각뿔은 1개의 정4각형 면과 4개의 3각형 면을 가지고 있다.

어떤 엄격한 볼록한 입체에서와 마찬가지로, 최소한 3개의 면이 모든 꼭짓점마다 만나며, 그 각의 합계는 360도 미만이다. 정다각형은 최소 60도의 각을 가지기 때문에, 어떤 꼭짓점에서든 5개의 면이 만나는 것을 따른다. 5각뿔(J2)은 실제로 5개의 꼭짓점에서 각을 갖고 있는 예이다.

Square Pyramid(J1)
정4각뿔(J1)

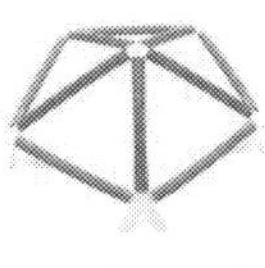

pentagonal pyramid(J2)
5각뿔(J2)

주어진 어떤 정다각형도 존슨 입체의 면이 될 수 없다는 명백한 제한은 없지만 존슨 입체의 면은 항상 3, 4, 5, 6, 8, 10각형의 면을 갖는다.

1966년, 노먼 존슨 (Norman Johnson, 1930.11.12 ~ 2017.07.13, 미국, 수학자. 지도교수 : H.S.M. Coxeter)은 92개의 입체가 모두 포함된 목록을 발표했고, 그들에게 이름과 번호를 주었다. 그는 92개밖에 없다는 것을 증명하지는 못했지만, 다른 입체는 없다고 추측했다.

1) https://en.wikipedia.org/wiki/Johnson_solid

1969년 빅토르 잘갈러 (Victor Zalgaller, 1920.12.25 ~ 2020. 10.2, 러시아, 수학교사)는 존슨의 목록이 완전하다는 것을 증명했다.

존슨 입체 중 길게 늘린 정4각형 회전 2중 둥근 지붕(J37)[14번째 아르키메데스 입체이라는 이야기도 있음]은 근처에 있는 꼭짓점이 균일하다는 점에서 독특하다: 각 꼭짓점에 4개의 면이 있으며, 그 배열은 항상 같다: 3개의 정4각형과 1개의 3각형. 그러나 꼭짓점마다 등각도가 달라 아르키메데스 입체가 아닌 존슨 입체가 되기 때문에 꼭짓점 변환은 아니다.

또한, 존슨입체는 다음과 같은 구속조건이 필요하다.

(1) 모든 모서리는 길이가 같아야 한다. (2) 면은 정다각형이어야 한다. (3) 표면에는 옴폭 들어간 곳이 없다.

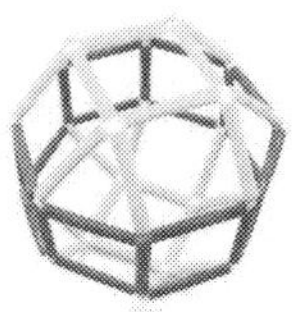

길게 늘린 정4각형 회전 2중 둥근 지붕(J37)은 존슨입체이다.

24개의 정3각형으로 이루어진 다면체의 예는 볼록하지 않기 때문에 존슨 입체가 아니다. (이 특별한 정다면체는 사실 8면체에만 가능한 별 다면체이다.[정8면체의 확장])

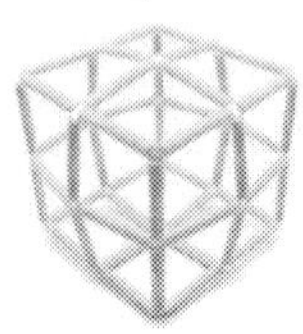

24개의 정4각형으로 이루어진 다면체의 예는 엄격하게 볼록하지 않기 때문에 존슨 입체가 아니다 (2면각이 180fl 이다).

▲ 용어의 정의 ▼

존슨입체에 대한 이름들은 아래에 나열되어 있고, 들리는 것보다 더 서술적이다.

존슨 입체의 대부분은 플라톤 입체, 아르키메데스 입체, 각기둥, 엇각기둥 등과 함께 처음 몇 개(각뿔, 둥근 지붕, 원형 둥근 지붕)로부터 만들 수 있다.

■ Bi

주어진 입체의 2개의 같은 모양이 밑면 대 밑면으로 결합됨을 의미한다.

둥근 지붕과 원형 둥근 지붕의 경우, 같은 면(ortho-(수직-))이나 다른 면(gyro-(회전-))이 만나도록 결합할 수 있다. 이 명명법에서, 8면체는 정4각형 2중 각뿔이고, 6 · 8면체는 3각형 회전2중 둥근 지붕이고, 12 · 20면체는 5각형 회전 2중 원형 둥근 지붕이다.

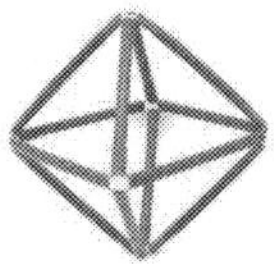

정4각형 2중 각뿔
(8면체)

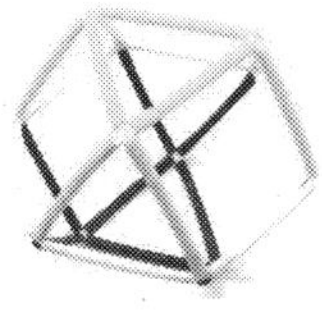

3각형 회전2중 둥근 지붕
(6 · 8면체)

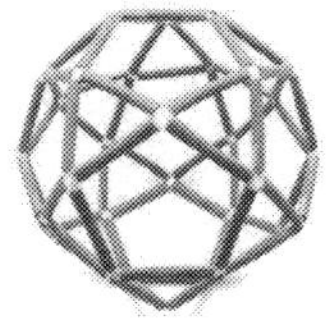

5각형 회전 2중 원형 둥근 지붕
(12 · 20면체)

■ Elongated - 길게 늘린 -

각기둥이 주어진 입체의 밑면이나 밑면 사이에 결합되었다는 것을 의미한다. 마름모6 · 8면체는 길게 늘린 정4각형 수직 2중 둥근 지붕이다.

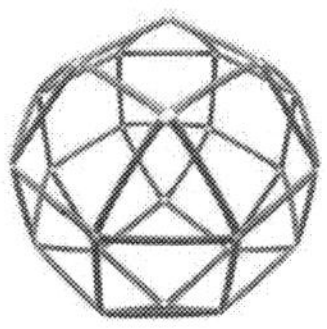

길게 늘린 정4각형 수직 2중 둥근 지붕
(마름모6 · 8면체)

■ Gyroelongated - 회전하여 길게 늘린 -

해당 입체의 밑면 또는 밑면 사이에 엇각기둥이 결합되었음을 의미한다. 20면체는 회전하여 길게 늘린 5각형 2중 각뿔이다.

회전하여 길게 늘린 5각형 2중 각뿔
(20면체)

■ Augmented - 증강

각기둥 또는 둥근 지붕이 주어진 입체의 면에 결합되었다는 것을 의미한다.

augmented
dodecahedron (J58)
증강된 12면체(J58)

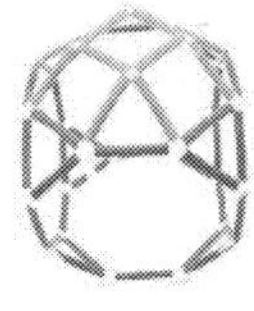

augmented
truncated cube (J66)
증강된 자른
정6면체(J66)

■ Diminished - 감소

각뿔 또는 둥근 지붕이 주어진 입체에서 제거되었다는 것을 의미한다.

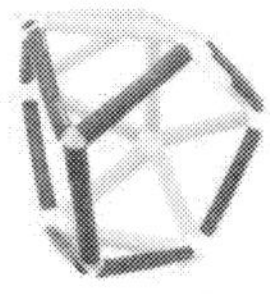

metabidiminished
icosahedron (J62)
양 옆으로 2중 감소된
20면체(J62)

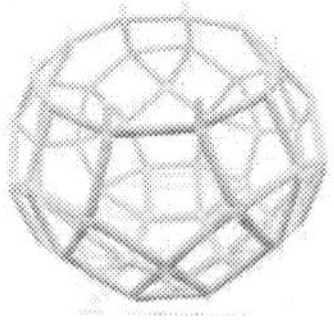

Diminished
Rhombicosidodecahedron(J76)
감소된
마름모12 · 20면체(J76)

■ Gyrate - 회전

수직과 회전한 2중 둥근 지붕의 차이에서와 같이 다른 모서리가 일치하도록 주어진 입체의 둥근 지붕이 회전한 것을 의미한다.

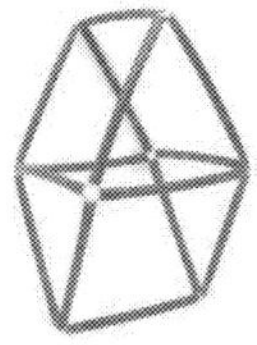

gyrobifastigium J26)
회전2중지붕(J26)

3가지 연산(증강, 감소, 회전)은 충분히 큰 입체에 대해 2번 이상 수행할 수 있다. 우리는 연산 이름에 bi-를 추가하여 2번 수행되었음을 표시한다. (2중 회전한 입체는 2개의 둥근 지붕을 회전시킨 것이다.) 그것이 3번 수행되었다는 것을 나타내기 위해 tri-를 덧붙인다. (3중으로 감소된 입체는 각뿔 또는 둥근 지붕 3개를 제거한 것이다.)

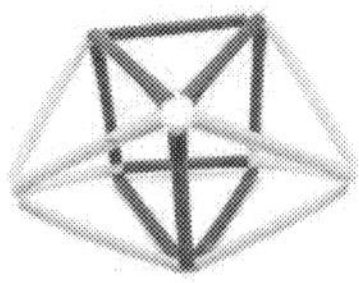

Biaugmented
triangular prism (J50)
2중으로 증강된
3각기둥(J50)

tridiminished
icosahedron (J63)
3중으로 감소된
20면체J(63)

때때로, bi- 혼자만으로는 충분히 구체적이지 않다. 우리는 2개의 평행한 면들이 변형된 입체와 2개의 비스듬한 면들이 변형된 입체를 구별해야 한다. 변경된 면들이 평행하면 연산 이름에 para-를 추가한다. (반대쪽으로 2중 증강된 입체는 2개의 평행한 면들이 증강되었다.) 그렇지 않을 때, 우리는 meta-를 연산 이름에 추가한다. (양 옆으로 2중 증강된 입체는 2개의 비스듬한 면들을 증강시켰다.)

Parabigyrate
Rhombicosidodecahedron(J73)
반대쪽으로 2중 회전한
마름모12 · 20면체(J73)

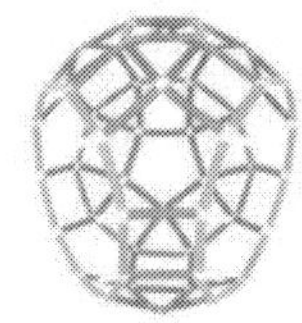

Metabidiminished
Rhombicosidodecahedron(J81)
양 옆으로 2중 감소된
마름모 12 · 20면체(J81)

존슨 입체들은 분명 일상적인 대화에서 빼놓을 수 있는 훌륭한 이름들을 가지고 있다. 모델에서 원형 둥근 지붕(rotunda), 둥근 지붕(cupola), 길게 늘린-(elongated-), 회전하여 길게 늘린-(gyroelongated-), 증강된-(augmented-)및 감소된-(diminished-) 각 의미를 결정할 수 있어야 한다. 존슨은 나머지 용어에 다음과 같이 쓰고 있다.

만약 룬(lune)을 정4각형의 반대편에 부착된 2개의 3각형의 복합체로 정의한다면, 접두사 스피노-(spheno-)는 인접한 2개의 룬(lune)에 의해 형성된 쐐기 모양의 복합체를 가리킨다. 이 접두사(Dispheno-)는 그러한 2개의 복합체를 나타내는 반면, 헤베스피노-(hebespheno-)는 3번째 룬(lune)에 의해 분리된 2개의 룬(lune)으로 이루어진 둔화된 복합체를 나타낸다.

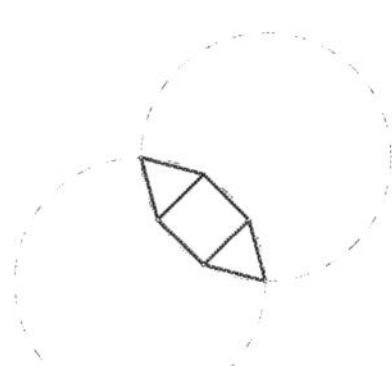

룬(lune)

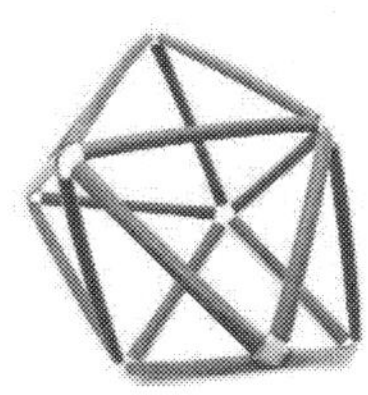

Snub
Disphenoid(J84)
확장된
2중 쐐기모양(J84)

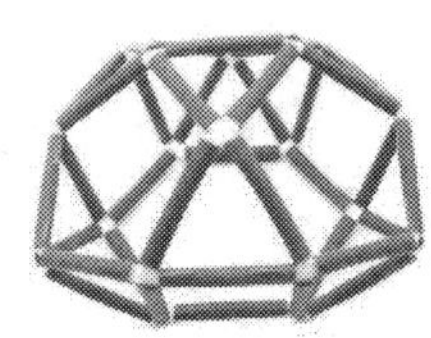

Triangular
Hebesphenorotunda(J92)
3각형으로 둔화된
쐐기 모양의 원형 둥근
지붕(J92)

접미사 코로나-(corona-)는 8개의 3각형의 왕관모양의 복합체를 의미하고, 메가코로나-(megacorona-)는 12개의 3각형으로 이루어진 더 큰 복합체를 의미한다.
접미사 싱귤럼-(cingulum-)은 12개의 3각형 띠를 나타낸다.

sphenocorona (J86)
쐐기 모양의
왕관(J86)

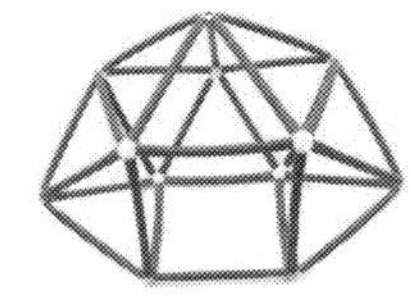

Sphenomegacorona(J88)
양 옆으로
쐐기모양의 왕관(J88)

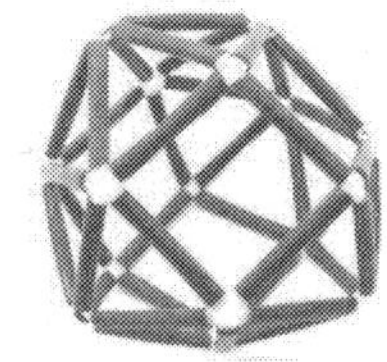

Disphenocingulum(J90)
2중으로 되어있는
쐐기 모양의 띠(J90)

■ 카이럴(chiral)[2]

- 어떤 모양이 그것의 거울 이미지와 동일하지 않는 것을 말한다. 더 정확히 말하면 회전과 변형만으로 그것의 거울 이미지에 매핑될 수 없는 경우 이다. 카이럴(chiral)이 아닌 물체는 아카이럴(achiral)이라고 한다.

- 카이럴(chiral)은 가장 친숙한 물체인 그리스어인 "손"에서 유래되었다. 즉, 주어진 물체와 그것의 거울상은 반대(이넨티어모피, enantiomorph[그리스어로, opposite+form의 합성어])로되어 있는 모양이다. 거울상과는 구별되어 진다. 즉, 그 위에서는 겹쳐지지 않는다.]

- 다음과 같은 여러 가지 예들이 있다.

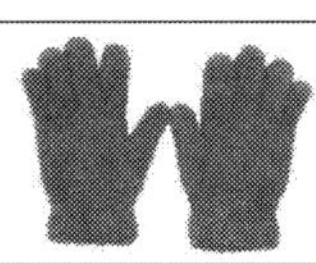	왼쪽 그림의 손장갑은 카이럴(chiral)을 보여 준다. 각각의 좌우 손장갑은 개별적으로 거울 대칭이 없는 상태에서 거울의 이미지이기 때문에 평면에서 카이럴 반대모양(chiral enantiomorphes)이다.

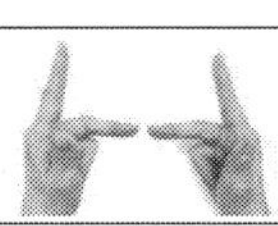	나선(helix)과 같은 카이럴(chiral) 3차원 물체에는 오른손 법칙에 따라 오른손잡이 또는 왼손잡이가 배정될 수 있다.

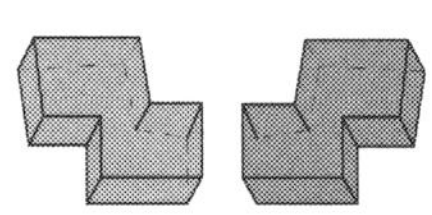	게임 테트리스의 J, L, S, Z자형 테트로미노(tetrominoes)도 카이럴성(chirality)을 나타내지만 2차원 공간에서만 나타난다. 각자 그들은 평면 내에 거울 대칭성을 포함하지 않는다. 즉, S와 Z는 2차원에서 반대모양(enantiomorphes)이다.

다른 많은 친숙한 물체들은 장갑과 신발과 같이 인체의 같은 카이럴(chiral) 대칭을 보인다. 오른쪽 신

2) https://en.wikipedia.org/wiki/Chirality_(mathematics)

발은 서로 거울에 비친 이미지로만 왼쪽 신발과 다르다. 반대로 얇은 장갑을 뒤집어 입을 수 있다면 카이럴(chiral)로 간주되지 않을 수 있다.

- 쐐기모양(wedge)[3)]

- 입체 기하학에서 2개의 3각형과 3개의 사다리꼴 면에 의해 정의되는 다면체다. 쐐기모양은 5개의 면, 9개의 모서리, 6개의 꼭짓점이 있다.

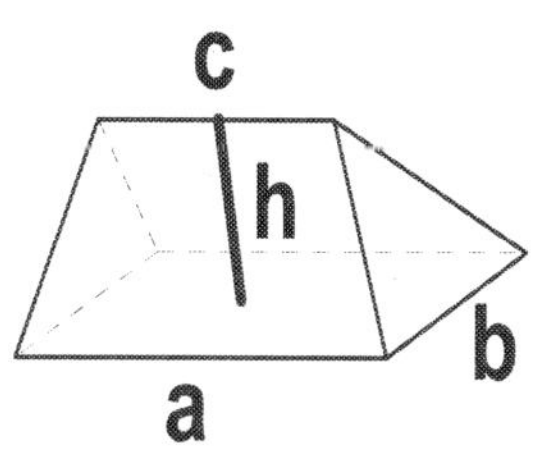	- 쐐기모양은 2개의 평행평면에 있는 밑면 및 반대쪽 능선을 갖는 유사각기둥(prismatoid)의 부분집합이다. - 쐐기모양은 또한 2변형 둥근 지붕(digonal[4)][2개의 변과 2개의 꼭짓점을 갖는 다각형] cupola)으로 분류될 수 있다. - 쐐기모양은 면이 선으로 무너진 평행6면체(Parallelepiped[5)], 6개의 평행사변형으로 이루어진 3차원 입체)이다. - 사각뿔은 2개의 사다리꼴 면 사이의 모서리 중 하나가 점으로 축소된 쐐기모양이다.

- 쐐기모양은 다른 다면체의 분해로부터 만들어 질 수 있다.

- 다음과 같은 여러 가지 예들이 있다.

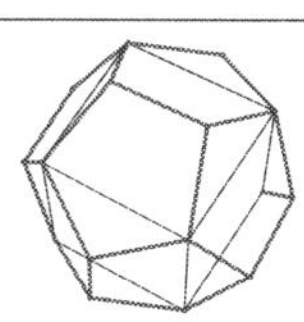	- 정12면체는 가운데 정6면체와 6개의 정4각형의 면 위에 있는 6개의 쐐기모양으로 분해 할 수 있다. - 쐐기모양의 방향은 3각형과 사다리꼴 면이 연결되어 정5각형을 만든다.

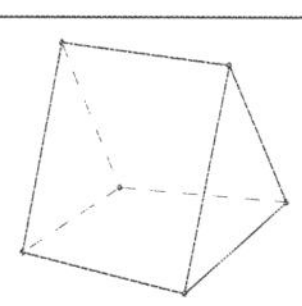	- 3각기둥(평행한 3각형 쐐기모양)은 합동인 2개의 3각형이 움직여서 만든 특수한 경우의 쐐기모양이다.

3) https://en.wikipedia.org/wiki/Wedge_(geometry), 우리나라 지붕에서 흔히 볼 수 있는 구조
4) https://en.wikipedia.org/wiki/Digon
5) https://en.wikipedia.org/wiki/Parallelepiped

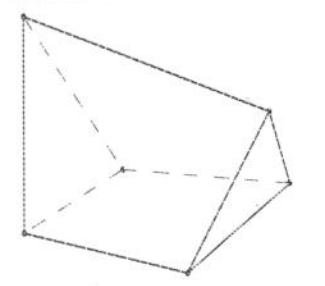	- 둔각 쐐기모양은 정4면체를 2등분하여 만든다. - 2개의 둔각 쐐기모양은 2개의 반대쪽 모서리에 평행한 평면에서 정4면체를 2등분하여 만들 수 있다.

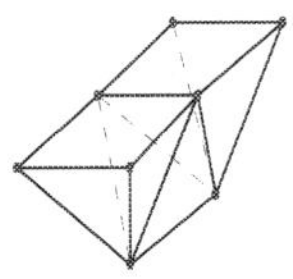	- 8개의 3각형 면과 2개의 정4각형으로 구성된 쐐기모양은 2개의 정4각뿔에 의해 증강된 정4면체인 것처럼 보인다.

- 유사각기둥(prismatoid[6])

- 꼭짓점이 모두 2개의 밑면에 평행한 평면에 있는 다면체이다.

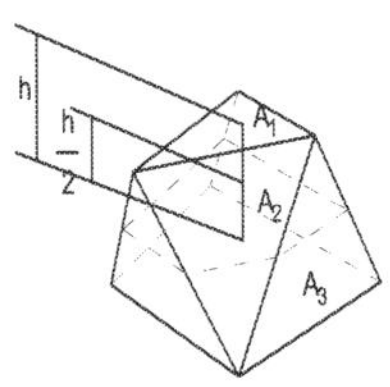	- 옆면은 사다리꼴, 평행사변형 또는 3각형이다. - 두 밑면사이의 거리를 유사각기둥의 높이라 한다. - 두 평면의 꼭짓점이 같고 옆면이 평행4변형 또는 사다리꼴이면 유사각기둥(prismoid)이라 한다. - 두 평행한 밑면의 넓이가 A_1, A_3이고, 두 평행한 면 사이의 중간에 평면이 있는 유사각기둥 교차점의 단면적은 A_2이며, 높이(두 평행한 면 사이의 거리)가 h인 유사각기둥의 부피 V는 $V=\frac{h(A_1+4A_2+A_3)}{6}$이다.(✍)

✍ 밑면의 넓이가 A_1, 높이가 $\frac{h}{2}$인 3각뿔의 부피 V_1은 $V_1=\frac{1}{3}\times A_1\times\frac{h}{2}=\frac{h}{6}A_1$이고,

밑면의 넓이가 A_3, 높이가 $\frac{h}{2}$인 4각뿔의 부피 V_3는 $V_3=\frac{1}{3}\times A_3\times\frac{h}{2}=\frac{h}{6}A_3$이고,

중간에 있는 평면 위에 있는 한 점 A에서 옆면을 연결하면 밑면이 3각형, 사다리꼴, 평행4변형이 되는 각뿔을 만들 수 있다. 예를 들어 밑면이 평행4변형이 되는 각뿔[위 그림에서 왼쪽 부분]의 부피는 밑면의 넓이는 높이 h, 밑변의 길이 a 이므로 ah이다.

여기에서 평면 위에 있는 한 점 A에서 평행4변형까지의 높이를 h_1이라 하면, 각뿔의 부피는 $\frac{1}{3}ahh_1$이다. 이때, 점A에서 평행4변형의 모서리와 만나는 점을 각각 B, C라 하면, $\triangle ABC$를 만들 수 있다. $\triangle ABC$의 넓이 s_1은 $s_1=\frac{1}{2}ah_1$ 이고 $ah_1=2s_1$이다.

---

6) https://en.wikipedia.org/wiki/Prismatoid

따라서 각뿔의 부피는 $\frac{2h}{3} \cdot s_1$ 이다.

이와 같은 방법으로 유사각기둥(prismatoid)의 옆면을 밑면으로 하는 나머지 각뿔의 부피를 구하면,

$\frac{2h}{3} \cdot s_2$, $\frac{2h}{3} \cdot s_3$, $\frac{2h}{3} \cdot s_4$, $\cdots$ 이다.

그러므로, 옆면을 밑면으로 하는 각뿔의 부피 V_2는

$$V_2 = \frac{2h}{3}(s_1 + s_2 + s_3 + \cdots) = \frac{2h}{2} \cdot A_2 \text{ 이다.}$$

따라서, 유사각기둥(prismatoid)의 부피 V는

$$V = V_1 + V_2 + V_3 = \frac{h}{6}A_1 + \frac{2h}{3}A_2 + \frac{h}{6}A_3 = \frac{h(A_1 + 4A_2 + A_3)}{6} \text{ 이다.}$$

- 유사각기둥((prismatoid) 계열

각뿔들 (Pyramids)	쐐기모양들 (Wedges)	평행6면체들 (Parallelepipeds)	각기둥들 (Prisms)
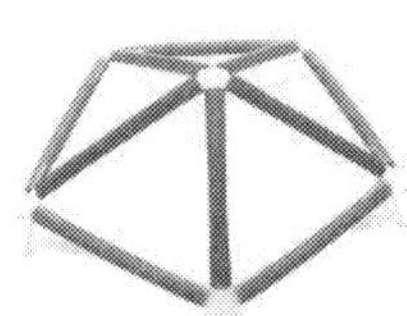	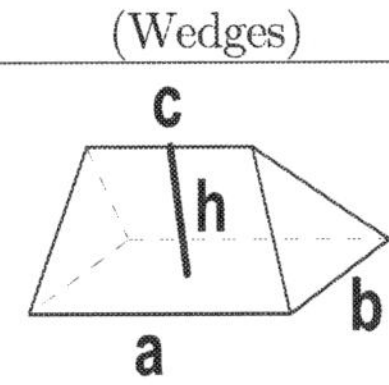	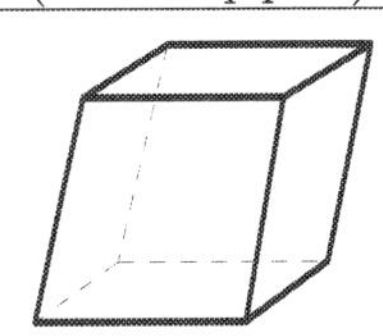	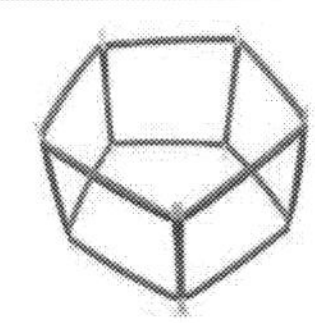
엇각기둥들 (Antiprisms)		둥근 지붕들 (Cupolae)	각뿔대들 (Frusta)
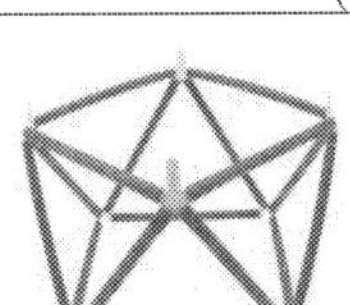	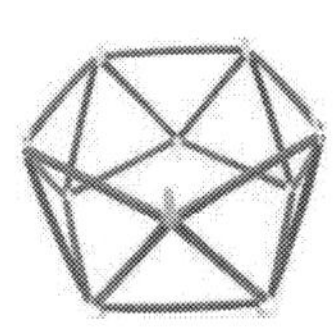	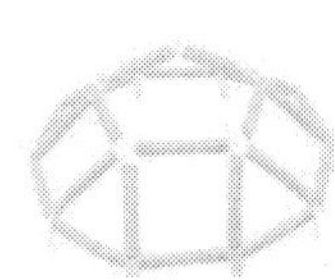	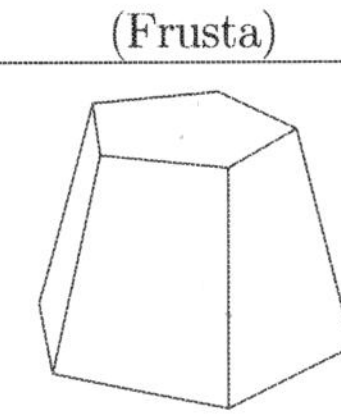

❶ 각뿔들(Pyramids): 하나의 평면이 하나(단일)의 점만을 포함한다.

❷ 쐐기모양들(Wedges): 하나의 평면에 두 개의 점만 포함한다.

❸ 각기둥들(Prisms): 각 평면의 다각형이 합동이고 직사각형 또는 평행4변형으로 결합한다.

❹ 엇각기둥들(Antiprisms): 각 평면의 다각형이 합동하고 교대로 삼각형 띠로 연결한다.

❺ 둥근 지붕들(Cupolae): 한 평면의 다각형이 다른 평면보다 2배 많은 점을 포함하고 3각형과 직4각형을 번갈아 가며 결합한다.

❻ 각뿔대들(Frusta): 각뿔을 잘라서 만들 수 있다.

❼ 4각형 면을 갖는 6면체 유사각기둥(Quadrilateral-faced hexahedral prismatoids)

(1) 평행6면체(Parallelepipeds)	
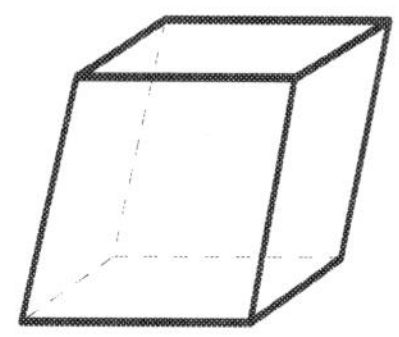	- 6개의 평행4변형 면을 갖는다.

(2) 마름모다면체(Rhombohedrons) 또는 마름모6면체(rhombic hexahedron)	
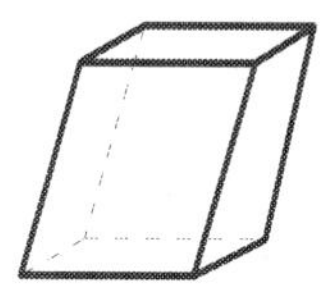	- 6개의 마름모 면을 갖는다.

(3) 3각형 사다리꼴다면체(Trigonal trapezohedra)	
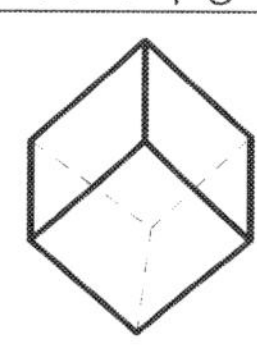	- 6개의 합동인 마름모 면을 갖는다.

(4) 직6면체(Cuboids)	
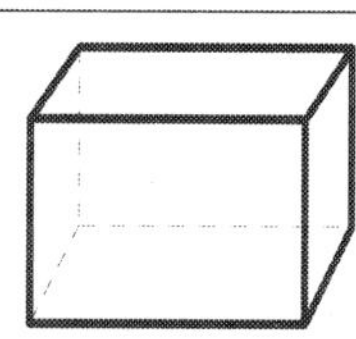	- 6개의 직4각형 면을 갖는다.

(5) 4각뿔대(Quadrilateral frusta)	
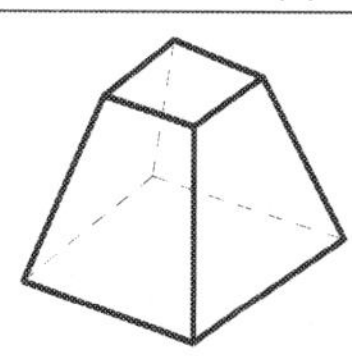	- 첨점(뾰족한 점)을 자른 정4각뿔

(6) 정6면체(Cube)	
	- 6개의 정4각형 면을 갖는다.

■ 엇각기둥(Antiprism[7])

7) https://en.wikipedia.org/wiki/Antiprism

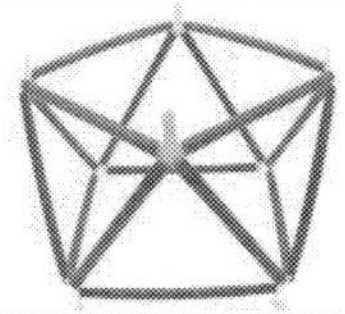	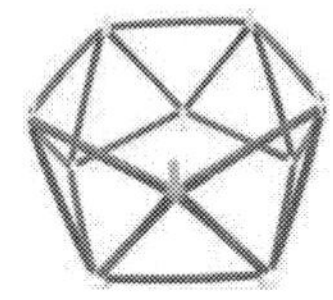
4각형 엇각기둥	5각형 엇각기둥

- n개의 다각형을 가진 엇각기둥 또는 n개의 변을 가진 엇각기둥은 3각형을 교대로 띠의 형태로 연결하여 주어진 다각형의 2개의 평행한 합동인 도형으로 만들어진 다면체이다.
- 유사각기둥(prismatoid)의 부분집합이며, 퇴화하여 확장된(snub) 다면체 유형이다.

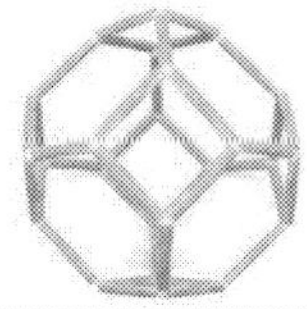	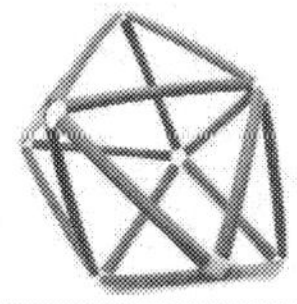	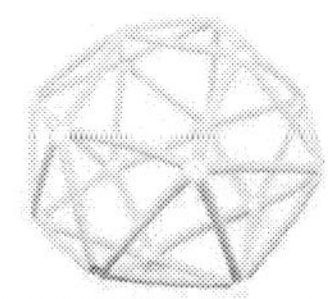
자른 8면체 (truncated octahedron)	확장된 2중쐐기모양 (Snub disphenoid, J84)	확장된 정4각형 엇각기둥(J85) Snub Square Antiprism(J85)

- 엇각기둥은 밑면이 서로 비틀어져 있고 옆면이 4변형이 아니라 3각형이라는 점을 제외하면 각기둥과 비슷하다.
- 밑면이 n개의 면을 갖는 정다각형인 경우에는 일반적으로 밑면에 대한 합동인 도형인 윗면은 $\frac{180^\circ}{n}$만큼 비틀어져 있다.
- 정다각형의 중심을 연결하는 선이 밑면의 평면에 수직인 추가적인 정규성이 얻어진 엇각기둥을 직각엇각기둥이라고 한다.
- 면은, 2개의 n개의 다각형의 밑면과 그 밑면을 연결하면 $2n$개의 2등변 3각형이 있다.
- 꼭짓점의 개수는 $2n$, 모서리의 개수는 $4n$이다.

- 정다면체는 다음과 같이 각뿔과 엇각기둥으로 구성되어 있다.

❶ 정4면체는 4개의 3각뿔과 하나의 직각엇각기둥(3각형 엇각기둥)으로 이루어져 있다.		
3각뿔	3각형 엇각기둥	정4면체
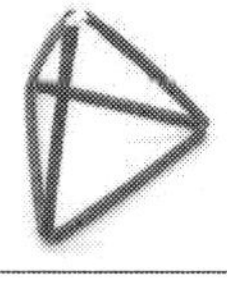	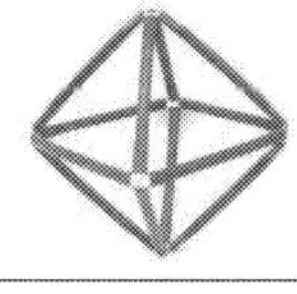	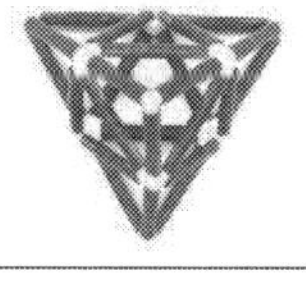

❷ 정6면체는 2개의 3각뿔과 하나의 직각엇각기둥(3각형 엇각기둥)으로 이루어져 있다.		
3각뿔	3각형 엇각기둥	정6면체
	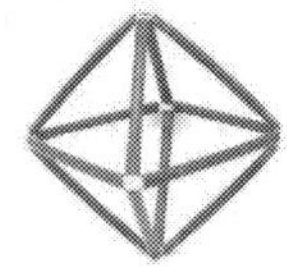	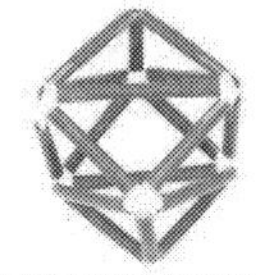

❸ 정8면체는 직각엇각기둥(3각형 엇각기둥)으로 이루어져 있다.	
3각형 엇각기둥	정8면체
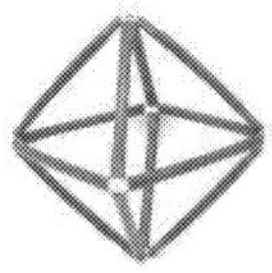	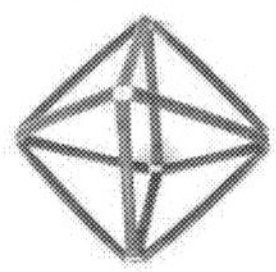

❹ 정12면체는 2개의 5각뿔대와 직각엇각기둥(5각형 엇각기둥)으로 이루어져 있다.		
5각뿔대	5각형 엇각기둥	정12면체
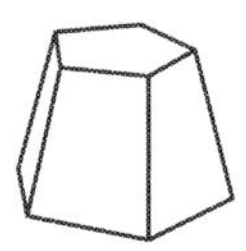	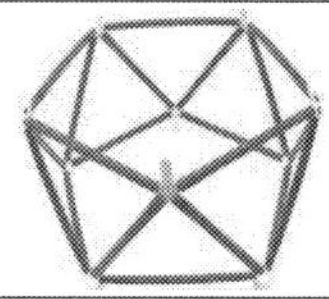	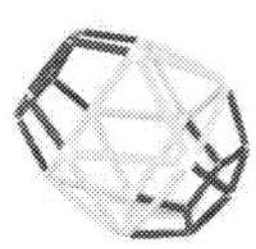

❺ 정20면체는 2개의 5각뿔과 하나의 직각엇각기둥(5각형 엇각기둥)으로 이루어져 있다.		
5각뿔	5각형 엇각기둥	정20면체
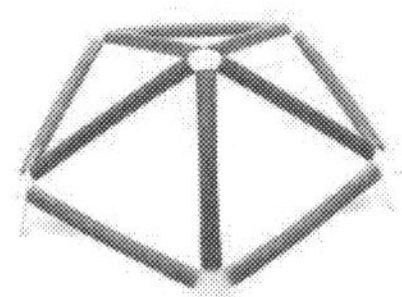		

- 엇각기둥의 가운데에서 자른 단면의 변의 개수는 밑면의 2배이다.

- 엇각기둥의 가운데에서 자른 단면의 한 변의 길이는 밑면 길이의 $\frac{1}{2}$이다.

- 엇각기둥의 부피는 유사각기둥의 부피 공식을 이용하여 구할 수 있다.

- 엇각기둥의 높이를 h, 한 변의 길이가 a인 정다각형인 밑면의 넓이는 $A_n(a)$이다.

- 넓이 $A_n(a)$를 삼각함수를 이용하면, $A_n(a)=\frac{na^2}{4}\cot\frac{\pi}{n}$ 이다.

- 유사각기둥의 부피는 $\frac{h(A_1+4A_2+A_3)}{6}$이다.

- 엇각기둥의 부피 V는 $V=\frac{h}{6}\left(2A_n(a)+4A_{2n}\left(\frac{a}{2}\right)\right)=\frac{nha^2}{12}\left(\cot\frac{\pi}{n}+\cot\frac{\pi}{2n}\right)$이다.

- 한 변의 길이가 a인 엇각기둥의 부피 V는 $V=\dfrac{n\sqrt{4\cos^2\dfrac{\pi}{2n}-1}}{12\sin^2\dfrac{\pi}{n}}\cdot\sin\dfrac{3\pi}{2n}a^3$ 이다.

■ 각뿔대(Frustum[8])

3각뿔대 (triangular frustum)	4각뿔대 (square frustum)	5각뿔대 (pentagonal frustum)	2중6각뿔대 (hexagonal bifrustum)
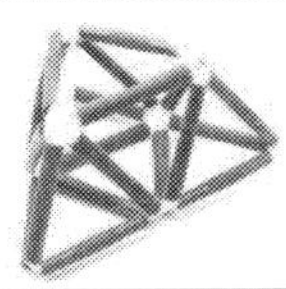	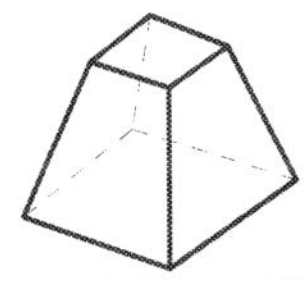	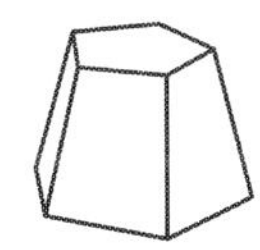	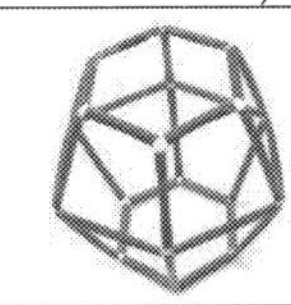

- 각뿔대(Frustum[복수로는 frusta or frustums)])는 1개 또는 2개의 평행한 평면 사이에 놓인 입체의 자른 부분의 일부(일반적으로 원뿔 또는 각뿔)이다. 직각뿔대(right frustum)는 직각뿔 또는 직원뿔의 평행 절단이다.
- 면의 개수는 n개의 사다리꼴과 2×다각형의 수, 모서리의 개수는 $3n$, 꼭짓점의 개수는 $2n$ 이다.
- 각뿔대의 축은 원래 원뿔 또는 각뿔의 축이다.
- 각뿔대는 밑면이 원이면 원이고, 축이 양쪽 밑면에 수직이면 똑바르고 그렇지 않으면 비스듬하다.
- 각뿔대의 높이는 2개의 밑면 사이의 수직 거리이다.
- 원뿔과 각뿔은 자른 단면중 하나가 정점(apex, 뾰족한 점)을 지나는 각뿔대의 퇴화로 볼 수 있다(해당 밑면이 한 점으로 축소됨).
- 각뿔대는 유사각기둥의 부분집합이다.
- 2개의 각뿔대를 결합하여 2중각뿔대(bifrustum)을 만든다.
- 정8면체의 3개의 면을 증강하여 3각뿔대를 만들 수 있다.
- 각뿔대의 부피 V는 $V=\dfrac{h}{3}(S_1+S_2+\sqrt{S_1S_2})$이다.(✍)

8) https://en.wikipedia.org/wiki/Frustum

✍ 각뿔대의 옆면의 모서리를 연장하여 만나는 점을 A이라 하자.

[h는 2개의 밑면(윗면과 아랫면) 사이의 거리(높이), S_1: 윗면의 넓이, S_2: 아랫면의 넓이]

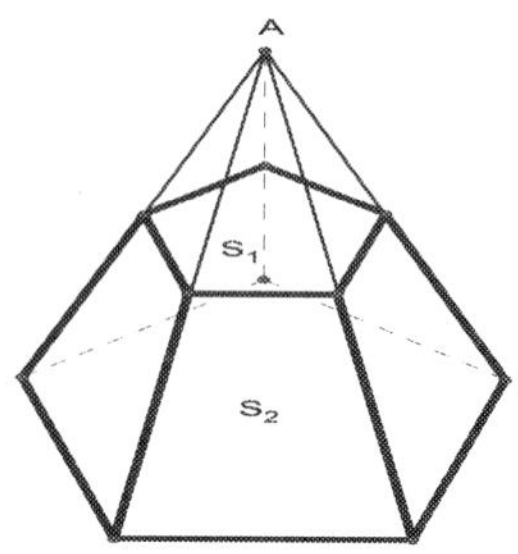

- 각뿔대의 부피 V는 큰 각뿔의 부피 V_M에서 작은 각뿔의 부피 V_m를 뺀 것과 같다.
- 큰 각뿔의 높이를 x라 하면 작은 각뿔의 높이는 $x-h$이다.
- 큰 각뿔의 부피 V_M 은 $V_M = \frac{1}{3}S_2 x$이다.
- 작은 각뿔의 부피 V_m은 $V_m = \frac{1}{3}S_1(x-h)$이다.
- 각뿔대의 부피 V는

$$V = V_M - V_m = \frac{1}{3}S_2 x - \frac{1}{3}S_1(x-h)\text{이다.}$$

$$= \frac{1}{3}[(S_1 - S_2)x + S_2 h] \cdots ❶$$

- 넓이의 비는 닮음비의 제곱과 같으므로(S_1, S_2는 닮았다.)

즉, $\frac{S_2}{S_1} = \left(\frac{x-h}{x}\right)^2 = \left(1-\frac{h}{x}\right)^2$이다.

- $1-\frac{h}{x} = \sqrt{\frac{S_2}{S_1}}$ 이므로 $\frac{h}{x} = 1-\sqrt{\frac{S_2}{S_1}}$ 이다.
- x에 관하여 풀면, $x = \frac{S_1+\sqrt{S_1S_2}}{S_1-S_2}h$ 이다.
- $x = \frac{S_1+\sqrt{S_1S_2}}{S_1-S_2}h$을 ❶에 대입하여 정리하면,

각기둥의 부피 V는 $V = \frac{h}{3}(S_1+S_2+\sqrt{S_1S_2})$ 이다.

■ 쌍대다면체[9](Dual polyhedron)

- 기하학에서 어떤 다면체는 2번째 쌍대[구조를 뒤집어서 구성한 것, 짝을 이루는 것]인 도형과 관련이 있고, 여기서 쌍대의 의미는 꼭짓점은 다른 면에 해당하고 꼭짓점 쌍 사이의 모서리는 다른 면 쌍 사이의 모서리에 해당한다는 것이다. 이러한 쌍대 도형은 결합한 다면체 또는 추상적인 다면체로 남아 있지만 모두가 기하학적인 다면체는 아니다. 주어진 다면체에서의 자기쌍대는 원래 다면체이다. 쌍대성은 다면체의 대칭을 보존한다. 따라서 대칭으로 정의되는 많은 다면체 계열의 경우 쌍대는 대칭 계열에 속한다. 따라서 정다면체[볼록한 플라톤 입체와 별모양의 케플러-푸앙카레 다면체]는 쌍대 쌍이고, 여기서 정4면체는 자기 쌍대이다. 정다면체인 등각다면체(isogonal polyhedron, 같은 꼭짓점을 갖는)의 쌍대는 등면다면체(isohedral, 같은 면을 가진)이다. 등변 다면체(Isotoxal polyhedra, 같은 모서리

9) https://en.wikipedia.org/wiki/Dual_polyhedron#CITEREFCundyRollett1961

를 갖는, 예를 들면 6 · 8면체)의 쌍대도 등변다면체이다. 쌍대성은 볼록한 다면체에 적용될 때 쌍대다면체를 또 다른 볼록한 다면체로 만드는 기하학적 변환인 상호성(reciprocity) 또는 극성(polarity)과 밀접한 관련이 있다.

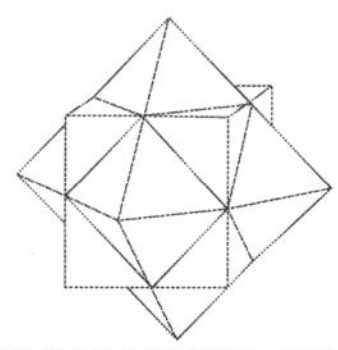	- 정6면체의 쌍대는 정8면체이다. - 꼭짓점은 다른 면에 해당하고 모서리는 서로 해당한다.
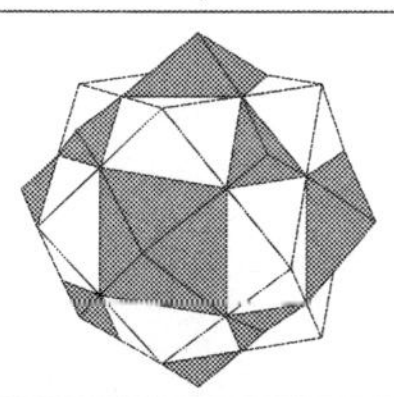	- 고전적인 복합체는 6 · 8면체와 마름모12면체의 결합으로 이루어진 고전적인 쌍대 복합체 - 한 쌍의 모서리가 공통인 중간구에서 만난다.
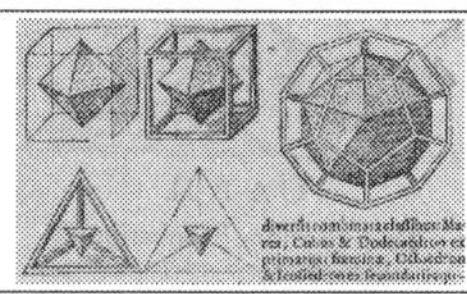	- 플라톤 입체의 쌍대는 면을 중심으로 연결하여 구성 할 수 있다. 일반적으로 이것은 위상학적인 쌍대만을 만든다. [케플러의 세계의 조화(1619)에서 가져온 그림]

- 균일한 다면체(uniform polyhedron)의 경우, 쌍대다면체의 면은 도만루크 구조Dorman Luke construction)를 사용하여 원래 다면체의 꼭짓점 도형[vertex figure, 다면체 또는 다포체에서 모퉁이(꼭짓점 부분)를 잘랐을 때 생기는 도형]에서 찾을 수 있다.

✔ 다음 그림은 6 · 8면체를 도만루크 구조(Dorman Luke construction)를 사용하여 6 · 8면체의 쌍대다면체인 마름모12면체의 면을 만드는 과정이다.

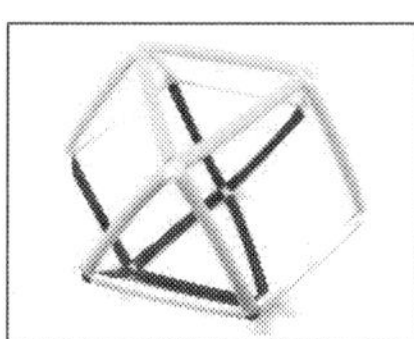	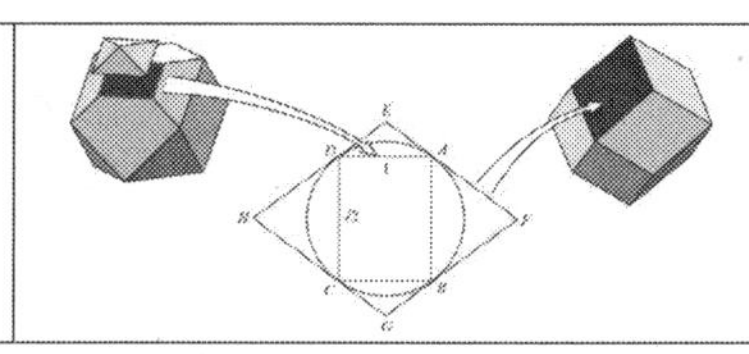	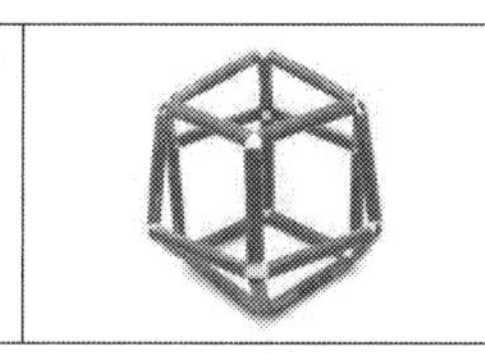

- 이 경우, 만들기 전에 꼭짓점 도형 $ABCD$는 중점에서 연결된 각 모서리를 잘라 얻는다.

- 꼭짓점 도형의 크기는 그 외접원이 6 · 8면체의 중간구(intersphere=midsphere, 다면체에서 모든 모서리와 접하는 구)와 쌍대인 마름모12면체의 중간구에 놓이도록 선택되었다.

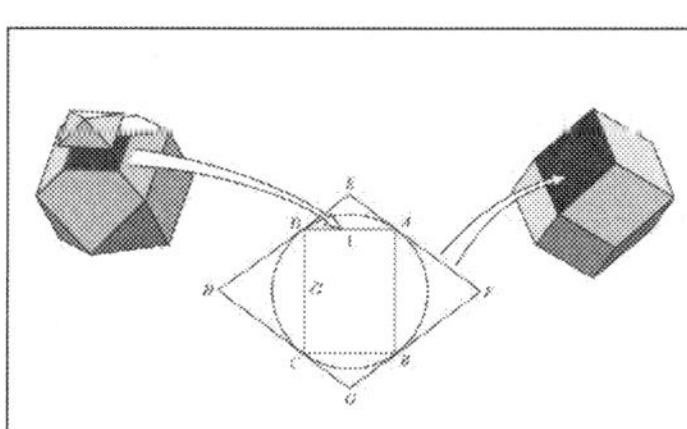	❶ 6 · 8면체의 꼭짓점 도형 $ABCD$를 그린다. ❷ 4개의 점 A, B, C, D에 접하는 외접원을 그린다. ❸ 외접원에 있는 점 A, B, C, D에서 접선을 그린다. ❹ 4개의 이웃하는 접선이 만나는 점을 E, F, G, H이라 하자. ❺ 다각형 $EFGH$가 쌍대다면체 마름모12면체의의 한 면이다.

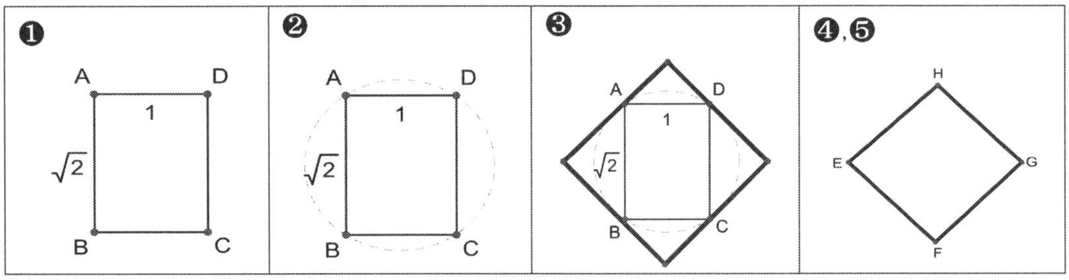

도만루크의 구성(Dorman Luke's construction)은 다면체에 그러한 중간구가 있고 꼭짓점 도형이 순환적일 때만 사용할 수 있다. 예를 들어 균일한 다면체에 적용 할 수 있다.

■ 2중쐐기모양(disphenoid[10]))

- 기하학에서 disphenoid(그리스어 sphenoeides에서 "쐐기모양")는 4개의 합동인 예각 3각형으로 이루어진 4면체이다. 또한 서로 마주 보는 두 모서리의 길이가 같은 4면체이다.

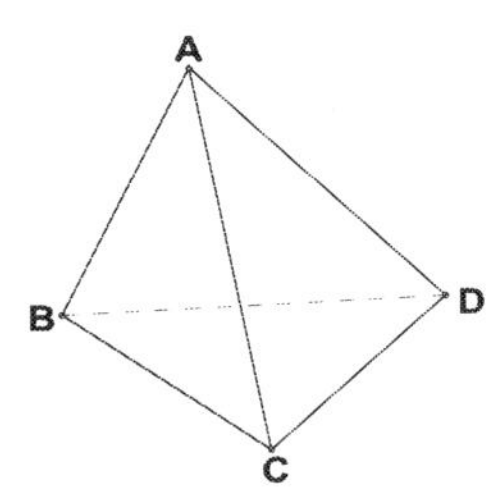

- 다른 이름으로는 sphenoid(쐐기모양 같은), bisphenoid(쐐기모양이 2중으로 되어있는), isosceles tetrahedron[11](서로 마주 보는 두 모서리의 길이가 같은 등변4면체), equifacial tetrahedron(4면체에서 2개의 변이 같은 등변4면체), almost regular tetrahedron(유사정4면체, 정4면체는 아님) tetramonohedron(단일4면체, 4면체 한 개로 이루어진 다면체)등이 있다.
- 정4면체가 아닌 4면체 중에서 마주보는 두 변의 길이가 같은 4면체를 말한다. 즉, $\overline{AB}=\overline{CD}, \overline{AC}=\overline{BD}, \overline{AD}=\overline{BC}$ 이다.

- 2중쐐기모양(disphenoid)의 모든 입체각과 꼭짓점 도형은 같고, 각 꼭짓점에서 면각들의 합은 180° 이다. 그러나 2중쐐기모양(disphenoid)은 일반적으로 면들이 정다각형이 아니고, 3개의 모서리의 길이가 다르기 때문에 정다면체가 아니다.

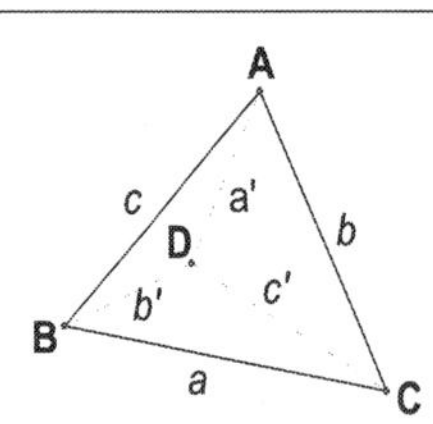

- 2중쐐기모양(disphenoid)은 4개 면의 둘레의 길이가 같다.

10) https://en.wikipedia.org/wiki/Disphenoid#cite_note-6
11) https://www.cut-the-knot.org/triangle/IsoscelesTetrahedronMain.shtml

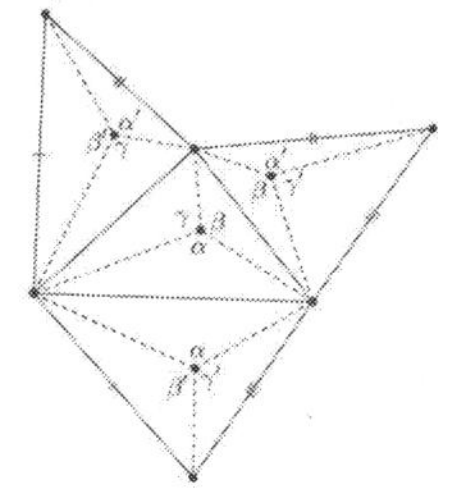	- 2중쐐기모양(disphenoid)은 4개 면의 넓이가 같다.

- 2중쐐기모양(disphenoid)의 무게중심은 외접원과 구의 내접원의 반지름과 일치한다.
- 2중쐐기모양(disphenoid)에서 2중선(bimedian, 4변형 또는 4면체 반대쪽 변의 중점을 연결하는 선분) 들은 연결되는 모서리에서 서로 수직이다.
- 정4면체는 2중쐐기모양(disphenoid)은 아니다.
- 4변형2중쐐기모양(tetragonal disphenoid)의 면은 2등변 3각형이다.
- 마름모2중쐐기모양(rhombic disphenoid)은 부등변 3각형을 쐐기모양으로 가지고 있다.

4변형과 2변형 2중쐐기모양 (tetragonal and digonal disphenoids)	마름모2중쐐기모양 (rhombic disphenoid)
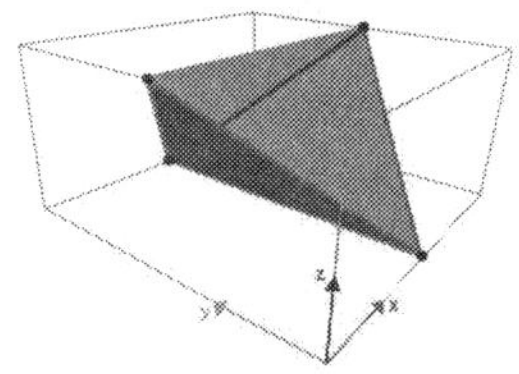	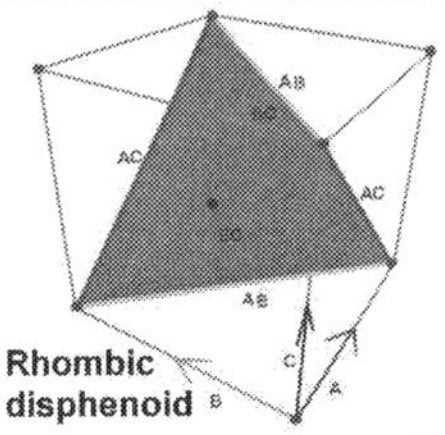
4변형과 2변형 2중쐐기모양은 2개의 반대쪽 면을 2등분하는 직육면체 내부에 놓여 있다. 4변형과 2변형의 변 주위에는 4개의 같은 모서리가 있다. 2변형은 2쌍의 합동인 2등변 3각형 면을 가지고 있고, 4변형은 4개의 합동인 2등변 3각형면을 가지고 있다.	마름모2중쐐기모양은 합동인 부등변 3각형 면을 가지고 있고, 직6면체 내부에 채울 수 있다. 마름모 2중쐐기모양은 반대되는 쌍으로 존재하는 6개의 모서리가 있다.

- 4변형2중쐐기모양(tetragonal disphenoid)과 마름모2중쐐기모양(rhombic disphenoid)은 거울대칭이 아니고 카이럴이다.
- 2중쐐기모양(disphenoid)의 면은 직각3각형 또는 둔각3각형이 될 수 없다.
- 2변형2중쐐기모양(digonal disphenoid)은 2개의 서로 다른 모양의 2등변 3각형을 가지고 있다.
- 필릭2중쐐기모양(phyllic disphenoid)은 2변형2중쐐기모양(digonal disphenoid)과 같이 2개의 서로 다른 모양의 2등변 3각형을 가지고 있다.

- 2중쐐기모양(disphenoids) 2등변 엇각기둥들 또는 교대로 되어있는 4변형 엇각기둥들로 볼 수 있다.
- 다음과 같은 입체에서 2중쐐기모양(disphenoid)을 볼 수 있다.

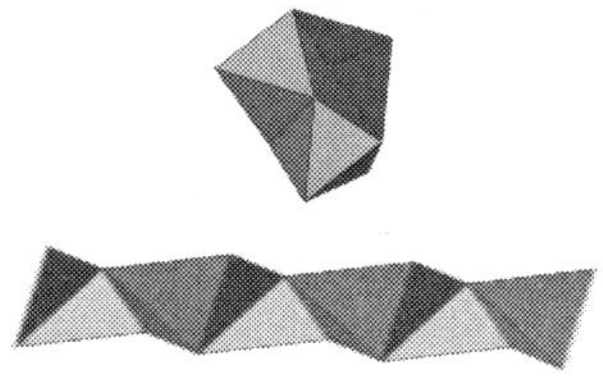

- 6개의 4변형 2중쐐기모양(tetragonal disphenoid)으로 이루어진 칼레이도 사이클이다.
- 2중쐐기모양(disphenoid)은 24개의 2등변3각형이다.
- 6개의 2중쐐기모양(disphenoid)은 한 점에서 만난다.

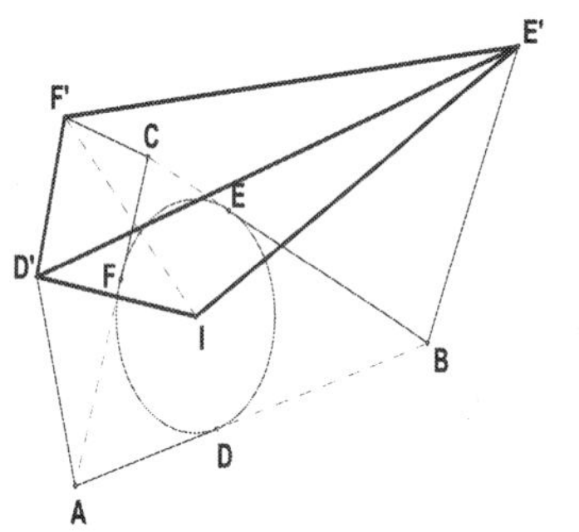

- 직교(수심)4면체(Orthocentric tetrahedron)는 4면체에서 마주보는 변이 수직으로 만나는 것이다.
- 직교(수심)4면체 $D'E'F'I$ (✍)에서 $\overline{ID'} \perp \overline{E'F'}$, $\overline{IE'} \perp \overline{D'F'}$, $\overline{IF'} \perp \overline{D'E'}$ 이다.
- 직교(수심)4면체에서 내린 수선은 한 점에서 만나고 이 점을 수심이라고 한다.
- 이 점(수심)을 4면체의 몽주 점(Monge point)이라 한다.

✍ 직교(수심)4면체 작도하기

❶ 3각형 ABC를 그린다.

❷ 내접원을 그리고 내접원의 중심을 I, 접점을 각각 D, E, F이라 하자.

❸ 접선 AD를 점A를 중심으로 $90°$ 회전시켜 점 D'를 구한다.

❹ 접선 BE를 점B를 중심으로 $90°$ 회전시켜 점 E'를 구한다.

❺ 접선 CF를 점C를 중심으로 $90°$ 회전시켜 점 E'를 구한다.

❻ 점 D', E', F', I 를 연결하여 4면체 $D'E'F'I$를 구한다.

❼ 이 4면체가 직교(수심)4면체(Orthocentric tetrahedron)이다.

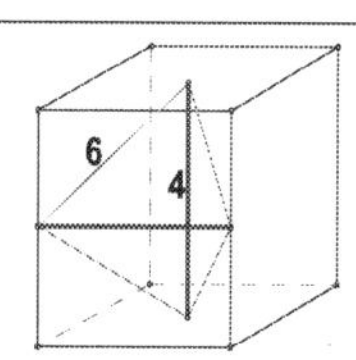

- 정6면체 내부를 4면체 2중쐐기모양으로 공간 채우기를 할 수 있으며, 2개의 모서리의 2면각은 90°, 4개의 모서리의 2면각은 60° 이다.

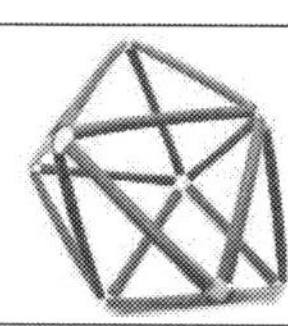

- 12개의 정3각형으로 이루어진 확장된2중쐐기모양(snub disphenoid)에서 찾아볼 수 있다.

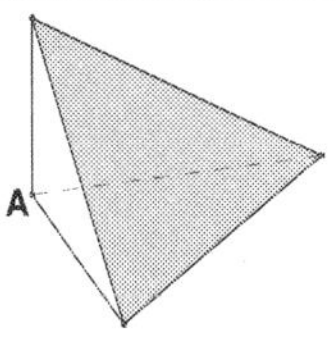	- 한 꼭짓점에서 3개의 면이 모두 직각인 4면체인 3직각4면체(Trirectangular tetrahedron)에서 찾아볼 수 있다.

■ 스너브(snub[12])

- 기하학에서 snub(여기서는 "확장된(expansion)"으로 해석)는 다면체에 적용되는 연산이다. 이 용어는 케플러의 두 아르키메데스 입체의 이름에서 유래되었는데, 확장된 정6면체[snub cube (cubus simus)]와 확장된 12면체[snub dodecahedron (dodecaedron simum)]에 해당한다.

2개의 확장된 아르키메데스 입체는 다음과 같다.

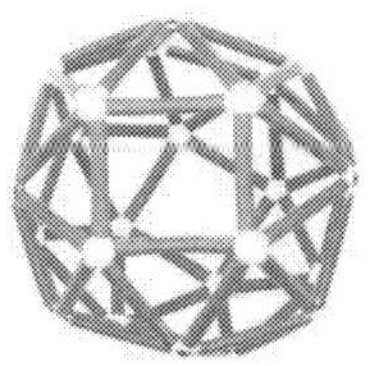

확장된 정6면체 또는
확장된 6 · 8면체

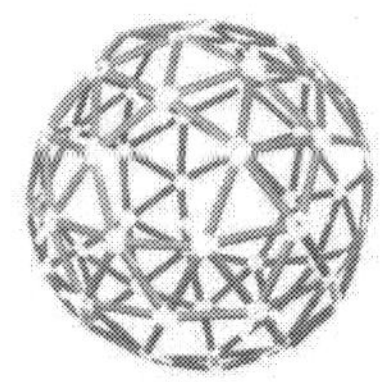

확장된 12면체 또는
확장된 12 · 20면체

- 일반적으로 스너브(snub)는 시계 방향 또는 시계 반대 방향으로 2가지 형태로의 카이럴 대칭[chiral symmetry]을 갖는다.

자른6 · 8면체(truncated cuboctahedron)의 꼭짓점들의 교대(시계방향 또는 반시계방향)로 만들어진
확장된 정6면체(snub cube)의 2개의 카이럴(chiral) 복사본들

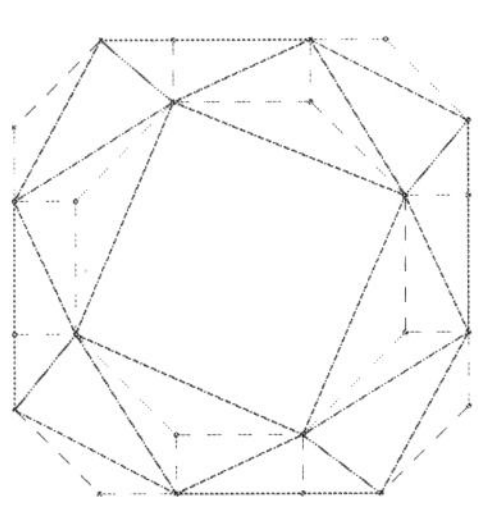

확장된 정6면체
(시계방향)

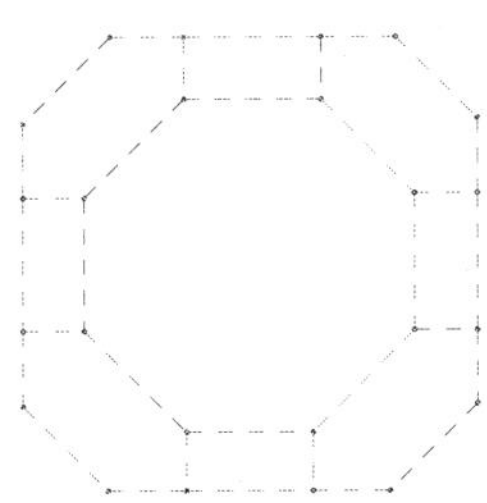

자른6 · 8면체

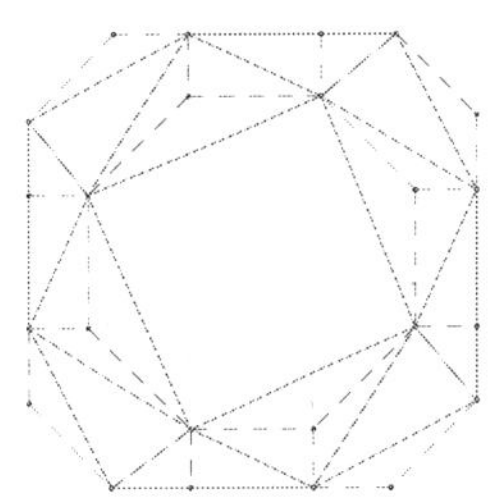

확장된 정6면체(반시계방향)

- 케플러의 이름으로 볼 때, 스너브(snub)는 정다면체의 확장으로 볼 수 있는데, 면은 따로 움직이고, 중앙은 뒤틀려, 원래의 꼭짓점을 중심으로 한 새로운 다각형, 그리고 원래의 모서리 사이에 맞는 3각

12) https://en.wikipedia.org/wiki/Snub_(geometry)

형 쌍을 추가하여 만든 것이다.

12개의 정4각형 면들이 정3각형 면들의 쌍이 될 때까지 6개의 정4각형 면을 회전하여 마름모6 · 8면체로부터 확장된 정6면체를 만들 수 있다.

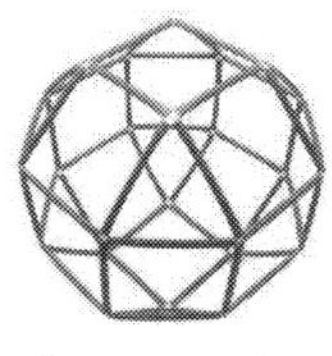

마름모6 · 8면체

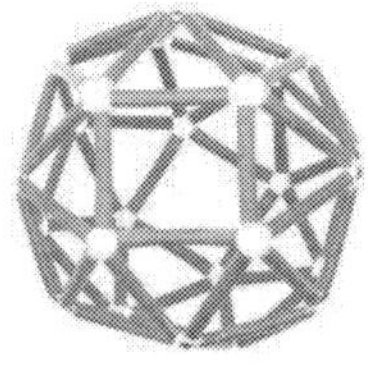

확장된 정6면체

이 용어는 콕섹터에 의해 약간 다른 정의로 더 넓은 균일한 다포체의 집합에 대해 일반화되었다.

- 존 콘웨이(John Conway)는 일반화된 다면체 연산자를 탐구하여 다면체 및 타일링에 적용할 수 있는 현재 콘웨이 다면체 표기법이라고 하는 것을 정의하였다.

콘웨이는 콕섹터(Coxeter's)의 연산을 준 스너브(semi-snub)라고 불렀다. 이 표기법에서 스너브(snub)는 쌍대(dual) 및 회전(gyro) 연산자에 의해 $s = dg$로 정의되며, 암보연산자(ambo oprator, 모서리의 중점을 자르는 작업)의 자르기 교대에 해당한다. 콘웨이의 표기법 자체가 콕섹터의 교대(반쪽, 부분적인) 연산을 피하는데, 이는 반쪽 면(짝수개의 변)만 있는 다면체에만 적용되기 때문이다.

확장된 주기표

확장형태	다면체		
이름	4면체	정6면체 또는 8면체	20면체 또는 12면체
이미지	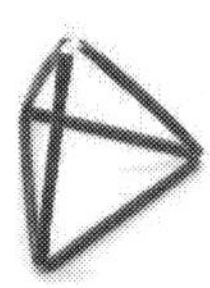	 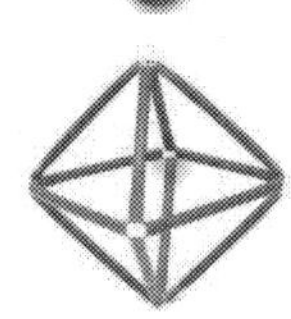	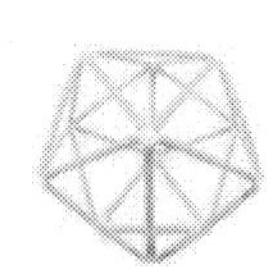 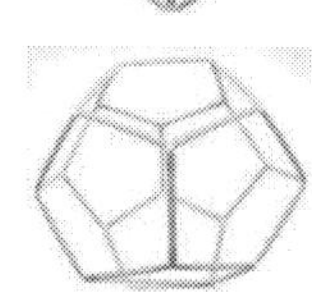
콘웨이 표기법 확장형태	sT	sC=sO	sI=sD
이미지	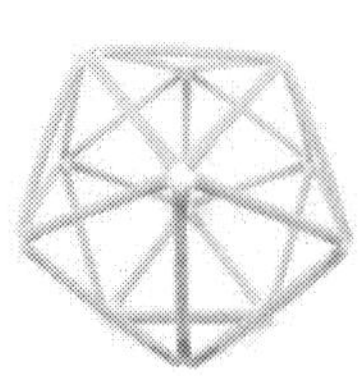	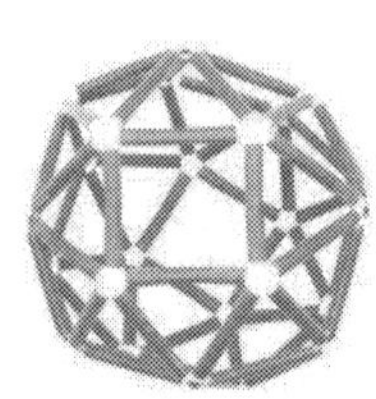	
	20면체	확장된 정6면체 또는 확장된6 · 8면체	확장된 12면체 또는 확장된12 · 20면체

■ 룬(lune[13]))

- 평면 기하학에서 룬(lune)은 2개의 원호에 의해 만들어지는 오목-볼록한 영역이다. 룬(lune)은 2개의 가까운 점이 연결된 선분이 영역 밖으로 이동하는 영역 부분과 2개의 가까운 점의 연결된 선분이 영역 전체 안쪽에 있는 다른 영역 부분을 가지고 있다. 볼록-볼록한 영역(가운데 부분의 영역)은 렌즈(lens)라고 한다. 룬(lune)이라는 단어는 "달("moon")"을 뜻하는 라틴어 luna에서 유래되었다.

2개의 원이 만나서 생기는 가운데 영역을 제외한
나머지 2개의 초승달 부분의 영역을 룬(lune)이라 한다.

- 렌즈(lens)는 비대칭과 대칭이 있다.

비대칭 대칭

- 렌즈(lens)에서 대칭인 부분을 베시카파이시스(Vesica piscis)라고 하는데, 백화점의 바닥, 상품의 로고 또는 건축물의 구조에서 많이 찾아볼 수 있다.
- 렌즈(lens)를 회전시키면 입체가 만들어 지는데 이를 레몬(lemon)이라고 한다,
  레몬(lemon)의 모양(타원입체형태)은 럭비공 또는 옥수수 형태에서 찾아볼 수 있다.
- 집합을 표현하는 $A-(A\cap B)$, $B-(A\cap B)$ 부분이다.

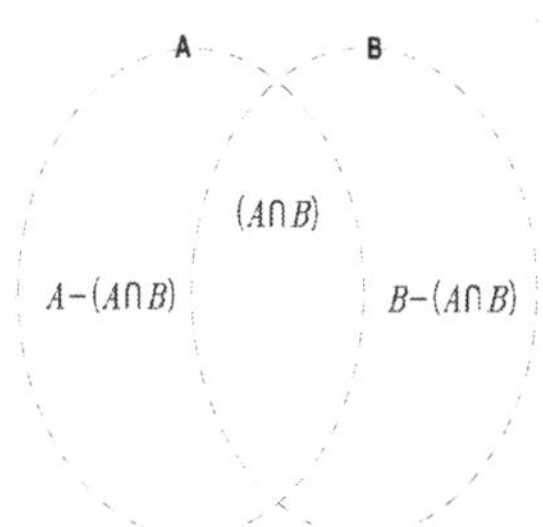

13) https://en.wikipedia.org/wiki/Lune_(geometry)

- 존슨입체에서의 룬(lune)은 정4각형의 반대편에 붙어 있는 2개의 3각형의 복합체를 말하고 그리는 과정과 모양은 다음과 같다.

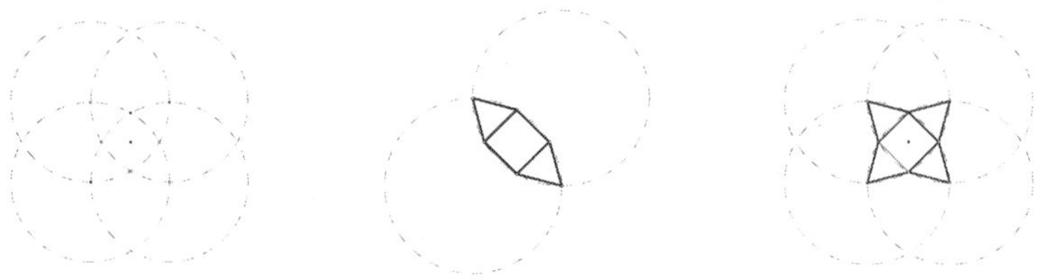

◬ 존슨입체의 분류 ⧩

정다면체와 아르키메데스 입체에서 자르고 붙이는 작업(cut and paste operation)과 각기둥, 엇각기둥을 결합하거나 기본도형(Elementary solids)을 이용하여 정다각형 면을 갖는 균일하지 않은 엄격한 볼록 다면체인 존슨 입체 92개를 만들 수 있다.

【플라톤 입체들】

정6면체

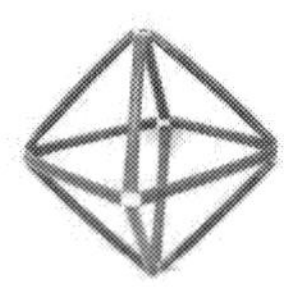

정8면체

정4면체

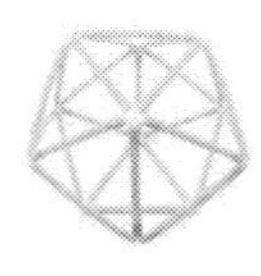

정20면체

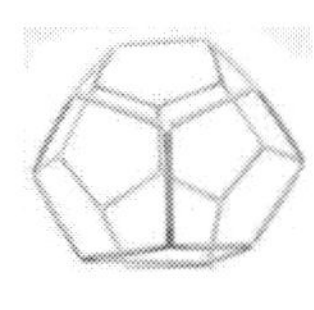

정12면체

(정6면체와 정8면체는 각각 각기둥과 엇각기둥이다).

【아르키메데스 입체들】

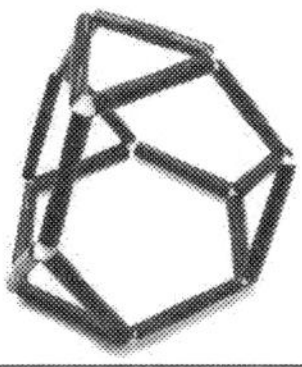	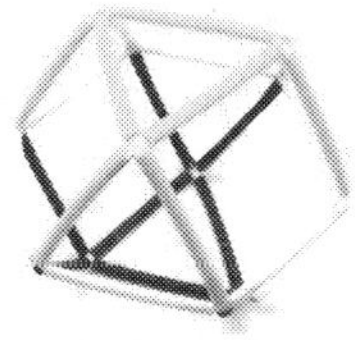	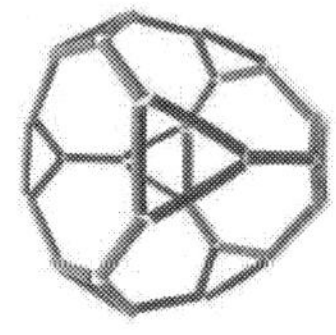	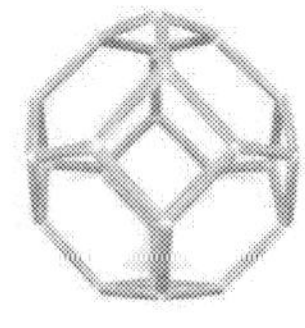
자른4면체 (truncated tetrahedron)	6 · 8면체 (마름모3 · 3면체) cuboctahedron (rhombitetratetrahedron)	자른 6면체 (truncated cube)	자른 8면체 (자른 3 · 3면체) truncated octahedron (truncated tetratetrahedron)

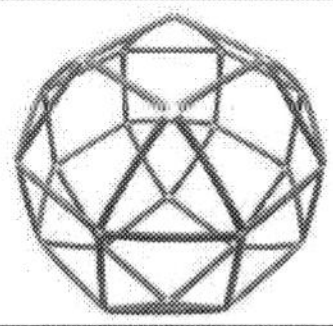	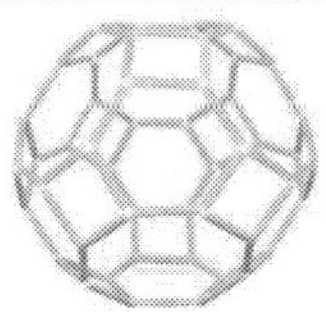	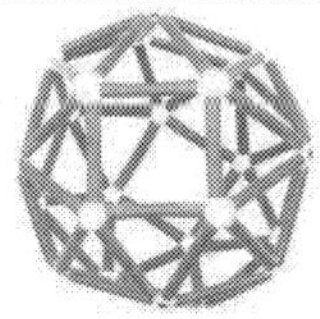
마름모6 · 8면체 (작은 마름모6 · 8면체) rhombicuboctahedron (small rhombicuboctahedron)	자른 6 · 8면체 (큰 마름모6 · 8면체) truncated cuboctahedron (great rhombicuboctahedron)	확장된 6면체 (확장된 6 · 8면체) snub cube (snub cuboctahedron)

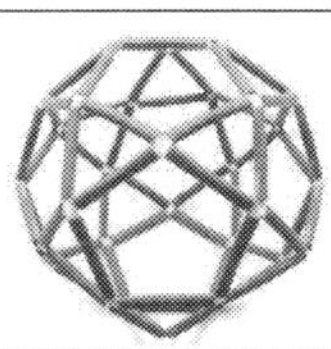	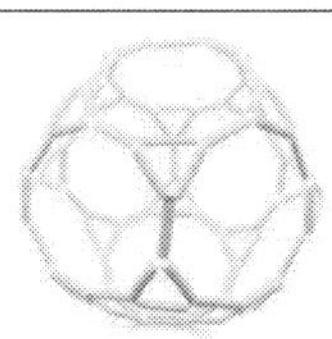	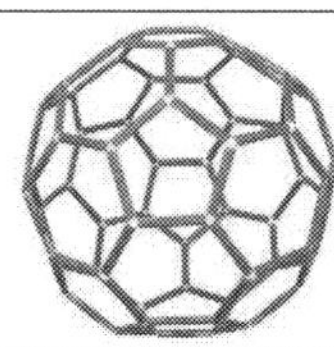
12 · 20면체 (icosidodecahedron)	자른 12면체 (truncated dodecahedron)	자른 20면체 (truncated icosahedron)

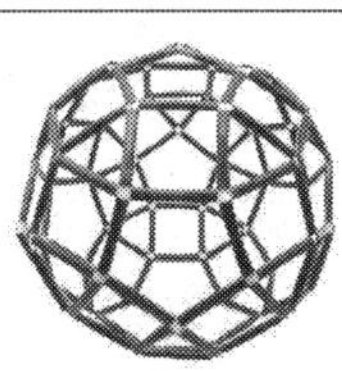	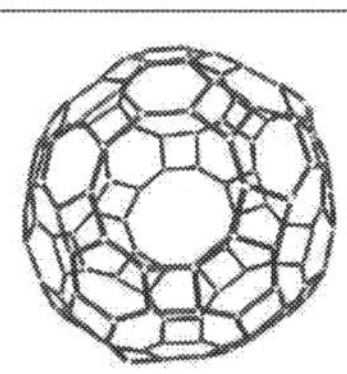	
마름모12 · 20면체 (작은 마름모12 · 20면체) rhombicosidodecahedron (small rhombicosidodecahedron)	자른 12 · 20면체 (큰 마름모12 · 20면체) truncated icosidodecahedron (great rhombicosidodecahedron)	확장된 12면체 (확장된 12 · 20면체) snub dodecahedron (snub icosidodecahedron)

- 정다면체인 정8면체와 정20면체에서 각각 자른 정4각뿔(J1)과 5각뿔(J2)을 만들 수 있다.

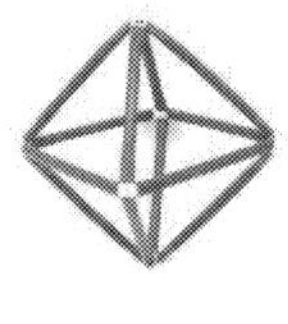

정8면체

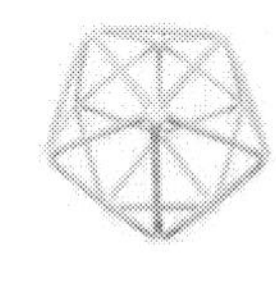

정20면체

【각뿔들】

Square Pyramid(J1)
정4각뿔(J1)

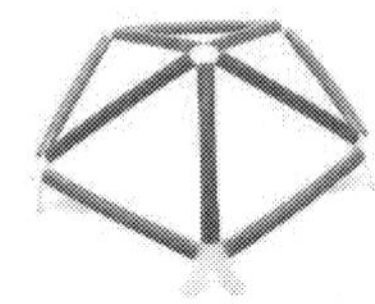

pentagonal
pyramid(J2)
5각뿔(J2)

- 아르키메데스 입체인 6 · 8면체에서 자른 3각형 둥근 지붕(J3), 마름모6 · 8면체에서 자른 정4각형 둥근 지붕(J4), 마름모12 · 20면체에서 자른 5각형 둥근 지붕(J5), 3개의 둥근 지붕과 12 · 20면체(절반)에서 자른 5각형 원형 둥근 지붕(J6), 5각형 원형 둥근 지붕을 만들 수 있다.

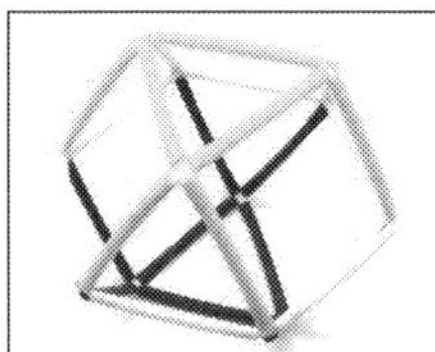	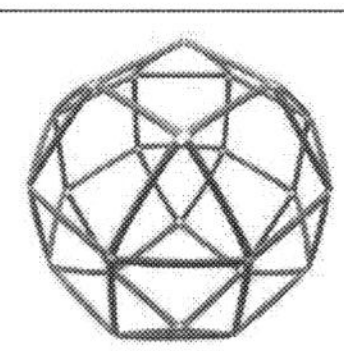	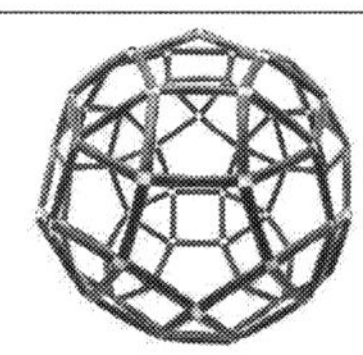	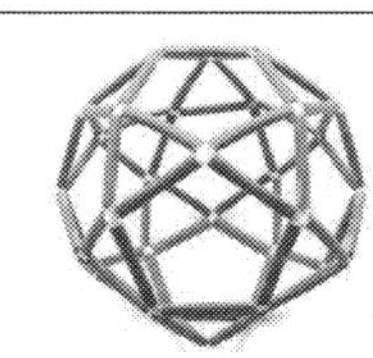
6 · 8면체	마름모6 · 8면체 (작은 마름모6 · 8면체)	마름모12 · 20면체 (작은 마름모12 · 20면체)	12 · 20면체

【둥근 지붕들과 원형 둥근 지붕】

Triangular Cupola(J3)
3각형 둥근 지붕(J3)

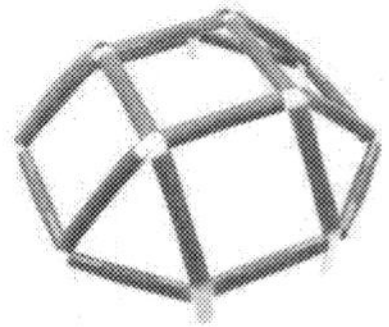

Square Cupola(J4)
정4각형 둥근 지붕(J4)

Pentagonal Cupola(J5)
5각형 둥근 지붕(J5)

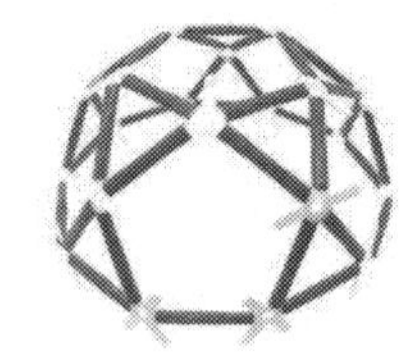

Pentagonal Rotunda(J6)
5각형 원형 둥근
지붕(J6)

- 정4면체에 3각기둥, 각뿔 J1, J2에 4각기둥, 5각기둥은 길게 늘리고, 4각엇각기둥, 5각엇각기둥은 회전하여 길게 늘려서 결합하여 J7부터 J11까지 만들 수 있다.

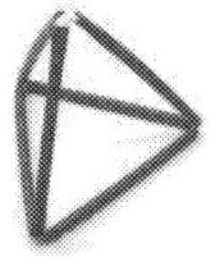

정4면체

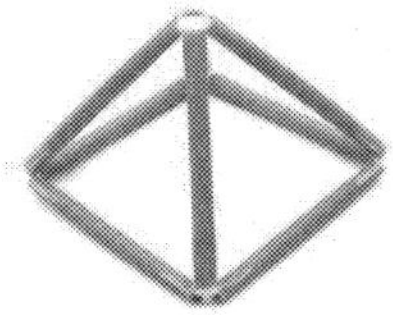

Square Pyramid(J1) 정4각뿔(J1)

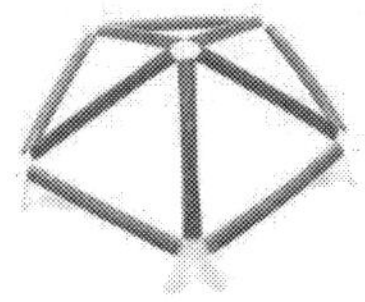

pentagonal pyramid(J2)
5각뿔(J2)

【결합하여 길게 늘린 존슨입체들】

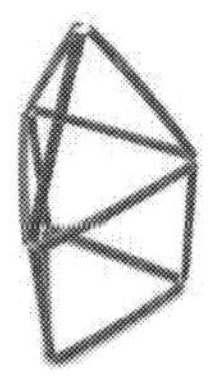

Elongated Triangular Pyramid(J7)
길게 늘린 3각뿔(J7)

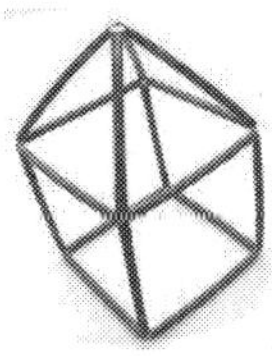

Elongated Square Pyramid(J8)
길게 늘린 4각뿔(J8)

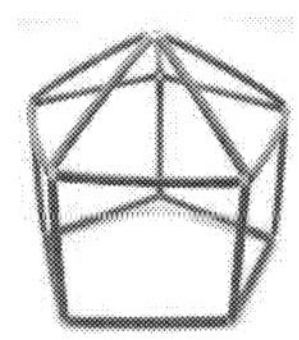

Elongated Pentagonal Pyramid(J9)
길게 늘린 5각뿔(J9)

Gyroelongated Square Pyramid(J10)
회전하여 길게 늘린 정4각뿔(J10)

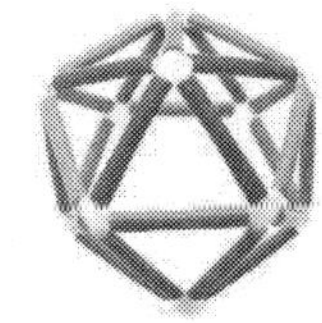

gyroelongated pentagonal pyramid(J11)
회전하여 길게 늘린 5각뿔(J11)

- 각뿔을 2중으로 직접 결합하거나 중간에 각기둥 또는 엇각기둥을 삽입하여 길게 늘리거나 회전하여 길게 늘린 J12에서 J17까지의 존슨입체를 만들 수 있다. 2개의 정4각뿔을 결합하여 만든 정8면체, 회전하여 길게 늘린 5각형 2중각뿔인 정20면체는 존슨입체가 아니다. 또한, 정20면체는 2개의 5각뿔과 5각형 엇각기둥의 결합으로 볼 수 있다.

【결합하여 길게 늘린 2중각뿔의 존슨입체들】

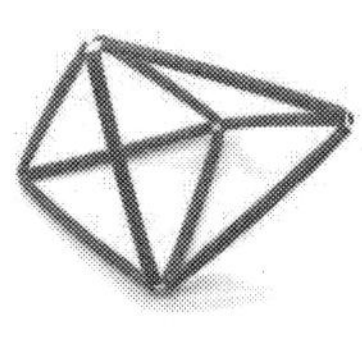

Triangular Bipyramid(J12)
3각형 2중각뿔(J12)

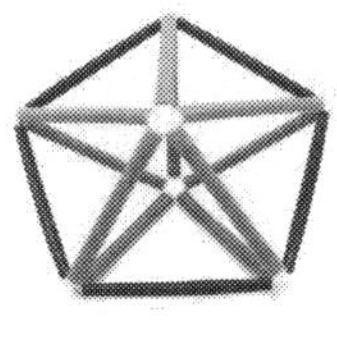

Pentagonal Bipyramid(J13)
5각형 2중각뿔(J13)

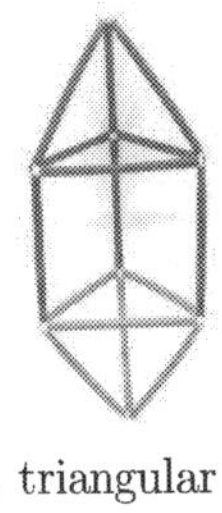

elongated triangular bipyramid (J14)
길게 늘린 3각형 2중각뿔(J14)

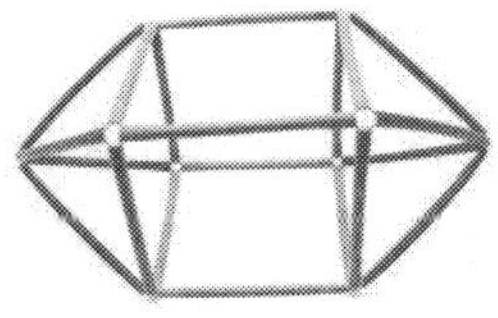

elongated square bipyramid(J15)
길게 늘린 정4각형 2중각뿔(J15)

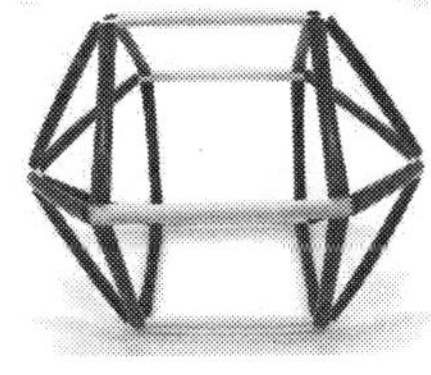

elongated pentagonal bipyramid (J16)
길게 늘린 5각형 2중각뿔(J16)

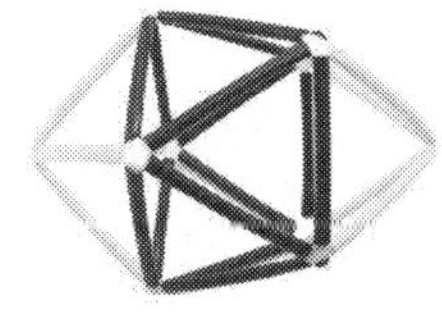

gyroelongated square bipyramid(J17)
회전하여 길게 늘린 정4각 2중각뿔(J17)

- 둥근 지붕과 5각형 원형 둥근 지붕에 각기둥 또는 엇각기둥을 결합하여 길게 늘리거나 회전하여 길게 늘린 J18 에서 J25 까지의 존슨입체를 만들 수 있다.

【결합하여 길게 늘린 둥근 지붕과 원형 둥근 지붕들의 존슨입체들】

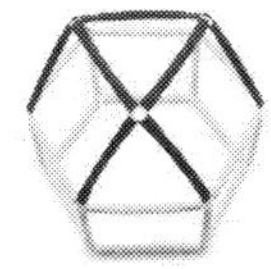

elongated
triangular cupola
(J18)
길게 늘린 3각형
둥근 지붕(J18)

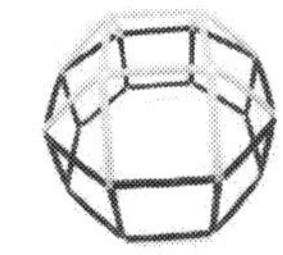

elongated
square cupola (J19)
길게 늘린 정4각형
둥근 지붕(J19)

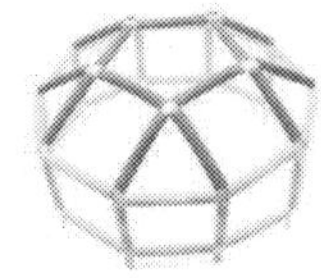

elongated
pentagonal cupola
(J20)
길게 늘린 5각형
둥근 지붕(J20)

elongated
pentagonal rotunda
(J21)
길게 늘인 5각형
원형 둥근 지붕(J21)

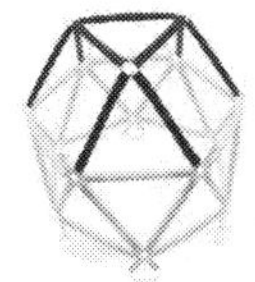

gyroelongated
triangular cupola
(J22)
회전하여 길게 늘린
3각형 둥근
지붕(J22)

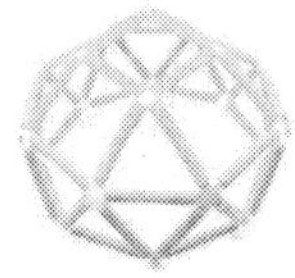

gyroelongated
square cupola (J23)
회전하여 길게 늘린
정4각형 둥근
지붕(J23)

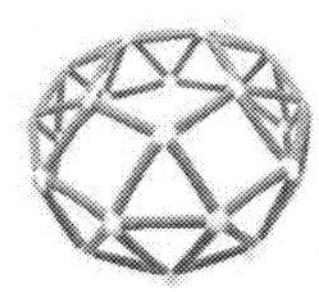

gyroelongated
pentagonal cupola
(J24)
회전하여 길게 늘린
5각형 둥근
지붕(J24)

gyroelongated
pentagonal rotunda
(J25)
회전하여 길게 늘인
5각형 원형 둥근
지붕(J25)

- 회전한다는(gyro-), 2중(bi-)이라는 의미와 정상, 봉우리 또는 꼭대기 지붕을 뜻하는 라틴어인 패스티지움(fastigium)에서 만들어진 회전2중지붕(gyrobifastigium, J26)은 흥미로운 존슨입체이다. 이것은 2개의 정3각기둥을 정사각형 면을 따라 1개의 정3각기둥을 $\frac{1}{4}$ 회전하여 결합하여 만들 수 있다. 3차원 공간을 타일링 할 수 있는 유일한 존슨입체이다.
- 각뿔을 2중으로 직접 결합하거나 수직 · 회전하여 길게 늘린 J27에서 J31까지의 존슨입체를 만들 수 있다.
- 3각형 회전2중 둥근 지붕(triangular gyrobicupola)은 아르키메데스 입체(6 · 8면체[cuboctahedron]) 이므로 존슨입체가 아니다.

【2중 둥근 지붕들의 존슨입체들】

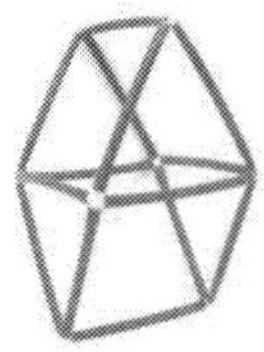

gyrobifastigium J26)
회전2중지붕(J26)

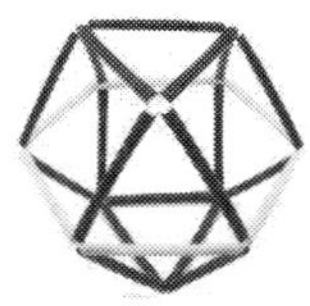

triangular
orthobicupola (J27)
3각형 수직
2중 둥근 지붕(J27)

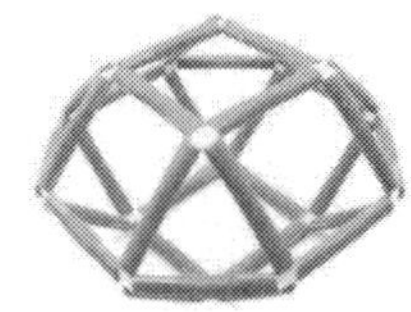

square
orthobicupola (J28)
정4각형 수직2중
둥근 지붕(J28)

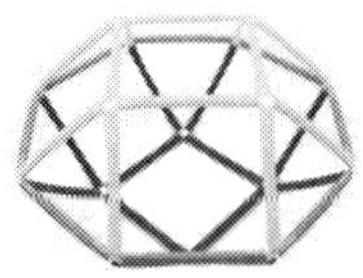

square
gyrobicupola (J29)
정4각형 회전2중
둥근 지붕(J29)

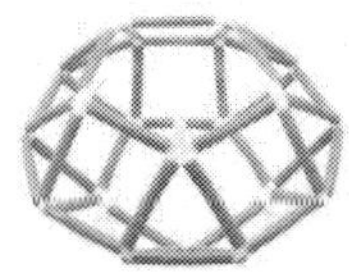

pentagonal
orthobicupola (J30)
5각형 수직2중
둥근 지붕(J30)

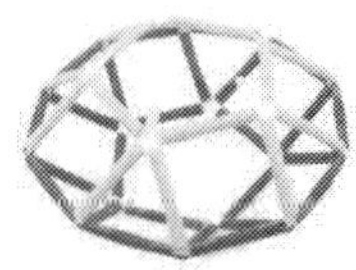

pentagonal
gyrobicupola (J31)
5각형 회전2중
둥근 지붕(J31)

- 둥근 지붕, 원형 둥근 지붕들의 결합으로 J32에서 J34까지의 존슨입체들 만들 수 있다.
- 5각형 회전2중 원형 둥근 지붕(pentagonal gyrobirotunda)은 아르키메데스 입체(12 · 20면체[icosidodecahedron])이므로 존슨입체가 아니다.

【둥근 지붕, 원형 둥근 지붕, 2중 원형 둥근 지붕의 존슨입체들】

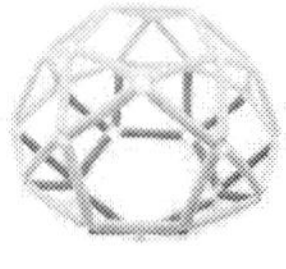

pentagonal
orthocupolarotunda
(J32)
5각형
수직 둥근 원형
지붕(J32)

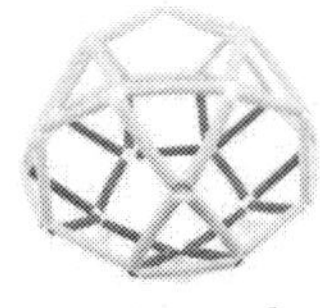

pentagonal
gyrocupolarotunda
(J33)
5각형
회전 둥근 원형
지붕(J33)

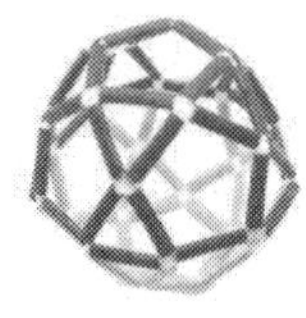

pentagonal
orthobirotunda (J34)
5각형 수직2중
원형 둥근 지붕(J34)

- 3각형 둥근 지붕(J3), 4각형 둥근 지붕(J4), 5각형 둥근 지붕(J5)를 각각 각기둥과 수직 또는 회전하여 길게 늘려서 위 · 아래로 결합하면 J35에서 J39까지의 존슨입체를 만들 수 있다.
- 길게 늘린 정4각형 수직2중 둥근 지붕(elongated square orthobicupola)은 아르키메데스 입체(마름모 6 · 8면체[rhombicuboctahedron])이므로 존슨입체가 아니다.
- J37과 혼동해서는 안된다.

【길게 늘린 2중 둥근 지붕들의 존슨입체들】

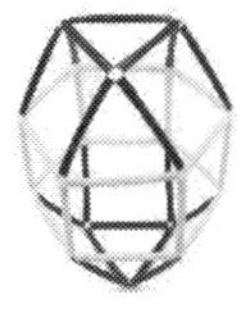

elongated triangular orthobicupola (J35)
길게 늘린 3각형 수직 2중 둥근 지붕(J35)

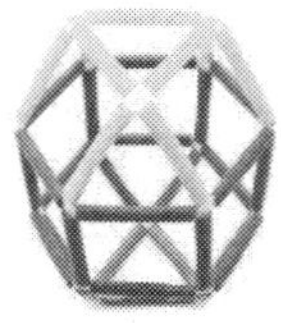

elongated triangular gyrobicupola (J36)
길게 늘린 3각형 회전 2중 둥근 지붕(J36)

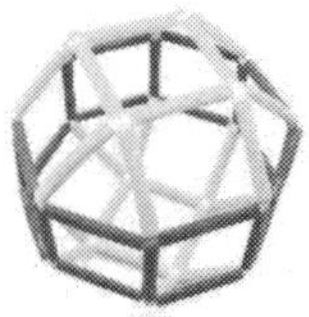

elongated square gyrobicupola (J37)
길게 늘린 정4각형 회전 2중 둥근 지붕(J37)

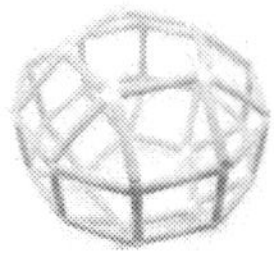

elongated pentagonal orthobicupola (J38)
길게 늘린 5각형 수직2중 둥근 지붕(J38)

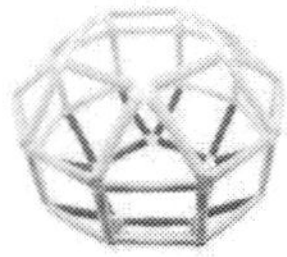

elongated pentagonal gyrobicupola (J39)
길게 늘린 5각형 회전2중 둥근 지붕(J39)

- 둥근 지붕과 원형 둥근 지붕, 2개의 원형 둥근 지붕을 각기둥과 수직 또는 회전하여 길게 늘려서 위 · 아래로 결합하면 J40에서 J43까지의 존슨입체를 만들 수 있다.

【길게 늘린 둥근 지붕과 원형 둥근 지붕들의 존슨입체들】

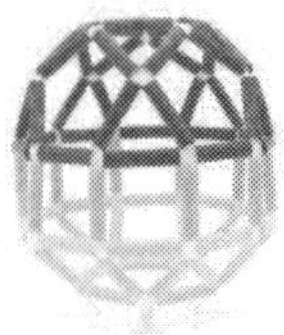

elongated pentagonal orthocupolarotunda (J40)
길게 늘린 5각형 수직 둥근 원형 지붕(J40)

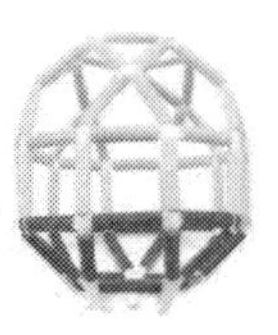

elongated pentagonal gyrocupolarotunda (J41)
길게 늘린 5각형 회전 둥근 원형 지붕(J41)

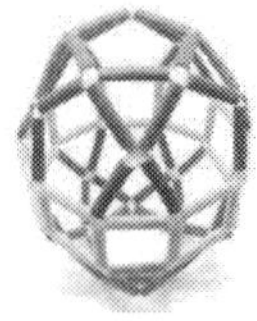

elongated pentagonal orthobirotunda (J42)
길게 늘린 5각형 수직 2중 원형 둥근 지붕(J42)

elongated pentagonal gyrobirotunda (J43)
길게 늘린 5각형 회전 2중 원형 둥근 지붕(J43)

- 둥근 지붕과 원형 둥근 지붕, 2개의 원형 둥근 지붕을 엇각기둥과 수직 또는 회전하여 길게 늘려서 위 · 아래로 결합하면 J44에서 J48까지의 존슨입체를 만들 수 있다.
- 이것들은 카이럴(chiral) 입체들이다.

【회전하여 길게 늘린 2중 둥근 지붕과 원형 둥근 지붕들의 존슨입체들】

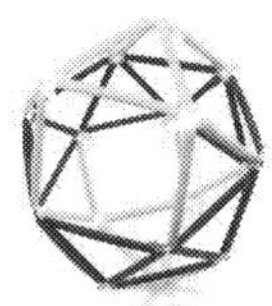

gyroelongated triangular bicupola (J44) 회전하여 길게 늘린 3각형 2중 둥근 지붕(J44)

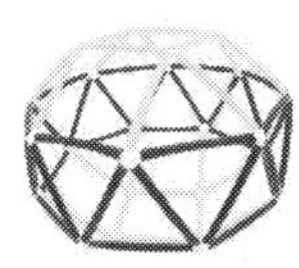

gyroelongated square bicupola (J45) 회전하여 길게 늘린 정4각형 2중 둥근 지붕(J45)

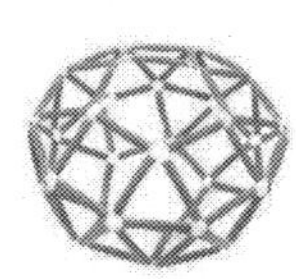

gyroelongated pentagonal bicupola (J46) 회전하여 길게 늘린 5각형 2중 둥근 지붕(J46)

gyroelongated pentagonal cupolarotunda(J47)회전하여 길게 늘린 5각형 둥근 원형 지붕(J47)

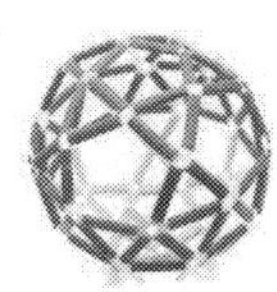

gyroelongated pentagonal birotunda (J48) 회전하여 길게 늘린 5각형 2중 원형 둥근 지붕(J48)

◭ 각기둥을 증강시켜 만든 존슨입체들 ◮

- 정4각뿔을 각기둥(3각형, 5각형, 6각형)에 증강(단순, 2중, 3중)시켜 9개의 입체 J49에서 J57까지의 존슨입체를 만들 수 있다.

【증강된 각기둥들】

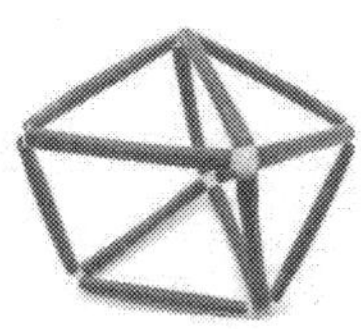

Augmented triangular prism (J49)
증강된 3각기둥(J49)

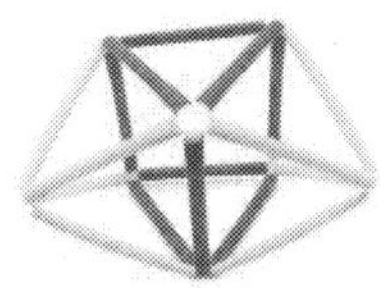

Biaugmented triangular prism (J50)
2중으로 증강된 3각기둥(J50)

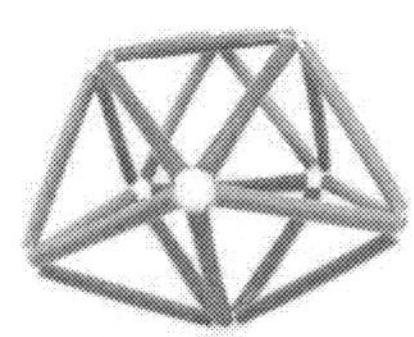

Triaugmented triangular prism (J51)
3중으로 증강된 3각기둥(J51)

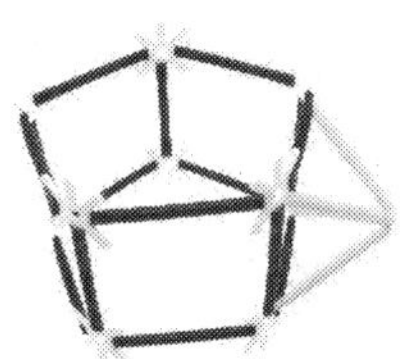

augmented pentagonal prism (J52)
증강된 5각기둥(J52)

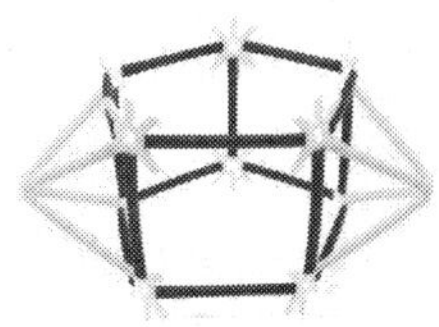

biaugmented pentagonal prism(J53)
2중으로 증강된 5각기둥(J53)

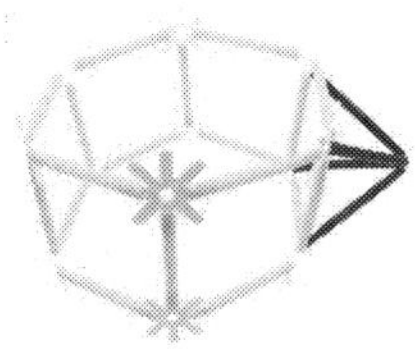

Augmented hexagonal prism (J54)
증강된 6각기둥(J54)

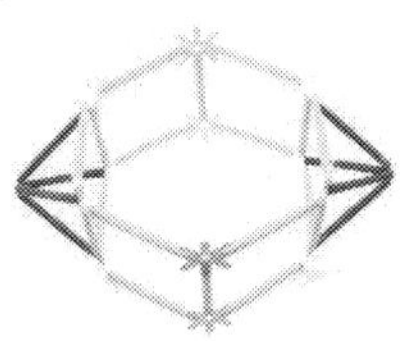

Parabiaugmented hexagonal prism (J55) 반대쪽으로 2중 증강된 6각기둥(J55)

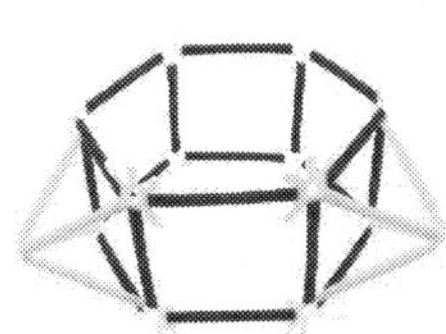

metabiaugmented hexagonal prism(J56)
양 옆으로 2중 증강된 6각기둥(J56)

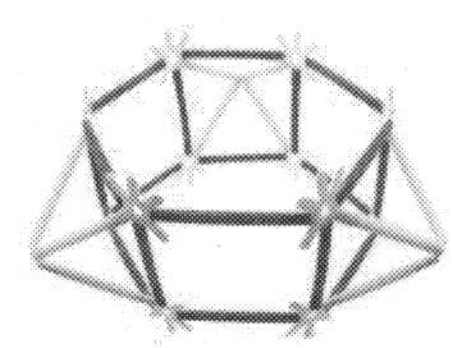

Triaugmented hexagonal prism (J57)
3중으로 증강된 6각기둥(J57)

◭ 수정된 플라톤 입체들로 만들어진 존슨입체들 ◮

- 플라톤 입체를 증강 또는 감소하여 J58에서 J64까지의 존슨입체를 만들 수 있다.

- 정12면체를 증강(단순, 2중, 3중)시켜, 증강된, 반대로 2중 증강된, 양옆으로 2중 증강된, 3중으로 증강된 12면체 J58에서 J61까지의 존슨입체를 만들 수 있다.

【증강된 12면체들의 존슨입체들】

augmented dodecahedron (J58) 증강된 12면체(J58)

parabiaugmented dodecahedron (J59) 반대쪽으로 2중 증강된 12면체(J59)

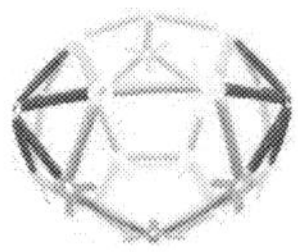
metabiaugmented dodecahedron (J60) 양 옆으로 2중 증강된 12면체(J60)

triaugmented dodecahedron (J61) 3중으로 증강된 12면체(J61)

- 증강에 대한 역 연산은 감소하는 것이다. 정20면체를 양옆으로 2중 감소된, 3중으로 감소된, 증강된 3중으로 감소된 20면체 J62에서 J64까지의 존슨입체를 만들 수 있다.

【감소와 증강 · 감소된 20면체들의 존슨입체들】

metabidiminished icosahedron (J62) 양 옆으로 2중 감소된 20면체(J62)

tridiminished icosahedron (J63) 3중으로 감소된 20면체J(63)

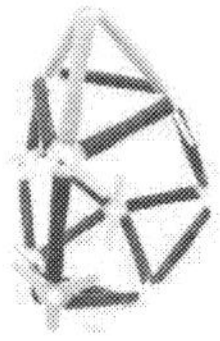
Augmented Tridiminished Icosahedron(J64) 증강된 3중으로 감소된 20면체(J64)

◬ 수정된 아르키메데스 입체들로 만들어진 존슨입체들 ⧩

- 아르키메데스 입체를 증강, 감소, 회전하여 J65에서 J83까지의 존슨입체를 만들 수 있다.

- 자른 정다면체(정4면체, 정6면체)에 둥근 지붕(3각형, 4각형)을 증강하여 J65에서 J67까지의 존슨입체를 만들 수 있다.

【자른 정다면체에 둥근 지붕을 증강하여 만든 존슨입체들】

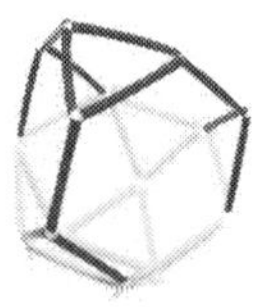

augmented truncated tetrahedron (J65)
증강된 자른 4면체(J65)

augmented truncated cube (J66)
증강된 자른 정6면체(J66)

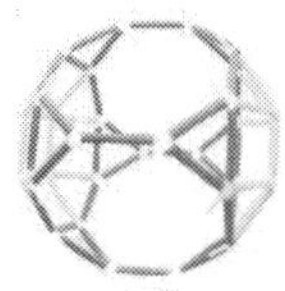

biaugmented truncated cube (J67)
2중으로 증강된 자른 정6면체(J67)

- 자른 정12면체를 증강(단순, 2중, 3중)시켜, 증강된, 반대로 2중 증강된, 양옆으로 2중 증강된, 3중으로 증강된 12면체 J68에서 J71까지의 존슨입체를 만들 수 있다.

【자른 정12면체에 5각형 둥근 지붕을 증강시켜 만든 존슨입체들】

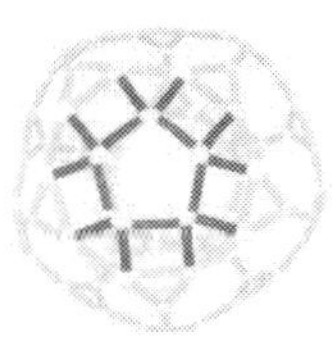

augmented truncated dodecahedron(J68)
증강된 자른 12면체(J68)

parabiaugmented truncated dodecahedron(J69)
위아래(반대)로 2중 증강된 자른 12면체(J69)

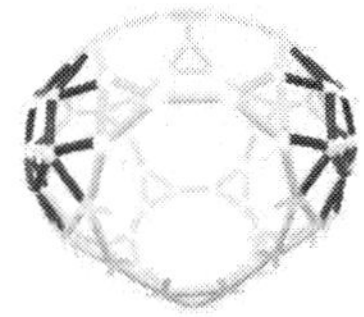

metabiaugmented truncated dodecahedron(J70)
양 옆으로 2중 증강된 자른 12면체(J70)

triaugmented truncated dodecahedron(J71)
3중으로 증강된 자른 12면체(J71)

- 마름모12 · 20면체에서 5각형 둥근 지붕을 회전, 감소, 회전 · 감소하여 수정되어진 J72에서 J83까지의 존슨입체를 만들 수 있다.

【마름모12 · 20면체에서 5각형 둥근 지붕을 회전하여 만든 존슨입체들】

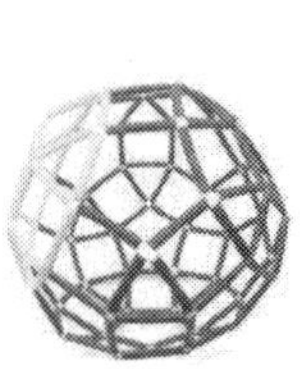

gyrate rhombicosidodecahedron(J72)
회전한 마름모12 · 20면체(J72)

Parabigyrate Rhombicosidodecahedron(J73)
반대쪽으로 2중 회전한 마름모12 · 20면체(J73)

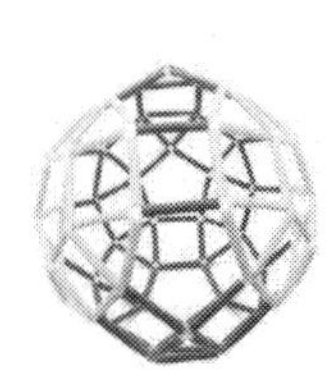

Metabigyrate Rhombicosidodecahedron(J74)
양 옆으로 회전한 마름모12 · 20면체(J74)

Trigyrate Rhombicosidodecahedron(J75)
3중으로 회전한 마름모12 · 20면체(J75)

【마름모12 · 20면체에서 5각형 둥근 지붕을 감소(회전 · 감소)하여 만든 존슨입체들】

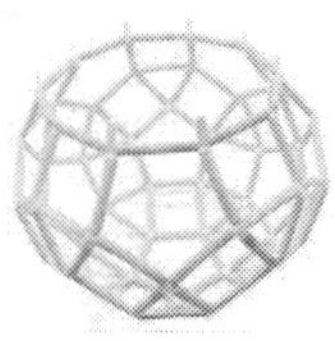

Diminished Rhombicosidodecahedron(J76)
감소된 마름모12 · 20면체(J76)

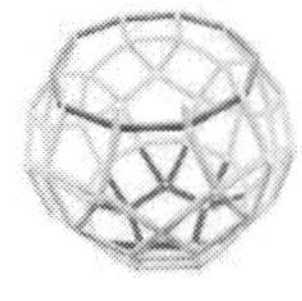

Paragyrate Diminished Rhombicosidodecahedron(J77)
반대쪽으로 회전하고 감소된 마름모12 · 20면체(J77)

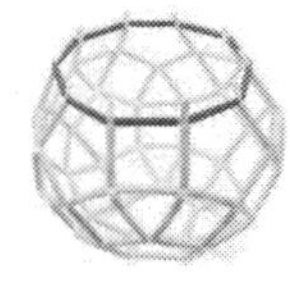

Metagyrate Diminished Rhombicosidodecahedron(J78)
옆에서 회전하고 감소된 마름모12 · 20면체(J78)

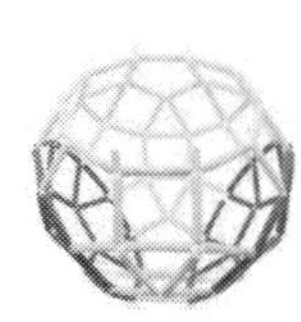

Bigyrate Diminished Rhombicosidodecahedron(J79)
2중으로 회전하고 감소된 마름모12 · 20면체(J79)

Parabidiminished Rhombicosidodecahedron(J80)
반대쪽으로 2중 감소된 마름모12 · 20면체(J80)

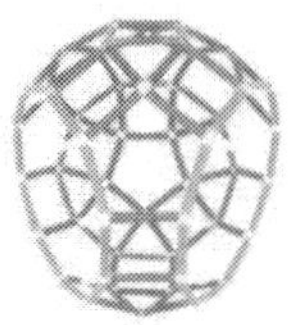

Metabidiminished Rhombicosidodecahedron(J81)
양 옆으로 2중 감소된 마름모 12 · 20면체(J81)

Gyrate Bidiminished Rhombicosidodecahedron(J82)
회전하고 2중으로 감소된 마름모12 · 20면체(J82)

Tridiminished Rhombicosidodecahedron(J83)
3중으로 감소된 마름모12 · 20면체(J83)

▲ 기본도형으로 만들어진 존슨입체들 ▼

- 존슨입체 J84에서 J92는 균일한 입체의 "자르고-붙이기(cut and paste)" 작업에서 만들어 지지 않는다.
- 기본도형이 확장된 모양(Snub), 쐐기모양(sphenoid), 왕관모양(corona), 둔화된 모양(Hebe-), 띠 모양(-cingulum), 초승달모양(luna)으로 J84에서 J92까지의 존슨입체를 만들 수 있다,
- 확장된 엇각기둥들(snub antiprisms)은 자른 엇각기둥(antiprism)을 교대로 하여 만들 수 있다. 회전 2중엇각둥근지붕(gyrobianticupola)은 또 다른 확장된 엇각기둥으로 만들 수 있다. 정다각형으로는 최대 4개의 면이 있는 확장된 엇각기둥만 만들 수 있다. 확장된 3각형 엇각기둥(snub triangle antiprism)은 정20면체이므로 존슨 고체가 아니다.

【확장된 엇각기둥으로 만들어진 존슨입체들】

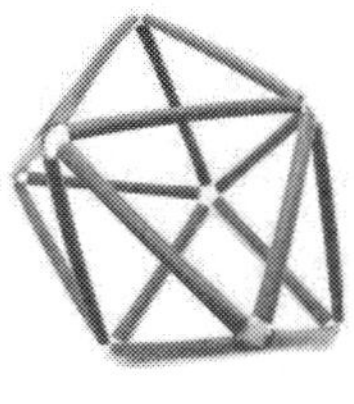

Snub Disphenoid(J84)
확장된
2중 쐐기모양(J84)

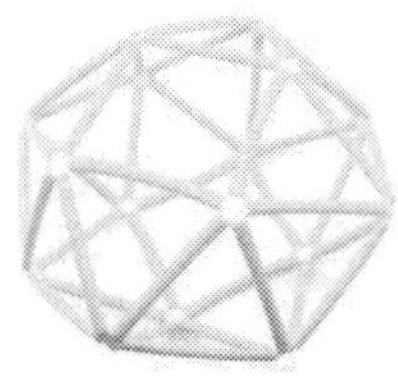

Snub Square
Antiprism(J85)
확장된 정4각형
엇각기둥(J85)

【나머지 기본도형으로 만들어진 존슨입체들】

sphenocorona
(J86)
쐐기 모양의
왕관(J86)

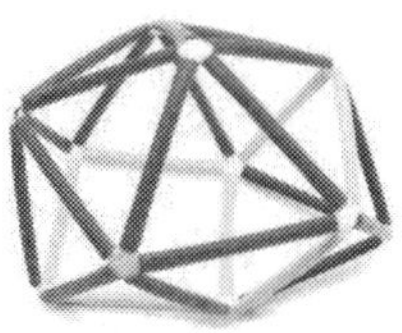

augmented
sphenocorona (J87)
증강된
쐐기 모양의 왕관(J87)

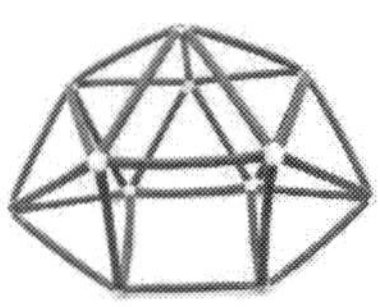

Sphenomegacoron
a(J88)
양 옆으로
쐐기모양의
왕관(J88)

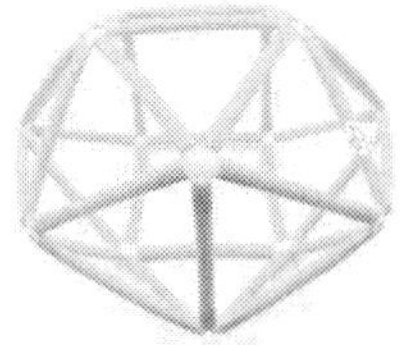

Hebesphenomegacor
ona(J89)
양 옆으로 둔화된
쐐기모양의 왕관(J89)

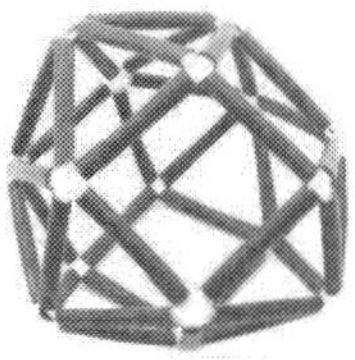

Disphenocingulum(J90)
2중으로 되어있는
쐐기 모양의 띠(J90)

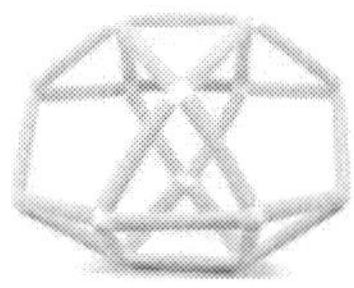

Bilunabirotunda(J91)
2중으로 되어 있는
초승달 형태의 원형 둥근
지붕(J91)

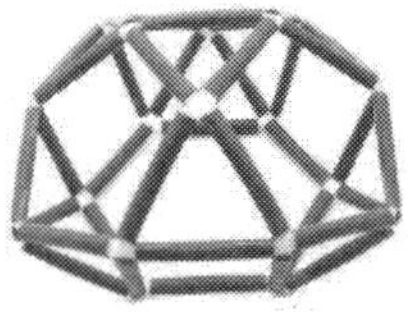

Triangular
Hebesphenorotunda(J92)
3각형으로 둔화된
쐐기 모양의 원형 둥근
지붕(J92)

J1 정4각뿔 (Square Pyramid)

정4각뿔은 5개의 면(4개의 정3각형, 1개의 정4각형), 8개의 모서리, 5개의 꼭짓점으로 이루어져 있다. 정4각뿔(J1)은 노먼 존슨의 목록 중 최초의 입체이며, 따라서 J1이라는 이름이 붙어 있다.

정4각뿔(J1)

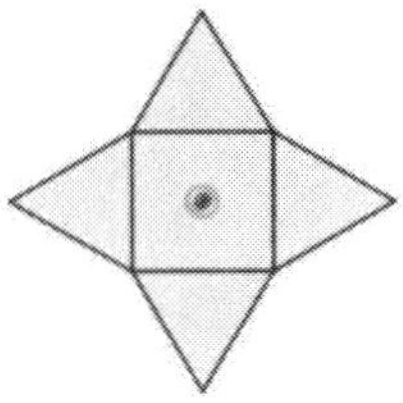

J1의 전개도

존슨입체도형 J01

또한, J1은 다음과 같이 표로 나타낼 수 있다.

[f_3는 존슨입체의 면이 3각형으로 이루어진 것을 나타냄]

분류	v	e	f	$v-e+f$	f_3	f_4	f_5	f_6	f_8	f_{10}
갯수	5	8	5	2	4	1	·	·	·	·

✔ J1은 $f_{3,4}$인 입체이다.

- 정4각뿔(J1)은 다음과 같은 다양한 각기둥에 붙여서 다양한 증강된 각기둥을 만들 수 있다.

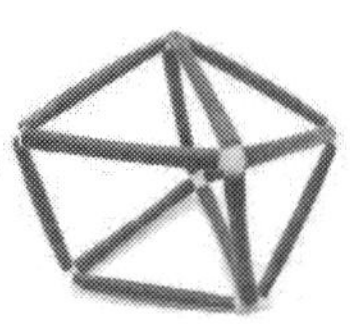

증강된 3각기둥(J49)

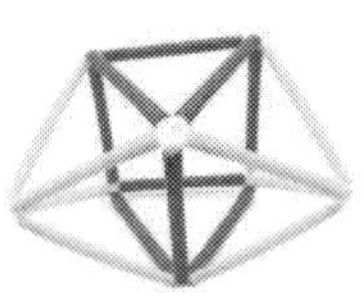

2중으로 증강된 3각기둥(J50)

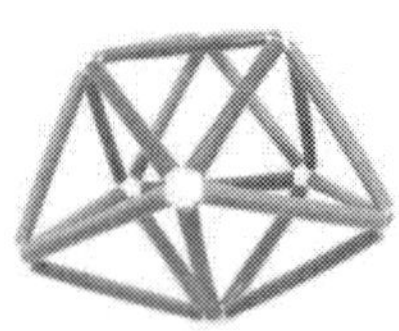

3중으로 증강된 3각기둥(J51)

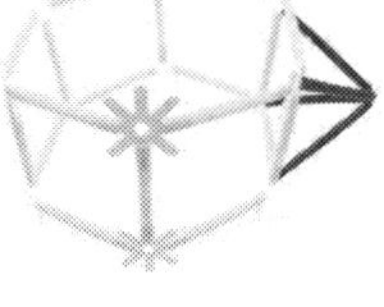

증강된 6각기둥(J54)

반대쪽으로 2중 증강된 6각기둥(J55)

3중으로 증강된 6각기둥(J57)

- 정4각뿔(J1)을 증강된 스피노코로나[(spheno[14])corona[15])(J87)]를 만들기 위해 스피노코로나 [(sphenocorona(J86)]에 붙일 수 있다.

쐐기 모양의 왕관(J86)

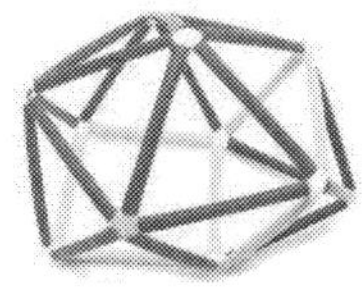
증강된 쐐기 모양의 왕관(J87)

- 관련 있는 다면체는 다음과 같다.

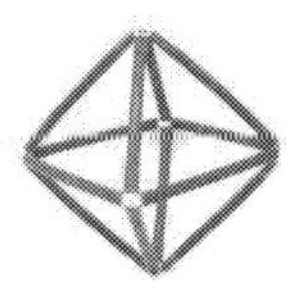	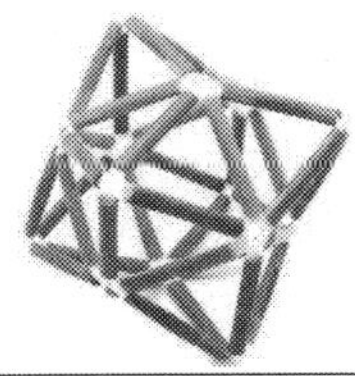	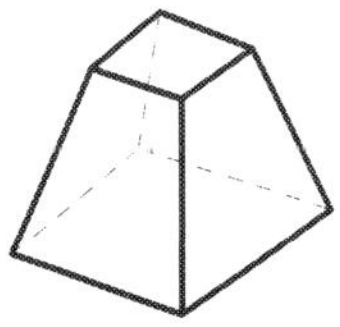
정8면체	4 · 6면체 (24면체, tetrakis hexahedron)	정4각뿔대

✔ 정4각뿔(Square Pyramid, J1)의 넓이와 부피 구하기

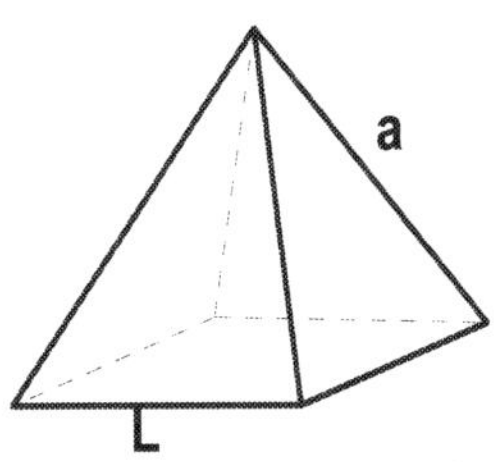

- 밑면의 한 변의 길이가 L, 옆면의 모서리의 길이가 a, 높이가 h인 J_1의 넓이 A와 부피 V는 다음과 같다.
- $A = L^2(1+\sqrt{3})$, $V = \frac{\sqrt{2}}{6}L^3$ 이다.
- h는 꼭짓점에서 밑면에 내린 수선의 길이이다.

❶ J_1의 높이 h는 $h = \frac{L}{\sqrt{2}}$ 이다.

- J_1의 모서리의 길이 a를 h, L를 사용하여 나타내면 $a = \sqrt{h^2 + \frac{L^2}{2}}$ 이다.

㉮ 밑면 정4각형의 대각선의 길이를 d라 하면 $a^2 = h^2 + \left(\frac{d}{2}\right)^2$ 이다.

㉯ 밑면 정4각형의 대각선의 길이 d는 $d = \sqrt{2}L$, $d^2 = 2L^2$ 이다.

㉰ 따라서, $a^2 = h^2 + \frac{L^2}{2}$, $a = \sqrt{h^2 + \frac{L^2}{2}}$ 이다.

- J_1의 높이 h를 a, L를 사용하여 나타내면 $h = \sqrt{a^2 - \frac{L^2}{2}}$ 이다.

14) 접두사 스피노(spheno-)는 2개의 인접하는 활꼴들이 형성한 쐐기 모양의 복합체를 가리킨다.
15) 접미사 -코로나(-corona)는 8개의 3각형으로 이루어진 왕관 같은 복합체를 가리킨다.

- $a^2 = h^2 + \frac{L^2}{2}$ 이므로 $h^2 = a^2 - \frac{L^2}{2}$ 이다.

- 따라서, $h^2 = a^2 - \frac{L^2}{2}$, $h = \sqrt{a^2 - \frac{L^2}{2}} = \sqrt{L^2 - \frac{L^2}{2}} = \sqrt{\frac{L^2}{2}} = \frac{L}{\sqrt{2}}$ 이다.

❷ J_1의 넓이 A는 $A = L^2(1+\sqrt{3})$ 이다.

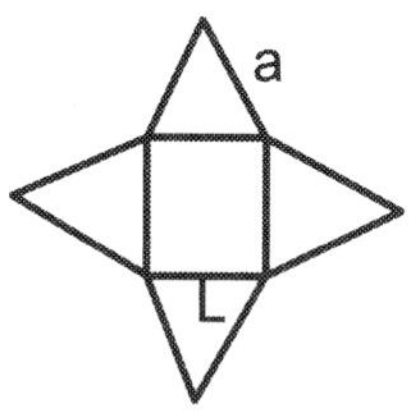

- J_1은 1개의 정4각형과 4개의 정3각형으로 이루어진 입체이다.
- 정4각형의 넓이는 L^2, 정3각형의 넓이는 $\frac{\sqrt{3}}{4}L^2[a = L]$이므로 4개의 정3각형의 넓이는 $4 \cdot \frac{\sqrt{3}}{4}L^2 = \sqrt{3}L^2$이다.
- J_1의 넓이 A는 $A = L^2 + \sqrt{3}L^2 = L^2(1+\sqrt{3})$이다.

❸ J_1의 부피 V는 $V = \frac{\sqrt{2}}{6}L^3$ 이다.

- 각뿔의 부피는 $\frac{1}{3} \times$ 밑넓이 $\times$ 높이 를 이용하면 $V = \frac{L^2 h}{3}$ 이다.

- J_1의 부피 V는 $V = \frac{L^2 h}{3} = \frac{L^2 \cdot \frac{L}{\sqrt{2}}}{3} = \frac{L^3}{3\sqrt{2}} = \frac{\sqrt{2}}{6}L^3$ 이다.

❹ 쌍대다면체

- J_1은 자기 쌍대이다.
- J_1은 위상적으로 자기쌍대 다면체이다.
- 쌍대 모서리 길이는 극사상(polar reciprocation, 극대응) 때문에 다르다.

J_1의 쌍대그림	J_1의 쌍대전개도
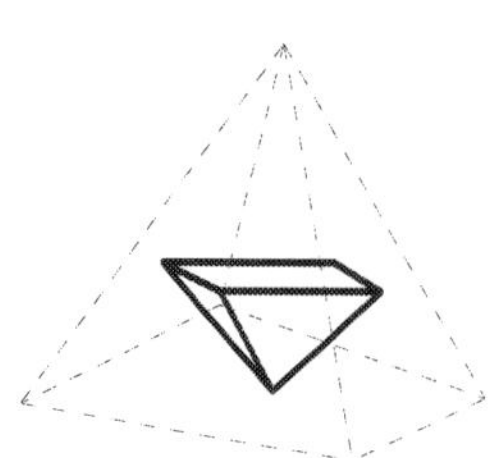	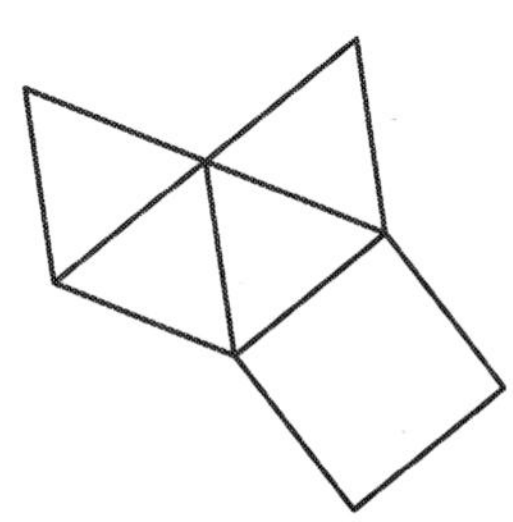

J2 5각뿔(Pentagonal Pyramid)

5각뿔은 6개의 면(5개의 정3각형과 1개의 5각형), 10개의 모서리, 6개의 꼭짓점으로 이루어져 있다. 노먼 존슨 목록에서 2번째 나변체로서 J2라는 이름이 붙어 있다.

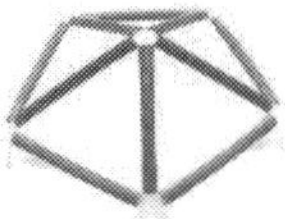

5각뿔(J2)

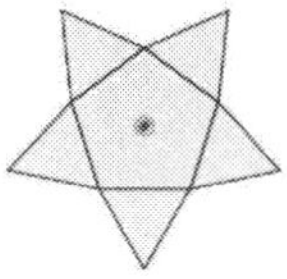

J2의 전개도

존슨입체도형 J02

또한, J2는 다음과 같이 표로 나타낼 수 있다.

[f_3는 존슨입체의 면이 3각형으로 이루어진 것을 나타냄]

분류	v	e	f	$v-e+f$	f_3	f_4	f_5	f_6	f_8	f_{10}
갯수	6	10	6	2	5	·	1	·	·	·

✔ J2는 $f_{3,5}$인 입체이다.

- 모서리의 길이가 2인 5각뿔(J2)은 높이를 $\sqrt{((10-2\sqrt{5})/5)}$ 또는 약 1.05146이다. 그러므로 그것은 모서리 길이의 절반도 간신히 넘는 상당히 얇은 각뿔이다. 2개의 5각뿔(J2)을 서로 붙여서 5각형 2중각뿔(J13)을 만들 수 있다

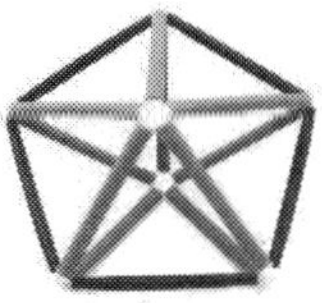

5각형 2중각뿔(J13)

- 5각뿔(J2)을 12면체에 붙여서 증강된 12면체(J58)를 만들 수 있다. 반대편에 두 번째 5각뿔(J2)을 추가하면 반대쪽으로 2중 증강된 12면체(J59)가 만들어진다. 두 번째 5각뿔(J2)을 인접하지 않고 반대쪽이 아닌 면에 더하면, 그 결과는 양 옆으로 2중 증강된 12면체(J60)이다. 마지막에는 처음 2가지 증강과 인접하지 않은 면에서 세 번째 증강을 할 수 있으면, 그 결과로 3중으로 증강된 12면체(J61)를 만들 수 있다.

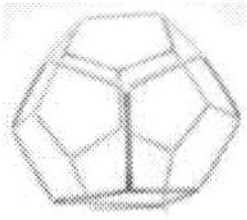
12면체

증강된 12면체(J58)

반대쪽으로 2중 증강된 12면체(J59)

양 옆으로 2중 증강된 12면체(J60)

3중으로 증강된 12면체(J61)

- 관련 있는 다면체들은 다음과 같다.

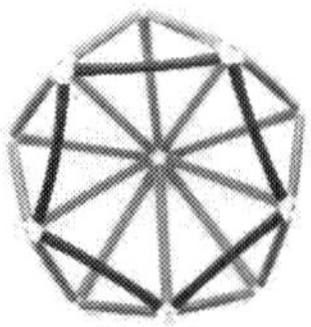
별각뿔(star pyramid)

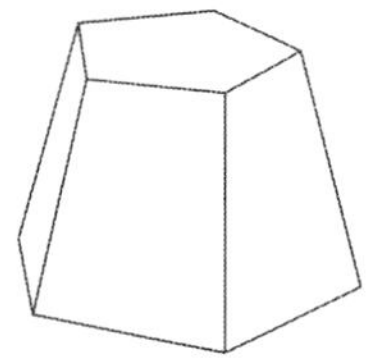
5각뿔대

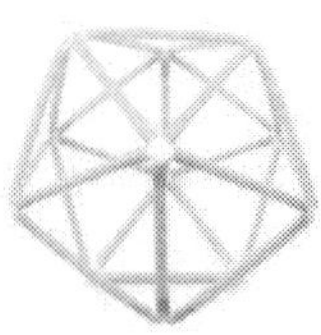
정20면체

- 5각뿔(J2)은 정20면체에서 얻을 수 있는데, 이 정20면체는 5각엇각기둥과 2개의 5각뿔(J2)로 절단될 수 있기 때문이다.

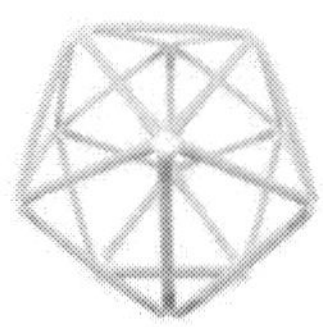
정20면체

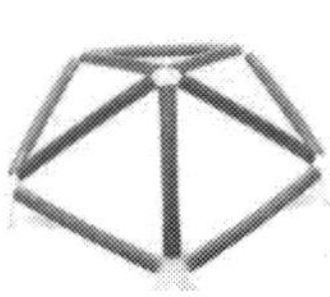
5각뿔(J2)

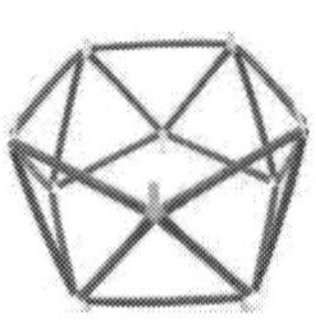
5각 엇각기둥

✔ 5각뿔과 J_2(pentagonal pyramid(J2))의 넓이와 부피

☆ 5각뿔과 J_2를 정의하고, 5각뿔과 J_2의 넓이와 부피를 구할 수 있다.

❶ 5각뿔의 넓이와 부피 구하기

- 밑면의 한 변의 길이가 L, 높이가 h, 옆면의 길이가 a인 5각뿔의 넓이 A와 부피 V 는 다음과 같다.

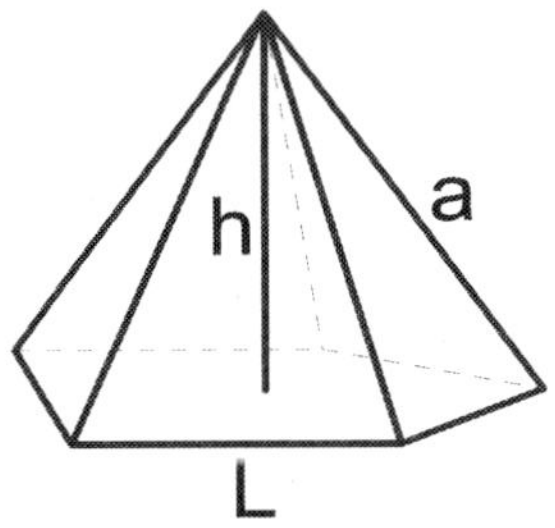

$$A = \frac{5}{4} \cdot L \cdot \frac{L + \sqrt{L^2 + 4h^2(5 - 2\sqrt{5})}}{\sqrt{5 - 2\sqrt{5}}}$$

$$V = L^2 \cdot h \cdot \frac{\sqrt{25 + 10\sqrt{5}}}{12}$$

❷ 5각뿔과 J_2의 정의

㉮ 5각뿔 : 5각뿔은 밑면이 5각형인 각뿔이다. 5각뿔은 6개의 면(5개의 옆면, 1개의 밑면), 10개의 모서리, 6개의 꼭짓점이 있다.

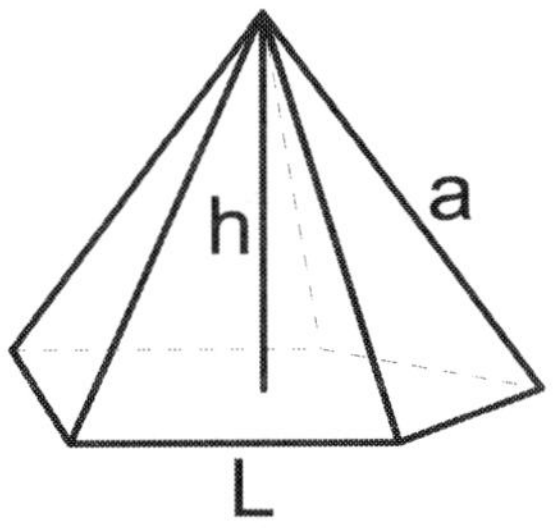

- h는 각뿔의 높이
- a는 옆면의 모서리의 길이
- L은 밑면의 5각형의 한 변의 길이

- 가장 위에 있는 꼭짓점이 밑면의 중심에 투영되면 각뿔은 똑바르다, 그렇지 않으면 각뿔은 비스듬하다(기울어져 있다).

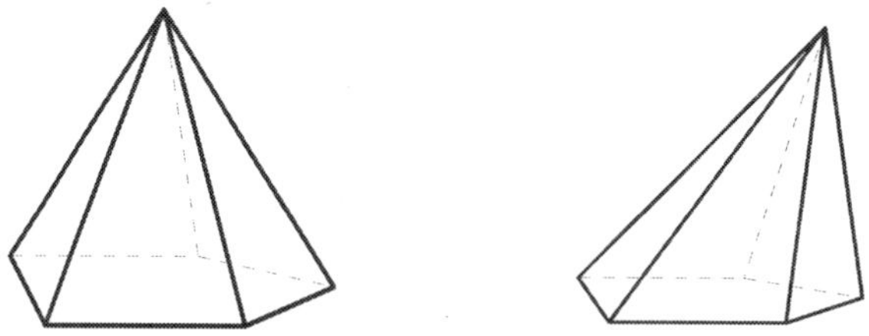

- 항상 각뿔이 똑바르다고 가정한다.

- 각뿔의 옆면은 5개의 같은 2등변 3각형이다. 이 3각형의 밑면은 L이고 길이는 각뿔의 높이 h에 따라 달라진다.

㉯ 다면체 J_2 : 존슨 다면체 J_2(또는 각뿔 J_2)는 옆면이 정3각형인 5각뿔이다.

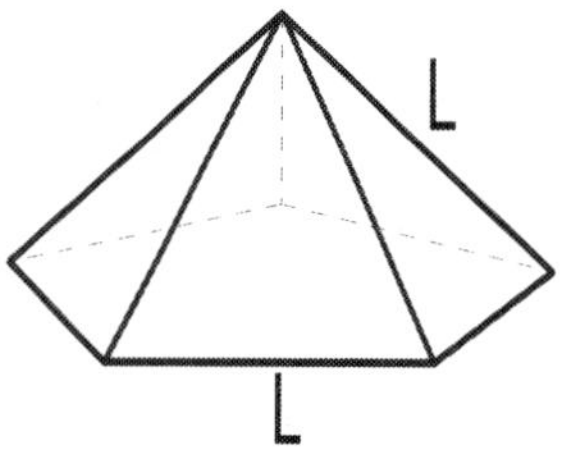

- 모든 모서리의 길이는 같다.

❸ J_2의 옆면의 모서리와 높이

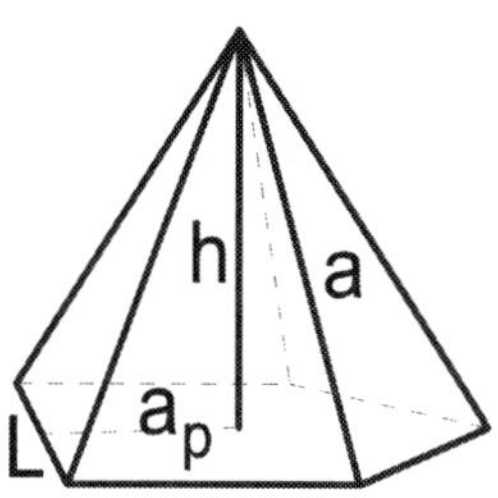

- a_p는 한 변에서 중심까지의 길이이다.
- r은 옆면 3각형의 높이이다.
- 피타고라스의 정리에 의해, $r^2 = a_p{}^2 + h^2$ 이다.
- 정5각형의 넓이와 둘레에서 $a_p = \frac{L}{2}\sqrt{1+\frac{2}{\sqrt{5}}}$ 이다.
- 따라서, 3각형의 높이 r은 $r = \sqrt{\frac{L^2}{4}\left(1+\frac{2}{\sqrt{5}}\right)+h^2}$ 이다

㉮ J_2의 높이와 경사진 높이

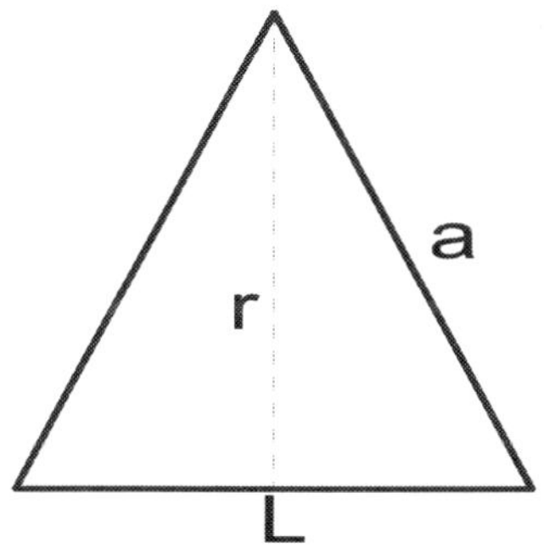

- J_2이면 $a = L$이다.
- 피타고라스 정리에 의해,

$a^2 = \frac{L^2}{4} + r^2$, $r^2 = a^2 - \frac{L^2}{4} = L^2 - \frac{L^2}{4} = \frac{3L^2}{4}$이다.

- 따라서, J_2의 경사진 높이 r은 $r = \frac{\sqrt{3}}{2}L$ 이다.
- 이전에, $r^2 = {a_p}^2 + h^2$ 이므로 $h^2 = r^2 - a_p^2$ 이다.
- $r^2 = \frac{3L^2}{4}, a_p = \frac{L}{2}\sqrt{1 + \frac{2}{\sqrt{5}}}$ 이므로,

$h^2 = \frac{3L^2}{4} - \frac{L^2}{4}\left(1 + \frac{2}{\sqrt{5}}\right) = \frac{L^2}{4}\left(2 - \frac{2}{\sqrt{5}}\right)$ 이다.

- 따라서 의 J_2높이 h는 $h = \frac{L}{2}\sqrt{2 - \frac{2}{\sqrt{5}}}$ 이다.
- 이것을 간단히 정리하면

$h = L\sqrt{\frac{5 - \sqrt{5}}{10}} \cong 0.525731112L$ 이다.

❹ 넓이 구하기

㉮ 각뿔의 넓이

- 각뿔의 넓이는 밑면과 옆면의 넓이의 합이다.
- 밑면의 한 변의 길이가 L인 정5각형의 넓이 A_B는

$A_B = \frac{L^2}{4}\sqrt{25 + 10\sqrt{5}}$ 이다.

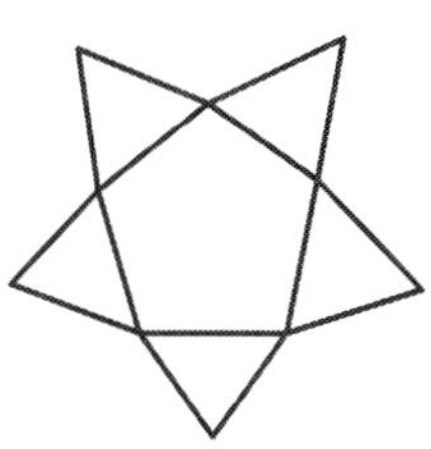

- 밑변이 L, 높이가 r인 옆면 3각형의 5개의 3각형의 넓이 A_{LAT}는

$A_{LAT} = 5 \cdot \frac{Lr}{2} = \frac{5}{2}L\sqrt{\frac{L^2}{4}\left(1 + \frac{2}{\sqrt{5}}\right) + h^2}$

$= \frac{5}{4}L\sqrt{\frac{5L^2 + 2L^2\sqrt{5} + 20h^2}{5}} = \frac{\sqrt{5}}{4}L\sqrt{L^2(5 + 2\sqrt{5}) + 20h^2}$ 이다.

- 각뿔의 넓이 A는 $A = A_B + A_{LAT}$ 이다.
- 이것을 간단히 정리하면,

$A = \frac{5}{4} \cdot L \cdot \frac{L + \sqrt{L^2 + 4h^2(5 - 2\sqrt{5})}}{\sqrt{5 - 2\sqrt{5}}}$ 이다.

㉯ J_2의 넓이

- 앞에서, $r^2=\frac{3L^2}{4}$ 이므로 J_2의 경사진 높이 r은 $r=\frac{\sqrt{3}}{2}L$ 이다.

- 그러므로, J_2의 옆면의 넓이A_{LAT}는 $A_{LAT}=5\cdot\frac{L\cdot r}{2}=\frac{5}{2}L\cdot\frac{\sqrt{3}}{2}L=\frac{5\sqrt{3}}{4}L^2$이다.

- 따라서, J_2의 넓이 A는

$$A=\frac{L^2}{4}\sqrt{25+10\sqrt{5}}+\frac{5\sqrt{3}}{4}L^2=\frac{L^2}{4}\left(\sqrt{25+10\sqrt{5}}+5\sqrt{3}\right)\text{ 이다.(✍)}$$
$$=\frac{L^2}{2}\sqrt{\frac{5}{2}\left(10+\sqrt{5}+\sqrt{75+30\sqrt{5}}\right)}\cong 3.8855409101L^2$$

✍ 이중근호의 성질[$\sqrt{a}+\sqrt{b}=\sqrt{a+b+2\sqrt{ab}}\ (a>0, b>0)$]을 이용하면,

$$A=\frac{L^2}{4}\left(\sqrt{25+10\sqrt{5}}+5\sqrt{3}\right)=\frac{L^2}{4}\left(\sqrt{25+10\sqrt{5}+75+2\sqrt{75(25+10\sqrt{5})}}\right)$$
$$=\frac{L^2}{4}\sqrt{100+10\sqrt{5}+2\sqrt{1875+750\sqrt{5}}}=\frac{L^2}{2}\sqrt{\frac{100+10\sqrt{5}+10\sqrt{75+30\sqrt{5}}}{4}}$$
$$=\frac{L^2}{2}\sqrt{\frac{5}{2}\left(10+\sqrt{5}+\sqrt{75+30\sqrt{5}}\right)}$$

여기에서 $a=\sqrt{25+10\sqrt{5}}$, $b=5\sqrt{3}=\sqrt{75}$ 이다.

❺ 부피 구하기

㉮ 5각뿔의 부피 V를 L, h를 사용하여 나타내면 $V=\frac{L^2h}{3}$이다.

- 각뿔의 부피는 $\frac{1}{3}\times$밑넓이$\times$높이 를 이용하면 $V=\frac{L^2h}{3}$이다.
- 5각뿔을 밑면의 5각형과 평행하게 자르는 것을 생각한다.

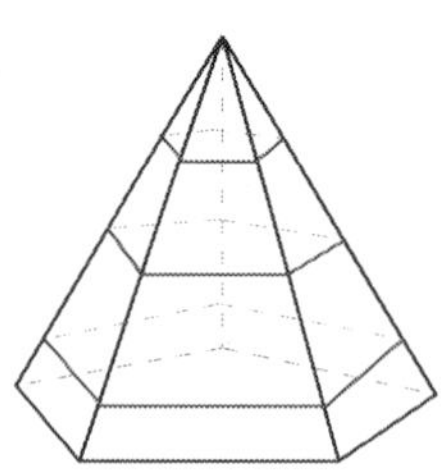

- 밑면에 평행한 각뿔의 단면은 자른 높이가 클 수록 더 작은 5각형이다.
- 이 5각형들은 각뿔의 높이에 수직이다.
- 각뿔의 모든 단면의 넓이의 합은 5각뿔의 부피이다.
- 각뿔 단면의 5각형이 각뿔의 높이에 있는 5각형 면이라고 가정하자.

- $y(x)$를 높이 x 에 있는 각뿔 단면의 5각형 변이라고 가정하자.

- 여기에서, $x=0$일 때, $y(x)=L$; $x=h$일 때, $y(x)=0$ 이다.

- 따라서, 변의 길이 $y(x)$는 $y(x)=\frac{Lx}{h}$ 이다.

- 단면(5각형)의 넓이 $A(x)$는 $A(x)=\frac{y^2(x)}{4}\sqrt{25+10\sqrt{5}}$ 이다.

- 따라서, 각뿔의 부피 V는 0에서 h까지의 적분의 합이다.

$$
\begin{aligned}
V &= \int_0^h \frac{y^2(x)}{4}\sqrt{25+10\sqrt{5}}\,dx = \frac{\sqrt{25+10\sqrt{5}}}{4}\int_0^h y^2(x)dx \\
&= \frac{\sqrt{25+10\sqrt{5}}}{4}\int_0^h \frac{L^2x^2}{h^2}dx = \frac{L^2}{h^2}\frac{\sqrt{25+10\sqrt{5}}}{4}\int_0^h x^2dx \\
&= \frac{L^2}{h^2}\cdot\frac{\sqrt{25+10\sqrt{5}}}{4}\cdot\frac{h^3}{3} = \frac{\sqrt{25+10\sqrt{5}}}{12}L^2h
\end{aligned}
$$

- 즉, $V=\frac{\sqrt{25+10\sqrt{5}}}{12}L^2h$ 이다.

㉯ J_2의 부피

- 앞에서 J_2의 높이 h는 $h=\frac{L}{2}\cdot\sqrt{2-\frac{2}{\sqrt{5}}}$ 이다.

- 위에서 구한 각뿔의 부피의 공식 $V=\frac{\sqrt{25+10\sqrt{5}}}{12}L^2h$에 대입하면,

J_2의 부피 V는

$$
\begin{aligned}
V &= \frac{\sqrt{25+10\sqrt{5}}}{12}L^2h = \frac{\sqrt{25+10\sqrt{5}}}{12}L^2\cdot\frac{L}{2}\sqrt{2-\frac{2}{\sqrt{5}}} \\
&= \sqrt{2-\frac{2}{\sqrt{5}}}\,\frac{\sqrt{25+10\sqrt{5}}}{12}\,\frac{L^3}{2}
\end{aligned}
$$

- 간단히 정리하면, $V=\frac{L^3}{24}(5+\sqrt{5})$ 이다.

$$
\begin{aligned}
✍\ V &= \sqrt{2-\frac{2}{\sqrt{5}}}\,\frac{\sqrt{25+10\sqrt{5}}}{12}\,\frac{L^3}{2} = \frac{L^3}{24}\sqrt{2-\frac{2}{\sqrt{5}}}\sqrt{25+10\sqrt{5}} \\
&= \frac{L^3}{24}\sqrt{\frac{10-2\sqrt{5}}{5}}\sqrt{25+10\sqrt{5}} = \frac{L^3}{24}\sqrt{\frac{10-2\sqrt{5}}{5}(25+10\sqrt{5})} \\
&= \frac{L^3}{24}\sqrt{30+10\sqrt{5}} = \frac{L^3}{24}\sqrt{30+2\sqrt{125}} = \frac{L^3}{24}(5+\sqrt{5})
\end{aligned}
$$

- 다른 방법은, 각뿔의 부피를 $\frac{1}{3}\times$ 밑넓이 $\times$ 높이를 이용하면,

- 밑면이 정5각형인 넓이는 $A_B = \frac{L^2}{4}\sqrt{25+10\sqrt{5}}$,

  높이는 $h = \frac{L}{2} \cdot \sqrt{2-\frac{2}{\sqrt{5}}} = \sqrt{\frac{5-\sqrt{5}}{10}}\,L$이므로, J_2의 부피 V는

$$V = \frac{1}{3}\times\frac{1}{4}\sqrt{25+10\sqrt{5}}\,L^2\times\sqrt{\frac{5-\sqrt{5}}{10}}\,L = \frac{1}{12}\sqrt{\frac{125-25\sqrt{5}+50\sqrt{5}-50}{10}}\,L^3$$ 이다.

$$= \frac{1}{12}\sqrt{\frac{75+25\sqrt{5}}{10}}\,L^3 = \frac{1}{12}\sqrt{\frac{15+5\sqrt{5}}{2}}\,L^3 = \frac{1}{12}\sqrt{\frac{30+10\sqrt{5}}{4}}\,L^3$$

$$= \frac{1}{12}\times\frac{\sqrt{30+2\sqrt{125}}}{2}L^3 = \frac{1}{24}(5+\sqrt{5})L^3$$

❻ J_2의 쌍대다면체

- J_2은 자기 쌍대이다.
- J_2은 위상적으로 자기쌍대 다면체이다.
- 쌍대 모서리 길이는 극사상(polar reciprocation, 극대응) 때문에 다르다.

J_2의 쌍대그림	J_2의 쌍대전개도

✐ 정5각형의 넓이와 둘레의 길이 구하기

- 정5각형의 정의를 이용하여 넓이와 둘레의 길이를 구하기 위해 3개의 식을 구한다.
- 옆면, 변심거리(정다각형의 중심에서 변까지의 거리,apothem), 외접원의 반지름의 관점에서 구한다.

❶ 기본적인 값 구하기

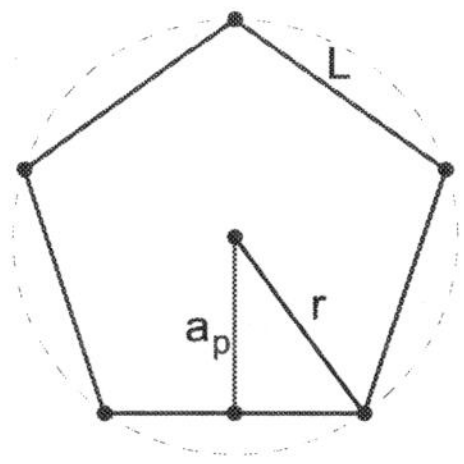

- 왼쪽 그림에서 한 변의 길이가 L인 정5각형의 둘레의 길이 P, 넓이 A는 다음과 같다.

$$P = 5L,\ A = \frac{5L \cdot a_p}{2}$$ (단, a_p는 변심거리이다.)

- 정5각형에서 3개의 기본적인 값인 변의 길이(L), 변심거리(a_p), 외접원의 반지름(r)이 가지고 있는 자료에 따라 정5각형의 둘레와 넓이를 계산할 수 있다.

❷ 정5각형의 요소와 정의

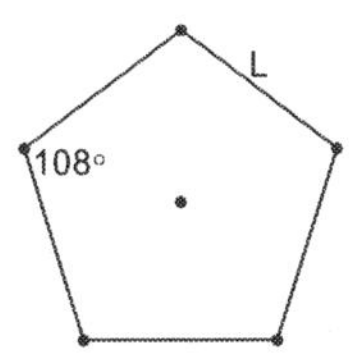

- 5각형은 5개의 변과 5개의 꼭짓점이 있는 다각형이다.
- 정5각형은 변의 길이가 모두 같고 내각의 크기는 108° 이다.

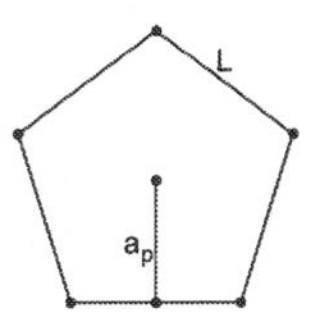

- 정다각형의 변심거리(a_p)는 그 변에서 다각형의 중심까지의 거리이다.
- 변심거리(a_p)는 각 면의 중점과 다각형의 중심을 연결한다.
- 변심거리(a_p)를 L를 사용하여 나타내면, $a_p = \frac{L}{2}\sqrt{1+\frac{2}{\sqrt{5}}}$ 이다.
- 이에 대한 설명은 다음 장에서 한다.

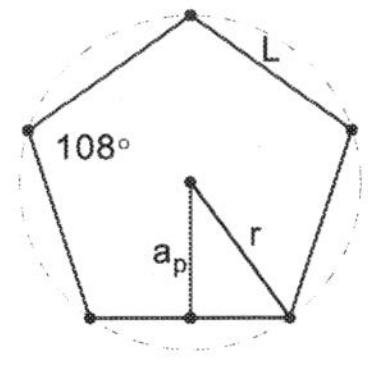

- 마지막으로 반지름 r인 원 안에 정5각형을 내접시킬 수 있다.

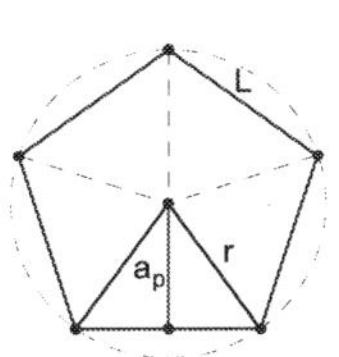

- 정5각형은 밑변이 L, 한 변의 길이가 r, 높이가 a_p인 5개의 2등변 3각형으로 나누어진다.
- 3각형의 두 밑각의 크기는 54° (정5각형의 한 내각의 크기의 반)이고 꼭지각의 크기는 72° ($\frac{360°}{5} = 72°$)이다.

❸ 변심거리(Apotema, a_p)

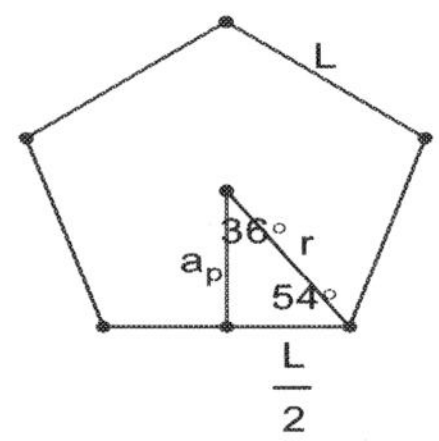

- 위의 그림에서 2등변3각형을 왼쪽과 같이 직각3각형으로 나눌 수 있다.
- 사인정리에 의해, $r = \dfrac{a_p}{\sin 54°} = \dfrac{L}{2\sin 36°}$ 이다.
- 주어진 식을 a_p로 정리하면, $a_p = \dfrac{L\sin 54°}{2\sin 36°}$ 이다.
- 식을 변형하여 간단히 하면, $a_p = \dfrac{L}{2}\sqrt{\dfrac{5+2\sqrt{5}}{5}}$ 이다.
- 이 식을 다시 L로 나타내면, $L = 2a_p\sqrt{5-2\sqrt{5}}$ 이다.

❹ 둘레의 값 구하기

- 한 변의 길이가 L인 정5각형의 둘레의 길이 P는 $P=5L$ 이다.
- 변심거리를(Apotema, a_p) 이용하여 나타내면, $P = 10a_p\sqrt{5-2\sqrt{5}}$ 이다.
- 반지름 r를 이용하여 나타내면, $P = 5r \cdot \dfrac{\sqrt{5-\sqrt{5}}}{\sqrt{2}}$ 이다.

  ☆ 참조 : 첫 번째 식에서 변심거리와 반지름을 이용하여 마지막 두 값을 얻었다.

❺ 넓이 구하기

- 정5각형의 넓이는 앞의 2등변3각형의 넓이에 5를 곱하면 된다.
- 3각형의 밑변은 L, 높이는 a_p이므로 정5각형의 넓이 A는 $A = \dfrac{5}{2}La_p$ 이다.
- 넓이 A는 다음과 같이 3가지 방법으로 표현할 수 있다.

  ① 밑변 L를 이용하면, $A = \dfrac{L^2}{4}\sqrt{25+10\sqrt{5}}$ $\left[a_p = \dfrac{L}{2}\sqrt{\dfrac{5+2\sqrt{5}}{5}}\right]$이다.

  ② 변심거리 a_p를 이용하면, $A = 5a_p^2\sqrt{5-2\sqrt{5}}$ $[L = 2a_p\sqrt{5-2\sqrt{5}}]$이다.

  ③ 반지름 r를 이용하면, $A = \dfrac{5}{8}r^2\sqrt{10+2\sqrt{5}}$ 이다.

✍ $\sin 18^\circ$, $\sin 36^\circ$, $\sin 54^\circ$ 구하기

㉮ $\sin 18^\circ$ 구하기

- $18^\circ = A$라 하면, $\sin 2A = \cos 3A$이다.
- 배각공식을 이용하면, $2\sin A\cos A = 4\cos^3 A - 3\cos A$ 이다.
- 위 식에서, $2\sin A\cos A - 4\cos^3 A + 3\cos A = 0$, $\cos A(2\sin A - 4\cos^2 A + 3) = 0$ 이다.
- $\cos A \neq 0$이므로, $2\sin A - 4\cos^2 A + 3 = 0$이다.
- 정리하면, $4\sin^2 A + 2\sin A - 1 = 0$ $[\cos^2 A = 1 - \sin^2 A]$ 이다.
- 근의 공식을 이용하면, $\sin A = \frac{\sqrt{5}-1}{4}$이므로 $\sin 18^\circ = \frac{\sqrt{5}-1}{4}$이다.

㉯ $\sin 54^\circ = \cos 36^\circ$ 구하기

- $\sin 54^\circ = \cos 36^\circ = 1 - 2\sin 18^2$ $[\cos 2A = 1 - 2\sin^2 A]$ 이다.
- 따라서, $\cos 36 = 1 - 2\left(\frac{\sqrt{5}-1}{4}\right)^2 = \frac{1+\sqrt{5}}{4}$ 이므로 $\sin 54^\circ = \frac{1+\sqrt{5}}{4}$이다.

㉰ $\sin 36^\circ$ 구하기

- $\sin 36^2 = 1 - \cos 36^2 = 1 - \left(\frac{1+\sqrt{5}}{4}\right)^2 = \frac{10-2\sqrt{5}}{16}$ 이다.
- 따라서, $\sin 36^\circ = \frac{\sqrt{10-2\sqrt{5}}}{4}$ 이다.

J3

3각형 둥근 지붕

(Pentagonal Pyramid)

3각형 둥근 지붕(Triangular Cupola[16]J3)은 8개의 면(4개의 정3각형, 3개의 정4각형, 1개의 정6각형), 15개의 모서리, 9개의 꼭짓점으로 이루어져 있다.

3각형 둥근 지붕(J3)

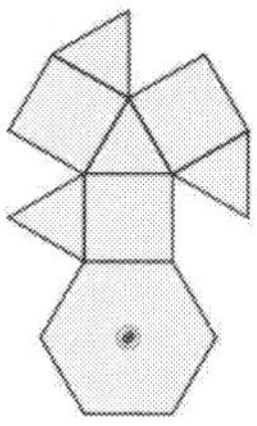

J3의 전개도

존슨입체도형 J03

또한, J3은 다음과 같이 표로 나타낼 수 있다.

[f_3는 존슨입체의 면이 3각형으로 이루어진 것을 나타냄]

분류	v	e	f	$v-e+f$	f_3	f_4	f_5	f_6	f_8	f_{10}
갯수	9	15	8	2	4	3	·	1	·	·

✔ J3은 $f_{3,4,6}$인 입체이다.

3각형 둥근 지붕(J3)은 마주보는 2개의 3각형 면 사이에서 6 · 8면체를 2등분하여 구성할 수 있다. 반대로, 2개의 3각형 둥근 지붕(J3)을 회전 방향에서 붙여 6 · 8면체를 만들 수 있다.

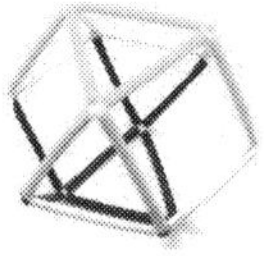

6 · 8면체

16) https://en.wikipedia.org/wiki/Cupola_(geometry)
한 변의 길이가 20인 정6각형에서 윗 평면까지의 거리(높이)는 16.33으로 하면 3각형 둥근 지붕이 된다.
아래 평면까지의 거리는 17.034로 하면 6 · 8면체를 만들 수 있다.

2개의 3각형 등근 지붕(J3)을 수직 방향으로 하여 대신 붙이면 또 다른 존슨 입체인 3각형 수직 2중 등근 지붕(J27)이 만들어 진다.

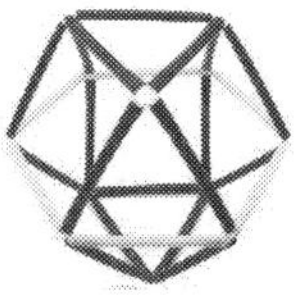

3각형 수직 2중 등근 지붕(J27)

3각형 등근 지붕(J3)은 6각기둥을 길게 늘여 붙여서 길게 늘린 3각형 등근 지붕(J18)을 만들 수 있다. 수직 방향으로 두 번째 등근 지붕(J3)을 추가하면 길게 늘린 3각형 수직 2중 등근 지붕(J35)이 만들어 지고, 회전 방향으로 하여 두 번째 등근 지붕(J3)을 추가하면 길게 늘린 3각형 회전 2중 등근 지붕(J36)이 만들어 진다.

길게 늘린 3각형
등근 지붕(J18)

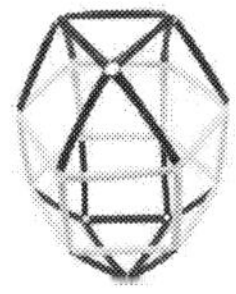

길게 늘린 3각형
수직 2중 등근 지붕(J35)

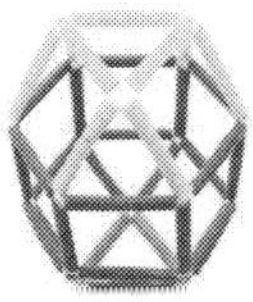

길게 늘린 3각형
회전 2중 등근 지붕(J36)

또한 6각형 엇각기둥을 붙여 길게 늘일 수 있으며, 회전하여 길게 늘린 3각형 등근 지붕(J22)을 만들 수 있다. 두 번째 등근 지붕(J3)을 더하면 카이럴 다면체인 회전하여 길게 늘린 3각형 2중 등근 지붕(J44)을 만들 수 있다.

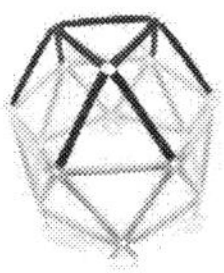

회전하여 길게 늘린
3각형 등근 지붕(J22)

회전하여 길게 늘린
3각형 2중 등근 지붕(J44)

3각형 등근 지붕(J3)은 잘린 4면체를 증강시켜 증강된 잘린 4면체(J65)를 만들 수 있다.

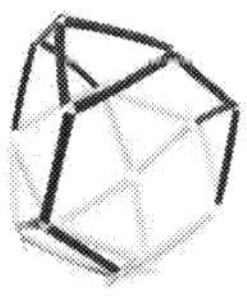

증강된
잘린 4면체(J65)

3각형 둥근 지붕(J3)에 정4각뿔(J1)을 붙여서 다음과 같은 다면체를 만들 수 있다.

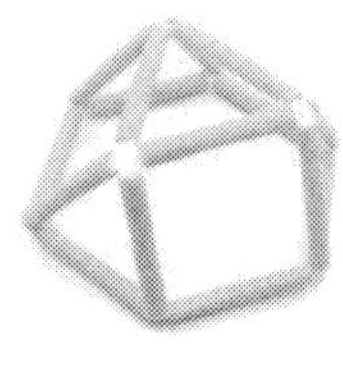

3각형 둥근 지붕(J3)

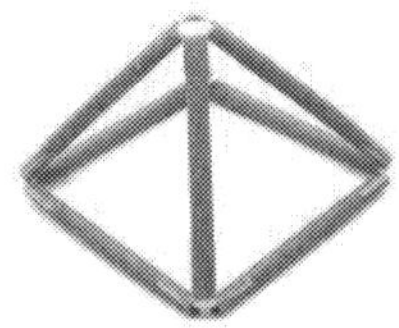

정4각뿔(J1)

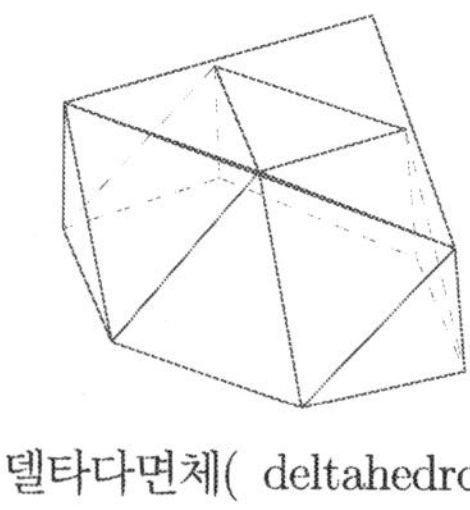

델타다면체(deltahedron)
-22개의 3각형 면

✔ 3각형 둥근 지붕(J_3)(Triangular Cupola(J3)) 의 넓이와 부피 구하기

3각형 둥근지붕(또는 J_3)의 높이를 계산하여 넓이와 부피에 대한 공식을 구할 수 있다.

❶ J_3의 넓이와 부피의 값

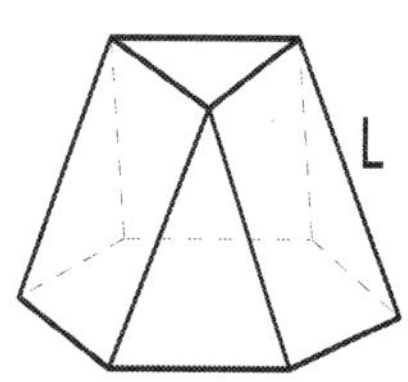

- 한 변의 길이가 L인 J_3의 넓이 A와 부피 V는 다음과 같다.
- $A=\left(3+\frac{5\sqrt{3}}{2}\right)L^2,\ \ V=\frac{5\sqrt{2}}{6}L^3$

❷ 3각형 둥근지붕(J_3)정의

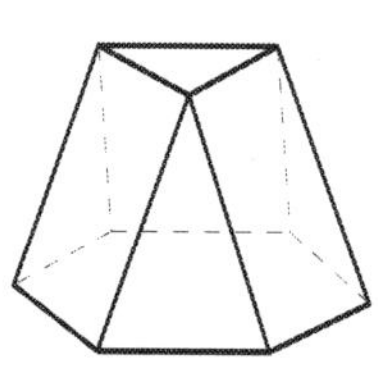

- J_3는 밑면이 6각형이고 윗면이 3각형인 prismatoid[유사(類似)각기둥: 두 개의 평행인 평면이 있는 다면체]다면체이다.
- J_3의 모든 면은 정다각형이고, 8개의 면(정6각형 1개, 정4각형 3개, 정3각형 4개), 15개의 모서리, 9개의 꼭짓점이 있다.

[참고]

- prismatoid는 꼭짓점이 두 개의 평행한 평면(밑면)에 있는 다면체이다.
- 3각형 둥근지붕(dome)은 prismatoid 모양이므로 밑면 중 하나는 다른 밑면보다 2배 많은 면을 갖는다.
- J_3의 모든 모서리의 길이는 같다.

❸ 옆면의 경사(기울어진 거리) 구하기

① 경사(기울어진 거리)의 의미

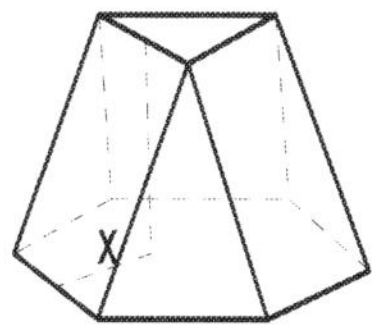

- 옆면(정4각형)은 밑면에 수직이 아니다.(각기둥에 수직이다.)
- 그림에서 x는 정4각형 밑변의 중점에서 정4각형 윗변의 중점에서 수선으로 내린 밑면의 정6각형 위의 점까지의 거리이다.

② 3각형 둥근지붕(J_3)을 위에서 본 모습에서 정4각형의 경사 거리 구하기

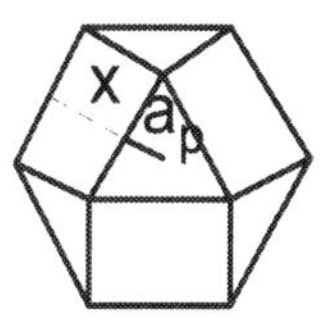

- 밑면 6각형의 변심거리(a_{p_h})는 윗면 3각형의 변심거리(a_{p_t})와 길이 x의 합과 같다. 즉, $a_{p_h} = x + a_{p_t}$ 이다.
- J_3의 변의 길이가 L인 6각형의 변심거리(a_{p_h})는 $a_{p_h} = \frac{\sqrt{3}}{2}L$ 이다.
- 한 변의 길이가 L인 3각형의 변심거리(a_{p_t})는 $a_{p_t} = \frac{\sqrt{3}}{6}L$ 이다.
- 따라서, 정4각형 면(x)의 경사 거리는 $x = \frac{\sqrt{3}}{3}L$ 이다.

③ 3각형 둥근지붕(J_3)을 위에서 본 모습에서 옆면 3각형의 경사 거리 구하기

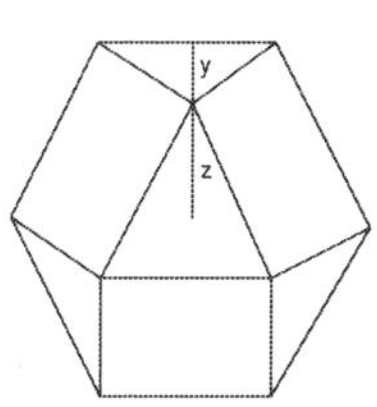

- 이제 y를 옆면의 3각형 면의 경사 거리라고 하자.
  즉, 3각형 밑면의 중점에서 6각형 밑면의 위쪽 꼭짓점 투영까지의 거리이다.
- 왼쪽 그림에서 z는 한 변의 길이가 L인 정3각형의 높이(h_t)에서 변심거리(a_{p_t})를 뺀 것이다. 즉, $z = h_t - a_{p_t} = \frac{\sqrt{3}}{3}L$ 이다.
- 여기에서, $a_{p_h} = y + z$ 이므로 $y = \frac{\sqrt{3}}{6}L$ 이다.

❹ J_3의 높이

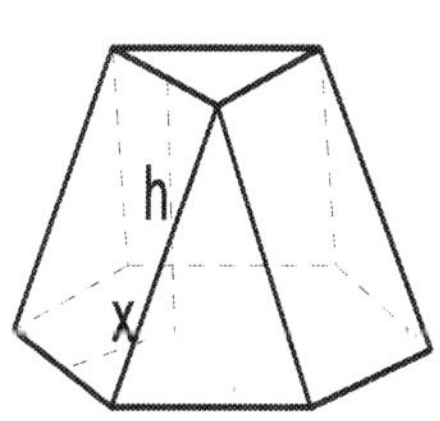

- J_3의 높이는 앞에서 구한 x를 이용하여 빠르게 구할 수 있다.
  즉, 피타고라스 정리에서,

$$h = \sqrt{L^2 - x^2} = \sqrt{L^2 - \frac{L^2}{3}} = \sqrt{\frac{2}{3}}L = \frac{\sqrt{6}}{3}L \text{ 이다.}$$

- 여기에서, 직각3각형의 빗변은 정4각형의 한 변의 길이이다.

❺ J_3의 넓이 구하기

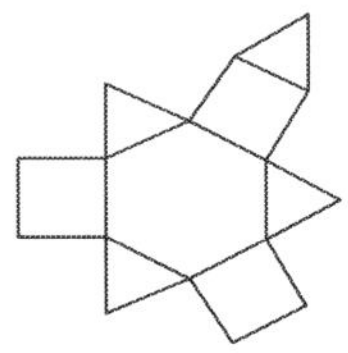

- J_3의 넓이는 옆면의 넓이와 밑면의 넓이의 합이다.
- 여기에는, 한 변의 길이가 L인 4개의 정3각형, 3개의 정4각형, 1개의 정6각형이 있다.
- 정3각형의 넓이의 합은 $A_t = \sqrt{3}L^2$, 정4각형의 넓이의 합은 $A_s = 3L^2$, 정6각형의 넓이는 $A_h = \frac{3\sqrt{3}}{2}L^2$이다.
- 따라서, J_3의 넓이는 $A_{J3} = \left(3 + \frac{5\sqrt{3}}{2}\right)L^2$ 이다.

❻ J_3의 부피 구하기

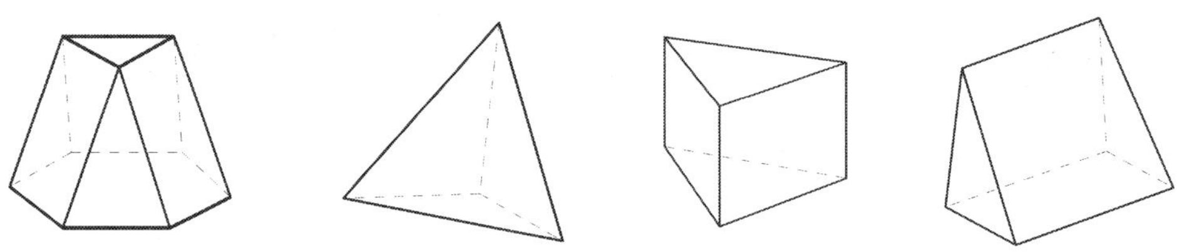

- J_3는 7개의 입체로 나누어 진다.	3각형을 기준으로 3개의 3각뿔	가운데 1개의 3각기둥	4각형을 기준으로 3개의 3각기둥

① 가운데 3각기둥의 부피 V_1

- 가운데 3각기둥의 부피는 높이와 밑면 넓이의 곱이다.
- 각기둥의 높이는 둥근 지붕의 높이이다. 즉, $h = \frac{\sqrt{6}}{3}L$ 이다.
- 한 변의 길이가 L인 정3각형의 넓이 A_t는 $A_t = \frac{\sqrt{3}}{4}L^2$ 이다.
- 따라서, 각기둥의 부피 V_1은 $V_1 = \frac{\sqrt{3}}{4}L^2\frac{\sqrt{6}}{3}L = \frac{\sqrt{2}}{4}L^3$ 이다.

② 3개의 3각뿔의 부피 V_2

- 3각뿔의 부피는 높이와 밑면 넓이의 곱의 $\frac{1}{3}$이다.
- 밑면은 밑변의 길이가 L인 2등변3각형이고 높이는 $y = \frac{\sqrt{3}}{6}L$ 이다.
- 그러므로, 넓이 A_t는 $A_t = \frac{L}{2} \cdot y = \frac{L}{2} \cdot \frac{\sqrt{3}}{6}L = \frac{\sqrt{3}}{12}L^2$ 이다.
- 높이는 둥근 지붕의 높이와 같다.

- 따라서 3개의 각뿔의 부피 V_2는 $V_2 = 3 \cdot \frac{1}{3} \cdot \frac{\sqrt{6}}{3}L \cdot \frac{\sqrt{3}}{12}L^2 = \frac{\sqrt{2}}{12}L^3$ 이다.

③ 3개의 3각기둥의 부피 V_3

- 마지막으로 3각기둥의 부피는 높이와 밑면 넓이의 곱이다.
- 밑면은 높이가 h(둥근 지붕의 높이), 밑변이 $x = \frac{\sqrt{3}}{3}L$인 직각3각형이다.
- 그러므로, 넓이 $A_t = \frac{1}{2}hx = \frac{1}{2} \cdot \frac{\sqrt{6}}{3}L \cdot \frac{\sqrt{3}}{3}L = \frac{\sqrt{2}}{6}L^2$ 이다.
- 각기둥의 높이는 L 이다.
- 따라서, 3개의 3각기둥의 부피 V_3는 $V_3 = 3 \cdot \frac{\sqrt{2}}{6}L^2 \cdot L = \frac{\sqrt{2}}{2}L^3$ 이다.

④ J_3의 부피 V_{J3}

- J_3의 부피 V_{J3}는 $V_{J3} = \left(\frac{\sqrt{2}}{4} + \frac{\sqrt{2}}{12} + \frac{\sqrt{2}}{2}\right)L^3 = \frac{5\sqrt{2}}{6}L^3$ 이다.

❼ J_3의 쌍대다면체

- J_3의 쌍대는 6개의 3각형과 3개의 연(kite)이 있다.

J_3의 쌍대그림	J_3의 쌍대전개도

✎ 정6각형의 넓이와 둘레의 길이 구하기

- 정6각형을 정의하고 그 넓이와 둘레에 대한 값을 기본적인 변의 길이(L), 변심거리(a_p, 정다각형의 중심에서 변까지의 거리,apothem), 외접원의 반지름(r)의 관점에서 구한다.

❶ 계산하기

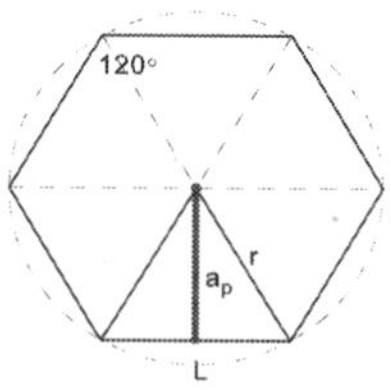

- 왼쪽 그림에서 한 변의 길이가 L인 정6각형의 둘레의 길이 P, 넓이 A는 다음과 같다.

$P=6L$, $A=3a_pL$ (단, a_p는 변심거리이다.)

❷ 정6각형의 요소와 정의

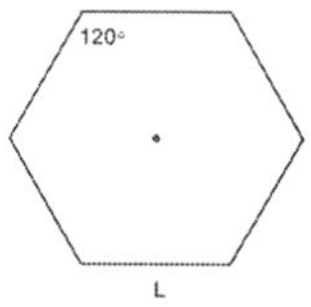

- 6각형은 6개의 변과 6개의 꼭짓점이 있는 다각형이다.
- 정6각형은 변의 길이가 모두 같고 내각의 크기는 120° 이다.

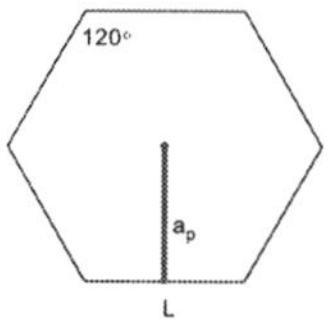

- 정다각형의 변심거리(a_p)는 그 변에서 다각형의 중심까지의 거리이다.
- 변심거리(a_p)는 각 면의 중점과 다각형의 중심을 연결한다.
- 변심거리(a_p)를 L를 사용하여 나타내면, $a_p = \frac{\sqrt{3}}{2}L$ 이다.
- 이에 대한 설명은 다음 장에서 한다.

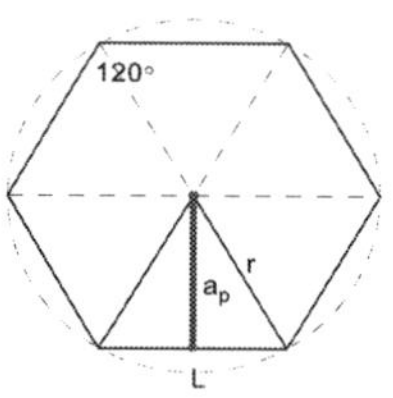

- 반지름 r인 원 안에 정6각형을 내접시킬 수 있다.
- 정6각형은 밑변이 L, 한 변의 길이가 r, 높이가 a_p인 6개의 정3각형으로 나누어진다[$L=r$].
- 3각형의 두 밑각의 크기는 60° (정6각형의 한 내각의 크기의 반)이고 꼭지각의 크기는 60° ($\frac{360°}{6}=60°$)이다.

❸ 변심거리(Apotema, a_p)

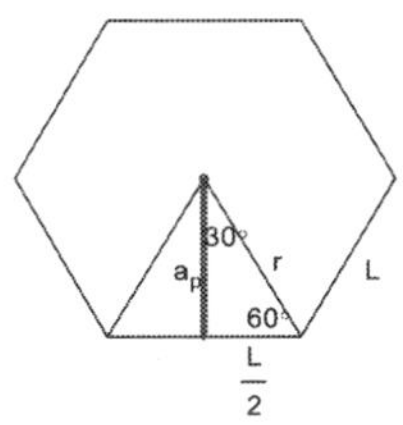

- 위의 그림에서 정3각형을 왼쪽과 같이 직각3각형으로 나눌 수 있다.
- 사인정리에 의해, $r = \frac{a_p}{\sin 60°} = \frac{L}{2\sin 30°}$ 이다.
- 즉, $r = \frac{2a_p}{\sqrt{3}} = L$ 이다.
- 주어진 식을 a_p로 정리하면, $a_p = \frac{\sqrt{3}}{2}L$ 이다.
- 이 식을 다시 r로 나타내면, $a_p = \frac{\sqrt{3}}{2}r$ 이다.

❹ 둘레의 길이 구하기

- 한 변의 길이가 L인 정6각형의 둘레의 길이 P는 $P = 6L$ 이다.
- 변심거리를(Apotema, a_p) 이용하여 나타내면, $P = 4\sqrt{3}\,a_p$이다.
- 반지름 r를 이용하여 나타내면, $P = 6r$ 이다.

☆ 참조 : $r = \frac{2a_p}{\sqrt{3}} = L$ 에서 변심거리와 반지름을 이용하여 마지막 두 식을 얻었다.

❺ 넓이 구하기

- 정6각형의 넓이는 앞의 정3각형의 넓이에 6를 곱하면 된다.
- 3각형의 밑변은 L, 높이는 a_p이므로 정6각형의 넓이 A는 $A = \frac{6La_p}{2} = 3La_p$ 이다.
- 넓이 A는 다음과 같이 3가지 방법으로 표현할 수 있다.

① 밑변 L를 이용하면, $A = \frac{3}{2}\sqrt{3}\,L^2$ 이다.

② 변심거리 a_p를 이용하면, $A = 2\sqrt{3}\,a_p^2$ 이다.

③ 반지름 r를 이용하면, $A = \frac{3}{2}\sqrt{3}\,r^2$ 이다.

J4 정4각형 둥근 지붕 (Square Cupola)

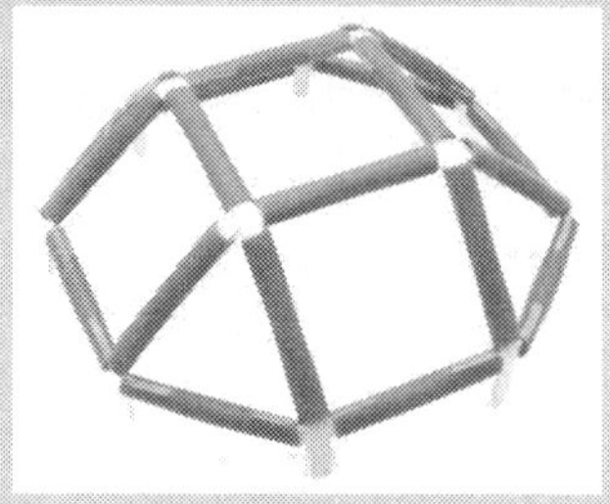

정4각형 둥근 지붕(J4)은 10개의 면(4개의 정3각형, 5개의 정4각형, 1개의 8각형), 20개의 모서리, 12개의 꼭짓점으로 이루어져 있다.

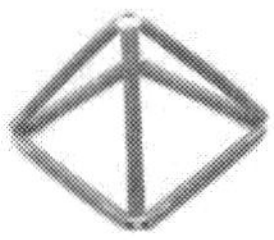

정4각뿔(J1)

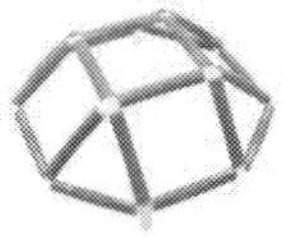

정4각형 둥근 지붕(J4)

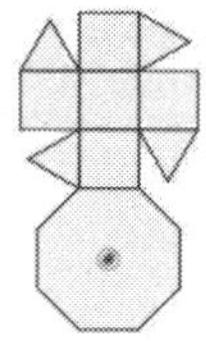

J4의 전개도

존슨입체도형 J04

또한, J4는 다음과 같이 표로 나타낼 수 있다.

[f_3는 존슨입체의 면이 3각형으로 이루어진 것을 나타냄]

분류	v	e	f	$v-e+f$	f_3	f_4	f_5	f_6	f_8	f_{10}
갯수	12	20	10	2	4	5	·	·	1	·

✔ J4는 $f_{3,4,8}$인 입체이다.

정4각형 둥근 지붕(J4)은 위의 그림처럼 정4각뿔(J1)과 관련이 있다. 정4각뿔(J1)부터 시작해서 각각의 방향을 유지하면서 3각형 면들을 그 밑면의 평면을 따라 방사형으로 밀어내면 각뿔의 정점이 4개의 꼭짓점으로 갈라지게 되는데, 정4각형을 삽입하면 연결될 수 있다. 밑면의 꼭짓점들도 8개의 꼭짓점으로 갈라지게 되는데, 꼭짓점 사이의 거리가 원래 모서리 길이와 같은 결과로 생긴 간격을 정4각형과 8각형으로 채워 정4각형 둥근 지붕(J4)을 만들 수 있다. 따라서, 우리는 정4각형 둥근 지붕(J4)을 "확장된" 정4각뿔로 생각할 수도 있다.

정4각형 둥근 지붕(J4)은 또한 마름모6 · 8면체의 한 부분으로 존재하는데, 이것은 정4각형 둥근 지붕(J4), 8각기둥, 그리고 두 번째 정4각형 둥근 지붕(J4)을 붙여 놓은 결과로 만들어진 길게 늘린 정4각형 수직 2중 둥근 지붕이라고 생각할 수 있다. 따라서 정4각형 둥근 지붕(J4)은 마름모6 · 8면체의 "$\frac{1}{3}$"로 생각할 수 있다(엄밀히 말하면 정확히 $\frac{1}{3}$은 아니다). 2개의 정4각형 둥근 지붕(J4)이 서로 정렬되지 않으면, 이 붙인 결과는 길게 늘린 정4각형 회전2중 둥근 지붕(J37)이 대신 나온다.

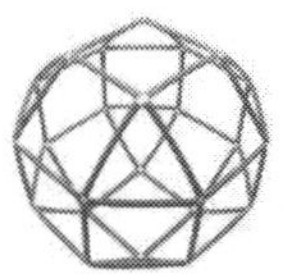
마름모6 · 8면체

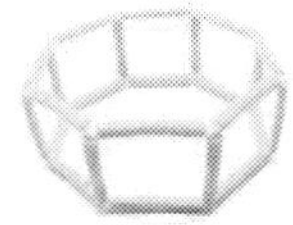
8각기둥

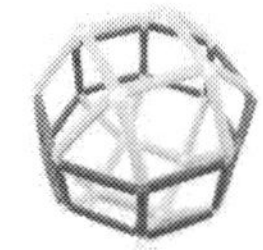
길게 늘린 정4각형
회전 2중 둥근 지붕(J37)

1개의 정4각형 둥근 지붕(J4)만 8각기둥에 붙이면 길게 늘린 정4각형 둥근 지붕(J19)이 만들어진다. 대신 8각엇각기둥으로 붙이면 회전하여 길게 늘린 정4각형 둥근 지붕(J23)이 만들어지는데, 2번째 둥근 지붕(J4)을 추가해 회전하여 길게 늘린 정4각형 2중 둥근 지붕(J45)을 만들 수 있다. 각기둥을 끼우지 않고 2개의 정4각형 둥근 지붕(J4)을 함께 붙이면 방향에 따라 정4각형 수직2중 둥근 지붕(J28) 또는 정4각형 회전2중 둥근 지붕(J29)이 만들어 진다.

길게 늘린 정4각형
둥근 지붕(J19)

8각엇각기둥

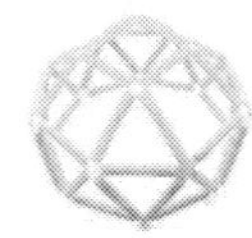
회전하여 길게 늘린 정4각형
둥근 지붕(J23)

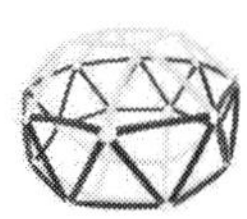
회전하여 길게 늘린 정4각형 2중
둥근 지붕(J45)

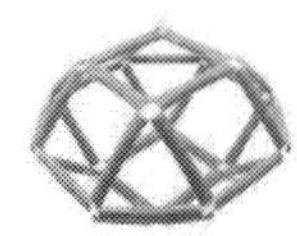
정4각형 수직2중
둥근 지붕(J28)

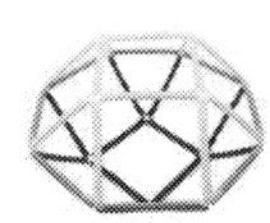
정4각형 회전2중
둥근 지붕(J29)

정4각형 둥근 지붕(J4)은 또한 자른 정6면체를 증가시켜 존슨 입체 중 하나인 증강된 자른 정6면체(J66)를 만들 수 있다. 반대편에 2번째 정4각형 둥근 지붕(J4)을 추가하면 2중으로 증강된 자른 정6면체(J67)가 만들어진다.

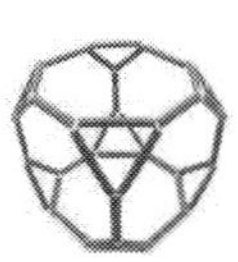
자른 정6면체

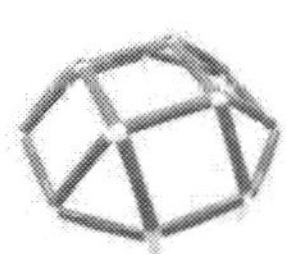
정4각형
둥근 지붕(J4)

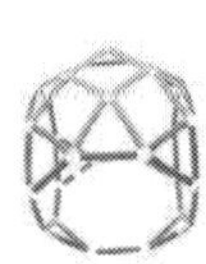
증강된
자른 정6면체(J66)

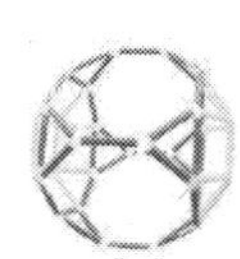
2중으로 증강된
자른 정6면체(J67)

- 관련 있는 다면체는 다음과 같다.

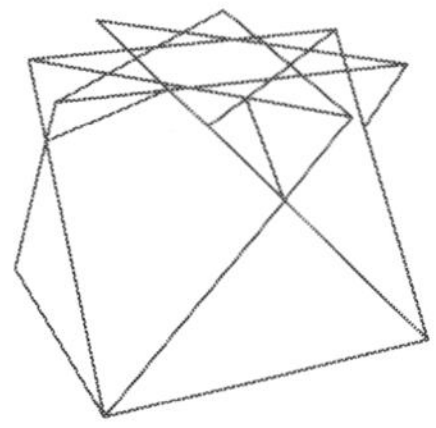	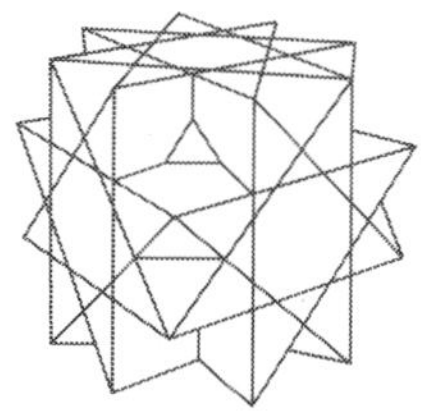
교차된 정4각형 둥근 지붕[17] (Crossed square cupola) - 10개의 면(4개의 정3각형, 5개의 정4각형, 1개의 별8각형), 20개의 모서리, 12개의 꼭짓점으로 이루어진 다면체이다.	큰 8각별6 · 8면체 (Great cubicuboctahedron, 큰 큐빅6 · 8면체) - 20개의 면(8개의 정3각형, 6개의 정4각형, 6개의 별8각형), 18개의 모서리, 24개의 꼭짓점으로 이루어진 다면체이다. - 3각형 면에서 6개의 교차된 정4각형 둥근 지붕이 연결된 것처럼 보인다.

✔ 정4각형 둥근 지붕과(J_4)(Square Cupola(J4))의 넓이와 부피 ☆

정4각형 둥근지붕(또는 J_4)의 높이를 계산하여 넓이와 부피에 대한 값을 구할 수 있다.

❶ J_4의 넓이와 부피의 값

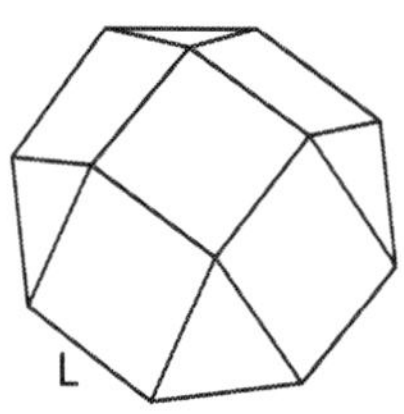

- 한 변의 길이가 L인 넓이 A와 부피 V는 다음과 같다.
- $A=(7+2\sqrt{2}+\sqrt{3})L^2$, $V=\left(1+\frac{2\sqrt{2}}{3}\right)L^3$이다.

❷ 정4각형 둥근지붕(J_4)정의

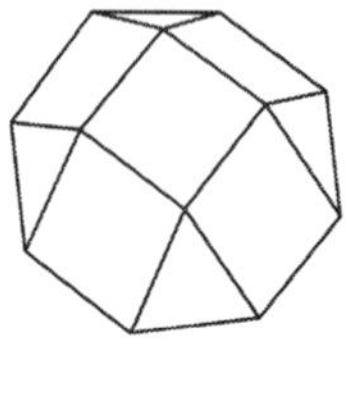

-J_4는 밑면이 8각형이고 윗면이 4각형인 prismatoid[유사(類似)각기둥: 두 개의 평행인 평면이 있는 다면체]다면체이다.
- J_3의 모든 면은 정다각형이고, 10개의 면(정8각형 1개, 정4각형 5개, 정3각형 4개), 20개의 모서리, 12개의 꼭짓점이 있다.

17) https://en.wikipedia.org/wiki/Crossed_square_cupola

[참고]

- 유사각기둥(prismatoid)은 꼭짓점이 두 개의 평행한 평면(밑면)에 있는 다면체이다.

- 4각형 둥근 지붕(dome, Cupola)은 유사각기둥(prismatoid)모양이므로 밑면 중 하나는 다른 밑면보다 2배 많은 면을 갖는다.

- J_4의 모든 모서리의 길이는 같다.

❸ 옆면의 경사(기울어진 거리) 구하기

① 경사(기울어진 거리의 의미

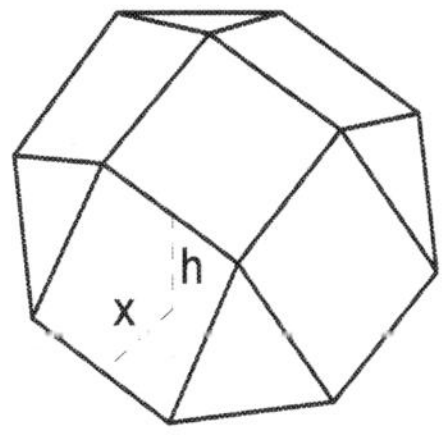

- 한 변의 길이가 L인 둥근 지붕이다.
- 옆면(정4각형)은 밑면에 수직이 아니다.(각기둥에 수직이다.)
- 그림에서 x는 정4각형 밑변의 중점에서 정4각형 윗변의 중점에서 수신으로 내린 밑면의 정8각형 위의 점까지의 거리이다.

② 정4각형 둥근 지붕(J_4)을 위에서 본 모습에서 정4각형의 경사 거리 구하기

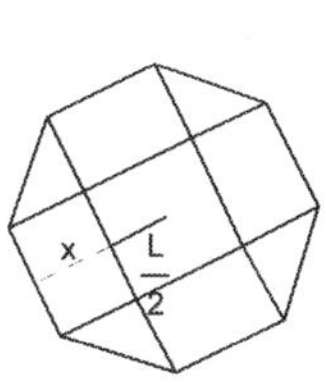

- 밑면 정8각형의 변심거리(a_{p_8})는 윗면 정4각형의 변심거리(a_{p_4})과 길이 x의 합과 같다. 즉, $a_{p_8} = x + a_{p_4}$ 이다.
- J_4의 변의 길이가 L인 정8각형의 변심거리(a_{p_8})는 $a_{p_8} = \frac{L}{2}(1 + \sqrt{2})$ 이다.
- 한 변의 길이가 L인 정4각형의 변심거리(a_{p_4})는 $a_{p_4} = \frac{L}{2}$ 이다.
- 따라서, 정4각형 면(x)의 경사 거리는 $x = \frac{\sqrt{2}}{2}L$ 이다.

③ 4각형 둥근 지붕(J_4)을 위에서 본 모습에서 옆면 3각형의 경사 거리 구하기

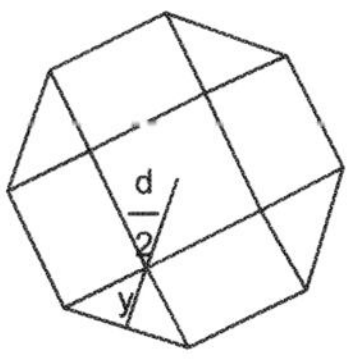

- 이제 y를 옆면의 3각형 면의 경사 거리라고 하자.
  즉, 3각형 밑면의 중점에서 정8각형 밑면의 위쪽 꼭짓점 투영까지의 거리이다.
- 한 변의 길이가 L인 대각선의 길이 d는 $d = \sqrt{2}L$ 이다.
- 여기에서, $a_{p_8} = y + \frac{d}{2}$ 이므로 $y = \frac{L}{2}$ 이다.

❹ J_4의 높이

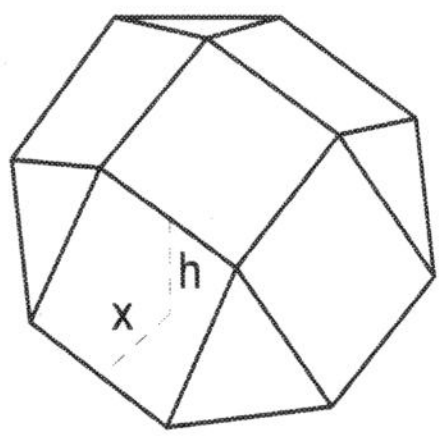

- J_4의 높이는 앞에서 구한 x를 이용하여 빠르게 구할 수 있다.
  즉, 피타고라스 정리에서,
  $$h=\sqrt{L^2-x^2}=\sqrt{L^2-\left(\frac{\sqrt{2}}{2}L\right)^2}=\sqrt{\frac{1}{2}L^2}=\frac{\sqrt{2}}{2}L \text{ 이다.}$$
  따라서, $h=\frac{\sqrt{2}}{2}L$ 이다.
- 여기에서, 직각3각형의 빗변은 정4각형의 한 변의 길이이다.

❺ J_4의 넓이 구하기

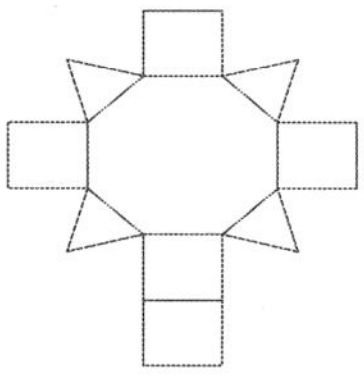

- J_4의 넓이는 옆면의 넓이와 밑면의 넓이의 합이다.
- 여기에는, 한 변의 길이가 L인 4개의 정3각형, 5개의 정4각형, 1개의 정8각형이 있다.
- 정3각형의 넓이의 합은 $A_t=\sqrt{3}L^2$, 정4각형의 넓이의 합은 $A_s=5L^2$, 정8각형의 넓이는 $A_8=2(1+\sqrt{2})L^2$이다.
- J_4의 넓이는 $A_{J4}=(7+2\sqrt{2}+\sqrt{3})L^2=(7+\sqrt{11+4\sqrt{6}})L^2$ 이다.

❻ J_4의 부피 구하기

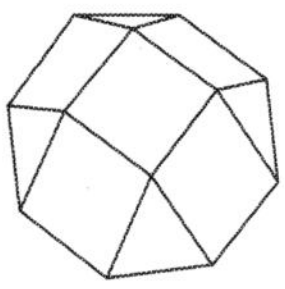

- J_4는 9개의 입체로 나누어 진다.

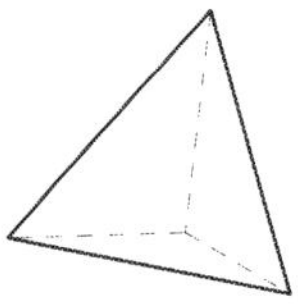

3각형을 기준으로 4개의 3각뿔

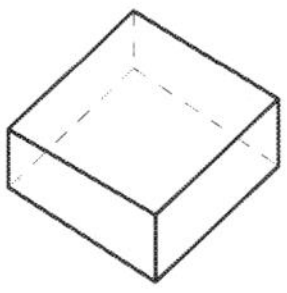

가운데 1개의 4각기둥

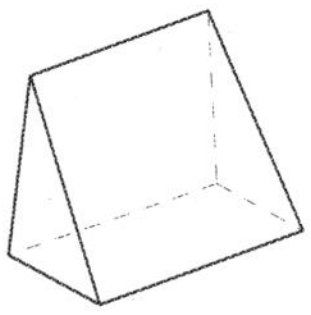

4각형을 기준으로 4개의 3각기둥

① 가운데 4각기둥의 부피 V_1

- 가운데 4각기둥의 부피는 높이와 밑면 넓이의 곱이다.
- 각기둥의 높이는 둥근 지붕의 높이이다. 즉, $h=\frac{\sqrt{2}}{2}L$ 이다.
- 한 변의 길이가 L인 정4각형의 넓이 A_s는 $A_s=L^2$ 이다.
- 따라서, 4각기둥의 부피 V_1은 $V_1=\frac{\sqrt{2}}{2}L^3$ 이다.

② 4개의 3각뿔의 부피 V_2

- 3각뿔의 부피는 높이와 밑면 넓이의 곱의 $\frac{1}{3}$이다.

- 밑면은 밑변의 길이가 L인 2등변3각형이고 높이는 $y=\frac{L}{2}$ 이다.

- 그러므로, 넓이 A_t는 $A_t=\frac{L}{2}\cdot y=\frac{L}{2}\cdot\frac{L}{2}=\frac{1}{4}L^2$ 이다.

- 높이는 둥근 지붕의 높이와 같다.

- 따라서 4개의 각뿔의 부피 V_2는 $V_2=4\cdot\frac{1}{3}\cdot\frac{1}{4}L^2\cdot\frac{\sqrt{2}}{2}L=\frac{\sqrt{2}}{6}L^3$ 이다.

③ 4개의 3각기둥의 부피 V_3

- 마지막으로 3각기둥의 부피는 높이와 밑면 넓이의 곱이다.

- 밑면은 높이가 h(둥근 지붕의 높이), 밑변이 $x=\frac{\sqrt{2}}{2}L$인 직각3각형이다.

- 그러므로, 넓이 $A_t=\frac{1}{2}hx=\frac{1}{2}\cdot\frac{\sqrt{2}}{2}L\cdot\frac{\sqrt{2}}{2}L=\frac{1}{4}L^2$ 이다.

- 각기둥의 높이는 L 이다.

- 따라서, 4개의 3각기둥의 부피 V_3는 $V_3=4\cdot\frac{1}{4}L^2\cdot L=L^3$ 이다.

④ J_4의 부피 V_{J4}

- J_4의 부피 V_{J4}는 $V_{J4}=\left(\frac{\sqrt{2}}{2}+\frac{\sqrt{2}}{6}+1\right)L^3=\left(1+\frac{2\sqrt{2}}{3}\right)L^3$ 이다.

❼ J_4의 쌍대다면체

- J_4의 쌍대는 8개의 3각형과 4개의 연(kite)이 있다.

J_4의 쌍대그림	J_4의 쌍대전개도
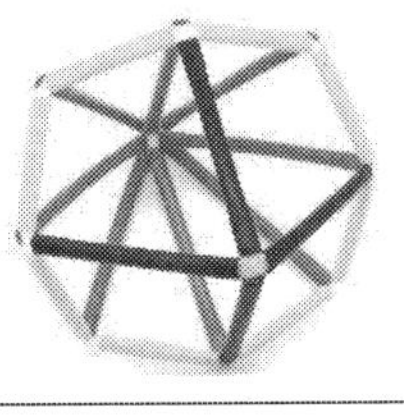	

✐ 정8각형의 넓이와 둘레의 길이 구하기

- 정8각형을 정의하고 그 넓이와 둘레에 대한 값을 옆면(L), 변심거리(a_p, 정다각형의 중심에서 변까지의 거리,apothem), 외접원의 반지름(r)의 관점에서 구한다.

❶ 계산하기

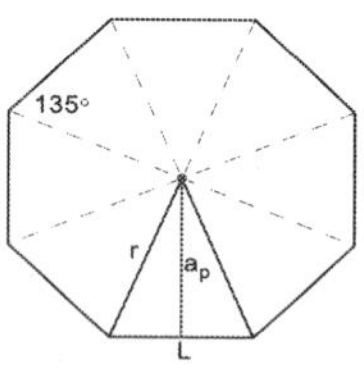

- 왼쪽 그림에서 한 변의 길이가 L인 정8각형의 둘레의 길이 P, 넓이 A는 다음과 같다.

$P=8L,\ A=4a_pL$ (단, a_p는 변심거리이다.)

❷ 정8각형의 요소와 정의

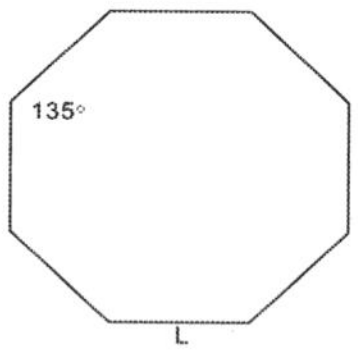

- 8각형은 8개의 변과 8개의 꼭짓점이 있는 다각형이다.
- 정8각형은 변의 길이가 모두 같고 내각의 크기는 135° 이다.

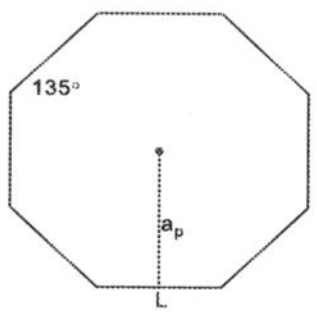

- 정다각형의 변심거리(a_p)는 그 변에서 다각형의 중심까지의 거리이다.
- 변심거리(a_p)는 각 면의 중점과 다각형의 중심을 연결한다.
- 변심거리(a_p)를 L를 사용하여 나타내면, $a_p=\frac{L}{2}\frac{\sin 67.5°}{\sin 22.5°}$ 이다.
- 이에 대한 설명은 다음 장에서 한다.

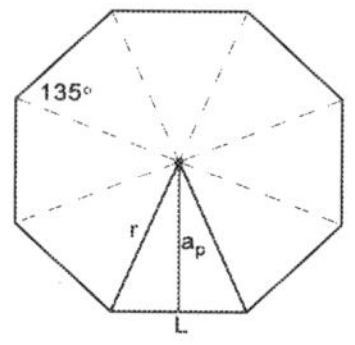

- 반지름 r인 원 안에 정8각형을 내접시킬 수 있다.
- 정8각형은 밑변이 L, 한 변의 길이가 r, 높이가 a_p인 8개의 2등변 3각형으로 나누어진다.
- 3각형의 두 밑각의 크기는 67.5° (정8각형의 한 내각의 크기의 반)이고 꼭지각의 크기는 45° ($\frac{360°}{8}=45°$)이다.

❸ 변심거리(Apotema, a_p)

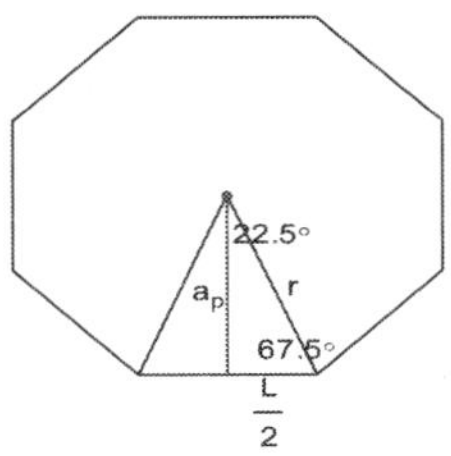

- 위의 그림에서 2등변3각형을 왼쪽과 같이 직각3각형으로 나눌 수 있다.
- 사인정리에 의해, $r = \dfrac{a_p}{\sin 67.5^\circ} = \dfrac{L}{2\sin 22.5^\circ}$ 이다.
- 주어진 식을 a_p로 정리하면, $a_p = \dfrac{L\sin 67.5^\circ}{2\sin 22.5^\circ}$ 이다.
$\cong 1.207106781\,L$
- 이 식을 다시 L로 나타내면, $L = 2a_p\dfrac{\sin 22.5^\circ}{\sin 67.5^\circ}$ 이다.
$\cong 0.828427125\,a_p$

❹ 둘레의 길이 구하기

- 한 변의 길이가 L인 정8각형의 둘레의 길이 P는 $P = 8L$ 이다.
- 변심거리를(Apotema, a_p) 이용하여 나타내면, $P = 16\,a_p\dfrac{\sin 22.5^\circ}{\sin 67.5^\circ}$ 이다.
- 반지름 r를 이용하여 나타내면, $P = 16r\sin 22.5^\circ$ 이다.

☆ 참조 : $r = \dfrac{a_p}{\sin 67.5^\circ} = \dfrac{L}{2\sin 22.5^\circ}$ 에서 변심거리와 반지름을 이용하여 마지막 두 식을 얻었다.

❺ 넓이 구하기

- 정8각형의 넓이는 앞의 2등변3각형의 넓이에 8를 곱하면 된다.
- 3각형의 밑변은 L, 높이는 a_p이므로 정8각형의 넓이 A는 $A = \dfrac{8La_p}{2} = 4L\,a_p$ 이다.
- 넓이 A는 다음과 같이 3가지 방법으로 표현할 수 있다.

① 밑변 L를 이용하면, $A = \dfrac{2\sin 67.5^\circ}{\sin 22.5^\circ}L^2 \cong 4.828427125\,L^2$ 이다.

② 변심거리 a_p를 이용하면, $A = 8\,a_p^2\dfrac{\sin 22.5^\circ}{\sin 67.5^\circ} \cong 3.313708499\,a_p^2$ 이다.

③ 반지름 r를 이용하면, $A = 4La_p = 4 \times 2r\sin 22.5^\circ \times r\sin 67.5^\circ$ 이다.
$= 8r^2\sin 22.5^\circ\sin 67.5^\circ$

✍ $\sin 22.5°$, $\sin 67.5°$ 구하기

㉮ $\sin 22.5°$ 구하기

- $22.5° = A$라 하자.
- 배각공식을 이용하면, $\cos 2A = \cos^2 A - \sin^2 A$ 이다.
- $\sin^2 A + \cos^2 A = 1$, $\cos^2 A = 1 - \sin^2 A$ 이다.
- $\cos^2 A = 1 - \sin^2 A$ 이므로, $\sin^2 A = \frac{1 - \cos 2A}{2}$ 이다.
- 정리하면, $\sin A = \sqrt{\frac{1 - \cos 2A}{2}}$ 이다.
- $\sin 22.5° = \sqrt{\frac{1 - \cos 45°}{2}}$ 이므로 $\sin 22.5° = \sqrt{\frac{2 - \sqrt{2}}{4}} = \frac{\sqrt{2 - \sqrt{2}}}{2}$ 이다.

㉯ $\sin 67.5°$ 구하기

- $67.5° = A$라 하자.
- $\sin A = \sqrt{\frac{1 - \cos 2A}{2}}$ 이다.
- $\sin 67.5° = \sqrt{\frac{1 - \cos 135°}{2}}$ 이므로 $\sin 67.5° = \sqrt{\frac{2 + \sqrt{2}}{4}} = \frac{\sqrt{2 + \sqrt{2}}}{2}$ 이다.

☆ 마름모6 · 8면체[18]의 내접원의 반지름, 외접원의 반지름, 높이, 넓이, 부피 구하기

<table>
<tr>
<td>
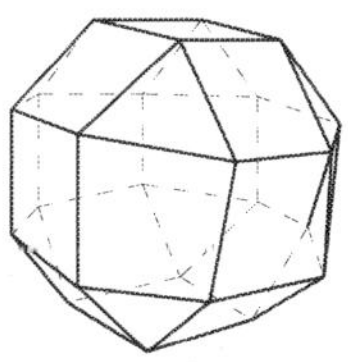

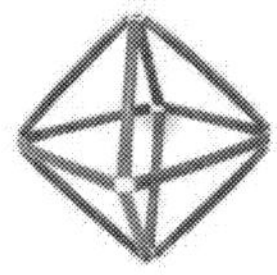
</td>
<td>
- 마름모6 · 8면체는 26개의 면(8개의 정3각형, 18개의 정4각형), 48개의 모서리, 24개의 꼭짓점을 갖는 아르키메데스 입체이다.
<table><tr><td>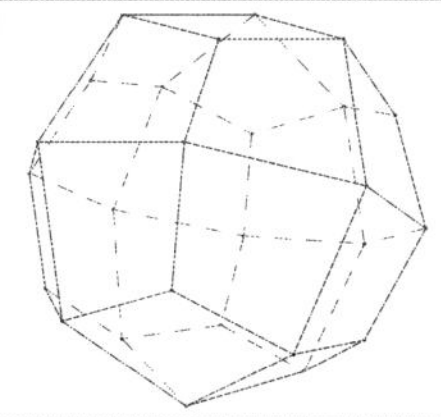</td><td>-연꼴24면체(deltoidal icositetrahedron) [24개의 연 모양으로 되어있는 입체]와는 쌍대이다.</td></tr></table>
- 존슨입체인 J_4(정4각형 둥근 지붕), J_{37}(길게 늘린 정4각형 회전2중 둥근 지붕)에서 모양을 찾아볼 수 있다.
<table><tr><td>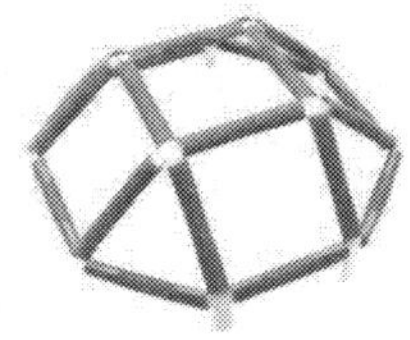</td><td>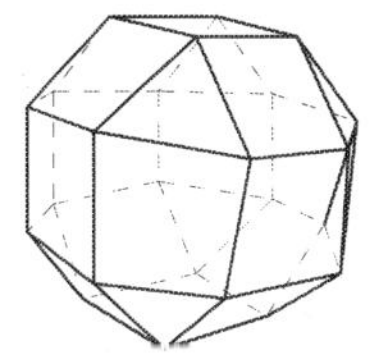</td></tr></table>
- 마름모6 · 8면체와 J_{37}은 연결상태가 다르다.
- 마름모6 · 8면체는 처음에는 일치했던 꼭짓점이 같은 모서리 길이의 정4각형을 형성할 때까지 다른 변형(즉, 회전, 왜곡 등)없이 같은 거리만큼 정8면체의 8개의 정3각형 면을 바깥쪽으로 모두 방사형으로 이동(변환)하여 만들 수 있다.
- 마름모6 · 8면체는 처음에는 일치했던 꼭짓점이 같은 모서리 길이의 정3각형을 형성할 때까지 다른 변형(즉, 회전, 왜곡 등)없이 같은 거리만큼 정6면체 6개의 정4각형 면을 바깥쪽으로 모두 방사형으로 이동(변환)하여 만들 수 있다.
- 2가지 방법 모두 합동인 8개의 정3각형과 합동인 18개의 정4각형을 갖는 아르키메데스입체인 마름모6 · 8면체를 만들 수 있다.
</td>
</tr>
</table>

18) https://en.wikipedia.org/wiki/Rhombicuboctahedron

❶ 마름모6 · 8면체의 외접원의 반지름 R 구하기

(=가운데 정8각기둥의 중심에서 꼭짓점까지의 거리)

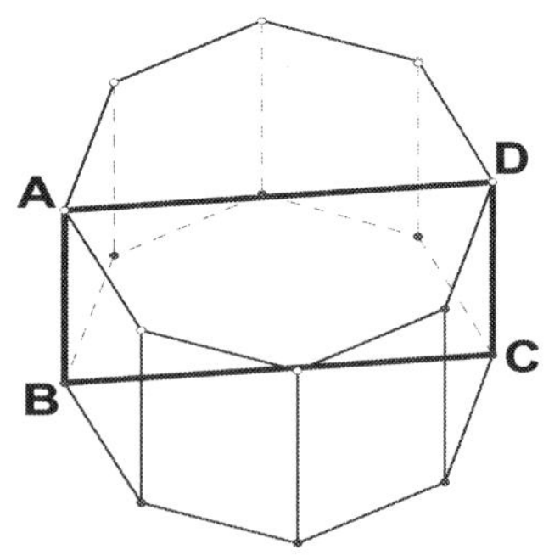

- 마름모6 · 8면체의 가운데 입체는 정8각기둥이다.
- 왼쪽 그림은 한 변의 길이가 a인 정8각기둥이다.
- 왼쪽 그림과 같이 윗면의 정8각형의 대각선과 정8각기둥의 한 변으로 이루어진 직4각형을 그린다.
- 직4각형$ABCD$에서 $\overline{AC}=D,\ \overline{AB}=a, \overline{BC}=\sqrt{4+2\sqrt{2}}\,a$ (✍)이다.
- $\overline{AC}^2=\overline{AB}^2+\overline{BC}^2$ 이다.
- $D^2=a^2+\left(\sqrt{4+2\sqrt{2}}\,a\right)^2=a^2+(4+2\sqrt{2})a^2$ 이다. $=(5+2\sqrt{2})a^2$
- $D=\sqrt{5+2\sqrt{2}}\,a$ 이다.
- 마름모6 · 8면체의 외접원의 반지름 R은 $R=\frac{D}{2}$ 이다.
- $R=\frac{\sqrt{5+2\sqrt{2}}}{2}a$ 이다.

✍ 정8각형의 대각선의 길이 l 구하기(=반지름 길이의 2배이다.)

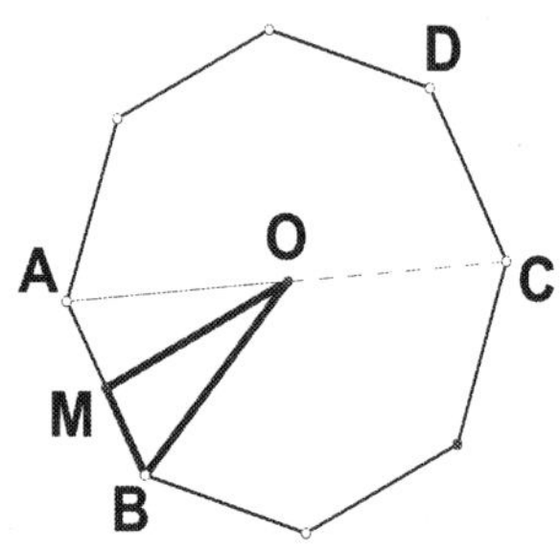

- 한 변의 길이가 a인 정8각형이다.
- 점O는 정8각형의 중심, M은 $\overline{AB}$의 중점, 3각형OMB는 $\angle BOM=22.5^\circ$ 인 직각3각형이다.
- 직각3각형 OMB에서 $\sin 22.5=\frac{\overline{BM}}{\overline{OB}}=\frac{\frac{a}{2}}{r}$ 이다.
- $r=\frac{\frac{a}{2}}{\sin 22.5^\circ}=\frac{a}{2\sin 22.5^\circ}$ 이다.

[반각공식 $\sin\frac{\alpha}{2}=\sqrt{\frac{1-\cos\alpha}{2}}$을 이용하여 구한다.

즉, $\sin 22.5^\circ=\sin\left(\frac{45^\circ}{2}\right)=\sqrt{\frac{1-\cos 45^\circ}{2}}=\frac{\sqrt{2-\sqrt{2}}}{2}$ 이다.]

- 대각선의 길이 $\overline{AC}=l$은

$$l=2r=\frac{a}{\sin 22.5^\circ}=\frac{a}{\frac{\sqrt{2-\sqrt{2}}}{2}}$$ 이다.

$$=\frac{2}{\sqrt{2-\sqrt{2}}}a=\sqrt{4+2\sqrt{2}}\,a$$

❷ 마름모6 · 8면체의 중심에서 3각형까지의 거리

(=마름모6 · 8면체의 중심에서 3각뿔의 높이 h_3)

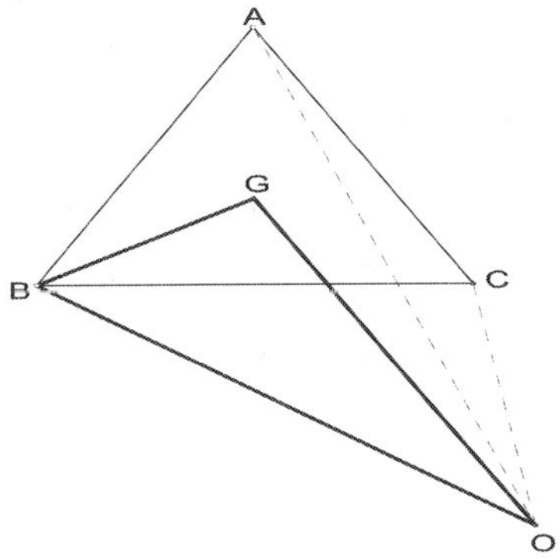

- 왼쪽 그림에서 마름모6 · 8면체의 중심은 O, 정3각형의 무게중심은 G 이다.
- 직각3각형 OBG에서 $\overline{OB}= R = \frac{\sqrt{5+2\sqrt{2}}}{2}a$, $\overline{BG} = \frac{\sqrt{3}}{3}a$, $\overline{OG} = h_3$ 이다.
- $\overline{OG}^2 + \overline{BG}^2 = \overline{OB}^2$ 이므로, $\overline{OG}^2 = \overline{OB}^2 - \overline{BG}^2$이다.
- $\overline{OG} = h_3 = \sqrt{\left(\frac{\sqrt{5+2\sqrt{2}}}{2}a\right)^2 - \left(\frac{\sqrt{3}}{3}a\right)^2}$ 이다.

$$= \sqrt{\frac{5+2\sqrt{2}}{4}a^2 - \frac{1}{3}a^2} = \sqrt{\frac{11+6\sqrt{2}}{12}}\,a$$

$$= \frac{\sqrt{11+2\sqrt{18}}}{\sqrt{12}}a = \frac{\sqrt{9}+\sqrt{2}}{2\sqrt{3}}a = \frac{3+\sqrt{2}}{2\sqrt{3}}a$$

- 3각뿔의 높이 h_3는 $h_3 = \frac{3+\sqrt{2}}{2\sqrt{3}}a$ 이다.

❸ 8개의 3각뿔의 부피 V_3 구하기

- 8개의 3각뿔의 부피 V_3 는

$$V_3 = 8 \times \frac{1}{3} \times \frac{\sqrt{3}}{4}a^2 \times \frac{3+\sqrt{2}}{2\sqrt{3}}a = \frac{3+\sqrt{2}}{3}a^3$$ 이다.

❹ 마름모6 · 8면체의 중심에서 정4각형까지의 거리 h_4 구하기(4각뿔의 높이)

(=마름모6 · 8면체의 내접원의 반지름)

<table>
<tr>
<td>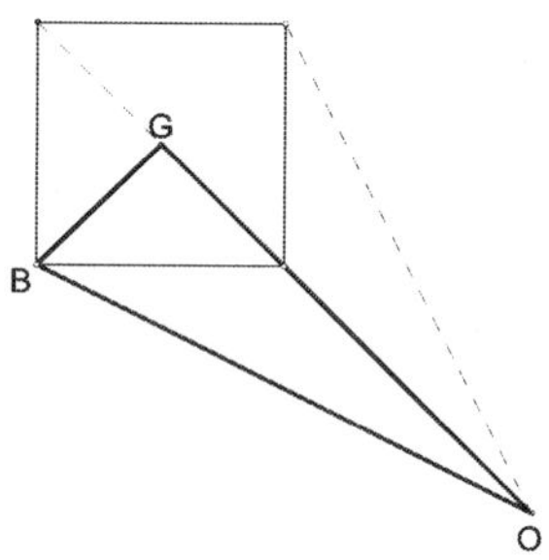</td>
<td>
- 왼쪽 그림에서 마름모6 · 8면체의 중심은 O, 정4각형의 무게중심은 G 이다.
- 직각3각형 OBG에서 $\overline{OB}=R=\frac{\sqrt{5+2\sqrt{2}}}{2}a$, $\overline{BG}=\frac{\sqrt{2}}{2}a$, $\overline{OG}=h_4$ 이다.
- $\overline{OG}^2+\overline{BG}^2=\overline{OB}^2$ 이므로, $\overline{OG}^2=\overline{OB}^2-\overline{BG}^2$이다.
- $\overline{OG}=h_4=\sqrt{\left(\frac{\sqrt{5+2\sqrt{2}}}{2}a\right)^2-\left(\frac{\sqrt{2}}{2}a\right)^2}$ 이다.
$=\sqrt{\frac{5+2\sqrt{2}}{4}a^2-\frac{1}{2}a^2}=\sqrt{\frac{3+2\sqrt{2}}{4}}a$
$=\frac{\sqrt{3+2\sqrt{2}}}{2}a=\frac{\sqrt{2}+1}{2}a$
- 4각뿔의 높이 h_4는 $h_4=\frac{\sqrt{2}+1}{2}a$ 이다.
</td>
</tr>
<tr>
<td colspan="2">
❺ 18개의 4각뿔의 부피 V_4 구하기
- 18개의 4각뿔의 부피 V_4 는
$V_4=18\times\frac{1}{3}\times a^2\times\frac{\sqrt{2}+1}{2}a=3(\sqrt{2}+1)a^3=(3+3\sqrt{2})a^3$ 이다.
✍ 한 변의 길이가 a인 정4각형의 넓이는 a^2 이다.
</td>
</tr>
</table>

❻ 마름모6 · 8면체의 부피 V는 $V = V_3 + V_4$ 이다.

- $V = \frac{3+\sqrt{2}}{3}a^3 + (3+3\sqrt{2})a^3 = \frac{12+10\sqrt{2}}{3}a^3$ 이다.

- 따라서, 마름모6 · 8면체의 부피 V는 $V = \frac{12+10\sqrt{2}}{3}a^3$ 이다.

❼ 마름모6 · 8면체의 높이 $H_{R6 \cdot 8}$ 구하기

- 마름모6 · 8면체의 높이 $H_{R6 \cdot 8}$ 는 존슨입체인 J_4의 높이 h_{J3}의 2배에 정8각기둥의 높이를 더한 값이다.

- J_4의 높이 h_{J4}는 $h_{J4} = \frac{\sqrt{2}}{2}a$ 이고, 정8각기둥의 높이는 a이다.

- $H_{R6 \cdot 8} = 2 \times \frac{\sqrt{2}}{2}a + a = (\sqrt{2}+1)a$ 이다.

❽ 마름모6 · 8면체의 넓이 $A_{R6 \cdot 8}$ 구하기

- 마름모6 · 8면체의 넓이는 8개의 정3각형과 18개의 정4각형의 넓이의 합이다.
- 마름모6 · 8면체의 넓이 $A_{R6 \cdot 8}$ 는

  $A_{R6 \cdot 8} = 8 \times \frac{\sqrt{3}}{4}a^2 + 18 \times a^2 = (2\sqrt{3}+18)a^2 = 2(9+\sqrt{3})a^2$ 이다.

❾ 마름모6 · 8면체의 부피 $V_{R6 \cdot 8}$ 를 다른 방법으로 구하기

➧ J_4의 부피 V_{J4}의 2배와 정8각기둥의 부피의 합으로 구할 수 있다.

- J_4의 부피 V_{J4}는 $V_{J4} = \frac{3+2\sqrt{2}}{3}a^3$ 이다.
- 정8각기둥의 부피는 $(2+2\sqrt{2})a^3$ 이다.[정8각형의 넓이는 $(2+2\sqrt{2})a^2$이다.]
- 마름모6 · 8면체의 부피 $V_{R6 \cdot 8}$ 는

  $V_{R6 \cdot 8} = 2 \times \frac{3+2\sqrt{2}}{3}a^3 + (2+2\sqrt{2})a^3 = \frac{12+10\sqrt{2}}{3}a^3$ 이다.

J5 5각형 둥근 지붕 (Pentagonal Cupola)

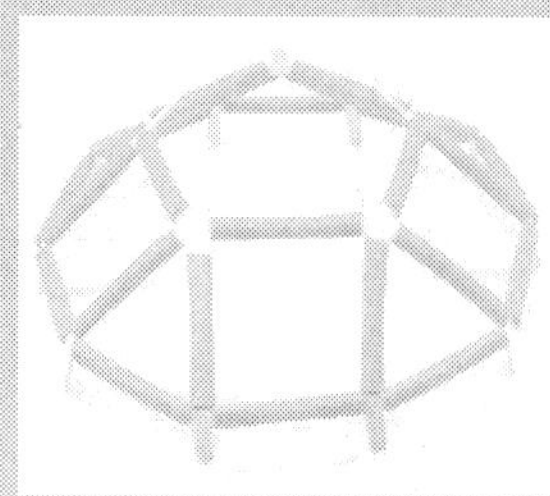

5각형 둥근 지붕(J5)은 12개의 면(5개의 정3각형, 5개의 정4각형, 1개의 5각형, 1개의 10각형), 25개의 모서리, 15개의 꼭짓점을 가지고 있다.

5각형 둥근 지붕(J5)

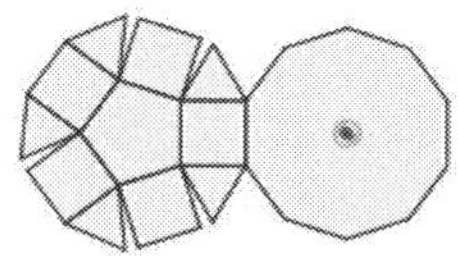

J5의 전개도

존슨입체도형 J05

또한, J5는 다음과 같이 표로 나타낼 수 있다.

[f_3는 존슨입체의 면이 3각형으로 이루어진 것을 나타냄]

분류	v	e	f	$v-e+f$	f_3	f_4	f_5	f_6	f_8	f_{10}
갯수	15	25	12	2	5	5	1	·	·	1

✔ J5는 $f_{3,4,5,10}$인 입체이다.

- 마름모12 · 20면체의 윗부분을 자르면 5각형 둥근 지붕(J5)을 얻을 수 있다.

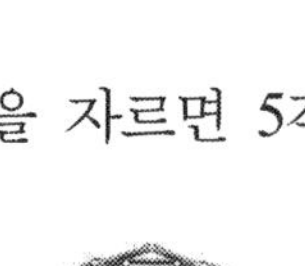

마름모12 · 20면체

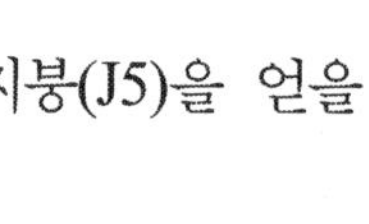

5각형 둥근 지붕(J5)

- 모서리의 길이가 2인 5각형 둥근 지붕(J5)은 5각기둥(J2)의 높이와 동일한 높이 $\sqrt{\frac{10-2\sqrt{5}}{5}}$ 또는 약 1.05146를 가진다. 그러므로 그것은 모서리 길이의 반을 겨우 넘는 다소 얕은 모양이다.

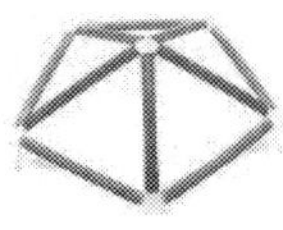
5각뿔(J2)

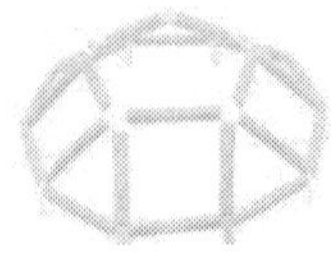
5각형 둥근 지붕(J5)

- 5각형 둥근 지붕(J5)은 10각기둥을 붙여서 길게 늘린 5각형 둥근 지붕(J20)을 만들거나, 10각 엇각기둥을 붙여서 회전하여 길게 늘린 5각형 둥근 지붕(J24)을 만들 수 있다.

10각기둥

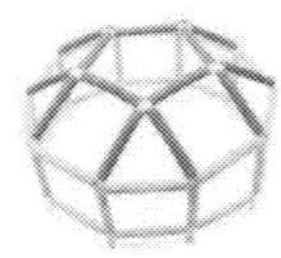
길게 늘린 5각형 둥근 지붕(J20)

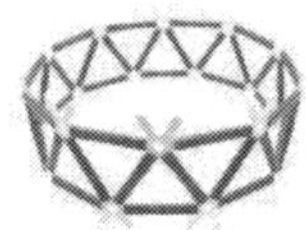
10각 엇각기둥

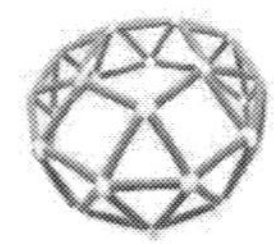
회전하여 길게 늘린 5각형 둥근 지붕(J24)

- 5각형 둥근 지붕(J5) 2개를 수직 방향으로 붙이면 5각형 수직2중 둥근 지붕(J30)이 만들어지고, 회전 방향으로 붙이면 5각형 회전2중 둥근 지붕(J31)이 만들어진다.

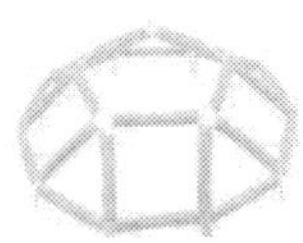
5각형 둥근 지붕(J5)

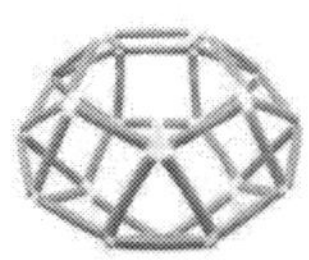
5각형 수직2중 둥근 지붕(J30)

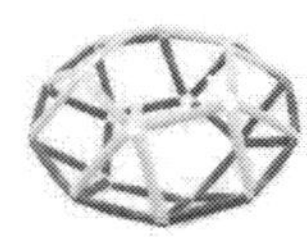
5각형 회전2중 둥근 지붕(J31)

- 10각기둥 사이에 2개의 5각형 둥근 지붕(J5)을 수직으로 끼우면 길게 늘린 5각형 수직2중 둥근 지붕(J38), 회전하여 끼우면 길게 늘린 5각형 회전2중 둥근 지붕(J39)이 만들어진다.

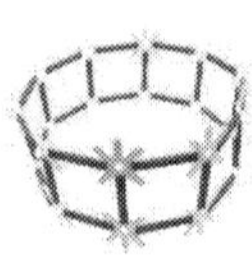
10각기둥

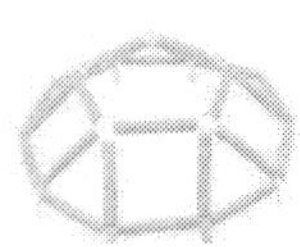
5각형 둥근 지붕(J5)

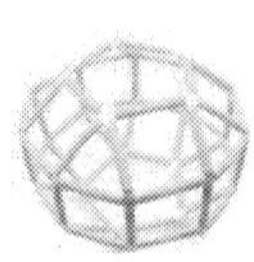
길게 늘린 5각형 수직2중 둥근 지붕(J38)

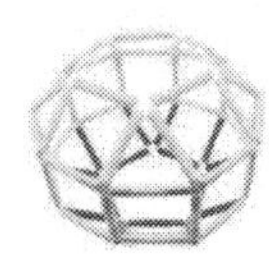
길게 늘린 5각형 회전2중 둥근 지붕(J39)

- 2개의 5각형 둥근 지붕(J5) 사이에 10각 엇각기둥을 삽입하면 회전하여 길게 늘린 5각형 2중 둥근 지붕(J46)이 만들어진다.

5각형 둥근 지붕(J5)

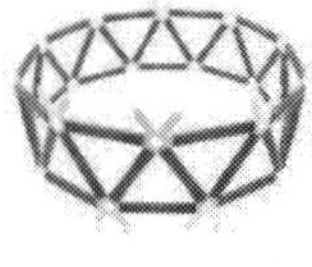
10각 엇각기둥

회전하여 길게 늘린 5각형 2중 둥근 지붕(J46)

- 5각형 원형 둥근 지붕(J6)을 5각형 둥근 지붕(J5)에서 증강하면 5각형 원형 둥근 지붕에 대한 방향에 따라 5각형 수직 둥근 원형 지붕(J32) 또는 5각형 회전 둥근 원형 지붕(J33)이 만들어진다.

5각형 원형 둥근 지붕(J6)

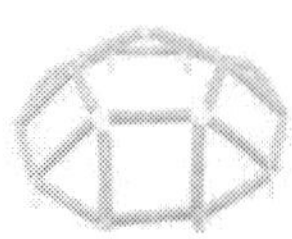
5각형 둥근 지붕(J5)

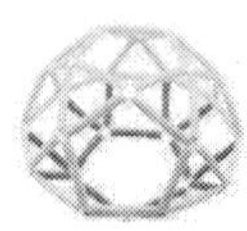
5각형 수직 둥근 원형 지붕(J32)

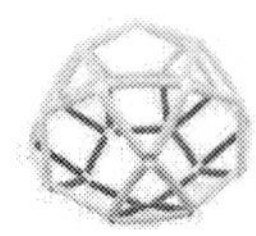
5각형 회전 둥근 원형 지붕(J33)

- 5각형 원형 둥근 지붕(J6)과 5각형 둥근 지붕(J5) 사이에 10각기둥을 수직 또는 회전하여 끼우면 각각 길게 늘린 5각형 수직 둥근 원형 지붕(J40)과 길게 늘린 5각형 회전 둥근 원형 지붕(J41)이 만들어진다.

5각형 원형 둥근 지붕(J6)

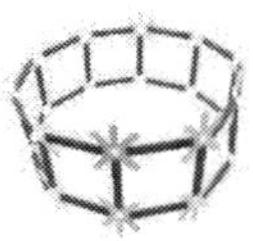
10각기둥

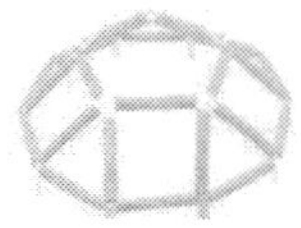
5각형 둥근 지붕(J5)

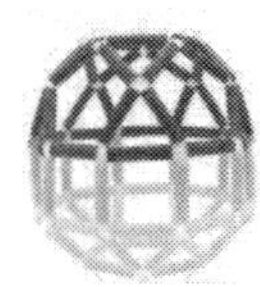
길게 늘린 5각형 수직 둥근 원형 지붕(J40)

5각형 원형 둥근 지붕(J6)

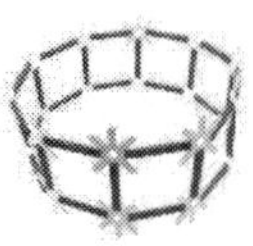
10각기둥

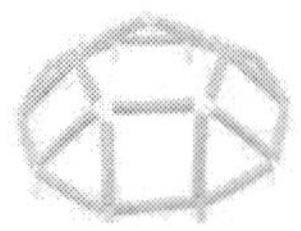
5각형 둥근 지붕(J5)

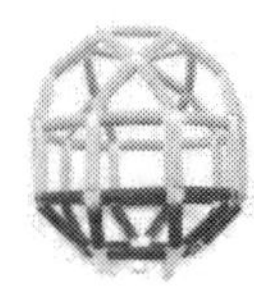
길게 늘린 5각형 회전 둥근 원형 지붕(J41)

- 5각형 원형 둥근 지붕(J6)과 5각형 둥근 지붕(J5) 사이에 10각기둥 대신 10각 엇각기둥을 끼우면 회전하여 길게 늘린 5각형 둥근 원형 지붕(J47)이 만들어진다.

5각형
원형 둥근 지붕(J6)

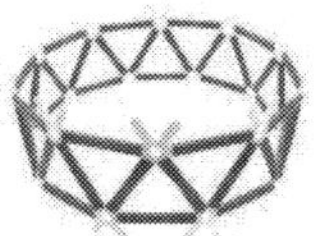

10각 엇각기둥

5각형
둥근 지붕(J5)

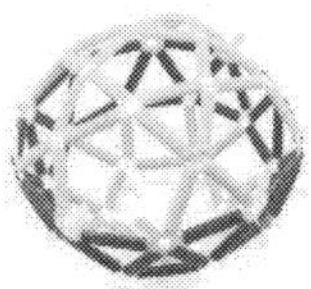

회전하여 길게 늘린
5각형 둥근 원형 지붕(J47)

- 자른 12면체는 최대 3개의 5각형 둥근 지붕(J5)으로 증강하여 다양한 증강된 자른 12면체를 만들 수 있다.

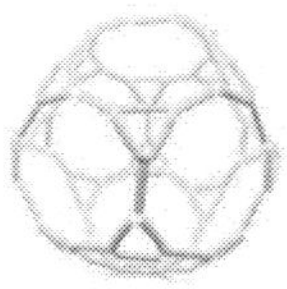

자른 12면체

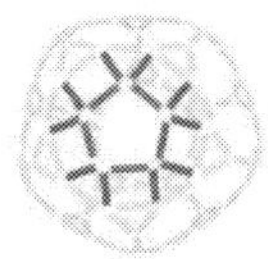

증강된
자른 12면체(J68)

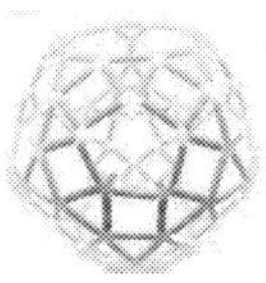

위아래(반대)로
2중 증강된
자른 12면체(J69)

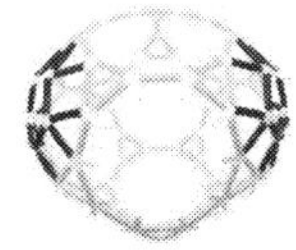

양 옆으로
2중 증강된
자른 12면체(J70)

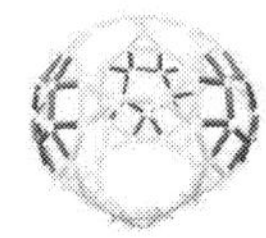

3중으로 증강된
자른 12면체(J71)

- 관련 있는 다면체는 다음과 같다.

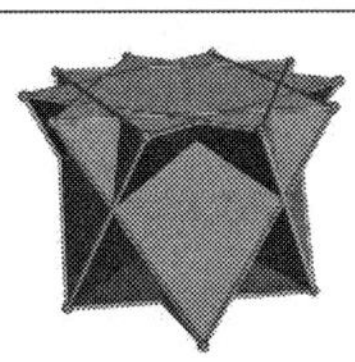	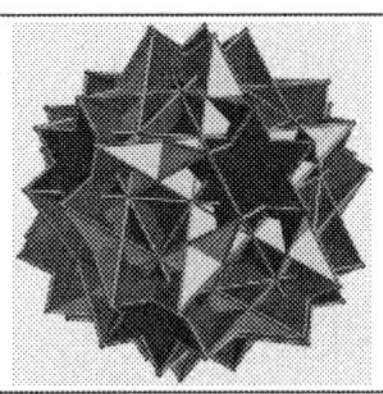
교차된 별5각형 둥근 지붕 (Crossed pentagrammic cupola) -12개의 면(5개의 정3각형, 5개의 정4각형, 1개의 별5각형, 1개의 별10각형), 25개의 모서리, 15의 꼭짓점으로 이루어진 다면체	큰 마름모12 · 20면체 (great rhombicosidodecahedron) - 62개의 면(20개의 정3각형, 30개의 정4각형, 12개의 별5각형), 120개의 모서리, 60개의 꼭짓점으로 이루어진 다면체

✔ 5각형 둥근 지붕(J_5)(Pentagonal Cupola(J5)) 의 넓이와 부피

- 5각형 둥근 지붕(J_5)의 높이를 계산하여 넓이와 부피를 구할 수 있다.

❶ J_5의 넓이와 부피의 값

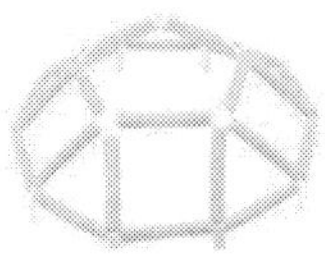

- 한 변의 길이가 L인 넓이 A와 부피 V는 다음과 같다.
- $A = \frac{1}{4}\left(20 + 5\sqrt{3} + \sqrt{725 + 310\sqrt{5}}\right)L^2$ 이고

  $V = \frac{1}{6}(5 + 4\sqrt{5})L^3$ 이다.

❷ 5각형 둥근 지붕(J_5)정의

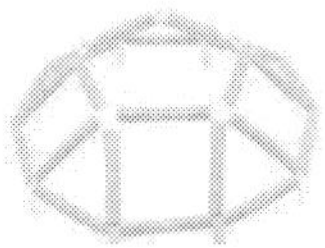

-J_5는 밑면이 10각형이고 윗면이 5각형인 유사(類似)각기둥 [prismatoid, 두 개의 평행인 평면이 있는 다면체]다면체이다.
- J_5의 모든 면은 정다각형이고, 12개의 면(정10각형 1개, 정5각형이 1개, 정4각형 5개, 정3각형 5개), 25개의 모서리, 15개의 꼭짓점이 있다.

- 유사각기둥(prismatoid)는 꼭짓점이 두 개의 평행한 평면(밑면)에 있는 다면체이다.

- 5각형 둥근 지붕(dome, Cupola)은 유사각기둥(prismatoid)모양이므로 밑면 중 하나는 다른 밑면보다 2배 많은 면을 갖는다.

- J_5의 모든 모서리의 길이는 같다.

❸ 옆면의 경사(기울어진 거리) 구하기

① 경사(기울어진 거리)의 의미

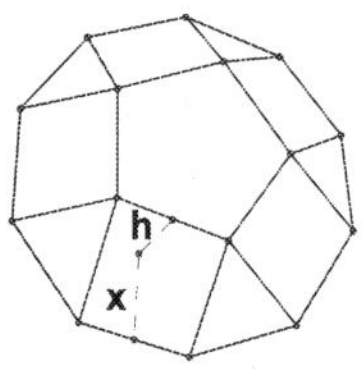

- 한 변의 길이가 L인 둥근지붕이다.
- 옆면(정4각형)은 밑면에 수직이 아니다.(각기둥에 수직이다.)
- 그림에서 x는 정4각형 밑변의 중점에서 정4각형 윗변의 중점에서 수선으로 내린 밑면의 정10각형 위의 점까지의 거리이다.

② 5각형 둥근지붕(J_5)을 위에서 본 모습에서 정4각형의 경사 거리 구하기

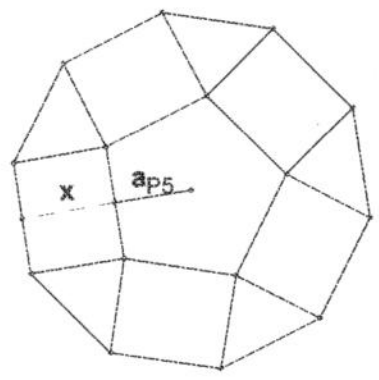

- 밑면 10각형의 변심거리($a_{p_{10}}$)는 윗면 정5각형의 변심거리(a_{p5})과 길이 x의 합과 같다. 즉, $a_{p10} = x + a_{p5}$ 이다.
- J_5의 변의 길이가 L인 10각형의 변심거리(a_{p10})는 $a_{p10} = \frac{L}{2}\sqrt{5+2\sqrt{5}}$ 이다.
- 한 변의 길이가 L인 5각형의 변심거리(a_{p5})는 $a_{p5} = \frac{L}{2}\sqrt{1+\frac{2}{\sqrt{5}}}$ 이다.
- $x + a_{p5} = a_{p10}$ 이므로 $x = a_{p10} - a_{p5}$ [이중근호 이용]이다.
- 따라서, 정10각형 면(x)의 경사 거리는 $x = \frac{L}{2}\sqrt{2+\frac{2}{\sqrt{5}}}$ 이다.

③ 5각형 둥근지붕(J_5)을 위에서 본 모습에서 옆면 3각형의 경사 거리 구하기

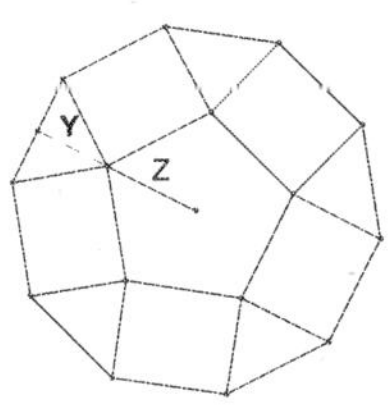

- y를 옆면의 3각형 면의 경사(기울어진) 거리라고 하자.
  즉, 3각형 밑면의 중점에서 10각형 밑면의 위쪽 꼭짓점 투영까지의 거리이다.
- z는 5각형의 외접원의 반지름이고, $z = \frac{1}{2}\sqrt{2+\frac{2}{\sqrt{5}}}$ 이다.
- $a_{p10} = y + z$ 이므로 $y = \frac{L}{2}\sqrt{1+\frac{2}{\sqrt{5}}}$ 이다.

❹ J_5의 높이

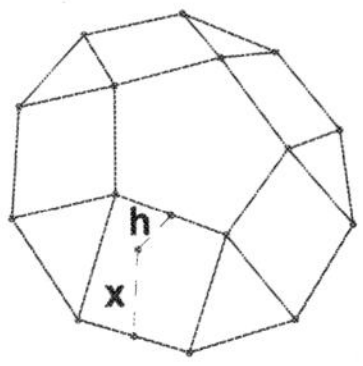

- J_5의 높이는 앞에서 구한 x를 이용하여 빠르게 구할 수 있다.
  즉, 피타고라스 정리에서,
  $$h = \sqrt{L^2 - x^2} = \sqrt{L^2 - \frac{L^2}{4}\left(2+\frac{2}{\sqrt{5}}\right)} = \sqrt{\frac{5-\sqrt{5}}{10}}\,L \text{ 이다.}$$
  따라서, $h = \sqrt{\frac{5-\sqrt{5}}{10}}\,L$ 이다.
- 여기에서, 직각3각형의 빗변은 정4각형의 한 변의 길이이다.

❺ 넓이 구하기

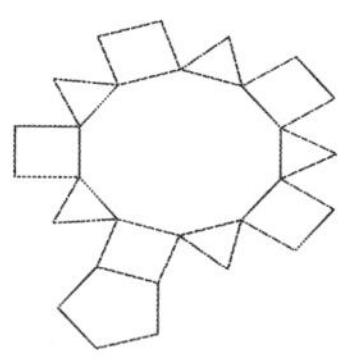

- J_5의 넓이는 옆면의 넓이와 밑면의 넓이의 합이다.
- 여기에는, 한 변의 길이가 L인 5개의 정3각형, 5개의 정4각형, 1개의 정5각형, 1개의 정10각형이 있다.
- 정3각형의 넓이의 합은 $A_3 = \frac{5\sqrt{3}}{4}L^2$,

  정4각형의 넓이의 합은 $A_4 = 5L^2$,

  정5각형의 넓이는 $A_5 = \frac{L^2}{4}\sqrt{25+10\sqrt{5}}$,

  정10각형의 넓이는 $A_{10} = \frac{5}{2}\sqrt{5+2\sqrt{5}}\,L^2$ 이다.
- J_5의 넓이는 $A_{J5} = \frac{1}{4}\left(20+5\sqrt{3}+\sqrt{725+310\sqrt{5}}\right)L^2$ 이다.

$$= \frac{1}{4}\left(20+5\sqrt{3}+\sqrt{5(145+62\sqrt{5})}\right)L^2$$

- 약, $A_{J5} \cong 16.579749753\,L^2$ 이다.

❻ 부피구하기

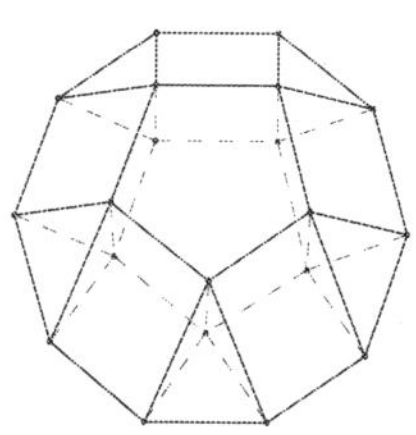

- J_5는 11개의 입체로 나누어 진다.
- 5개의 3각뿔, 가운데 1개의 5각기둥, 5개의 3각기둥이 있다.

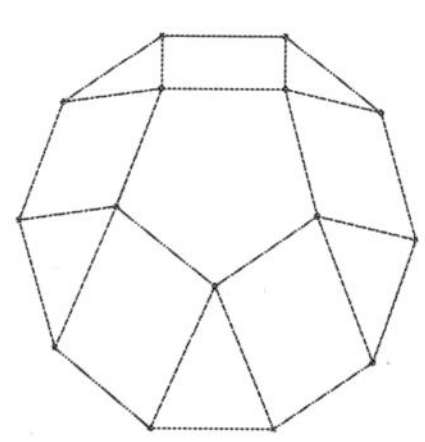

- 위에서 본 모습은 다음과 같다.

① 가운데 5각기둥의 부피 V_1

- 가운데 5각기둥의 부피는 높이와 밑면 넓이의 곱이다.
- 각기둥의 높이는 둥근 지붕의 높이이다. 즉, $h = \sqrt{\frac{5-\sqrt{5}}{10}}\,L$ 이다.
- 한 변의 길이가 L인 정5각형의 넓이 A_5는 $A_5 = \frac{1}{4}\sqrt{25+10\sqrt{5}}\,L^2$ 이다.
- 5각기둥의 부피 V_1은 $V_1 = \frac{1}{4}\sqrt{(25+10\sqrt{5})\left(\frac{5-\sqrt{5}}{10}\right)}\,L^3 = \frac{1}{4}\sqrt{\frac{5}{2}(3+\sqrt{5})}\,L^3$이다.

② 4개의 3각뿔의 부피 V_2

- 3각뿔의 부피는 높이와 밑면 넓이의 곱의 $\frac{1}{3}$이다.
- 밑면은 밑변의 길이가 L인 2등변3각형이고 높이는 $y=\frac{L}{2}\sqrt{1+\frac{2}{\sqrt{5}}}$ 이다.
- 그러므로, 넓이 A_t는 $A_t=\frac{L}{2}\cdot y=\frac{L}{2}\cdot\frac{L}{2}\sqrt{1+\frac{2}{\sqrt{5}}}=\frac{1}{4}\sqrt{1+\frac{2}{\sqrt{5}}}L^2$ 이다.
- 높이는 둥근 지붕의 높이와 같다.
- 따라서, 5개의 각뿔의 부피 V_2는

$$V_2=5\cdot\frac{1}{3}\cdot\frac{1}{4}\sqrt{1+\frac{2}{\sqrt{5}}}L^2\cdot\sqrt{\frac{5-\sqrt{5}}{10}}L=\frac{5}{12}\sqrt{\frac{1}{10}(3+\sqrt{5})}L^3$$ 이다.

③ 5개의 3각기둥의 부피 V_3

- 마지막으로 3각기둥의 부피는 높이와 밑면 넓이의 곱이다.
- 밑면은 높이가 h(둥근 지붕의 높이), 밑변이 $x=\frac{1}{2}\sqrt{2+\frac{2}{\sqrt{5}}}L$인 직각3각형이다.
- 넓이 $A_t=\frac{1}{2}hx=\frac{1}{2}\cdot\sqrt{\frac{5-\sqrt{5}}{10}}L\cdot\frac{1}{2}\sqrt{2+\frac{2}{\sqrt{5}}}L$ 이다.

$$=\frac{1}{4}\sqrt{\left(2+\frac{2}{\sqrt{5}}\right)\left(\frac{5-\sqrt{5}}{10}\right)}L^2=\frac{1}{4}\sqrt{\frac{4}{5}}L^2=\frac{1}{2}\frac{\sqrt{5}}{5}=\frac{\sqrt{5}}{10}L^2$$

- 각기둥의 높이는 L 이다.
- 따라서, 5개의 3각기둥의 부피 V_3는 $V_3=5\cdot\frac{\sqrt{5}}{10}L^3=\frac{\sqrt{5}}{2}L^3$ 이다.

④ J_5의 부피 V_{J5}

- J_5의 부피 V_{J5}는

$$V_{J5}=\left(\frac{1}{4}\sqrt{\frac{5}{2}(3+\sqrt{5})}+\frac{5}{12}\sqrt{\frac{1}{10}(3+\sqrt{5})}+\frac{1}{2}\sqrt{5}\right)L^3=\frac{1}{6}(5+4\sqrt{5})L^3$$ 이다.

- 약, $V_{J5}=2.324045318\,L^3$ 이다.

❼ J_5의 쌍대다면체

- J_5의 쌍대는 10개의 3각형과 5개의 연(kite)이 있다.

J_5의 쌍대그림	J_5의 쌍대전개도

✐ 정10각형의 넓이와 둘레의 길이 구하기

- 정10각형을 정의하고 그 넓이와 둘레에 대한 값을 옆면(L), 변심거리(a_p, 정다각형의 중심에서 변까지의 거리,apothem), 외접원의 반지름(r)의 관점에서 구한다.

❶ 둘레의 길이와 넓이 구하기

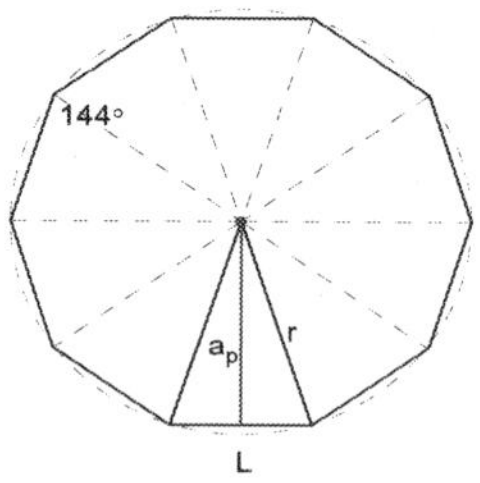

- 왼쪽 그림에서 한 변의 길이가 L인 정10각형의 둘레의 길이 P, 넓이 A는 다음과 같다.

$P = 10L$, $A = 5a_pL$ (단, a_p는 변심거리이다.)

❷ 정10각형의 요소와 정의

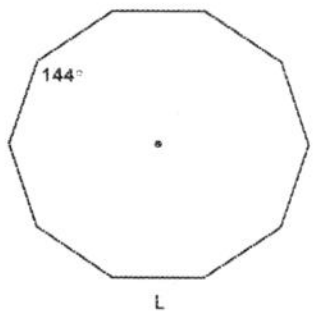

- 10각형은 10개의 변과 10개의 꼭짓점이 있는 다각형이다.
- 정10각형은 변의 길이가 모두 같고 내각의 크기는 144° 이다.

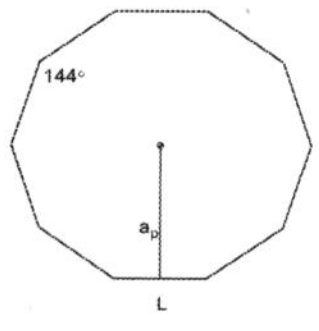

- 정다각형의 변심거리(a_p)는 그 변에서 다각형의 중심까지의 거리이다.
- 변심거리(a_p)는 각 면의 중점과 다각형의 중심을 연결한다.
- 변심거리(a_p)를 L를 사용하여 나타내면, $a_p = \frac{L}{2}\frac{\sin 72°}{\sin 18°}$ 이다.
- 이에 대한 설명은 다음 장에서 한다.

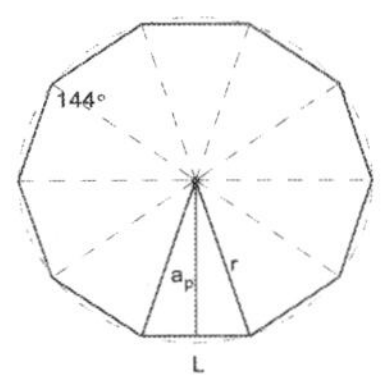

- 반지름 r인 원 안에 정10각형을 내접시킬 수 있다.
- 정10각형은 밑변이 L, 한 변의 길이가 r, 높이가 a_p인 10개의 2등변 3각형으로 나누어진다.
- 3각형의 두 밑각의 크기는 72°(정10각형의 한 내각의 크기의 반)이고 꼭지각의 크기는 36°($\frac{360°}{10}=36°$)이다.

❸ 변심거리(Apotema, a_p)

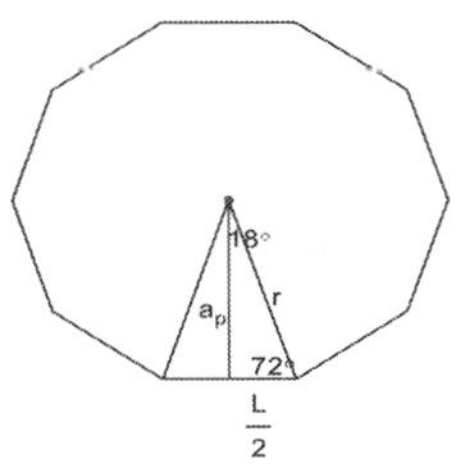

- 위의 그림에서 2등변3각형을 왼쪽과 같이 직각3각형으로 나눌 수 있다.
- 사인정리에 의해, $r=\frac{a_p}{\sin 72°}=\frac{L}{2\sin 18°}$이다.
- 주어진 식을 a_p로 정리하면, $a_p=\frac{L\sin 72°}{2\sin 18°} \cong 1.538841769\,L$ 이다.
- 이 식을 다시 L로 나타내면, $L=2a_p\frac{\sin 18°}{\sin 72°} \cong 0.649839393\,a_p$ 이다.

❹ 둘레길이 구하기

- 한 변의 길이가 L인 정10각형의 둘레의 길이 P는 $P=10L$ 이다.
- 변심거리(Apotema, a_p)를 이용하여 나타내면, $P=20\,a_p\frac{L\sin 72°}{2\sin 18°}$이다.
- 반지름 r를 이용하여 나타내면, $P=20r\sin 18°$ 이다.

[☆ 참조 : $r=\frac{a_p}{\sin 72°}=\frac{L}{2\sin 18°}$에서 변심거리와 반지름을 이용한다.]

❺ 넓이 구하기

- 정10각형의 넓이는 앞의 2등변3각형의 넓이에 10를 곱하면 된다.
- 3각형의 밑변은 L, 높이는 a_p이므로 정10각형의 넓이 A는 $A=\frac{10La_p}{2}=5La_p$ 이다.
- 넓이 A는 다음과 같이 3가지 방법으로 표현할 수 있다.

① 밑변 L를 이용하면, $A=\frac{5}{2}\frac{\sin 72°}{\sin 18°}L^2 \cong 7.694208843\,L^2$ 이다.

② 변심거리 a_p를 이용하면, $A=10a_p^2\frac{\sin 18°}{\sin 72°} \cong 3.249196962\,a_p^2$ 이다.

③ 반지름 r를 이용하면, $A=10r^2\sin 18°\sin 72°$ 이다.

✍ $\sin 18^\circ$, $\sin 36^\circ$, $\sin 54^\circ$, $\sin 72^\circ$ 구하기

㉮ $\sin 18^\circ$ 구하기

- $18^\circ = A$라 하면, $\sin 2A = \cos 3A$이다.
- 배각공식을 이용하면, $2\sin A\cos A = 4\cos^3 A - 3\cos A$ 이다.
- 위 식에서, $2\sin A\cos A - 4\cos^3 A + 3\cos A = 0$, $\cos A(2\sin A - 4\cos^2 A + 3) = 0$ 이다.
- $\cos A \neq 0$이므로, $2\sin A - 4\cos^2 A + 3 = 0$이다.
- 정리하면, $4\sin^2 A + 2\sin A - 1 = 0$ $[\cos^2 A = 1 - \sin^2 A]$ 이다.
- 근의 공식을 이용하면, $\sin A = \dfrac{\sqrt{5}-1}{4}$이므로 $\sin 18^\circ = \dfrac{\sqrt{5}-1}{4}$이다.

㉯ $\sin 54^\circ = \cos 36^\circ$ 구하기

- $\sin 54^\circ = \cos 36^\circ = 1 - 2\sin 18^2$ $[\cos 2A = 1 - 2\sin^2 A]$ 이다.
- 따라서, $\cos 36 = 1 - 2\left(\dfrac{\sqrt{5}-1}{4}\right)^2 = \dfrac{1+\sqrt{5}}{4}$ 이므로 $\sin 54^\circ = \dfrac{1+\sqrt{5}}{4}$이다.

㉰ $\sin 36^\circ$ 구하기

- $\sin 36^2 = 1 - \cos 36^2 = 1 - \left(\dfrac{1+\sqrt{5}}{4}\right)^2 = \dfrac{10-2\sqrt{5}}{16}$ 이다.
- 따라서, $\sin 36^\circ = \dfrac{\sqrt{10-2\sqrt{5}}}{4}$ 이다.

㉱ $\sin 72^\circ$ 구하기

- $\sin 18^\circ = \cos 72^\circ$ 이므로 $\sin 18^\circ = \cos 72^\circ = \dfrac{\sqrt{5}-1}{4}$ 이다.
- $\sin 72^2 = 1 - \cos 72^2 = 1 - \left(\dfrac{\sqrt{5}-1}{4}\right)^2 = \dfrac{10+2\sqrt{5}}{16}$ 이다.
- 따라서, $\sin 72^\circ = \dfrac{\sqrt{10+2\sqrt{5}}}{4}$ 이다.

J6 5각형 원형 둥근 지붕 (Pentagonal Rotunda)

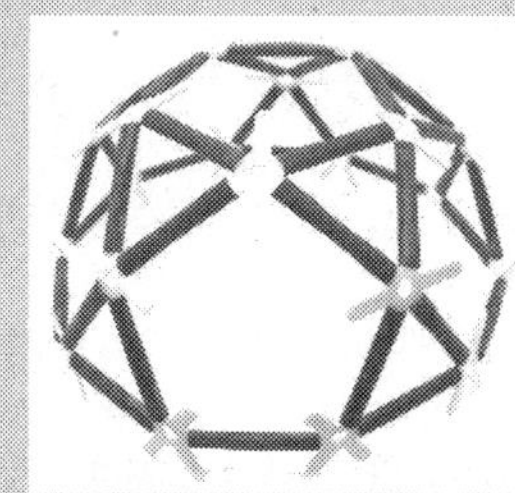

5각형 원형 둥근 지붕(J6)의 17개의 면(10개의 정3각형, 6개의 정5각형, 1개의 정10각형), 35개의 모서리, 20개의 꼭짓점을 가지고 있다.

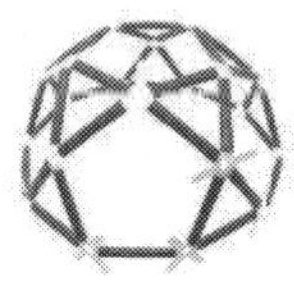

5각형 원형 둥근 지붕(J6)

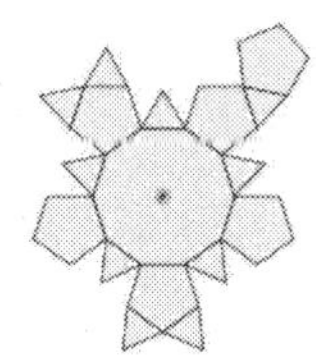

J6의 전개도

존슨입체도형 J06

또한, J6은 다음과 같이 표로 나타낼 수 있다.

[f_3는 존슨입체의 면이 3각형으로 이루어진 것을 나타냄]

분류	v	e	f	$v-e+f$	f_3	f_4	f_5	f_6	f_8	f_{10}
갯수	20	35	17	2	10	·	6	·	·	1

✔ J6은 $f_{3,5,10}$인 입체이다.

- 5각형 원형 둥근 지붕(J6)은 모서리의 10각형 회로 중 하나를 따라 2등분하여 구성할 수 있다. 따라서 2등분된 12 · 20면체이라고도 할 수 있다. 반대로, 10각형 면에서 회전 방향으로 5각형 원형 둥근 지붕(J6) 한 쌍을 결합하면 12 · 20면체가 만들어 진다.

따라서, 12 · 20면체는 5각형 회전2중 원형 둥근 지붕이라고도 한다.

만약에 5각형 원형 둥근 지붕(J6)을 수직 방향으로 결합한다면 5각형 수직2중 원형 둥근 지붕(J34)를 얻을 수 있다.

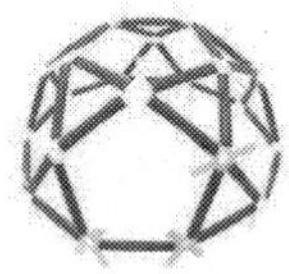

5각형
원형 둥근 지붕(J6)

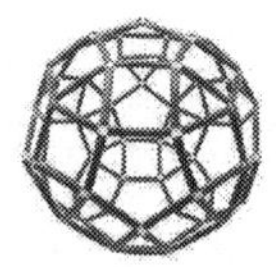

12 · 20면체
(5각형 회전2중 원형 둥근 지붕)

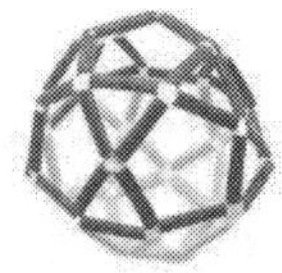

5각형 수직2중
원형 둥근 지붕(J34)

- 5각형 원형 둥근 지붕(J6)은 10각기둥을 붙여서 길게 늘린 5각형 원형 둥근 지붕(J21)을 만들 수 있다. 대신 10각 엇각기둥을 붙이면 회전하여 길게 늘린 5각형 원형 둥근 지붕(J25)을 만들 수 있다.

10각기둥

길게 늘린 5각형
원형 둥근 지붕(J21)

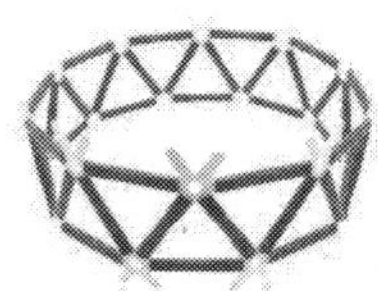

10각형 엇각기둥

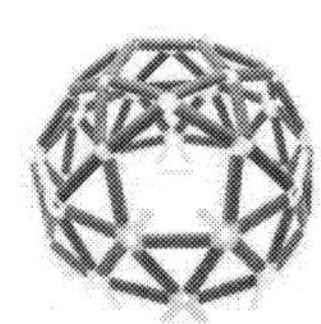

회전하여 길게 늘린 5각형 원형
둥근 지붕(J25)

- 5각형 원형 둥근 지붕(J6)은 5각형 둥근 지붕(J5)에도 붙일 수 있으며 둥근 지붕[19]에 대한 방향에 따라 5각형 수직 둥근 원형 지붕(J32) 또는 5각형 회전 둥근 원형 지붕(J33)이 만들어진다.

5각형 둥근 지붕(J5)

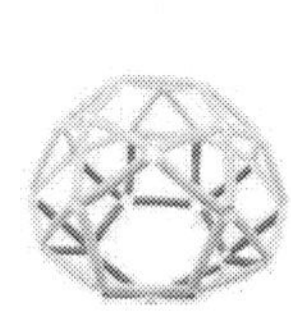

5각형 수직
둥근 원형 지붕(J32)

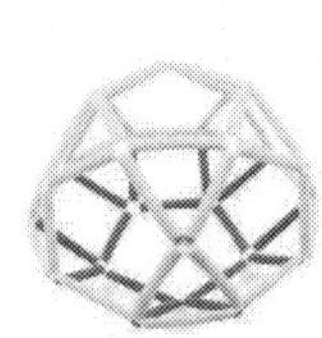

5각형 회전
둥근 원형 지붕(J33)

- 5각형 원형 둥근 지붕(J6)은 10각기둥에 붙이는 5각형 둥근 지붕(J5)들의 방향에 따라 길게 늘린 5각형 수직 둥근 원형 지붕(J40)과 길게 늘린 5각형 회전 둥근 원형 지붕(J41)을 각각 만들 수 있다.

19) A cupola is a roof or part of a roof that is shaped like a dome. (=dome)
큐폴라(cupola)는 지붕이나 지붕의 일부로서 돔 모양을 하고 있다. (=dome)
여기에서는 둥근 지붕이라 한다.

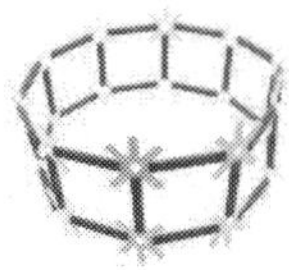

10각기둥

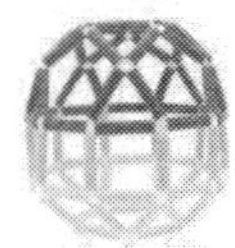

길게 늘린 5각형 수직
둥근 원형 지붕(J40)

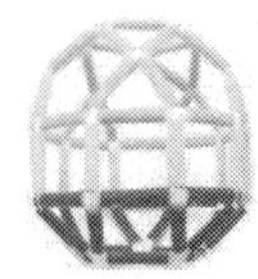

길게 늘린 5각형 회전
둥근 원형 지붕(J41)

- 5각형 원형 둥근 지붕(J6)과 5각형 둥근 지붕(J5) 대신 2개의 5각형 원형 둥근 지붕(J6)들을 사용할 경우에는 방향에 따라 길게 늘린 5각형 수직 2중 원형 둥근 지붕(J42)과 길게 늘린 5각형 회전 2중 원형 둥근 지붕(J43)을 각각 만들 수 있다.

5각형
원형 둥근 지붕(J6)

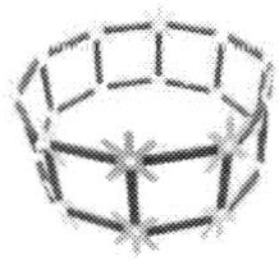

10각기둥

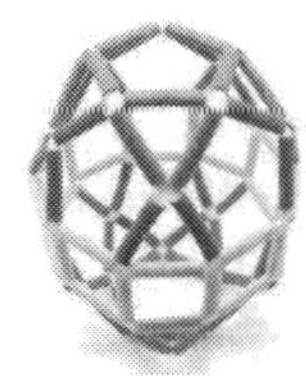

길게 늘린 5각형 수직 2중
원형 둥근 지붕(J42)

길게 늘린 5각형 회전 2중
원형 둥근 지붕(J43)

- 10각기둥 대신에 10각 엇각기둥을 사용하면 5각형 둥근 지붕(J5) 또는 5각형 원형 둥근 지붕(J6)이 반대편에 있는지 여부에 따라 회전하여 길게 늘린 5각형 원형 둥근 지붕(J47) 또는 회전하여 길게 늘린 5각형 2중 원형 둥근 지붕(J48)를 얻게 된다.

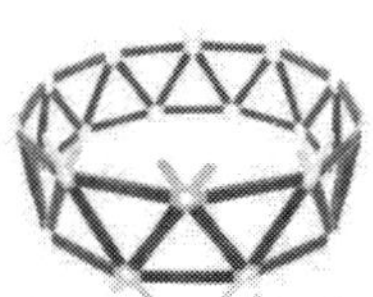

10각형 엇각기둥

회전하여 길게 늘린
5각형 원형 둥근 지붕(J47)

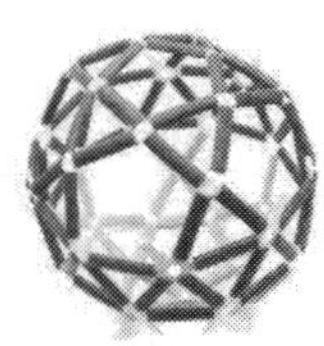

회전하여 길게 늘린
5각형 2중 원형 둥근 지붕(J48)

✔ 5각형 원형 둥근 지붕(J_6)(Pentagonal Rotunda(J6))의 넓이와 부피

5각형 원형 둥근 지붕[20](J_6)의 높이를 계산하여 넓이와 부피를 구할 수 있다.

[12 · 20면체의 $\frac{1}{2}$이므로, 12 · 20면체에 관련하여 문제를 해결할 수 있다.]

20) https://en.wikipedia.org/wiki/Pentagonal_rotunda

❶ J_6의 넓이와 부피의 값

- 한 변의 길이가 L인 넓이 A와 부피 V는 다음과 같다.

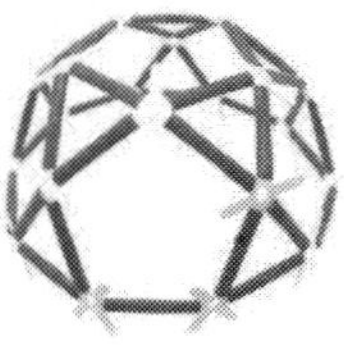

- $A=\frac{1}{2}\left(\sqrt{5(145+58\sqrt{5}+2\sqrt{30(65+29\sqrt{5})})}\right)L^2$ 이고

$=\frac{1}{2}\left(5\sqrt{3}+\sqrt{10(65+29\sqrt{5})}\right)L^2 \approx 22.3472L^2$

$V=\frac{1}{12}(45+17\sqrt{5})L^3=6.91776L^3$ 이다.

❷ 5각형 원형 둥근 지붕(J_6)정의

- J_6는 밑면이 10각형이고 윗면이 5각형인 prismatoid[유사(類似)각기둥: 두 개의 평행인 평면이 있는 다면체]다면체이다.
- J_6의 모든 면은 정다각형이고, 17개의 면(정10각형 1개, 정5각형 6개, 정3각형 10개), 35개의 모서리, 20개의 꼭짓점이 있다.

[참고]

- 유사각기둥(prismatoid)은 꼭짓점이 두 개의 평행한 평면(밑면)에 있는 다면체이다.

- 5각형 원형 둥근 지붕(dome, Rotunda)은 유사각기둥(prismatoid) 모양이므로 밑면 중 하나는 다른 밑면보다 2배 많은 면을 갖는다.

- J_6의 모든 모서리의 길이는 같다.

❸ J_6의 높이 구하기

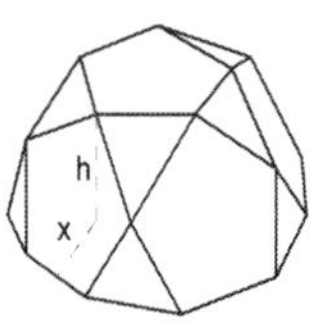

- 옆면(정5각형)은 밑면에 수직이 아니다.(각기둥에 수직이다.)
- 그림에서 x는 옆면의 정5각형 밑변의 중점에서 윗면의 정5각형 꼭짓점에서 수선으로 내린 밑면의 정10각형 위의 점까지의 거리이다.

- 5각형 원형 둥근 지붕(J_6)을 위에서 본 모습에서 J_6의 높이 구하기

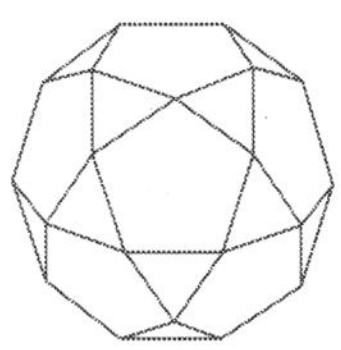

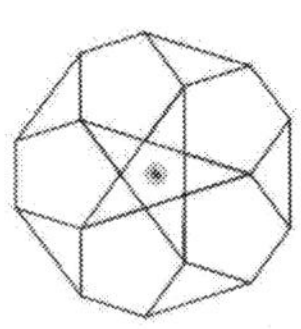

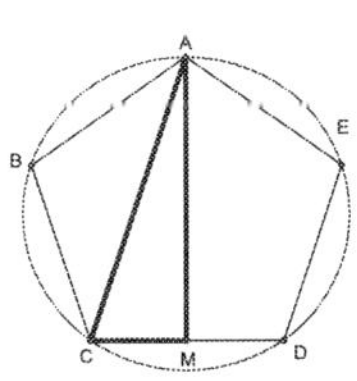

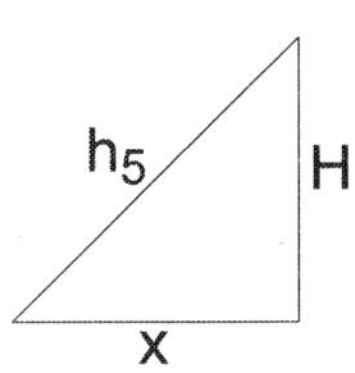

- 한 모서리의 길이는 L 이다.
- 밑면 10각형의 변심거리 a_{p10}는

$$a_{p10}=\frac{L\sin 72^\circ}{2\sin 18^\circ}=\frac{\sqrt{10+2\sqrt{5}}}{2(\sqrt{5}-1)}L$$

(단, $\sin 18^\circ=\frac{\sqrt{5}-1}{4}$, $\sin 72^\circ=\frac{\sqrt{10+2\sqrt{5}}}{4}$)이다.

- 윗면 5각형의 중심에서 꼭짓점까지의 거리 y는

$$y=\frac{L}{2\sin 36^\circ}=\frac{2L}{\sqrt{10-2\sqrt{5}}}$$ (단, $\sin 36^\circ=\frac{\sqrt{10-2\sqrt{5}}}{4}$)이다.

- 윗면 5각형의 꼭짓점에서 밑면에 내린 수선이 만나는 점과 밑면 10각형의 변까지의 거리는 x 이다.
- $a_{p10}=x+y$ 이므로, $x=a_{p10}-y$ 이다.
- x는 $x=\frac{\sqrt{5}+1}{2\sqrt{10-2\sqrt{5}}}L$ 이다.
- 정5각형의 높이 h_5는 $h_5=\frac{\sqrt{5+2\sqrt{5}}}{2}a$ 이다.

[한 변의 길이가 a인 정5각형의 대각선의 길이는 $\overline{AC}=\frac{\sqrt{5}+1}{2}a$,

$$\overline{CM}=\frac{a}{2},\ \overline{AM}^2=\overline{AC}^2-\overline{CM}^2=\left(\frac{\sqrt{5}+1}{2}a\right)^2-\left(\frac{1}{2}a\right)^2=\frac{5+2\sqrt{5}}{4}a$$

따라서, $h_5=\overline{AM}=\frac{\sqrt{5+2\sqrt{5}}}{2}a$ 이다.]

- J_6의 높이 H는

$$H^2=h_5^2-x^2=\left(\frac{\sqrt{5+2\sqrt{5}}}{2}\right)^2-\left(\frac{\sqrt{5}+1}{2\sqrt{10-2\sqrt{5}}}\right)^2=\frac{320+128\sqrt{5}}{320}$$

$H^2=1+\frac{2\sqrt{5}}{5}$ 이므로, $H=\sqrt{1+\frac{2\sqrt{5}}{5}}$ 이다.

❹ J_6의 넓이 구하기 : $A=\frac{1}{2}\left(5\sqrt{3}+\sqrt{10(65+29\sqrt{5})}\right)L^2 \approx 22.3472L^2$

- J_6의 넓이는 옆면의 넓이의 합이다.
- 한 변의 길이가 L인 정10각형 1개, 정5각형 6개, 정3각형 10개가 있다.

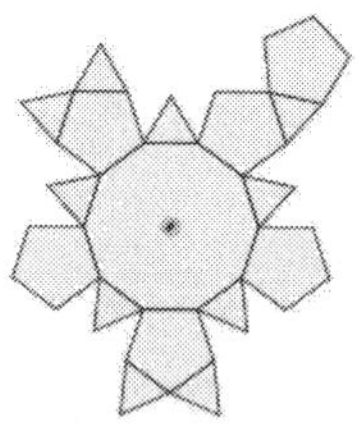

- 정3각형의 넓이의 합은 $A_3=10\cdot\frac{\sqrt{3}}{4}L^2=\frac{5\sqrt{3}}{2}L^2$,
- 정5각형의 넓이는 $A_p=\frac{5\sin 54°}{4\sin 36°}L^2=\frac{\sqrt{25+10\sqrt{5}}}{4}L^2$ 이고,

  (단, $\sin 36°=\frac{\sqrt{10-2\sqrt{5}}}{4}$, $\sin 54°=\frac{1+\sqrt{5}}{4}$) 이다.

  따라서, 정5각형의 넓이의 합 A_5는

  $$A_5=6\cdot\frac{\sqrt{25+10\sqrt{5}}}{4}L^2=\frac{3\sqrt{25+10\sqrt{5}}}{2}L^2 \text{ 이다.}$$

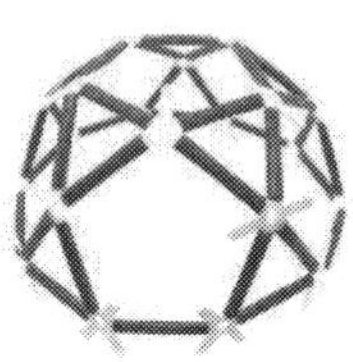

- 정10각형의 넓이는 $A_{10}=\frac{5\sin 72°}{2\sin 18°}L^2=\frac{5\sqrt{10+2\sqrt{5}}}{2(\sqrt{5}-1)}L^2$

  (단, $\sin 18°=\frac{\sqrt{5}-1}{4}$, $\sin 72°=\frac{\sqrt{10+2\sqrt{5}}}{4}$)이다.
- 따라서, J_6의 넓이 A_{J6}은

  $$A_{J6}=A_3+A_5+A_{10}=\frac{1}{2}(5\sqrt{3}+\sqrt{10(65+29\sqrt{5})})L^2 \text{ 이다.}$$

❺ J_6의 부피 구하기

- 한 모서리의 길이가 a인 J_6의 부피 V는 $V=\frac{1}{12}(45+17\sqrt{5})a^3 \approx 6.91776a^3$ 이다.

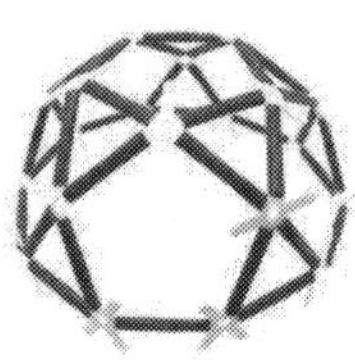

- J_6의 부피는 12 · 20면체 부피의 $\frac{1}{2}$이다.
- 여기에는 10개의 3각뿔과 6개의 5각뿔이 있다.
- 각뿔의 부피는 높이와 밑면 넓이의 곱의 $\frac{1}{3}$이다.

- J_6의 부피는 3각뿔의 부피와 5각뿔 부피의 합이다.
- 밑면의 한 변의 길이가 a인 정5각형 6개, 정3각형 10개가 있다.
- 정3각형의 넓이는 $A_3 = \frac{\sqrt{3}}{4}a^2$ 이다.
- 정5각형의 넓이는 $A_p = \frac{5\sin 54°}{4\sin 36°}a^2 = \frac{\sqrt{25+10\sqrt{5}}}{4}a^2$

  (단, $\sin 36° = \frac{\sqrt{10-2\sqrt{5}}}{4}$, $\sin 54° = \frac{1+\sqrt{5}}{4}$) 이다.

- 3각뿔의 부피의 합 V_3는

  $V_3 = 10 \cdot \frac{1}{3} \cdot \frac{\sqrt{3}}{4}a^2 \cdot \frac{3+\sqrt{5}}{2\sqrt{3}}a = \frac{15+5\sqrt{5}}{12}a^3$ 이다.

  (단, 3각뿔의 높이는 내접구의 빈지름 $R_I = \frac{3+\sqrt{5}}{2\sqrt{3}}a$이다.)
- 5각뿔의 부피의 합 V_5는

  $V_5 = 6 \cdot \frac{1}{3} \cdot \frac{\sqrt{25+10\sqrt{5}}}{4}a^2 \cdot \frac{1+\sqrt{5}}{\sqrt{10-2\sqrt{5}}}a = \frac{1}{2}(5+2\sqrt{5})a^3$(✻)이다.

  (단, 5각뿔의 높이는 $R_O = \frac{\sqrt{5}+1}{\sqrt{10-2\sqrt{5}}}a = a\cot 36°$ 이다.)
- 따라서, J_6의 부피 V_{J6}은

  $V_{J6} = V_3 + V_5 = \frac{15+5\sqrt{5}}{12}a^3 + \frac{5+2\sqrt{5}}{2}a^3 = \frac{45+17\sqrt{5}}{12}a^3$ 이다.

(✻) $V_5 = 6 \cdot \frac{1}{3} \cdot \frac{\sqrt{25+10\sqrt{5}}}{4}a^2 \cdot \frac{1+\sqrt{5}}{\sqrt{10-2\sqrt{5}}}a = \frac{1}{2}(5+2\sqrt{5})a^2$ 구하기

✍ $(\sqrt{25+10\sqrt{5}}) \cdot \frac{1+\sqrt{5}}{\sqrt{10-2\sqrt{5}}} = \frac{(\sqrt{5}+1)(\sqrt{25+10\sqrt{5}})(\sqrt{10+2\sqrt{5}})}{(\sqrt{10-2\sqrt{5}})(\sqrt{10+2\sqrt{5}})}$

$$= \frac{(1+\sqrt{5})(\sqrt{350+150\sqrt{5}})}{4\sqrt{5}} = \frac{(1+\sqrt{5})(\sqrt{350+2\sqrt{28125}})}{4\sqrt{5}} = \frac{(1+\sqrt{5})(\sqrt{225}+\sqrt{125})}{4\sqrt{5}}$$

$$= \frac{(1+\sqrt{5})(15+5\sqrt{5})}{4\sqrt{5}} = \frac{4(10+5\sqrt{5})}{4\sqrt{5}} = \frac{10+5\sqrt{5}}{\sqrt{5}} = 5+2\sqrt{5}$$

$$V_5 = 6 \cdot \frac{1}{3} \cdot \frac{\sqrt{25+10\sqrt{5}}}{4}a^2 \cdot \frac{1+\sqrt{5}}{\sqrt{10-2\sqrt{5}}}a = \frac{1}{2}(5+2\sqrt{5})a^3 \text{ 이다.}$$

❼ J_6의 쌍대다면체

- J_6의 쌍대는 20개의 면(10개의 3각형, 5개의 마름모, 5개의 연(kite))이 있다.

J_6의 쌍대그림	J_6의 쌍대전개도
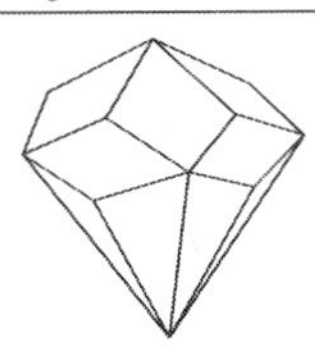	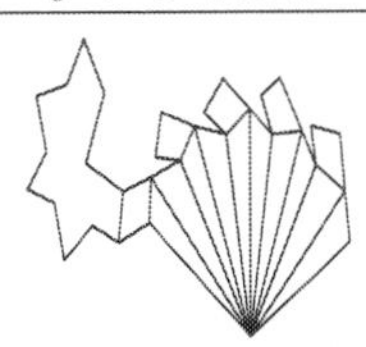

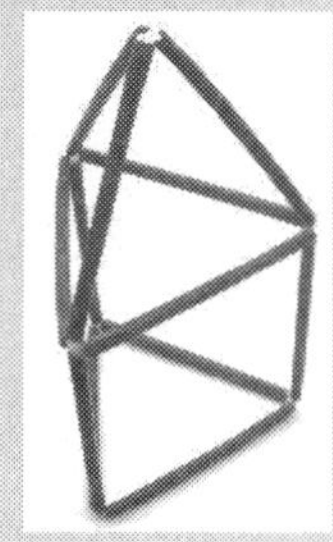

J7 길게 늘린 3각뿔 (Elongated Triangular Pyramid)

길게 늘린 3각뿔(J7)은 7개의 면(4개의 정3각형과 3개의 정4각형), 7개의 꼭짓점, 12개의 모서리를 가지고 있다.

길게 늘린 3각뿔(J7)

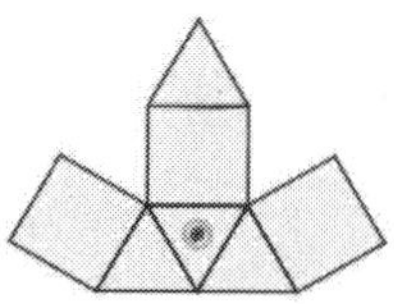

J7의 전개도

존슨입체도형 J07

또한, J7은 다음과 같이 표로 나타낼 수 있다.

[f_3는 존슨입체의 면이 3각형으로 이루어진 것을 나타냄]

분류	v	e	f	$v-e+f$	f_3	f_4	f_5	f_6	f_8	f_{10}
갯수	7	12	7	2	4	3	·	·	·	·

✔ J7은 $f_{3,4}$인 입체이다.

길게 늘린 3각뿔(J7)은 3각기둥에 4면체를 붙여 구성할 수 있다.

4면체

3각기둥

길게 늘린 3각뿔(J7)

길게 늘린 3각뿔(J7)의 3각기둥의 다른 끝에 다른 4면체를 붙이면 길게 늘린 3각형 2중각뿔(J14)이 만들어진다.

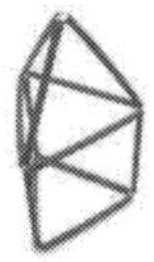
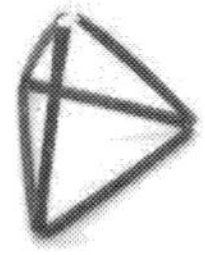
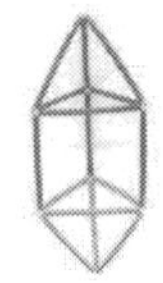

길게 늘린 3각뿔(J7) 4면체 길게 늘린 3각형 2중각뿔(J14)

길게 늘린 3각뿔(J7)은 정4각뿔과 8면체를 가지고 공간채우기를 할 수 있다.

✔ 길게 늘린 3각뿔(J_7)(Elongated Triangular Pyramid(J7))의 넓이와 부피

길게 늘린 3각뿔(J_7)의 높이를 계산하여 넓이와 부피를 구할 수 있다.

❶ J_7의 넓이와 부피의 값

- 한 변의 길이가 L인 넓이 A와 부피 V는 다음과 같다.

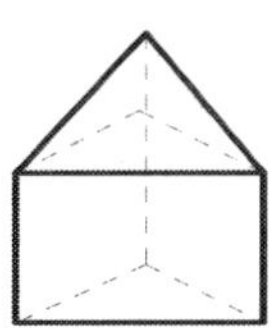

- $A=(3+\sqrt{3})L^2$ 이고

  $V=\frac{1}{12}(\sqrt{2}+3\sqrt{3})L^3$ 이다.

❷ 길게 늘린 3각뿔(J_7)의 정의

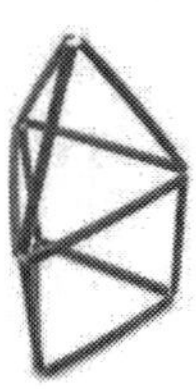

- 길게 늘린 4면체, 길게 늘린 3각뿔 또는 존슨 입체 J_7은 3각기둥을 밑면에 붙여 4면체를 늘려서 얻은 기하학적 입체이다.
- J_7의 모든 면은 정다각형이고, 7개의 면(정3각형 4개, 정4각형 3개), 12개의 모서리, 7개의 꼭짓점이 있다.
- J_7의 모든 모서리의 길이는 같다.

❸ J_7의 높이

- J_7의 옆면(4면체)의 한 변의 길이는 L 이다.

- 4면체의 높이 h_r은 $h_r=\frac{\sqrt{6}}{3}L$ 이다.

- 따라서, J_7의 높이 h_{J7}은 $h_{J7}=L+\frac{\sqrt{6}}{3}L=\left(1+\frac{\sqrt{6}}{3}\right)L$ 이다.

❹ J_7의 넓이 구하기

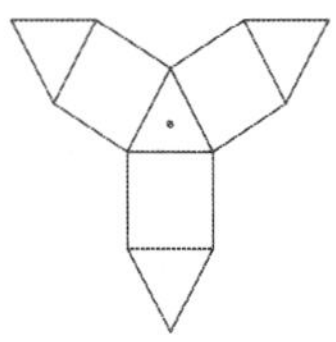

- 한 변의 길이가 L인 4개의 정3각형, 3개의 정4각형이 있는 J_7의 전개도이다.
- 정3각형의 넓이의 합은 $A_3 = 4 \cdot \frac{\sqrt{3}}{4} L^2 = \sqrt{3}\, L^2$,
  정4각형의 넓이의 합은 $A_4 = 3L^2$,
- J_7의 넓이는 $A_{J7} = (3+\sqrt{3})L^2$ 이다.

❺ J_7의 부피 구하기

- 4면체의 부피 V_T는 $V_T = \frac{\sqrt{2}}{12} L^3$ 이다.
- 3각기둥의 부피 V_P는 밑면의 넓이와 높이의 곱이다.
  즉, $V_P = \frac{\sqrt{3}}{4} L^2 \cdot L = \frac{\sqrt{3}}{4} L^3$ 이다.
- 따라서, J_7의 부피 V_{J7}는 $V_{J7} = \frac{\sqrt{2}}{12} L^3 + \frac{\sqrt{3}}{4} L^3 = \frac{1}{12}(\sqrt{2} + 3\sqrt{3})L^3$ 이다.

❻ J_7의 쌍대다면체

- 위상적으로, J_7는 자기쌍대이다.
- 기하학적으로 이 쌍대는 7개의 불규칙한 면(정3각형 1개, 2등변 3각형 3개, 등변 사다리꼴 3개)을 가지고 있다.

J_7의 쌍대그림	J_7의 쌍대전개도

J8 길게 늘린 정4각뿔 (Elongated Square Pyramid)

길게 늘린 정4각뿔(J8)은 9개의 면(4개의 정3각형과 5개의 정4각형), 9개의 꼭짓점, 16개의 모서리를 가지고 있다.

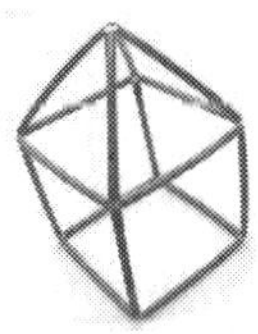

길게 늘린 정4각뿔(J8)

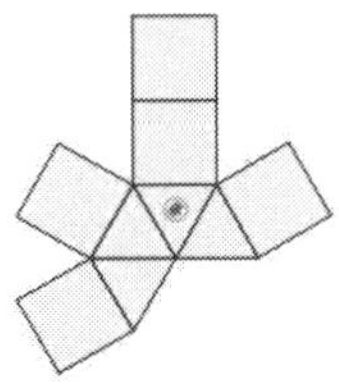

J8의 전개도

존슨입체도형 J08

또한, J8은 다음과 같이 표로 나타낼 수 있다.

[f_3는 존슨입체의 면이 3각형으로 이루어진 것을 나타냄]

분류	v	e	f	$v-e+f$	f_3	f_4	f_5	f_6	f_8	f_{10}
갯수	9	16	9	2	4	5	·	·	·	·

✔ J8은 $f_{3,4}$인 입체이다.

길게 늘린 정4각뿔(J8)은 정4각뿔을 정6면체에 붙여 만들 수 있다.

정4각뿔

정6면체

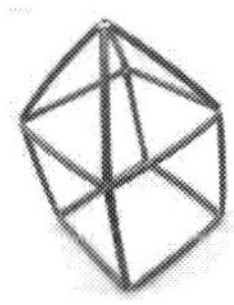

길게 늘린 정4각뿔(J8)

길게 늘린 정4각뿔(J8)의 정6면체의 반대쪽 끝에 다른 정4각뿔을 붙이면 길게 늘린 정4각형 2중각뿔(J15)이 만들어진다.

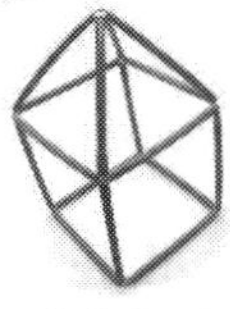

길게 늘린 정4각뿔(J8)

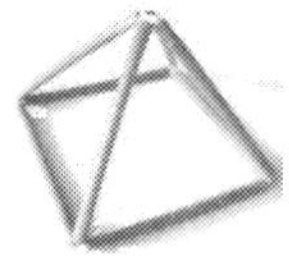

정4각뿔

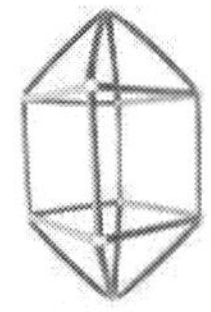

길게 늘린 정4각형 2중각뿔(J15)

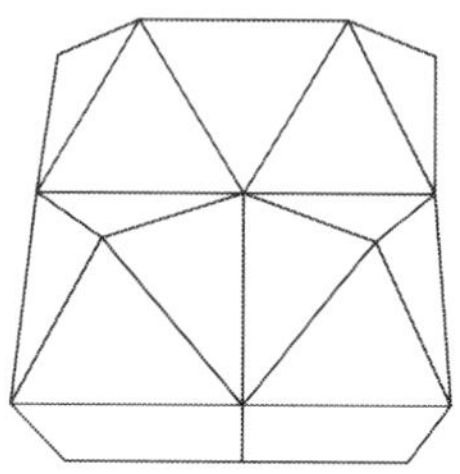

- 길게 늘린 정4각뿔(J8)은 정4면체를 가지고 공간채우기를 할 수 있다.

✔ 길게 늘린 정4각뿔(J_8)(Elongated Square Pyramid(J8))의 넓이와 부피

길게 늘린 정4각뿔(J_8)의 높이를 계산하여 넓이와 부피를 구할 수 있다.

❶ J_8의 넓이와 부피의 값

- 한 변의 길이가 L인 넓이 A와 부피 V는 다음과 같다.

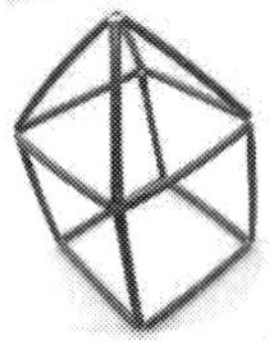

- $A=(5+\sqrt{3})L^2$,
  $V=\left(1+\frac{\sqrt{2}}{6}\right)L^3$ 이다.

❷ 길게 늘린 정4각뿔(J_8)의 정의

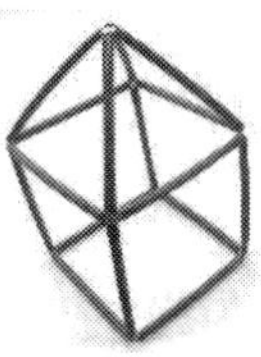

- 길게 늘린 정4각뿔, 증강된 정6면체 또는 존슨 입체 J_8은 정6면체를 밑면에 붙여 정4각뿔을 늘려서 얻은 기하학적 다면체이다.
- J_8의 모든 면은 정다각형이고, 9개의 면(정3각형 4개, 정4각형 5개), 16개의 모서리, 9개의 꼭짓점이 있다.
- J_8의 모든 모서리의 길이는 같다.

❸ J_8의 높이

- J_8의 옆면(4각뿔)의 한 변의 길이는 L 이다.
- 4각뿔의 높이 h_p는 $h_p = \frac{\sqrt{2}}{2}L$ 이다.
- 따라서, J_8의 높이 h_{J8}은 $h_{J8} = L + \frac{\sqrt{2}}{2}L = \left(1+\frac{\sqrt{2}}{2}\right)L$ 이다.

❹ J_8의 넓이 구하기

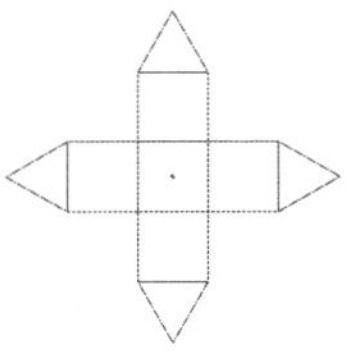

- 한 변의 길이가 L인 4개의 정3각형, 5개의 정4각형이 있는 J_8의 전개도이다.
- 정3각형의 넓이의 합은 $A_3 = 4 \cdot \frac{\sqrt{3}}{4}L^2 = \sqrt{3}\,L^2$,

  정4각형의 넓이의 합은 $A_4 = 5L^2$,
- J_8의 넓이는 $A_{J8} = (5+\sqrt{3})L^2$ 이다.

❺ J_8의 부피 구하기

- 한 변의 길이가 L인 정4각뿔의 부피 V_P는 $V_P = \frac{\sqrt{2}}{6}L^3$ 이다.
- 한 변의 길이가 L인 4각기둥(정6면체)의 부피 V_C 는 $V_C = L^3$ 이다.
- 따라서, J_8의 부피 V_{J8}는 $V_{J8} = \frac{\sqrt{2}}{6}L^3 + L^3 = \left(1+\frac{\sqrt{2}}{6}\right)L^3$ 이다.

❻ J_8의 쌍대다면체

- J_8는 쌍대는 9개의 면(정3각형 4개, 정4각형 1개, 등변 사다리꼴 4개)을 가지고 있다.

J_8의 쌍대그림	J_8의 쌍대전개도
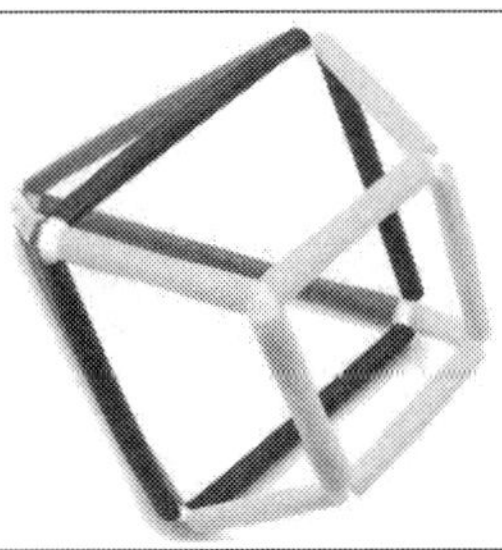	

J9 길게 늘린 5각뿔 (Elongated Pentagonal Pyramid)

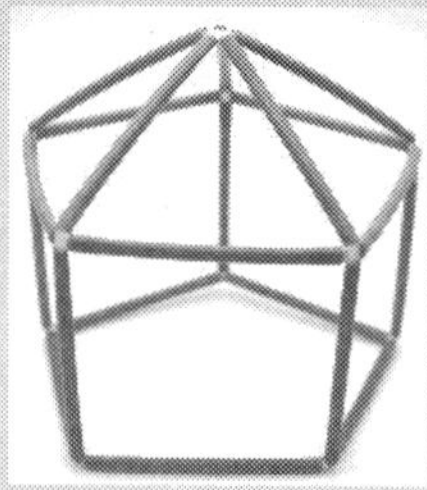

길게 늘린 5각뿔(J9)은 11개의 면(5개의 정3각형, 5개의 정4각형, 1개의 5각형), 11개의 꼭짓점, 20개의 모서리를 가지고 있다.

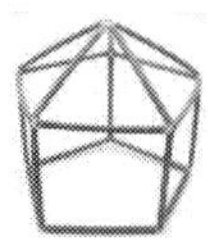

길게 늘린 5각뿔(J9)

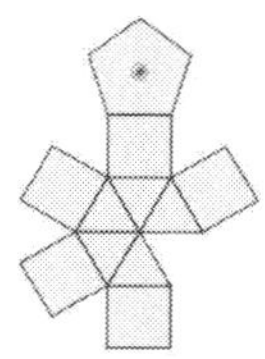

J9의 전개도

존슨입체도형 J09

또한, J9는 다음과 같이 표로 나타낼 수 있다.

[f_3는 존슨입체의 면이 3각형으로 이루어진 것을 나타냄]

분류	v	e	f	$v-e+f$	f_3	f_4	f_5	f_6	f_8	f_{10}
갯수	11	20	11	2	5	5	1	·	·	·

✔ J9는 $f_{3,4,5}$인 입체이다.

길게 늘린 5각뿔(J9)은 5각기둥에 5각뿔을 붙여 구성할 수 있다.

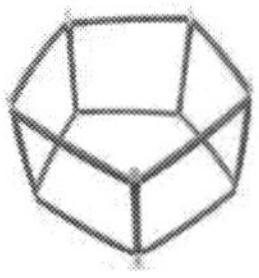

5각기둥

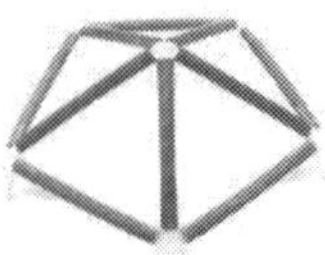

5각뿔(J2)

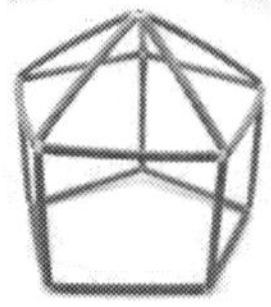

길게 늘린 5각뿔(J9)

길게 늘린 5각뿔(J9)에서 2번째 5각뿔을 5각기둥의 다른 끝에 붙이면 길게 늘린 5각형 2중각뿔(J16)이 만들어진다.

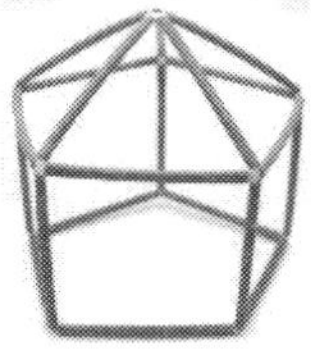
길게 늘린 5각뿔(J9)

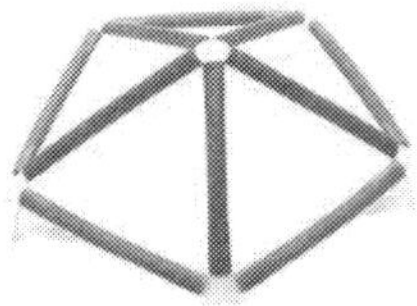
5각뿔(J2)

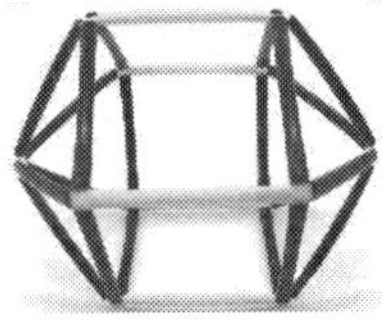
길게 늘린
5각형 2중각뿔(J16)

✔길게 늘린 정5각뿔(J_9)(Elongated Pentagonal Pyramid(J9))의 넓이와 부피

길게 늘린 정5각뿔(J_9)의 높이를 계산하여 넓이와 부피를 구할 수 있다.

❶ J_9의 넓이와 부피의 값

- 한 변의 길이가 L인 넓이 A와 부피 V는 다음과 같다.

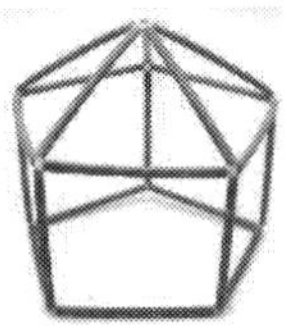

- $A = \dfrac{20+5\sqrt{3}+\sqrt{25+10\sqrt{5}}}{4}L^2$,

$V = \dfrac{5+\sqrt{5}+6\sqrt{25+10\sqrt{5}}}{24}L^3$ 이다.

❷ 길게 늘린 정5각뿔(J_9)의 정의

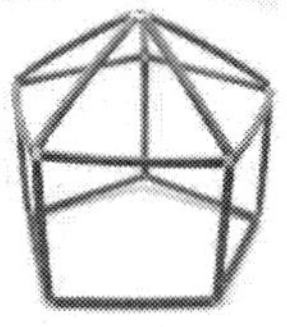

- 길게 늘린 정5각뿔 또는 존슨 입체 J_9은 5각기둥를 밑면에 붙여 정5각뿔을 늘려서 얻은 기하학적 다면체이다.
- J_9의 모든 면은 정다각형이고, 11개의 면(정3각형 5개, 정4각형 5개, 정5각형 1개), 20개의 모서리, 11개의 꼭짓점이 있다.
- J_9의 모든 모서리의 길이는 같다.

❸ J_9의 높이

- J_9의 옆면(5각뿔)의 한 변의 길이는 L 이다.

- 5각뿔의 높이 h_p는 $h_p = \sqrt{\dfrac{5-\sqrt{5}}{10}}\,L \approx 0.525731112\,L$ 이다.

- J_9의 높이 h_{J9}은 $h_{J9} = L + \sqrt{\dfrac{5-\sqrt{5}}{10}}\,L = \left(1 + \sqrt{\dfrac{5-\sqrt{5}}{10}}\right)L \approx 1.525731112\,L$ 이다.

❹ J_9의의 넓이 구하기

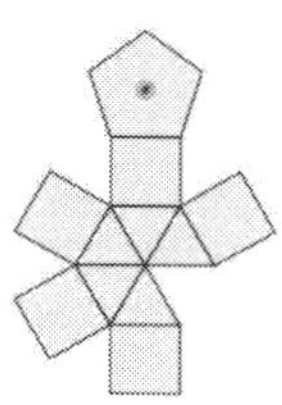

- 한 변의 길이가 L인 5개의 정3각형, 5개의 정4각형, 1개의 정5각형이 있는 J_9의 전개도이다.
- 정3각형의 넓이의 합은 $A_3 = 5 \cdot \dfrac{\sqrt{3}}{4}L^2 = \dfrac{5\sqrt{3}}{4}L^2$,

  정4각형의 넓이의 합은 $A_4 = 5L^2$,

  정5각형의 넓이는 $A_5 = \dfrac{\sqrt{25+10\sqrt{5}}}{4}L^2$ 이다.
- J_9의 넓이는 $A_{J9} = \dfrac{20+5\sqrt{3}+\sqrt{25+10\sqrt{5}}}{4}L^2$ 이다.

  $\approx 8.88554091\,L^2$

❺ J_9의 부피 구하기

- 한 변의 길이가 L인 정5각뿔의 부피 V_{P1}는 $V_{P1} = \dfrac{5+\sqrt{5}}{24}L^3$ 이다.

- 한 변의 길이가 L인 5각기둥의 부피 V_{P2} 는 $V_{P2} = \dfrac{\sqrt{25+10\sqrt{5}}}{4}L^3$ 이다.

- J_9의 부피 V_{J9}는 $V_{J9} = V_{P1} + V_{P2} = \left(\dfrac{5+\sqrt{5}+6\sqrt{25+10\sqrt{5}}}{24}\right)L^3$ 이다.

  $\approx 2.021980233\,L^3$

❻ J_9의 쌍대다면체

- J_9는 쌍대는 11개의 면(정3각형 5개, 정5각형 1개, 등변 사다리꼴 5개)을 가지고 있다.

J_9의 쌍대그림	J_9의 쌍대전개도
	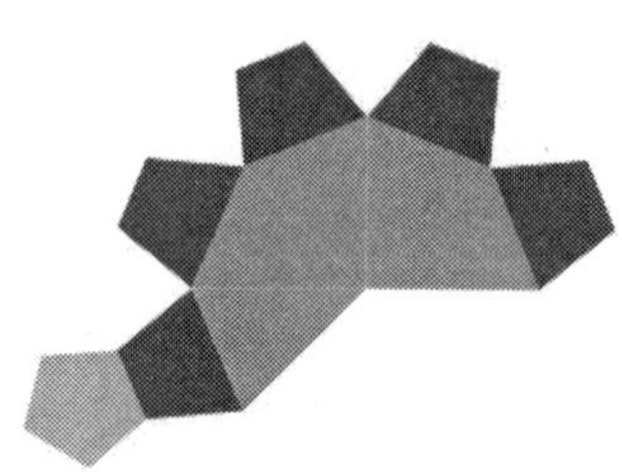

J10 회전하여 길게 늘린 정4각뿔 (Gyroelongated Square Pyramid)

회전하여 길게 늘린 정4각뿔(J10)은 13개의 면(12개의 정3각형과 1개의 정4각형), 9개의 꼭짓점, 20개의 모서리가 있다.

회전하여 길게 늘린 정4각뿔(J10)

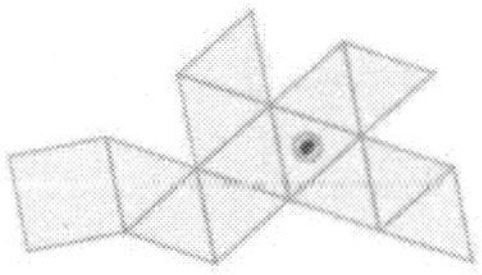

J10의 전개도

존슨입체도형 J10

또한, J10은 다음과 같이 표로 나타낼 수 있다.

[f_3는 존슨입체의 면이 3각형으로 이루어진 것을 나타냄]

분류	v	e	f	$v-e+f$	f_3	f_4	f_5	f_6	f_8	f_{10}
갯수	9	20	13	2	12	1	·	·	·	·

✔ J10은 $f_{3,4}$인 입체이다.

회전하여 길게 늘린 정4각뿔(J10)은 정4각 엇각기둥에 정4각뿔을 붙여 구성할 수 있다.

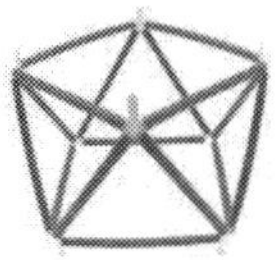

정4각엇각기둥

정4각뿔

회전하여 길게 늘린 정4각뿔(J10)

회전하여 길게 늘린 정4각뿔(J10)에서 2번째 정4각뿔을 정4각 엇각기둥의 반대편에 붙이면 회전하여 길게 늘린 정4각 2중각뿔(J17)이 만들어진다.

회전하여 길게 늘린 정4각뿔(J10)

정4각뿔

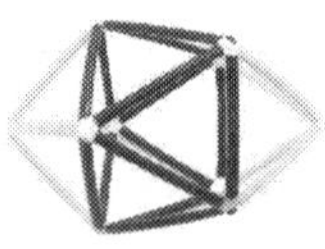

회전하여 길게 늘린 정4각 2중각뿔(J17)

- 회전하여 길게 늘린 정4각뿔(J10)의 쌍대다면체는 9개의 면(4개의 연, 1개의 정4각형, 4개의 5각형)을 가진 다음과 같은 다면체이다.

회전하여 길게 늘린 정4각뿔(J10)

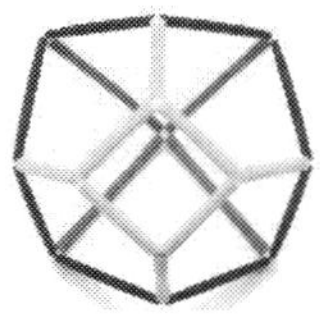

J10의 쌍대 모양

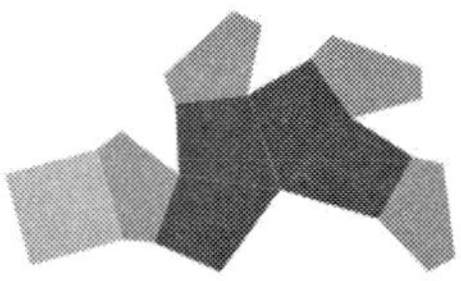

J10의 쌍대 전개도

J11 회전하여 길게 늘린 5각뿔 (gyroelongated pentagonal pyramid)

회전하여 길게 늘린 5각뿔(J11)은 16개의 면(15개의 정3각형, 1개의 5각형), 11개의 꼭짓점, 25개의 모서리를 가지고 있다.

회전하여
길게 늘린 5각뿔(J11)

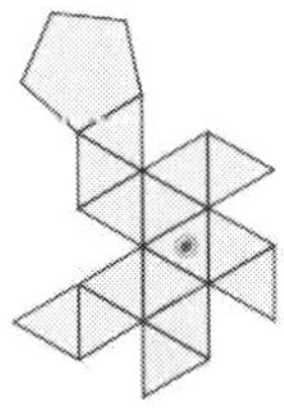

J11의 전개도

또한, J11은 다음과 같이 표로 나타낼 수 있다.

[f_3는 존슨입체의 면이 3각형으로 이루어진 것을 나타냄]

분류	v	e	f	$v-e+f$	f_3	f_4	f_5	f_6	f_8	f_{10}
갯수	5	8	16	2	15	·	1	·	·	·

✔ J11은 $f_{3,5}$인 입체이다.

회전하여 길게 늘린 5각뿔(J11)은 5각 엇각기둥에 5각뿔을 붙여 구성할 수 있다. 그것은 또한 20면체에서 꼭짓점 하나를 삭제함으로써 만들어질 수 있으며, 따라서 하나가 감소된 20면체(monodiminished icosahedron)이라고도 할 수 있다. 5각형의 면 반대편에 있지 않은 꼭짓점을 제거하여 감소되어진 앞으로 더 2중 감소된 20면체(J62)를 만들거나, 2개의 꼭짓점을 제거하여 3중으로 감소된 20면체J(63)를 만들 수 있다.

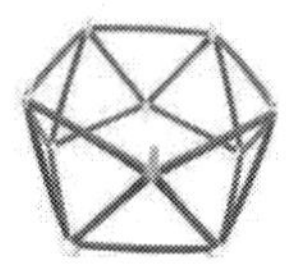

5각 엇각기둥

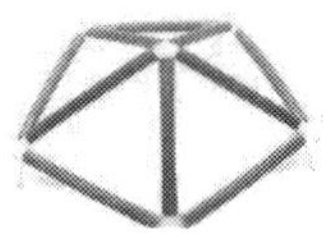

5각뿔(J2)

회전하여
길게 늘린 5각뿔(J11)

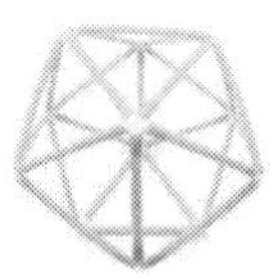

20면체

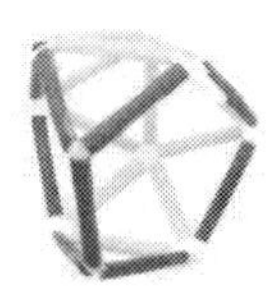

양 옆으로 2중 감소된
20면체(J62)

3중으로 감소된
20면체J(63)

- 회전하여 길게 늘린 5각뿔(J11)의 쌍대다면체는 11개의 면(5개의 연, 1개의 정5각형, 5개의 부등변 5각형)을 가진 다음과 같은 다면체이다.

회전하여
길게 늘린 5각뿔(J11)

J11의 쌍대 모양

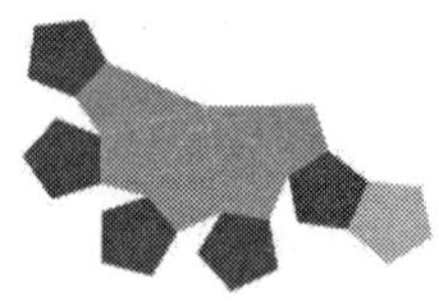

J11의 쌍대 전개도

J12

3각형 2중각뿔

(Triangular Bipyramid)

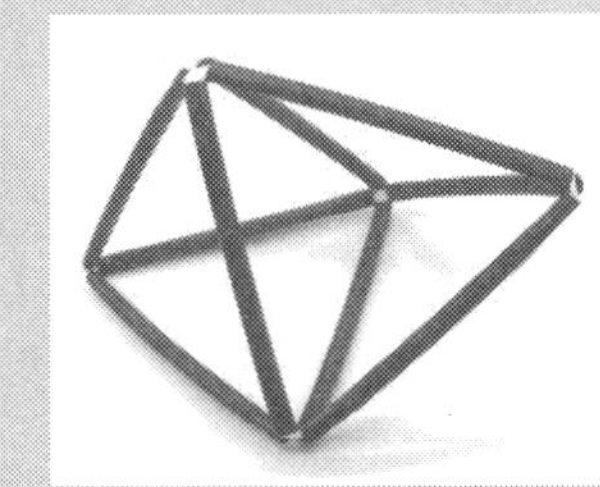

3각형 2중각뿔(J12)은 6개의 면(6개의 정3각형), 5개의 꼭짓점, 9개의 모서리를 가지고 있다.

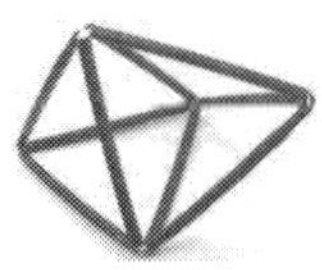

3각형 2중각뿔(J12)

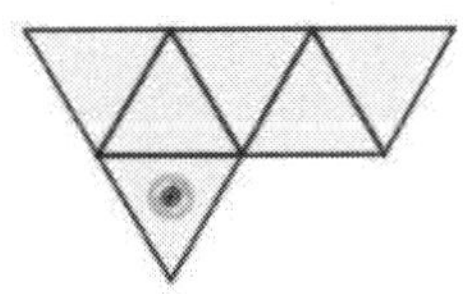

J12의 전개도

존슨입체도형 J12

또한, J12는 다음과 같이 표로 나타낼 수 있다.

[f_3는 존슨입체의 면이 3각형으로 이루어진 것을 나타냄]

분류	v	e	f	$v-e+f$	f_3	f_4	f_5	f_6	f_8	f_{10}
갯수	5	9	6	2	4	·	·	·	·	·

✔ J12는 f_3인 입체(델타다면체)이다.

3각형 2중각뿔(J12)은 2개의 4면체를 각각 서로 붙여서 만들 수 있다.

4면체

3각형 2중각뿔(J12)

2개의 4면체 사이에 3각기둥을 삽입하면 길게 늘인 3각형 2중각뿔(J14)이 만들어진다.

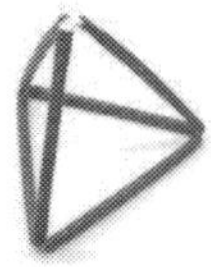
4면체

3각기둥

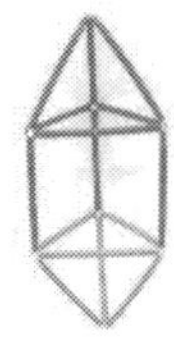
길게 늘인 3각형 2중각뿔(J14)

3각형 2중각뿔(J12)을 수정하고 자르고 확장하여 만든 다면체들이다.

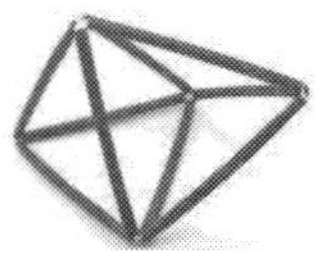
3각형
2중각뿔(J12)

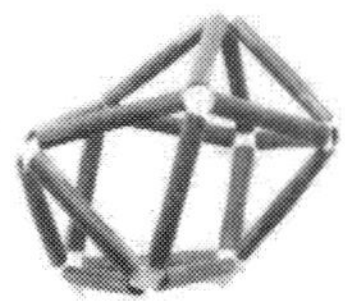
수정된
3각형 2중각뿔
(Rectified
Triangular
Bipyramid)

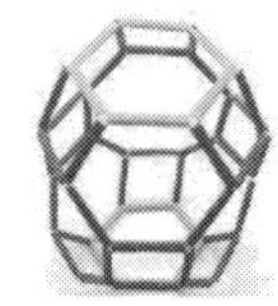
자르고 수정된
3각형 2중각뿔
(Truncated Rectified
Triangular
Bipyramid)

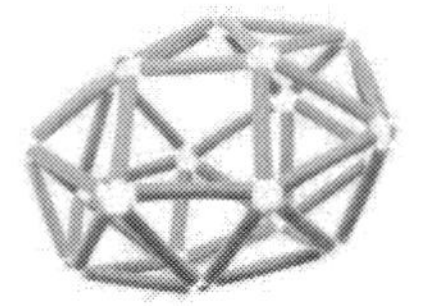
확장 수정된
3각형 2중각뿔
(Snub Rectified
Triangular
Bipyramid)

증강된 3각형 2중각뿔은 작은 2개의 정8면체를 쌓은 다음 주변에 3각형 2중각뿔을 붙이고 위 · 아래에는 4면체를 붙여 만들 수 있다.

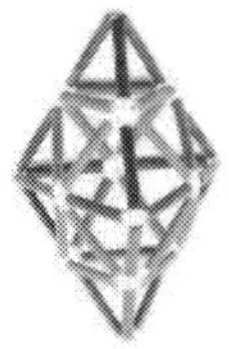
증강된
3각형 2중각뿔

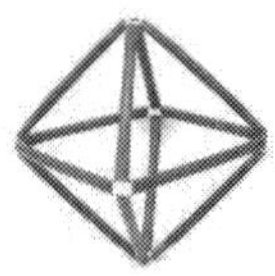
정8면체

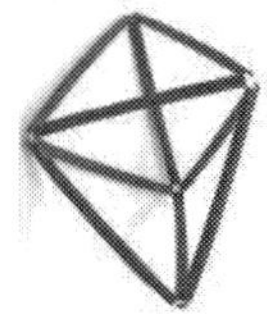
3각형
2중각뿔(J12)

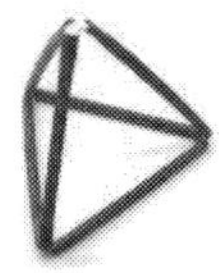
4면체

3각형 2중각뿔(J12)과 8면체 또는 자른 4면체를 붙여서 공간채우기를 할 수 있다.

3각형
2중각뿔(J12)

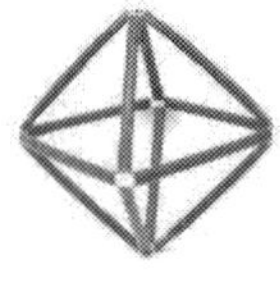
정8면체

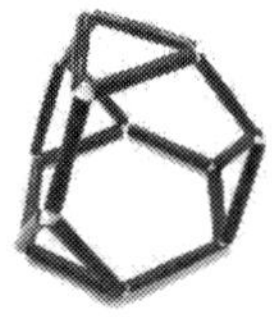
자른4면체

J_{12}의 쌍대다면체는 다음과 같다.

- J_{12}의 쌍대는 5개의 면(정3각형 2개, 직4각형 3개)이 있는 3각기둥이다.
- 2개의 평행한 정3각형이 3개의 직사각형과 체인처럼 연결되어 있다.
- 3각기둥은 균일한 다면체(정4각형면)이지만 3각형 2중각뿔(J_{12})은 균일하지 않은 다면체(직4각형)이다.

J_{12}의 쌍대그림	J_{12}의 쌍대전개도
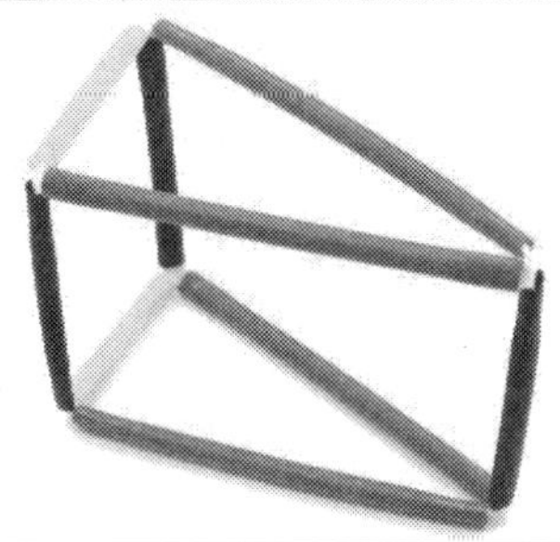	

✔ 3각형 2중각뿔(J_{12})(Triangular Bipyramid(J12))의 넓이와 부피

3각형 2중각뿔(J_{12})의 높이를 계산하여 넓이와 부피를 구할 수 있다.

❶ J_{12}의 넓이와 부피의 값

- 한 변의 길이가 L인 넓이 A와 부피 V는 다음과 같다.

- $A=\frac{3\sqrt{3}}{2}L^2$, $V=\frac{\sqrt{2}}{6}L^3$ 이다.

❷ 3각형 2중각뿔(J_{12})의 정의

- 3각형 2중각뿔 또는 존슨 입체 J_{12}은 2개의 정4면체를 하나로 결합하여 만들 수 있다.
- J_{12}의 모든 면은 정다각형이고, 6개의 면(정3각형 6개), 9개의 모서리, 5개의 꼭짓점이 있다.
- J_{12}의 모든 모서리의 길이는 같다.

❸ J_{12}의 높이

- J_{12}의 한 변의 길이는 L 이다.
- 정4면체의 높이 h_s은 $h_s = \frac{\sqrt{6}}{3}L$ 이다.
- J_{12}의 높이 h_{J12}은 $h_{J12} = \frac{2\sqrt{6}}{3}L \approx 1.632993162L$ 이다.

❹ J_{12}의 넓이 구하기

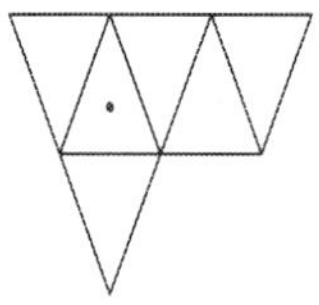

- 한 변의 길이가 L인 6개의 정3각형이 있는 J_{12}의 전개도이다.
- 정3각형의 넓이는 $A_3 = \frac{\sqrt{3}}{4}L^2$ 이다.
- J_{12}의 넓이는 $A_{J12} = \frac{3\sqrt{3}}{2}L^2 \approx 2.598076211L^2$ 이다.

❺ J_{12}의 부피 구하기

- 한 변의 길이가 L인 정사면체의 부피 V는 $V = \frac{\sqrt{2}}{12}L^3$ 이다.
- J_{12}의 부피 V_{J12}는 $V_{J12} = \frac{\sqrt{2}}{6}L^3 \approx 0.235702260L^3$ 이다.

✐ 정4면체의 넓이와 부피 구하기

- 정4면체를 정의하고, 옆면과 높이로부터 정4면체의 넓이와 부피를 구할 수 있다.

❶ 정4면체의 넓이와 부피

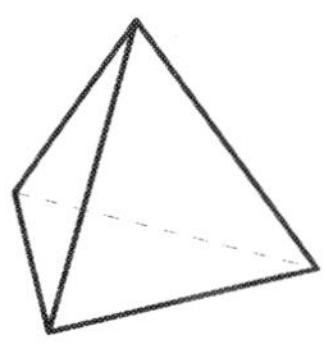

- 왼쪽 그림에서 한 변의 길이가 L인 정4면체의 넓이A, 부피V는 다음과 같다.
- $A=\sqrt{3}\,L^2,\ V=\dfrac{\sqrt{2}}{12}L^3$ 이다.

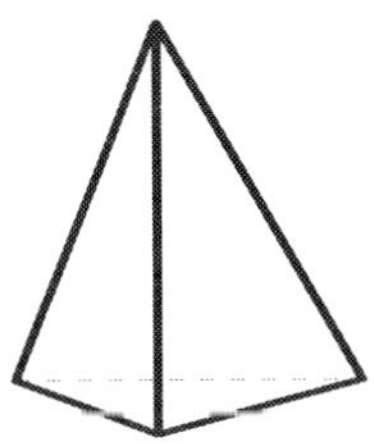

- 왼쪽 그림에서 한 변의 길이가 L, 높이가 h인 4면체의 넓이A, 부피V는 다음과 같다.
- $A=\dfrac{L}{2}\left(\dfrac{\sqrt{3}}{2}L+3\sqrt{\dfrac{1}{12}L^2+h^2}\right),\quad V=\dfrac{\sqrt{3}}{12}hL^2$

❷ 정4면체의 정의

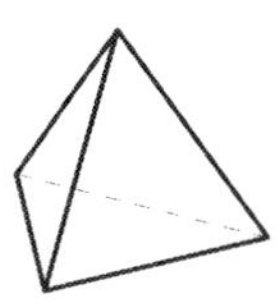

- 4면체는 4개의 면, 6개의 모서리, 4개의 꼭짓점을 가지고 있다.
- 모든 면이 정3각형인 4면체를 정4면체이라 한다.

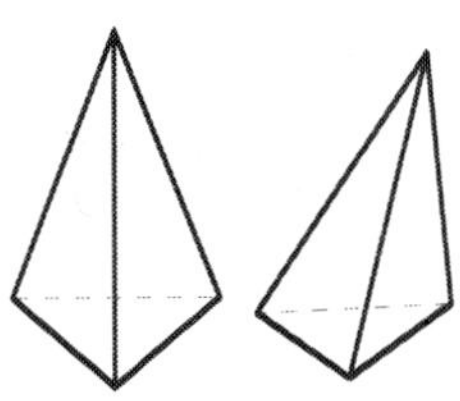

- 각뿔의 꼭짓점이 밑면에 투영되어 중심과 일치 할 때 4면체는 직선이다. 그렇지 않으면 비스듬한 4면체이다.

※ 여기에서는 정4면체를 생각한다.

❸ 정4면체의 높이 구하기

- 한 변의 길이가 L인 정4면체의 높이 H는 $H=\sqrt{\dfrac{2}{3}}L=\dfrac{\sqrt{6}}{3}L$ 이다.

① 정3각형의 높이 h

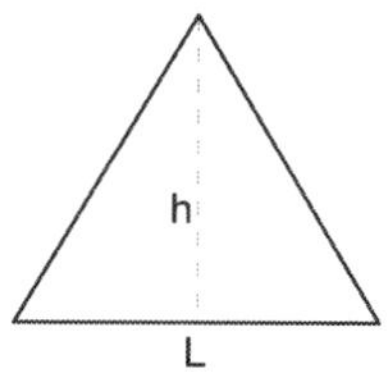

- 정3각형의 한 변의 길이는 L, 높이는 h이다.
- 피타고라스 정리에 의해, $L^2 = h^2 + \left(\frac{L}{2}\right)^2$이다.
- 따라서, $h = \sqrt{L^2 - \left(\frac{L}{2}\right)^2} = \frac{\sqrt{3}}{2}L$ 이다.

② 변심거리(a_p) 구하기

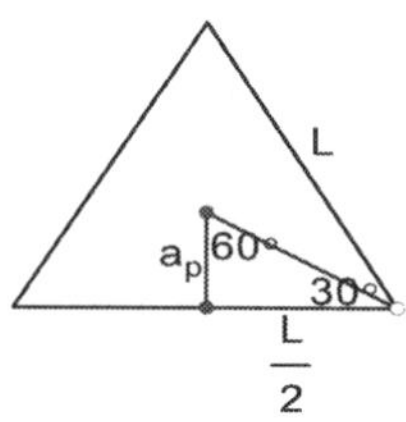

- 변심거리(a_p)이란 변의 중심에서 다각형의 중심까지의 거리이다.
- 사인정리에 의해, $\frac{a_p}{\sin 30^\circ} = \frac{L}{2\sin 60^\circ}$ 이다.
- 따라서, 변심거리(a_p)는 $a_p = \frac{L\sin 30^\circ}{2\sin 60^\circ} = \frac{\sqrt{3}}{6}L$ 이다.

③ 정4면체의 높이 H 구하기

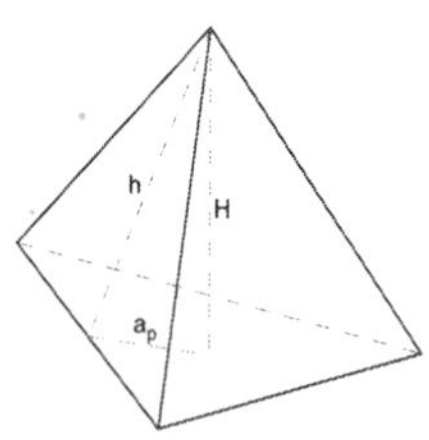

- 피타고라스 정리에 의해, $h^2 = {a_p}^2 + H^2$ 이다.
- $H = \sqrt{h^2 - {a_p}^2} = \sqrt{\left(\frac{\sqrt{3}}{2}L\right)^2 - \left(\frac{\sqrt{3}}{6}L\right)^2} = \sqrt{\frac{2}{3}}L = \frac{\sqrt{6}}{3}L$이다.

❹ 정4면체의 넓이 구하기

① 밑면은 한 변의 길이가 L인 정3각형이고, 높이가 h인 4면체의 넓이 A는

$A = \frac{L}{2}\left(\frac{\sqrt{3}}{2}L + 3\sqrt{\frac{1}{12}L^2 + h^2}\right)$이다.

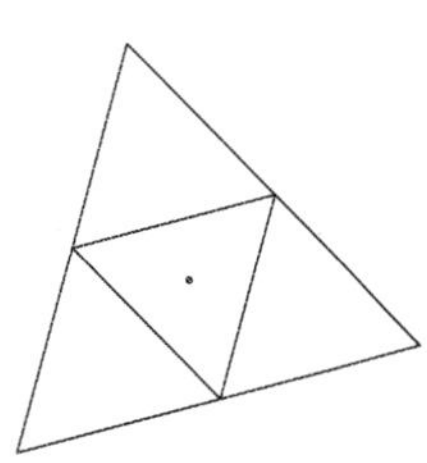

- 왼쪽 그림은 밑면의 한 변의 길이가 L인 정3각형이고, 높이가 h, 변심거리가 a_p인 4면체이다.
- 옆면의 2등변3각형의 높이가 b이라 하자.
- $b^2 = {a_p}^2 + h^2$ 이므로, $b = \sqrt{\frac{1}{12}L^2 + h^2}$ 이다.
- 각뿔의 밑면의 넓이 A_B는 $A_B = \frac{\sqrt{3}}{4}L^2$ 이다.
- 옆면의 넓이 A_{LAT}는 밑변이 L, 높이가 b인 3개의 2등변 3각형의 넓이의 합이다.

  즉, $A_{LAT} = 3 \cdot \frac{bL}{2} = \frac{3}{2}L\sqrt{\frac{1}{12}L^2 + h^2}$ 이다.
- 따라서 넓이 A는 $A = A_B + A_{LAT}$ 이다.

  즉, $A = \frac{L}{2}\left(\frac{\sqrt{3}}{2}L + 3\sqrt{\frac{1}{12}L^2 + h^2}\right)$ 이다.

② 한 변의 길이가 L인 정4면체의 넓이 A는 $A=\sqrt{3}L^2$ 이다.

- 정4면체의 높이 H와 사면체의 높이 h는 같다. 즉, $h=H=\frac{\sqrt{6}}{3}L$ 이다.

- 따라서, $A=\frac{L}{2}\left(\frac{\sqrt{3}}{2}L+3\sqrt{\frac{1}{12}L^2+h^2}\right)=\frac{L}{2}\left(\frac{\sqrt{3}}{2}L+3\sqrt{\frac{1}{12}L^2+\frac{1}{3}L^2}\right)$ 이다.

$$=\frac{L}{2}\left(\frac{\sqrt{3}}{2}L+3L\frac{\sqrt{3}}{2}\right)=\frac{L^2}{2}\cdot\frac{\sqrt{3}}{2}(1+3)=\sqrt{3}L^2$$

❺ 정4면체 부피 구하기

① 밑면은 한 변의 길이가 L인 정3각형이고, 높이가 h인 4면체의 부피 V는

$V=\frac{\sqrt{3}}{12}L^2h$이다.

- 밑면의 넓이 S, 높이 h 인 각뿔의 부피는 $\frac{1}{3}Sh$이다.

- 밑면이 한 변의 길이가 L인 정3각형인 넓이는 $\frac{\sqrt{3}}{4}L^2$ 이고,

높이기 h인 4면체의 부피 V는 $V-\frac{\sqrt{3}}{12}L^2h$이다.

② 한 변의 길이가 L인 정4면체의 부피 V는 $V=\frac{\sqrt{2}}{12}L^3$ 이다.

- 정4면체의 높이는 $H=\frac{\sqrt{6}}{3}L$이므로, 한 변의 길이가 L인 정4면체의 부피 V는

$V=\frac{\sqrt{3}}{12}L^2H=\frac{\sqrt{3}}{12}L^2\frac{\sqrt{6}}{3}L=\frac{\sqrt{2}}{12}L^3$ 이다.

J13 5각형 2중각뿔 (Pentagonal Bipyramid)

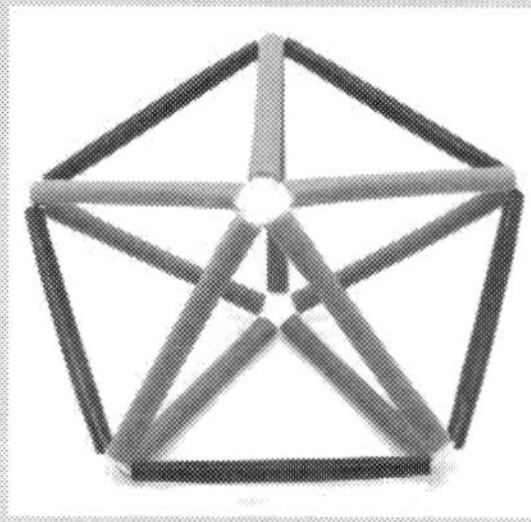

5각형 2중각뿔(J13)은 10개의 면(10개의 정3각형), 7개의 꼭짓점, 15개의 모서리를 가지고 있다.

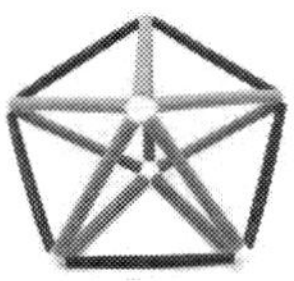

5각형 2중각뿔(J13)

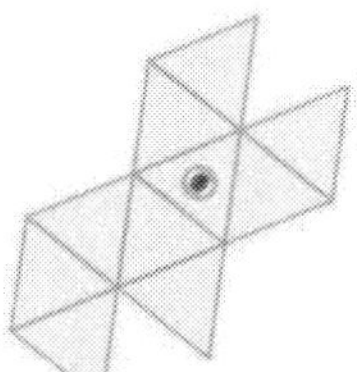

J13의 전개도

존슨입체도형 J13

또한, J13은 다음과 같이 표로 나타낼 수 있다.

[f_3는 존슨입체의 면이 3각형으로 이루어진 것을 나타냄]

분류	v	e	f	$v-e+f$	f_3	f_4	f_5	f_6	f_8	f_{10}
갯수	7	15	10	2	10	·	·	·	·	·

✔ J13은 f_3인 입체(델타다면체)이다.

5각형 2중각뿔(J13)은 2개의 5각뿔을 서로 밑면에 붙여 만들 수 있다.

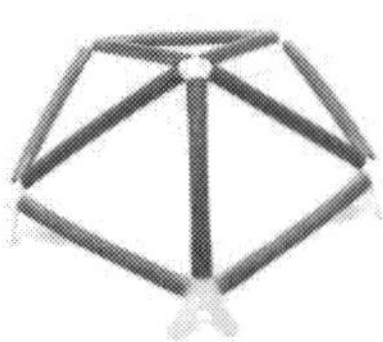

5각뿔(J2)

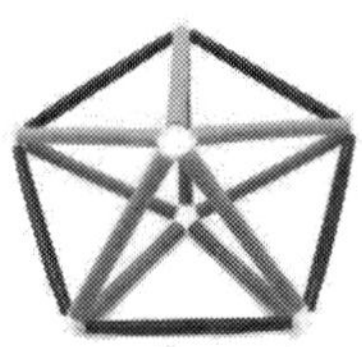

5각형 2중각뿔(J13)

5각형 2중각뿔(J13)을 수정하고 자르고 확장하여 만든 다면체들이다.

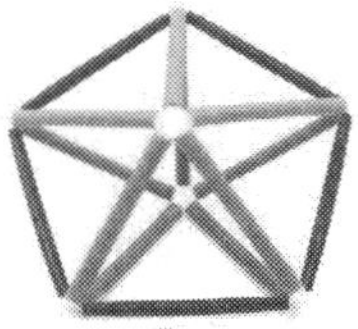

5각형
2중각뿔(J13)

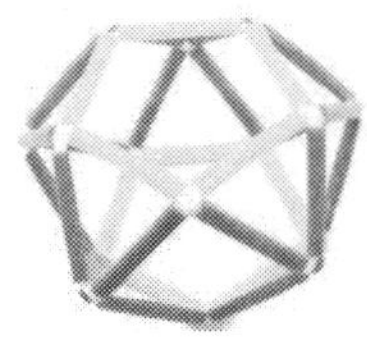

수정된
5각형 2중각뿔
(Rectified
Pentagonal
Bipyramid)

자르고 수정된
5각형 2중각뿔
(Truncated Rectified
Pentagonal
Bipyramid)

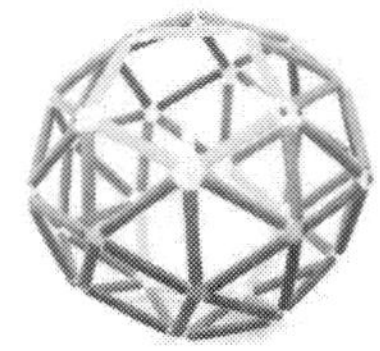

확장 수정된
5각형 2중각뿔
(Snub Rectified
Pentagonal
Bipyramid)

✔ 5각형 2중각뿔(J_{13})(Pentagonal Bipyramid(J13))의 넓이와 부피

5각형 2중각뿔(J_{13})의 높이를 계산하여 넓이와 부피를 구할 수 있다.

❶ J_{13}의 넓이와 부피의 값

- 한 변의 길이가 L인 5각형 2중각뿔(J_{13})의 넓이 A와 부피 V는 다음과 같다.

- $A = \frac{5\sqrt{3}}{2}L^2$, $V = \frac{5+\sqrt{5}}{12}L^3$ 이다.

❷ 5각형 2중각뿔(J_{13})의 정의

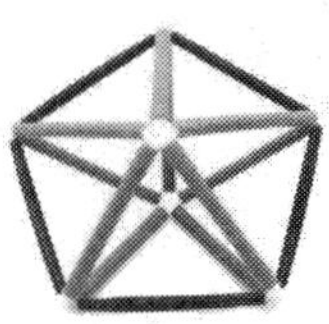

- 5각형 2중각뿔 또는 존슨 입체 J_{13}은 2개의 정5각뿔을 하나로 결합하여 만들 수 있다.
- J_{13}의 모든 면은 정다각형이고, 10개의 면(정3각형 10개), 15개의 모서리, 7개의 꼭짓점이 있다.
- J_{13}의 모든 모서리의 길이는 같다.

❸ J_{13}의 높이

- J_{13}의 한 변의 길이는 L 이다.

- 정5각뿔의 높이 H는 $H = \frac{L}{2}\sqrt{2-\frac{2}{\sqrt{5}}}$ 이다.

- J_{13}의 높이 h_{J13}은 $H_{J13} = \sqrt{2 - \frac{2}{\sqrt{5}}}\,L \approx 1.0514622242\,L$ 이다.

❹ J_{13}의 넓이 구하기

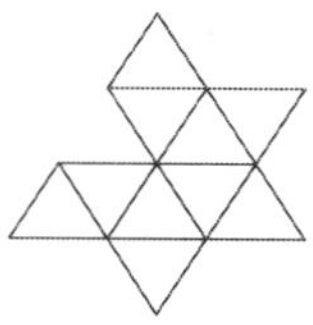

- 한 변의 길이가 L인 10개의 정3각형이 있는 J_{13}의 전개도이다.
- 정3각형의 넓이는 $A_3 = \frac{\sqrt{3}}{4}L^2$ 이다.
- J_{13}의 넓이는 $A_{J13} = \frac{5\sqrt{3}}{2}L^2 \approx 4.330127019\,L^2$ 이다.

❺ J_{13}의 부피 구하기

- 한 변의 길이가 L인 정5각뿔의 부피 V는 $V = \frac{5+\sqrt{5}}{24}L^3$ 이다.
- J_{13}의 부피 V_{J13}는 $V_{J13} = \frac{5+\sqrt{5}}{12}L^3 \approx 0.6030056648\,L^3$ 이다.

❻ J_{13}의 쌍대다면체

- J_{13}는 쌍대는 7개의 면(직4각형 5개, 5각형 2개)이 있는 5각기둥이다.

J_{13}의 쌍대그림	J_{13}의 쌍대전개도
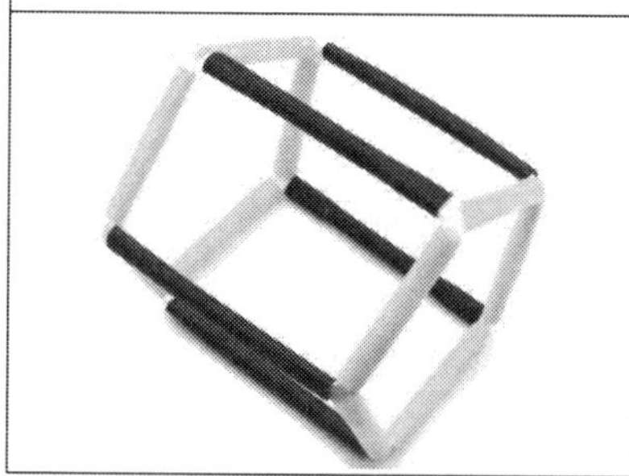	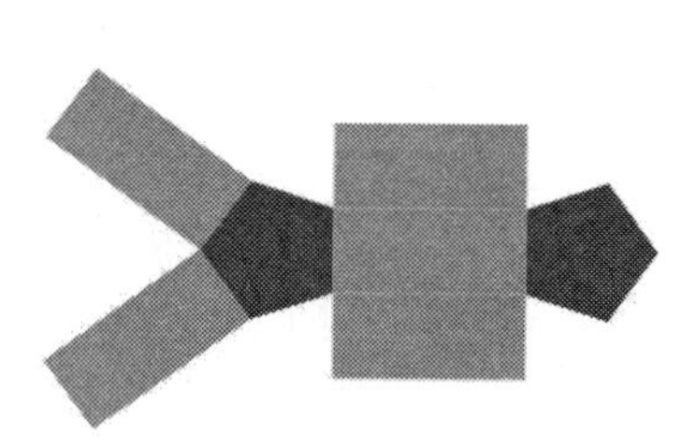

J14 길게 늘린 3각형 2중각뿔 (elongated triangular bipyramid)

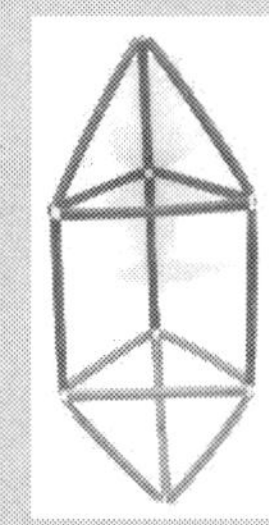

길게 늘린 3각형 2중각뿔(J14)은 9개의 면(6개의 정3각형, 3개의 정4각형), 8개의 꼭짓점, 15개의 모서리를 가지고 있다.

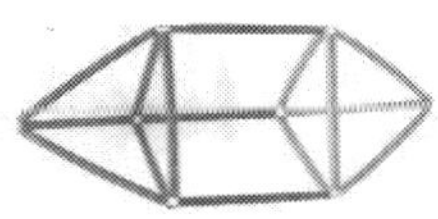

길게 늘린 3각형 2중각뿔(J14)

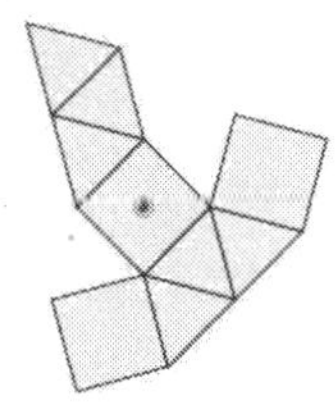

J14의 전개도

존슨입체도형 J14

또한, J14는 다음과 같이 표로 나타낼 수 있다.

[f_3는 존슨입체의 면이 3각형으로 이루어진 것을 나타냄]

분류	v	e	f	$v-e+f$	f_3	f_4	f_5	f_6	f_8	f_{10}
갯수	8	15	9	2	6	3	·	·	·	·

✔ J14는 $f_{3,4}$인 입체이다.

길게 늘린 3각형 2중각뿔(J14)은 3각기둥에 2개의 4면체를 붙여서 만들 수 있다. 길게 늘린 3각형 2중각뿔(J14)의 이름은 3각형 2중각뿔(J12)과의 관계를 묘사한다: 2개로 이루어진 4면체 사이에 3각기둥을 삽입하여 2중각뿔을 더 길게 만든다.

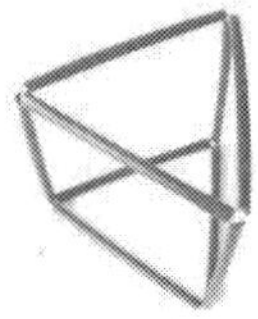
3각기둥

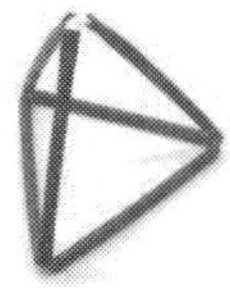
4면체

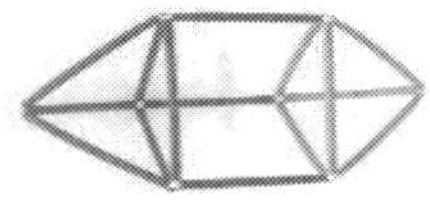
길게 늘린 3각형
2중각뿔(J14)

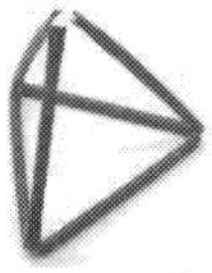
4면체

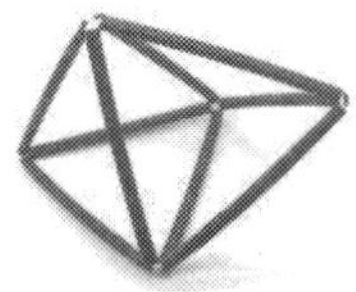
3각형 2중각뿔(J12)

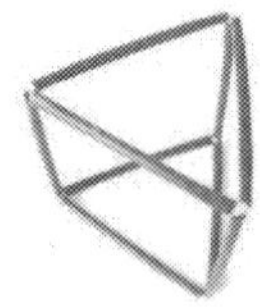
3각기둥

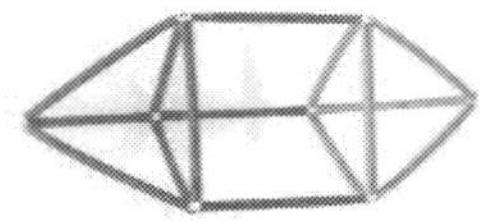
길게 늘린 3각형 2중각뿔(J14)

식물 잎으로 엮어 만든 아프리카 악기 니로술라(nirrosula[21])는 끝부분을 덮는 면이 정3각형이 아닌 일련의 길게 늘린 2중각뿔의 형태로 만들어진다.

✔ 길게 늘린 3각형 2중각뿔(J_{14})(elongated triangular bipyramid (J14))의 넓이와 부피

길게 늘린 3각형 2중각뿔(J_{14})의 높이를 계산하여 넓이와 부피를 구할 수 있다.

❶ J_{14}의 넓이와 부피의 값

- 한 변의 길이가 L인 길게 늘린 3각형 2중각뿔(J_{14})의 넓이 A와 부피 V는 다음과 같다.

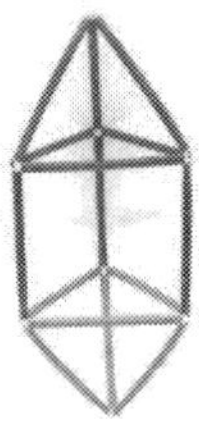

- $A=\frac{6+3\sqrt{3}}{2}L^2$, $V=\frac{2\sqrt{2}+3\sqrt{3}}{12}L^3$ 이다.

21) http://www.mi.sanu.ac.rs/vismath/gerdesnovember2012/nonahedral.pdf

❷ 길게 늘린 3각형 2중각뿔(J_{14})의 정의

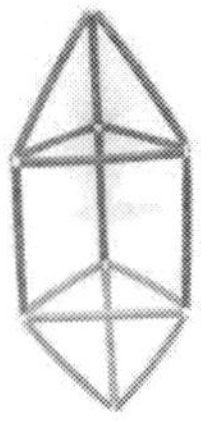

- 길게 늘린 3각형 2중각뿔 또는 존슨 입체 J_{14}는 각뿔 사이에 3각기둥을 넣어 3각뿔(J_{12})을 길게 늘려 만든 입체이다.
- J_{14}의 모든 면은 정다각형이고, 9개의 면(정3각형 6개, 정4각형 3개), 15개의 모서리, 8개의 꼭짓점이 있다.
- J_{14}의 모든 모서리의 길이는 같다.

❸ J_{14}의 높이

- J_{14}의 한 변의 길이는 L 이다.
- 3각기둥의 높이 H_{J12}는 $H_{J12} = \frac{2\sqrt{6}}{2}L$ 이다.
- J_{14}의 높이 H_{J14}은 $H_{J14} = \frac{3+2\sqrt{6}}{3}L \approx 2.632993162L$ 이다.

❹ J_{14}의 넓이 구하기

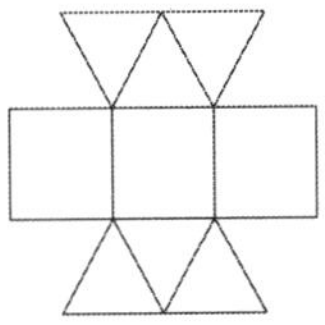

- 한 변의 길이가 L인 6개의 정3각형, 3개의 정4각형이 있는 J_{14}의 전개도이다.
- 정3각형의 넓이의 합 A_3는 $A_3 = \frac{3\sqrt{3}}{2}L^2$ 이다.
- 정4각형의 넓이의 합 A_4는 $A_4 = 3L^2$ 이다.
- J_{14}의 넓이는 $A_{J14} = \frac{6+3\sqrt{3}}{2}L^2 \approx 5.598076211L^2$ 이다.

❺ J_{14}의 부피 구하기

- 한 변의 길이가 L인 V_{J12}는 $V_{J12} = \frac{\sqrt{2}}{6}L^3$ 이다.
- 한 변의 길이가 L인 정3각기둥의 부피 V는 $V = \frac{\sqrt{3}}{4}L^3$ 이다.
- J_{14}의 부피 V_{J14}는 $V_{J14} = \frac{2\sqrt{2}+3\sqrt{3}}{12}L^3 \approx 0.6687149623L^3$ 이다.

❻ J_{14}의 쌍대다면체

- J_{14}(2중 둥근지붕)는 쌍대는 8개의 면(등변사다리꼴 6개, 정3각형 2개)이 있다.

J_{14}의 쌍대그림	J_{14}의 쌍대전개도

✐ 3각기둥의 넓이와 부피 구하기

- 정3각기둥을 정의하고 옆면과 높이로부터 정3각기둥의 넓이와 부피를 구할 수 있다.

❶ 계산하기

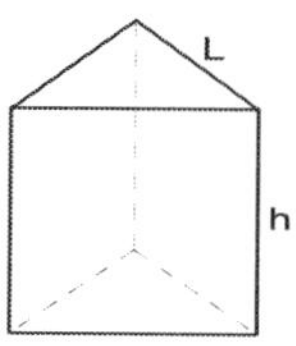

- 왼쪽 그림에서 밑면의 한 변의 길이가 L인 정3각기둥의 넓이A, 부피V는 다음과 같다.
- $A=\left(3h+\frac{\sqrt{3}}{2}L\right)L$, $V=\frac{\sqrt{3}}{4}hL^2$ 이다.

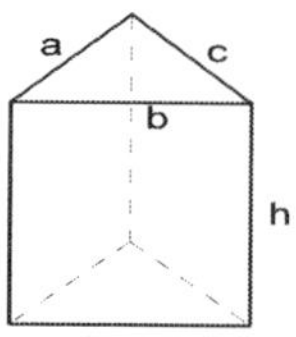

- 왼쪽 그림에서 밑면의 길이가 a, b, c, 높이가 h인 3각기둥의 넓이A, 부피V는 다음과 같다.
- $A=2sh+2\sqrt{s(s-a)(s-b)(s-c)}$,

  $V=h\sqrt{s(s-a)(s-b)(s-c)}$ (단, $s=\frac{a+b+c}{2}$) 이다.

❷ 정3각기둥 요소와 정의

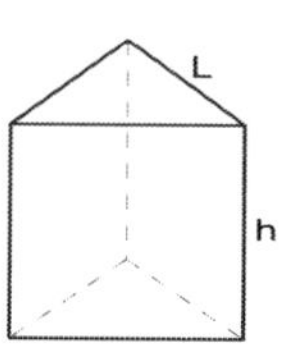

- 3각기둥은 밑면이 3각형이고 5개의 면(2개의 3각형, 3개의 4각형), 9개의 모서리, 6개의 꼭짓점을 가지고 있다.
- 각기둥의 높이는 두 밑면 사이의 거리이다. (정다각기둥의 경우 옆면 모서리 길이와 일치).
- 밑면이 같고 옆면이 직4각형이다.
- 모든 면이 정3각형인 3각기둥을 정3각기둥이라 한다.

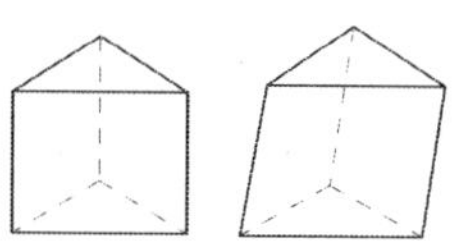

- 3각기둥은 옆면 모서리가 밑면과 직각을 이루지 않을 때 비스듬하다. 이 경우 옆면은 직4각형이 아니고 넓이도 다르다.
- 비스듬한 각기둥 옆면 모서리는 높이와 일치하지 않다.

❸ 정3각기둥의 넓이 구하기

① 밑면은 한 변의 길이가 L인 정3각형이고, 높이가 h인 정3각기둥의 넓이 A는

$A=\left(3h+\frac{\sqrt{3}}{2}L\right)L$ 이다.

<table>
<tr>
<td>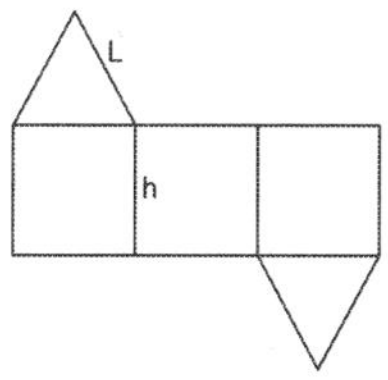
</td>
<td>- 왼쪽그림은 밑면의 한 변의 길이가 L인 정3각형이고, 높이가 h인 정3각기둥이다.
- 정3각기둥은 밑면이 한 변의 길이가 L인 정3각형이므로, 넓이 A_B는 $A_B=2\cdot\frac{\sqrt{3}}{4}L^2=\frac{\sqrt{3}}{2}L^2$ 이다.
- 옆면은 밑변이 L, 높이가 h인 직4각형이므로, 넓이 $A_{LAT}=3Lh$ 이다.
- 정3각기둥의 넓이 A는 $A=\left(3h+\frac{\sqrt{3}}{2}L\right)L$ 이다.</td>
</tr>
</table>

② 밑면의 길이가 a, b, c인 3각형이고, 높이가 h인 3각기둥의 넓이 A는

$A=2sh+2\sqrt{s(s-a)(s-b)(s-c)}$ (헤론의 공식)이다.

- 길이가 a, b, c인 밑면 3각형의 넓이 A_B는 $A_B=2\sqrt{s(s-a)(s-b)(s-c)}$ 이다.
- 길이가 a, b, c 이고 높이가 h인 옆면 4각형의 넓이의 합 A_{LAT}는

$A_{LAT}=h(a+b+c)=2hs$ 이다.

- 3각기둥의 넓이 A는 $A=2sh+2\sqrt{s(s-a)(s-b)(s-c)}$ (단, $s=\frac{a+b+c}{2}$)이다.

❹ 정3각기둥의 부피 구하기

① 밑면은 한 변의 길이가 L인 정3각형이고, 높이가 h인 정3각기둥의 부피 V는

$V=\frac{\sqrt{3}}{4}hL^2$ 이다.

- 밑면의 넓이 S, 높이 h 인 각기둥의 부피는 Sh이다.
- 밑면이 한 변의 길이가 L인 정3각형인 넓이는 $\frac{\sqrt{3}}{4}L^2$ 이고,

높이가 h인 정3각기둥의 부피 V는 $V=\frac{\sqrt{3}}{4}hL^2$ 이다.

② 밑면의 길이가 a, b, c인 3각형이고, 높이가 h인 3각기둥의 부피 V는

$V=h\sqrt{s(s-a)(s-b)(s-c)}$ (단, $s=\frac{a+b+c}{2}$)이다.

- 밑면의 3각형의 넓이는 $\sqrt{s(s-a)(s-b)(s-c)}$, 높이가 h이므로 부피 V는

$V=h\sqrt{s(s-a)(s-b)(s-c)}$ (단, $s=\frac{a+b+c}{2}$) 이다.

J15 길게 늘린 정4각형 2중각뿔 (Elongated Square Bipyramid)

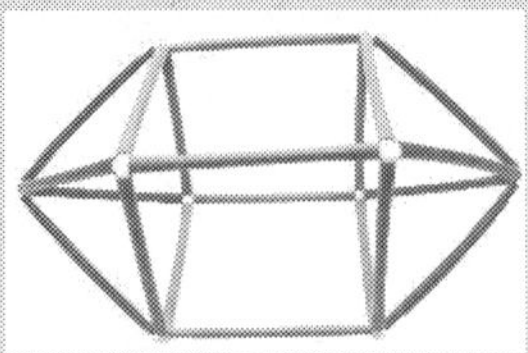

길게 늘린 정4각형 2중각뿔(J15)은 12개의 면(8개의 정3각형, 4개의 정4각형), 10개의 꼭짓점, 20개의 모서리를 가지고 있다. 생긴 모양 때문에 연필 정6면체 또는 12개의 면을 갖는 연필 정6면체이라고도 한다.

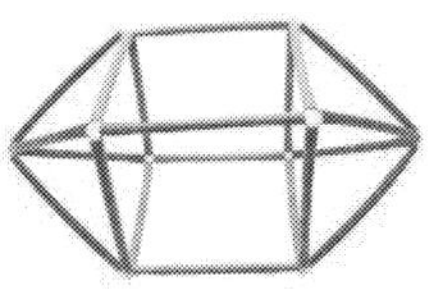

길게 늘린 정4각형 2중각뿔(J15)

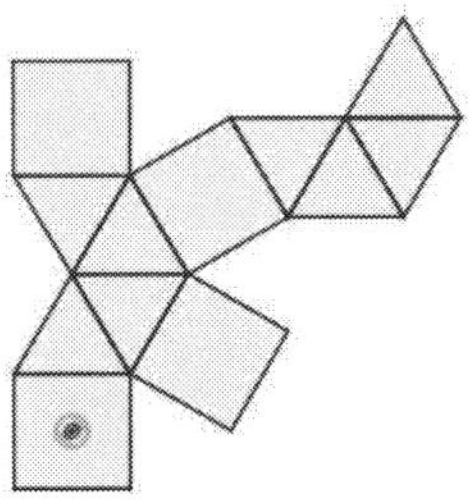

J15의 전개도

존슨입체도형 J15

또한, J15는 다음과 같이 표로 나타낼 수 있다.

[f_3는 존슨입체의 면이 3각형으로 이루어진 것을 나타냄]

분류	v	e	f	$v-e+f$	f_3	f_4	f_5	f_6	f_8	f_{10}
갯수	10	20	12	2	8	4	·	·	·	·

✔ J15는 $f_{3,4}$인 입체이다.

- 길게 늘린 정4각형 2중각뿔(J15)은 정6면체 하나에 2개의 정4각뿔을 붙여서 만들 수 있다. 길게 늘린 정4각형 2중각뿔(J15)은 2중각뿔을 더 길게 만들기 위해 2개로 구성된 정4각뿔 사이에 정6면체를 끼워서 만들 수 있고, 정4각형 2중각뿔로 간주되는 8면체에서 정6면체를 끼워 만들 수 있다.

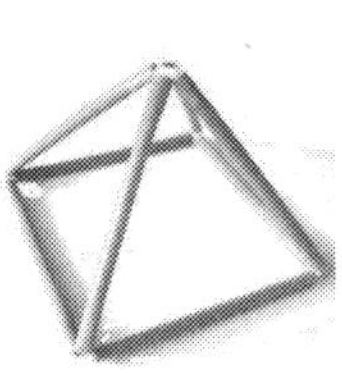

정4각뿔

정6면체

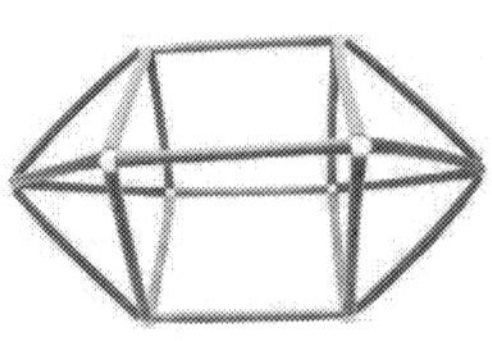

길게 늘린 정4각형 2중각뿔(J15)

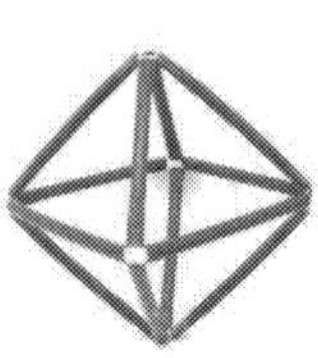

8면체

- 광물(Zircon[22]))에서도 길게 늘린 정4각형 2중각뿔(J15)을 볼 수 있다.

- 정다각형을 면을 가진 길게 늘린 정4각형 2중각뿔(J15)은 4면체와 8면체를 가진 공간채우기를 할 수 있다.[23])

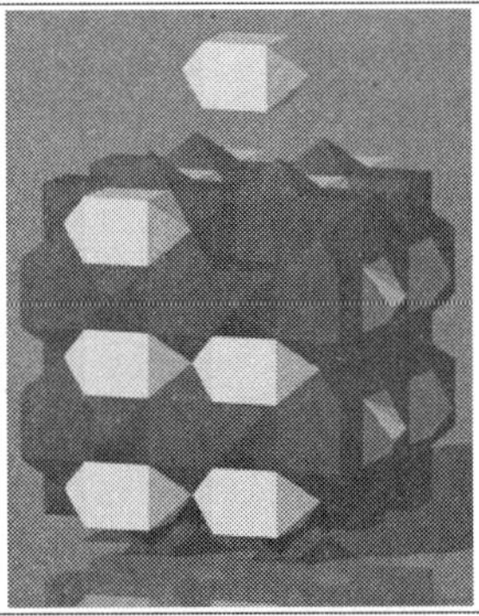	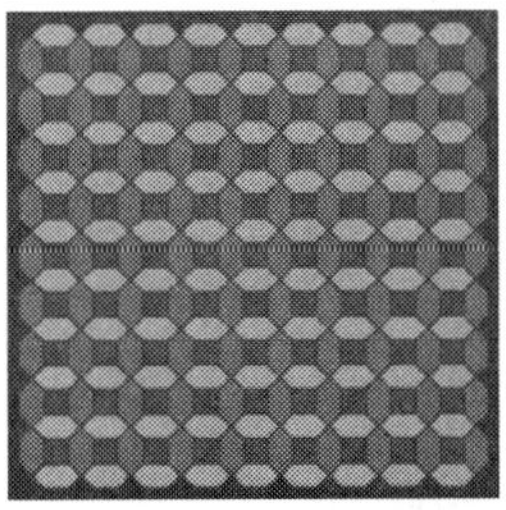
벌집모양 정4각형 면에 교대로 붙여 나가면 된다	깍은 정4각형 타일링 각 모서리를 자르면 새로운 6각형이 생긴다.

✔ 길게 늘린 4각형 2중각뿔(J_{15})(elongated square bipyramid(J15))의 넓이와 부피 ☆

길게 늘린 4각형 2중각뿔(J_{15})의 높이를 계산하여 넓이와 부피를 구할 수 있다.

❶ J_{15}의 넓이와 부피의 값

- 한 변의 길이가 L인 길게 늘린 4각형 2중각뿔(J_{15})의 넓이 A와 부피 V는 다음과 같다.

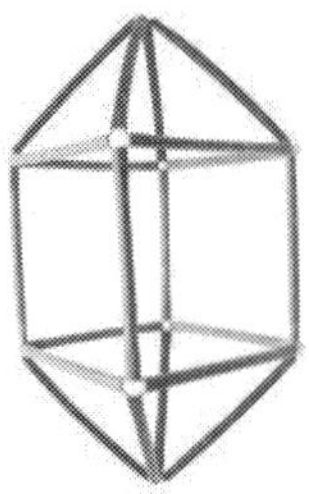

- $A=2(2+\sqrt{3})L^2$, $V=\left(1+\frac{\sqrt{2}}{3}\right)L^3$ 이다.

❷ 길게 늘린 4각형 2중각뿔(J_{15})의 정의

22) https://en.wikipedia.org/wiki/Zircon
23) https://en.wikipedia.org/wiki/Elongated_square_bipyramid

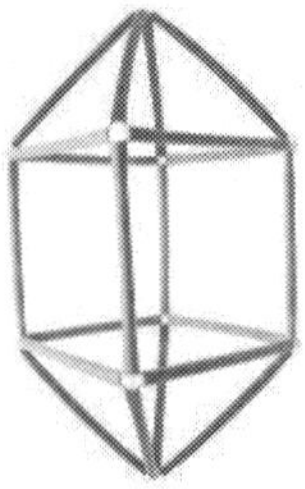

- 길게 늘린 4각형 2중각뿔 또는 존슨 입체 J_{15}는 각뿔 사이에 정6면체를 넣어 4각기둥(8면체)을 길게 늘려 만든 입체이다.
- J_{15}의 모든 면은 정다각형이고, 12개의 면(정3각형 8개, 정4각형 4개), 20개의 모서리, 10개의 꼭짓점이 있다.
- J_{15}의 모든 모서리의 길이는 같다.

❸ J_{15}의 높이

- J_{15}의 한 변의 길이는 L 이다.
- 정8면체의 높이 h는 $h=\sqrt{2}\,L$ 이다.
- 정6면체의 높이는 L 이다.
- J_{15}의 높이 H_{J15}은 $H_{J15}=(1+\sqrt{2})L \approx 2.414213562\,L$ 이다.

❹ J_{15}의 넓이 구하기

- 한 변의 길이가 L인 8개의 정3각형, 4개의 정4각형이 있는 J_{15}의 전개도이다.
- 정3각형의 넓이의 합 A_3는 $A_3=2\sqrt{3}\,L^2$ 이다.
- 정4각형의 넓이의 합 A_4는 $A_4=4L^2$ 이다.
- J_{15}의 넓이는 $A_{J15}=(4+2\sqrt{3})L^2 \approx 7.464101615\,L^2$ 이다.

❺ J_{15}의 부피 구하기

- 한 변의 길이가 L인 정8면체의 부피 V_8는 $V_8=\dfrac{\sqrt{2}}{3}L^3$ 이다.
- 한 변의 길이가 L인 정6면체의 부피 V_6는 $V_6=L^3$ 이다.
- J_{15}의 부피 V_{J15}는 $V_{J15}=\left(1+\dfrac{\sqrt{2}}{3}\right)L^3 \approx 1.471404521\,L^3$ 이다.

❻ J_{15}의 쌍대다면체

- J_{15}는 쌍대는 10개의 면(사다리꼴 8개, 정4각형 2개), 12개의 꼭짓점, 20개의 모서리가 있다.

J_{15}의 쌍대그림	J_{15}의 쌍대전개도
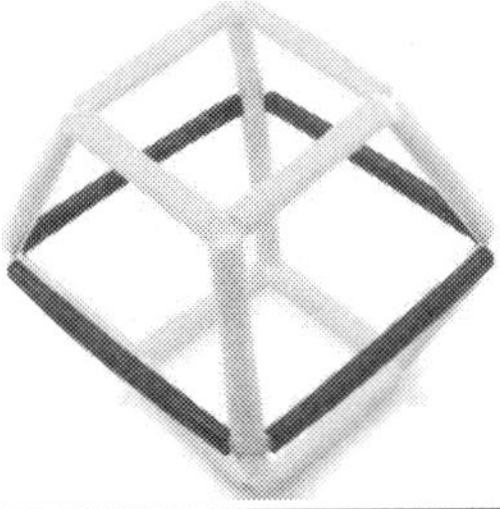	

✐ 정8면체의 넓이와 부피 구하기

- 정8면체를 정의하고 옆면과 높이로부터 정8면체의 넓이와 부피를 구할 수 있다.

❶ 정8면체의 높이, 넓이, 부피의 값

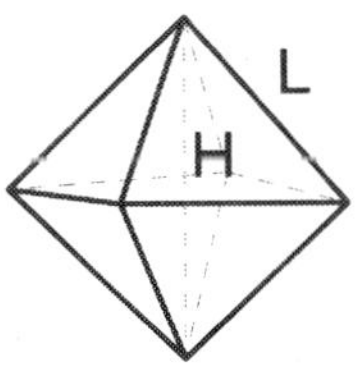

- 왼쪽 그림에서 밑면의 한 변의 길이가 L인 정8면체의 높이 H, 넓이A, 부피V 는 다음과 같다.
- $H=\sqrt{2}L,\ A=2\sqrt{3}L^2,\ V=\dfrac{\sqrt{2}}{3}L^3$ 이다.

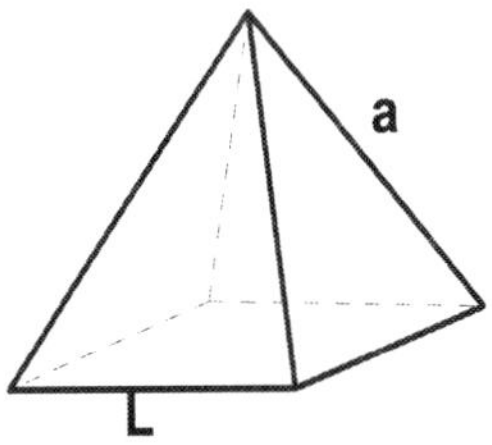

- 한 변의 길이가 $L(a=L)$인 정4각뿔(J_1)의 높이 h는 $h=\dfrac{L}{\sqrt{2}}$이다.

❷ 정8면체 요소와 정의

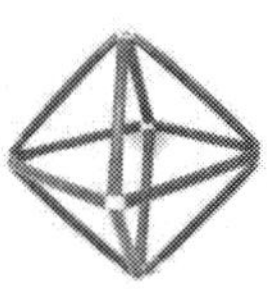

- 정8면체는 8개의 면(3각형), 12개의 모서리, 6개의 꼭짓점을 가지고 있다.
- 정8면체는 밑면을 정4각형으로 하는 2개의 정4각뿔의 결합으로 만들어지는 다면체이다.
- 모든 면이 정3각형이다.

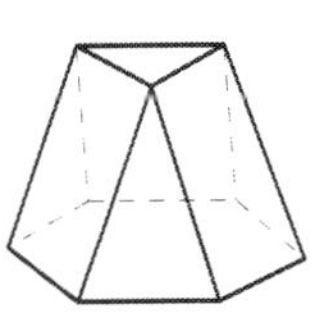

8면체(3각형 둥근지붕,J_3)은 4개의 정3각형, 3개의 정4각형, 1개의 정6각형으로 이루어진 다면체이다.

* 여기에서는 정8면체를 생각한다.

❸ 정8면체의 넓이 구하기

① 한 변의 길이가 L인 정3각형이 8개가 있는 정8면체의 넓이 A는 $A=2\sqrt{3}\,L^2$ 이다.

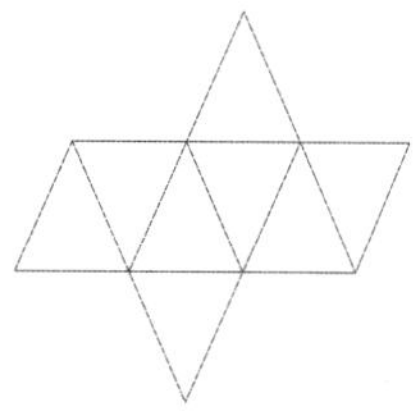

- 왼쪽그림은 한 변의 길이가 L인 정8면체이다.
- 한 변의 길이가 L인 정3각형의 넓이 A_3는

  $A_3=\dfrac{\sqrt{3}}{4}L^2$ 이다.
- 정8면체는 옆면이 8개인 정3각형이므로,

  넓이 A는 $A=2\sqrt{3}\,L^2$ 이다.

❹ 정8면체의 높이 H 구하기

① 정4각뿔의 높이 h는 $h=\dfrac{L}{\sqrt{2}}$ 이다.

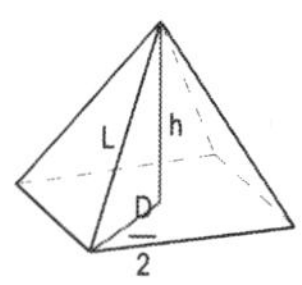

- 정4각뿔의 한 모서리의 길이 L이다.

  ㉮ 정4각형의 대각선의 길이를 D라 하면 $L^2=h^2+\left(\dfrac{D}{2}\right)^2$ 이다.

  ㉯ 정4각형의 대각선의 길이 D는 $D=\sqrt{2}\,L,\ D^2=2L^2$ 이다.
- 정4각뿔의 높이 h를 L를 사용하여 나타내면 $h=\dfrac{\sqrt{2}}{2}L$이다.
- ㉮에서, $h^2=L^2-\left(\dfrac{D}{2}\right)^2=L^2-\left(\dfrac{\sqrt{2}\,L}{2}\right)^2=\dfrac{1}{2}L^2$ 이다.
- 따라서, $h=\dfrac{\sqrt{2}}{2}L$이다.

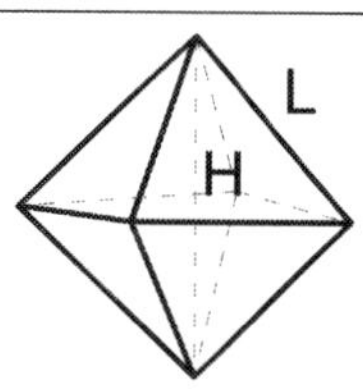

- 정8면체를 2개의 정4각뿔로 생각한다.
- 정8면체의 높이 H는 $H=\sqrt{2}\,L$ 이다.

❺ 정8면체의 부피 구하기

- 모서리의 길이가 L인 정8면체의 부피 V는 $V=\dfrac{\sqrt{2}}{3}L^3$이다.

  ㉮ 밑면의 넓이 S, 높이 h 인 각뿔의 부피는 $\dfrac{1}{3}Sh$이다.

  ㉯ 모서리의 길이가 L인 정4각뿔의 부피 V_P는 $V_P=\dfrac{1}{3}L^2\dfrac{\sqrt{2}}{2}L=\dfrac{\sqrt{2}}{6}L^3$ 이다.

  ㉰ 정8면체의 부피 V는 $V=2\cdot\dfrac{\sqrt{2}}{6}L^3=\dfrac{\sqrt{2}}{3}L^3$ 이다.

J16 길게 늘린 5각형 2중각뿔 (Elongated Pentagonal Bipyramid)

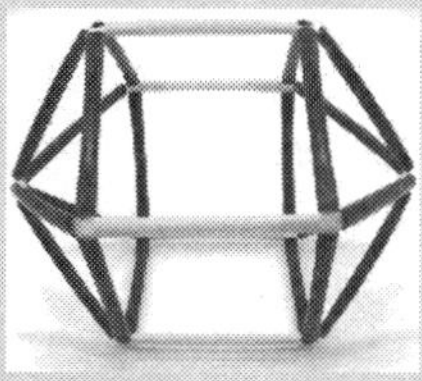

길게 늘린 5각형 2중각뿔(J16)은 15개의 면(10개의 정3각형, 5개의 정4각형), 12개의 꼭짓점, 25개의 모서리를 가지고 있다.

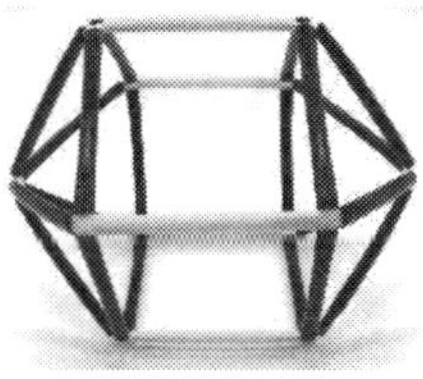

길게 늘린
5각형 2중각뿔(J16)

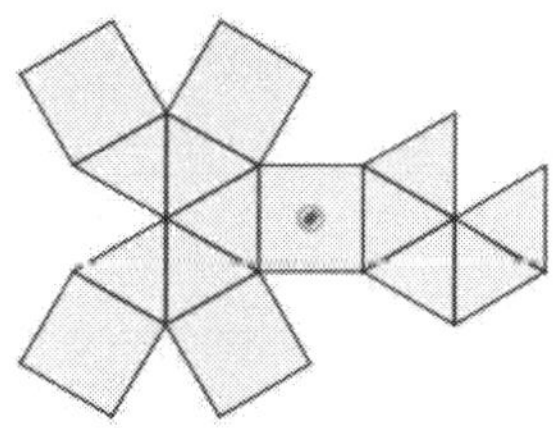

J16의 전개도

존슨입체도형 J16

또한, J16은 다음과 같이 표로 나타낼 수 있다.
[f_3는 존슨입체의 면이 3각형으로 이루어진 것을 나타냄]

분류	v	e	f	$v-e+f$	f_3	f_4	f_5	f_6	f_8	f_{10}
갯수	12	25	15	2	10	5	·	·	·	·

✔ J16은 $f_{3,4}$인 입체이다.

- 길게 늘린 5각형 2중각뿔(J16)은 5각기둥에 2개의 5각뿔을 부착하여 만들 수 있다. 길게 늘린 5각형 2중각뿔(J16)의 이름은 5각형 2중각뿔과의 관계를 묘사한다: 2개의 구성성분인 5각기둥 사이에 5각뿔을 삽입하여 2중각뿔을 더 길게 만든다.

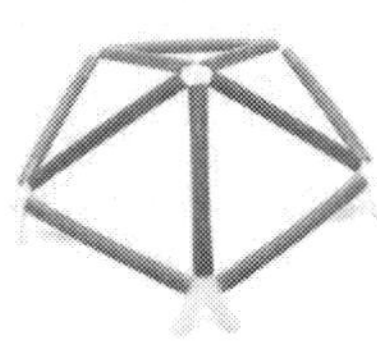
5각뿔(J2)

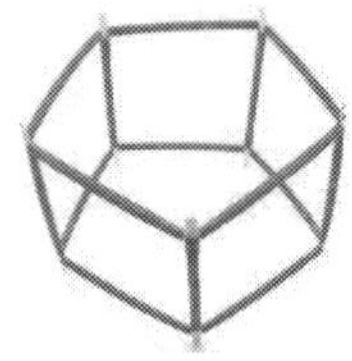
5각기둥

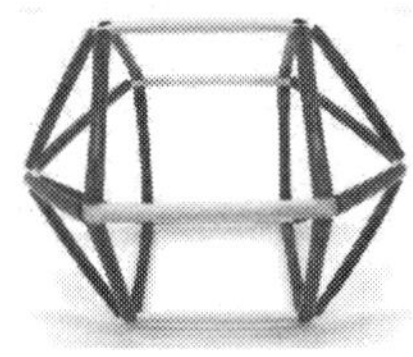
길게 늘린
5각형 2중각뿔(J16)

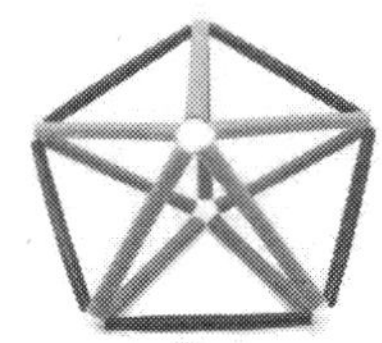
5각형 2중각뿔(J13)

- J_{16}는 쌍대(5각형2중각뿔대, Pentagonal Bifrustum)는 12개의 면(사다리꼴 10개, 정4각형 2개), 15개의 꼭짓점, 25개의 모서리가 있다.

J_{16}의 쌍대그림	J_{16}의 쌍대전개도
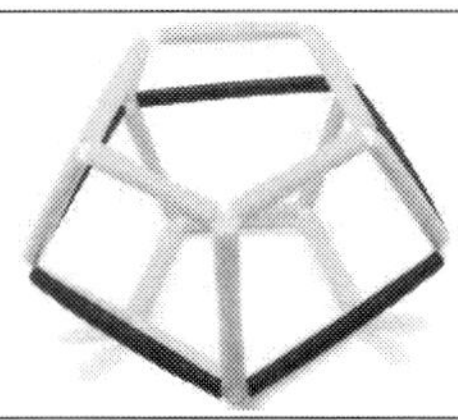	

J17 회전하여 길게 늘린 정4각형 2중각뿔 (Gyroelongated Square Bipyramid)

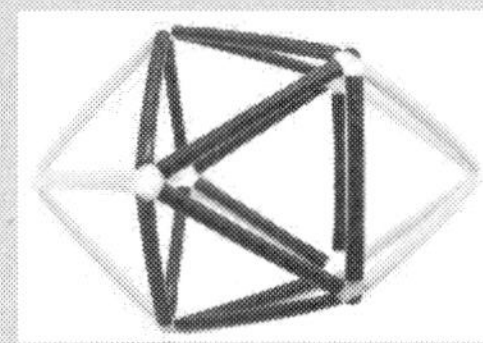

회전하여 길게 늘린 정4각형 2중각뿔(J17)은 16개의 면(16개의 정3각형). 10개의 꼭짓점, 24개의 모서리를 가지고 있다.

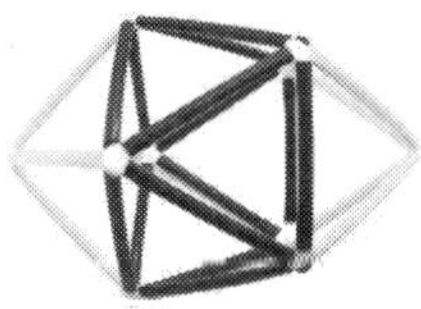

회전하여 길게 늘린 정4각형 2중각뿔(J17)

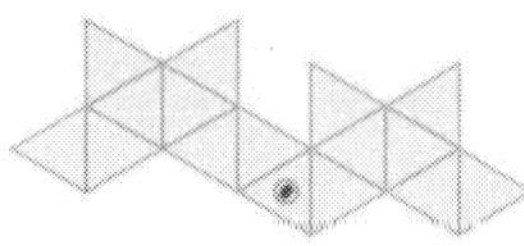

J17의 전개도

존슨입체도형 J17

또한, J17은 다음과 같이 표로 나타낼 수 있다.

[f_3는 존슨입체의 면이 3각형으로 이루어진 것을 나타냄]

분류	v	e	f	$v-e+f$	f_3	f_4	f_5	f_6	f_8	f_{10}
갯수	10	24	16	2	16	·	·	·	·	·

✔ J17은 f_3인 입체(델타다면체)이다.

- 회전하여 길게 늘린 정4각형 2중각뿔(J17)은 정4각 엇각기둥에 2개의 정4각뿔을 붙여 만들 수 있다. 회전하여 길게 늘린 정4각형 2중각뿔(J17)는 또한 정4각형 2중각뿔로 간주되는 8면체에 정4각 엇각기둥을 끼워 만들 수 있다. 2개로 구성된 정4각뿔 사이에 정4각 엇각기둥을 끼워 서로에 대해 정4각뿔을 회전시켜 2중각뿔을 더 길게 만들 수 있다.

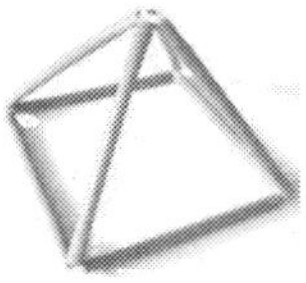

정4각뿔

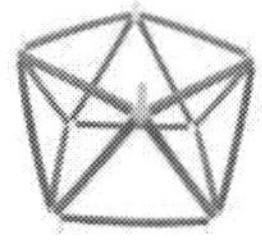

정4각형 엇각기둥

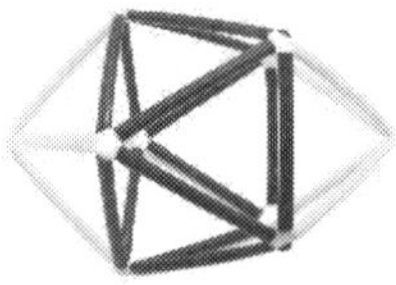

회전하여 길게 늘린 정4각형 2중각뿔(J17)

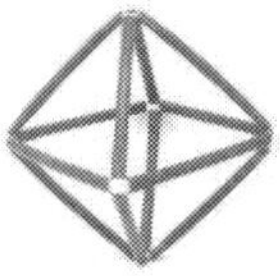

8면체

또는, 회전하여 길게 늘린 정4각형 2중각뿔(J17)은 첫 번째 구성의 정4각뿔과 관련하여 회전된 방향으로 회전하여 길게 늘린 정4각뿔(J10)에 다른 정4각뿔을 증강시킨 것으로 생각할 수 있다.

회전하여 길게 늘린 정4각뿔(J10)

정4각뿔

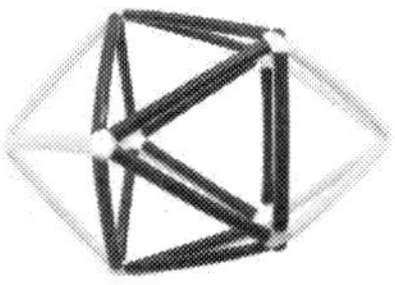

회전하여 길게 늘린 정4각형 2중각뿔(J17)

- J_{17}는 쌍대(자른 정4각형 사다리꼴면체, Truncated square trapezohedron)는 10개의 면(8개의 5각형, 2개의 정4각형), 16개의 꼭짓점, 24개의 모서리가 있다.

J_{17}의 쌍대

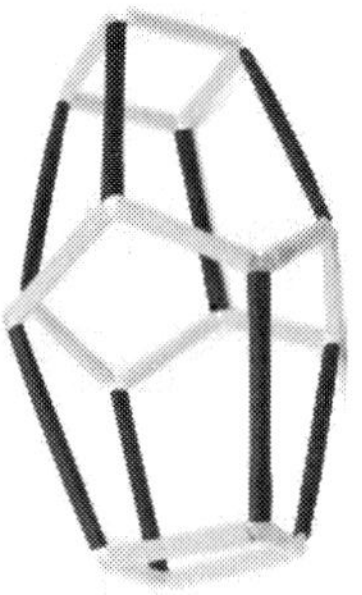

회전하여 길게 늘린 정4각형 2중각뿔(J17)

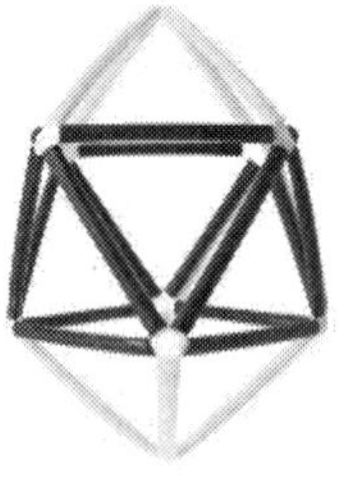

J18 길게 늘린 3각형 둥근 지붕 (longated Triangular Cupola)

길게 늘린 3각형 둥근 지붕(J18)은 14개의 면(4개의 정3각형, 9개의 정4각형, 1개의 6각형), 15개의 꼭짓점, 27개의 모서리를 가지고 있다.

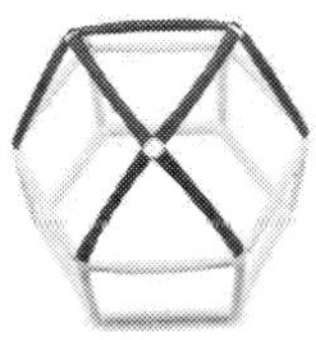

길게 늘린 3각형 둥근 지붕(J18)

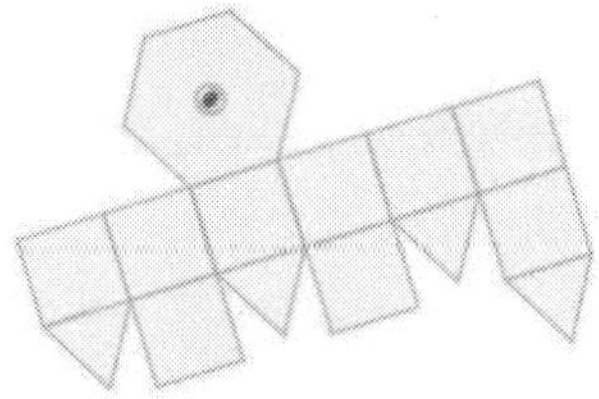

J18의 전개도

존슨입체도형 J18

또한, J18은 다음과 같이 표로 나타낼 수 있다.

[f_3는 존슨입체의 면이 3각형으로 이루어진 것을 나타냄]

분류	v	e	f	$v-e+f$	f_3	f_4	f_5	f_6	f_8	f_{10}
갯수	5	8	14	2	4	9	·	1	·	·

✔ J18은 $f_{3,4,6}$인 입체이다.

- 길게 늘린 3각형 둥근 지붕(J18)은 3각형 둥근 지붕에 6각기둥을 붙여 길게 늘릴 수 있다.

3각형 둥근 지붕(J3)

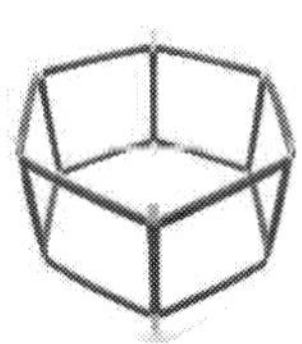

6각기둥

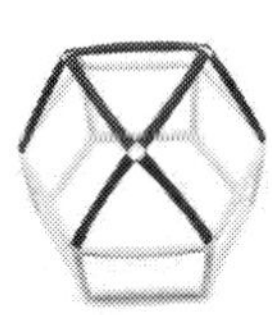

길게 늘린 3각형 둥근 지붕(J18)

- J_{18}의 쌍대는 15개의 면(6개의 2등변3각형, 3개의 마름모, 6개의 부등변4각형)이 있다.

J_{18}의 쌍대그림	J_{18}의 쌍대전개도
	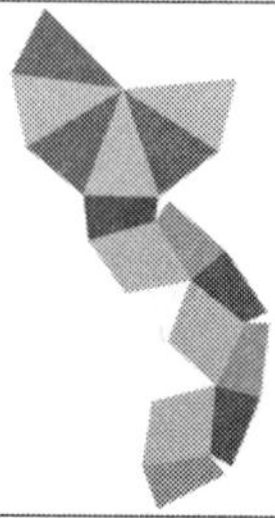

- 길게 늘린 3각형 둥근 지붕(J18)은 4면체와 정4각뿔로 공간채우기를 할 수 있다.

J19 길게 늘린 정4각형 둥근 지붕 (Elongated Square Cupola)

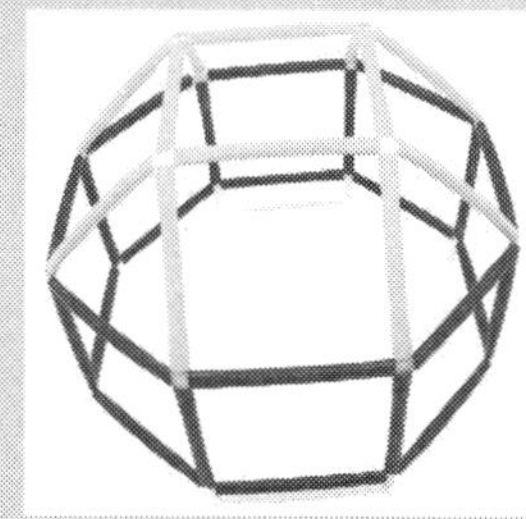

길게 늘린 정4각형 둥근 지붕(J19)은 18개의 면(4개의 정3각형, 13개의 정4각형, 1개의 8각형), 20개의 꼭짓점, 36개의 모서리를 가지고 있다.

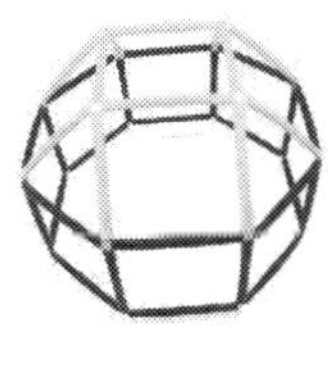

정4각형 둥근 지붕(J19)

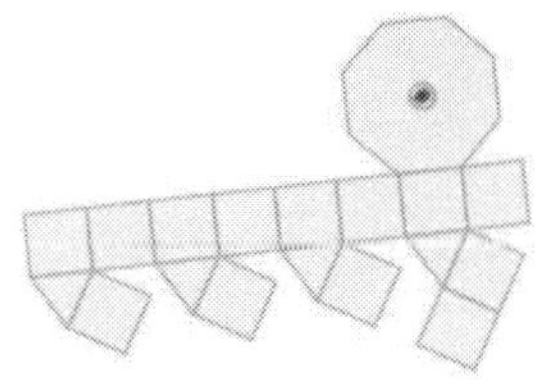

J19의 전개도

존슨입체도형 J19

또한, J19는 다음과 같이 표로 나타낼 수 있다.

[f_3는 존슨입체의 면이 3각형으로 이루어진 것을 나타냄]

분류	v	e	f	$v-e+f$	f_3	f_4	f_5	f_6	f_8	f_{10}
갯수	20	36	18	2	4	13	·	·	1	·

✔ J19는 $f_{3,4,8}$인 입체이다.

- 길게 늘린 정4각형 둥근 지붕(J19)은 8각기둥을 정4각형 둥근 지붕(J4)에 붙여 만들 수 있다.

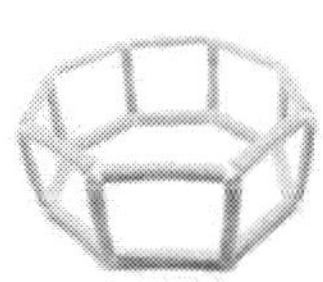

8각기둥

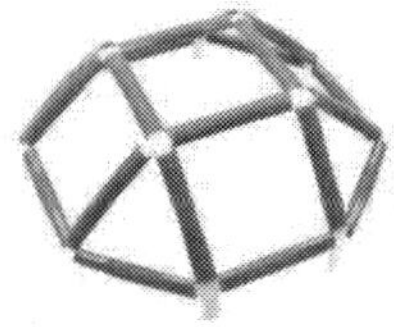

정4각형 둥근 지붕(J4)

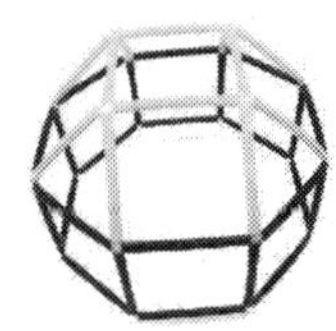

길게 늘린 정4각형 둥근 지붕(J19)

- 길게 늘린 정4각형 둥근 지붕(J19)은 또한 마름모6 · 8면체에서 하나를 감소한 것으로 생각할 수 있다: 뒤에서 정4각형 둥근 지붕(J4)을 잘라낸 결과이다.

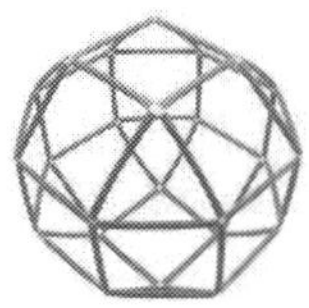

마름모6 · 8면체

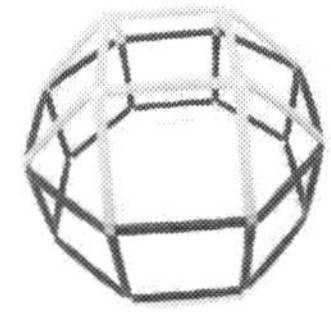

길게 늘린
정4각형 둥근 지붕(J19)

- J_{19}의 쌍대는 20개의 면(8개의 2등변3각형, 4개의 연, 8개의 부등변4각형)이 있다.

J_{19}의 쌍대그림	J_{19}의 쌍대전개도
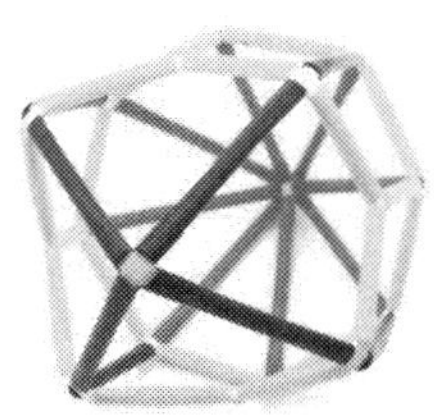	

- 길게 늘린 정4각형 둥근 지붕(J19)은 4면체와 정6면체, 정6육면체와 6 · 8면체, 4면체, 길게 늘린 정4각뿔, 길게 늘린 정4각형 2중각뿔로 공간을 채우는 벌집을 형성한다. (길게늘린 정4각뿔과 길게 늘린 정4각형 2중각뿔은 정6면체와 정4각뿔들로 분해할 수 있다.)

J20 길게 늘린 5각형 둥근 지붕 (Elongated Pentagonal Cupola)

길게 늘린 5각형 둥근 지붕(J20)은 22개의 면(5개의 정3각형, 15개의 정4각형, 1개의 5각형, 1개의 10각형), 25개의 꼭짓점, 45개의 모서리를 가지고 있다.

길게 늘린
5각형 둥근 지붕(J20)

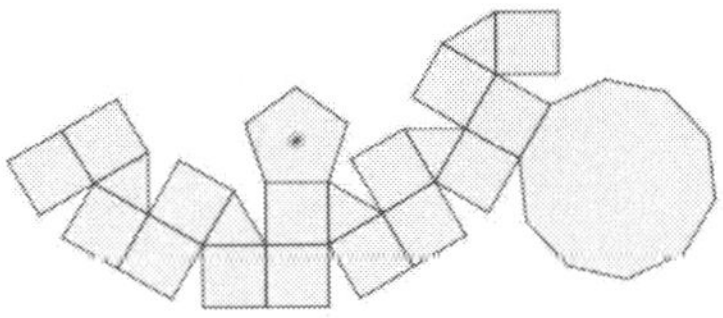

J20의 전개도

존슨입체도형 J20

또한, J20은 다음과 같이 표로 나타낼 수 있다.

[f_3는 존슨입체의 면이 3각형으로 이루어진 것을 나타냄]

분류	v	e	f	$v-e+f$	f_3	f_4	f_5	f_6	f_8	f_{10}
갯수	25	45	22	2	5	15	1	·	·	1

✔ J20은 $f_{3,4,5,10}$인 입체이다.

- 길게 늘린 5각형 둥근 지붕(J20)은 10각기둥을 5각형 둥근 지붕(J5)에 붙여 연장하여 만들 수 있다.

10각기둥

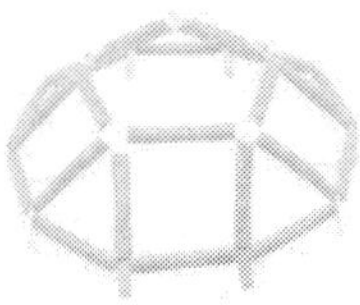

5각형 둥근 지붕(J5)

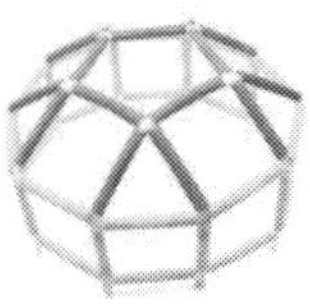

길게 늘린
5각형 둥근 지붕(J20)

- J_{20}의 쌍대는 25개의 면(10개의 2등변3각형, 5개의 연, 10개의 부등변4각형)이 있다.

J_{20}의 쌍대그림	J_{20}의 쌍대전개도

J21 길게 늘린 5각형 원형 둥근 지붕 (Elongated Pentagonal Rotunda)

길게 늘린 5각형 원형 둥근 지붕(J21)은 27개의 면(10개의 정3각형, 10개의 정4각형, 6개의 5각형, 1개의 10각형), 30개의 꼭짓점, 55개의 모서리를 가지고 있다.

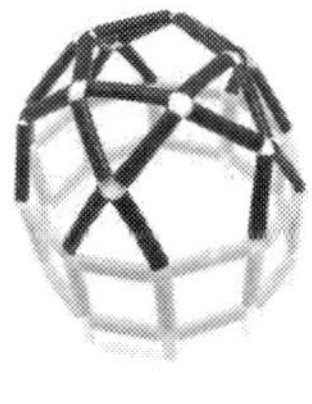

길게 늘린
5각형 원형 둥근 지붕(J21)

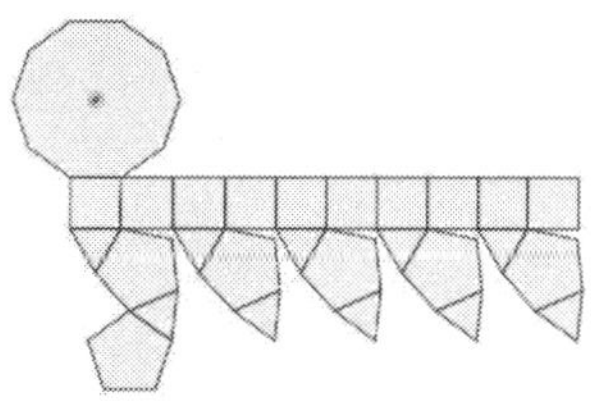

J21의 전개도

존슨입체도형 J21

또한, J21은 다음과 같이 표로 나타낼 수 있다.

[f_3는 존슨입체의 면이 3각형으로 이루어진 것을 나타냄]

분류	v	e	f	$v-e+f$	f_3	f_4	f_5	f_6	f_8	f_{10}
갯수	30	55	27	2	10	10	6	·	·	1

✔ J21은 $f_{3,4,5,10}$인 입체이다.

- 길게 늘린 5각형 원형 둥근 지붕(J21)은 10각기둥을 5각형 원형 둥근 지붕(J6)에 붙여 연장할 수 있다.

10각기둥

5각형
원형 둥근 지붕(J6)

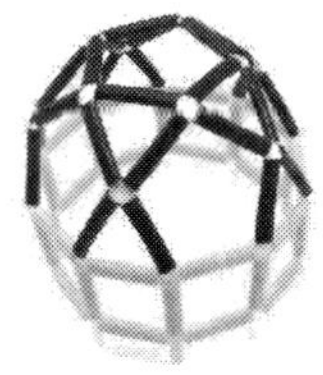

길게 늘린
5각형 원형 둥근 지붕(J21)

- 길게 늘린 5각형 원형 둥근 지붕(J21)은 길게 늘린 5각형 수직 2중 원형 둥근 지붕(J42)에서 5각형 원형 둥근 지붕(J6)를 없애서 얻을 수 있다.

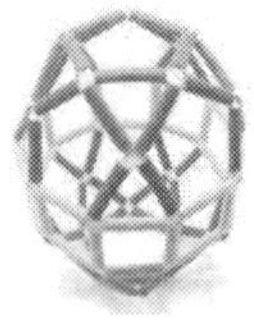

elongated pentagonal orthobirotunda (J42)
길게 늘린 5각형 수직 2중 원형 둥근 지붕(J42)

5각형 원형 둥근 지붕(J6)

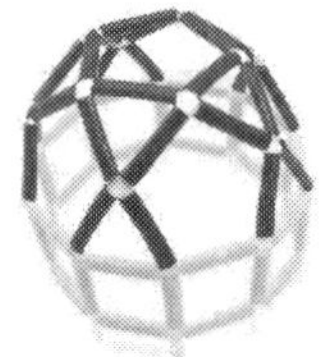

길게 늘린 5각형 원형 둥근 지붕(J21)

- J_{21}의 쌍대는 30개의 면(10개의 2등변3각형, 10개의 마름모, 10개의 부등변4각형)이 있다.

J_{21}의 쌍대그림	J_{21}의 쌍대전개도
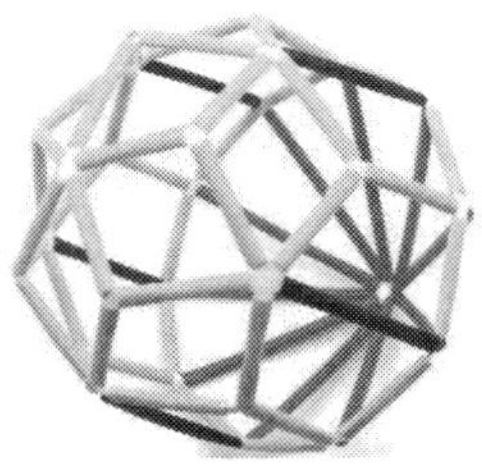	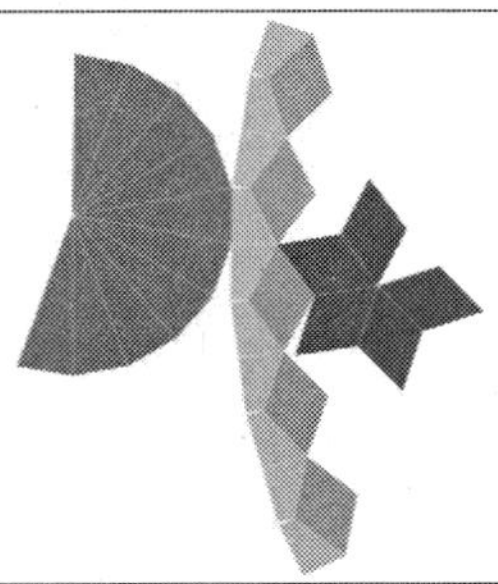

J22 회전하여 길게 늘린 3각형 둥근 지붕 (Gyroelongated Triangular Cupola)

회전하여 길게 늘린 3각형 둥근 지붕(J22)은 20개의 면(16개의 정3각형, 3개의 정4각형, 1개의 6각형), 15개의 꼭짓점, 33개의 모서리를 가지고 있다.

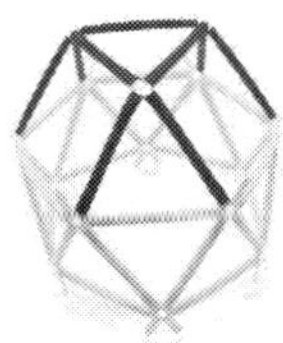

회전하여 길게 늘린 3각형 둥근 지붕(J22)

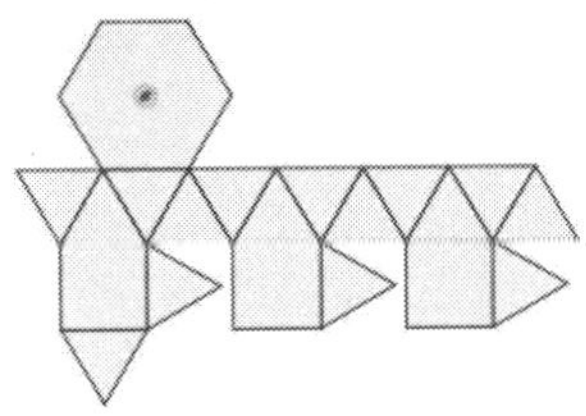

J22의 전개도

존슨입체도형 J22

또한, J22는 다음과 같이 표로 나타낼 수 있다.

[f_3는 존슨입체의 면이 3각형으로 이루어진 것을 나타냄]

분류	v	e	f	$v-e+f$	f_3	f_4	f_5	f_6	f_8	f_{10}
갯수	15	33	20	2	16	3	·	1	·	·

✔ J22는 $f_{3,4,6}$인 입체이다.

- 회전하여 길게 늘린 3각형 둥근 지붕(J22)은 3각형 둥근 지붕(J3)에 6각형 엇각기둥을 붙여 길게 만들 수 있다. 자이로(gyro-)라는 이름은 3각형 둥근 지붕으로 구성되어 있는 부분의 6각형 면에 대해 하단의 6각형 면이 회전하는 방식을 말한다.

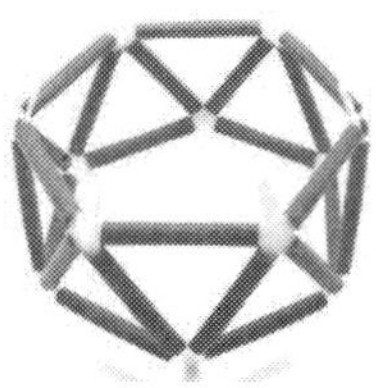

6각형 엇각기둥

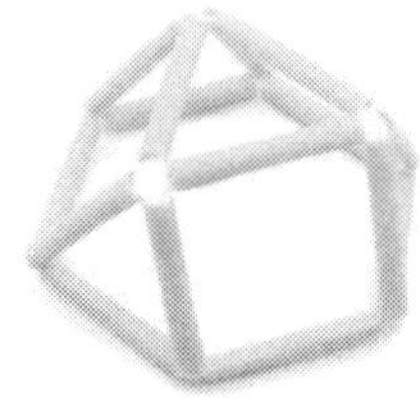

3각형 둥근 지붕(J3)

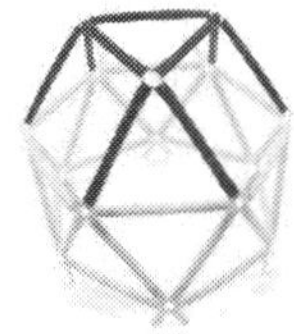

회전하여 길게 늘린 3각형 둥근 지붕(J22)

- 회전하여 길게 늘린 3각형 둥근 지붕(J22)에 2번째 둥근 지붕을 6각형 엇각기둥의 반대편에 추가하면 회전하여 길게 늘린 3각형 2중 둥근 지붕(J44)을 만들 수 있다.

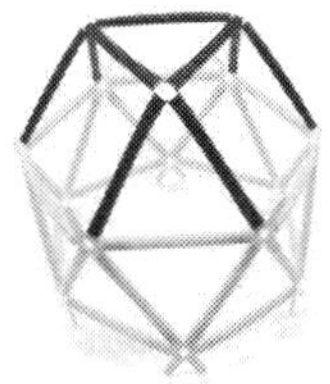

회전하여 길게 늘린 3각형 둥근 지붕(J22)

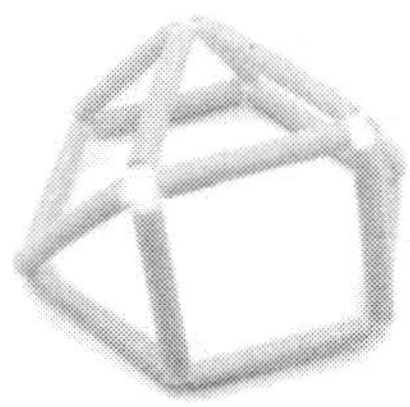

3각형 둥근 지붕(J3)

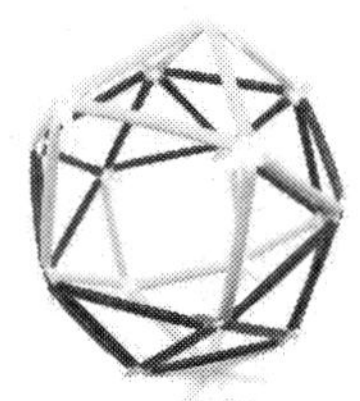

회전하여 길게 늘린 3각형 2중 둥근 지붕(J44)

- J_{22}의 쌍대는 15개의 면(6개의 연, 3개의 마름모, 6개의 5각형)이 있다.

J_{22}의 쌍대그림

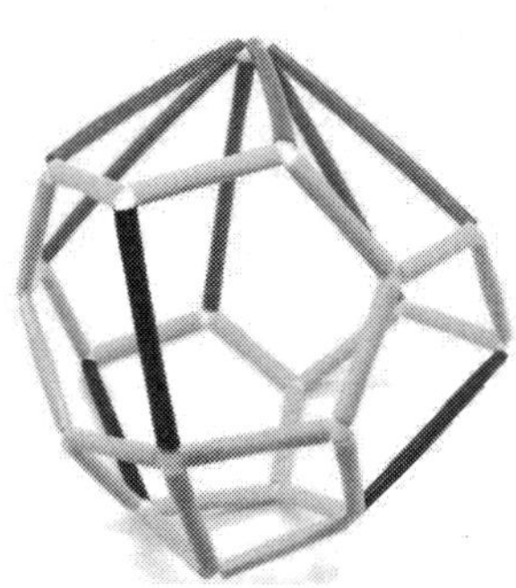

J_{22}의 쌍대전개도

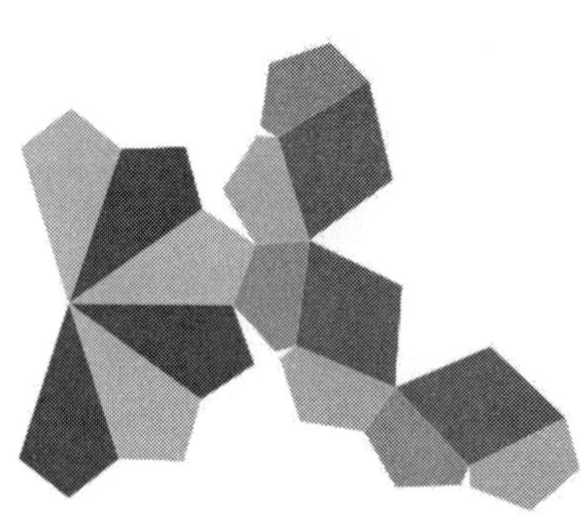

J23 회전하여 길게 늘린 정4각형 둥근 지붕 (Gyroelongated Square Cupola)

회전하여 길게 늘린 정4각형 둥근 지붕(J23)은 26개의 면(20개의 정3각형, 5개의 정4각형, 1개의 8각형), 20개의 꼭짓점, 44개의 모서리를 가지고 있다.

회전하여 길게 늘인 정4각형 둥근 지붕(J23)

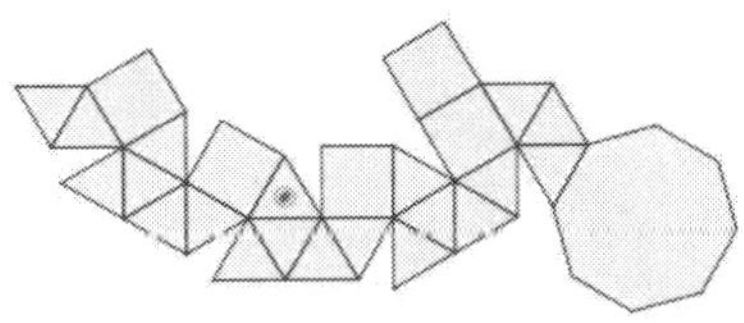

J23의 전개도

존슨입체도형 J23

또한, J23은 다음과 같이 표로 나타낼 수 있다.

[f_3는 존슨입체의 면이 3각형으로 이루어진 것을 나타냄]

분류	v	e	f	$v-e+f$	f_3	f_4	f_5	f_6	f_8	f_{10}
갯수	5	8	26	2	20	5	·	·	1	·

✔ J23은 $f_{3,4,8}$인 입체이다.

회전하여 길게 늘린 정4각형 둥근 지붕(J23)은 정4각형 둥근 지붕(J4)에 8각형 엇각기둥을 붙여서 길게 만들 수 있다. 이름 속의 자이로(gyro)란 정4각형 둥근 지붕을 구성하는 부분의 8각형 면에 대하여 하단 8각형의 면이 어떻게 회전을 하는가를 말한다.

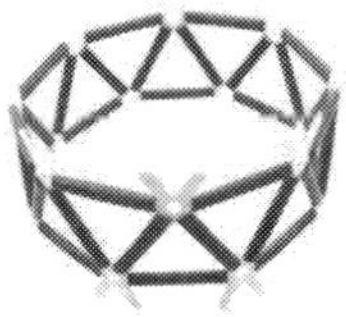

8각형 엇각기둥

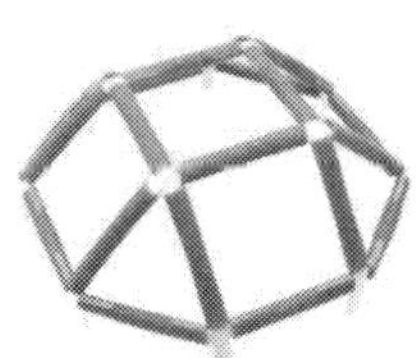

정4각형 둥근 지붕(J4)

회전하여 길게 늘인 정4각형 둥근 지붕(J23)

- 회전하여 길게 늘린 정4각형 둥근 지붕(J23)의 8각형 엇각기둥 반대편에 2번째 둥근 지붕을 추가하면 회전하여 길게 늘린 정4각형 2중 둥근 지붕(J45)이 만들어 진다.

회전하여 길게 늘린 정4각형 둥근 지붕(J23)

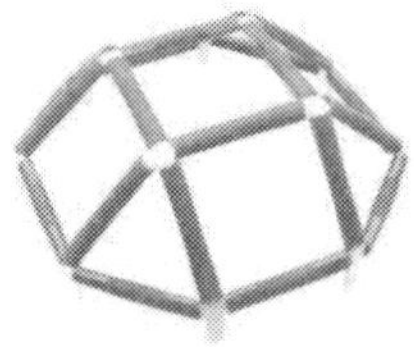

정4각형 둥근 지붕(J4)

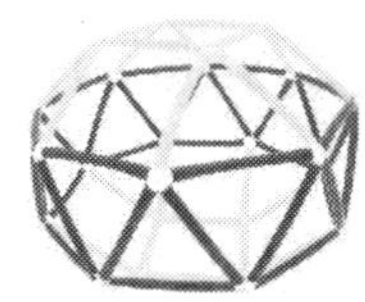

회전하여 길게 늘린 정4각형 2중 둥근 지붕(J45)

- J_{23}의 쌍대는 20개의 면(8개의 연, 4개의 마름모, 8개의 5각형)이 있다.

J_{23}의 쌍대그림	J_{23}의 쌍대전개도
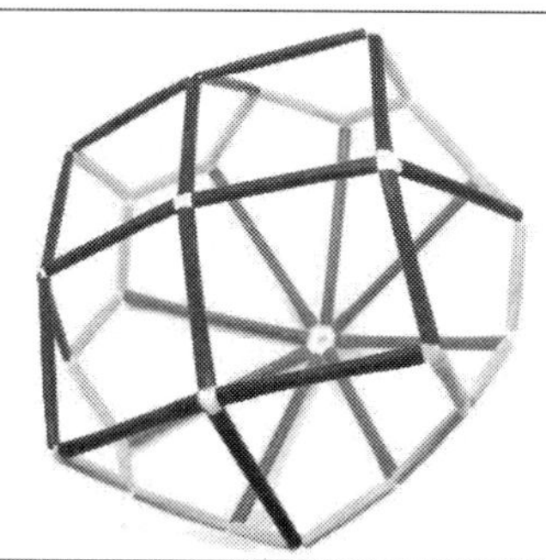	

J24 회전하여 길게 늘린 5각형 둥근 지붕 (Gyroelongated Pentagonal Cupola)

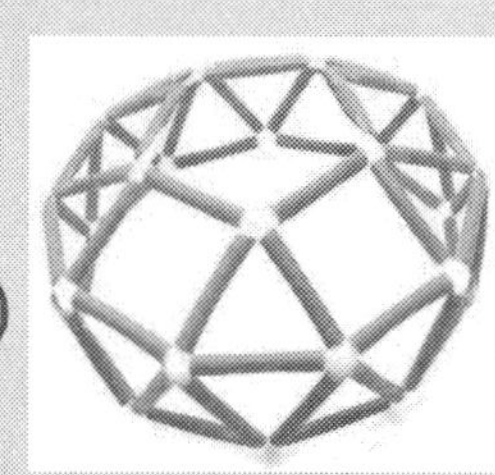

회전하여 길게 늘린 5각형 둥근 지붕(J24)은 32개의 면(25개의 정3각형, 5개의 정4각형, 1개의 5각형, 1개의 10각형), 25개의 꼭짓점, 55개의 모서리를 가지고 있다.

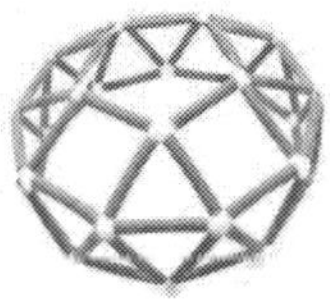

회전하여 길게 늘린 5각형
둥근 지붕(J24)

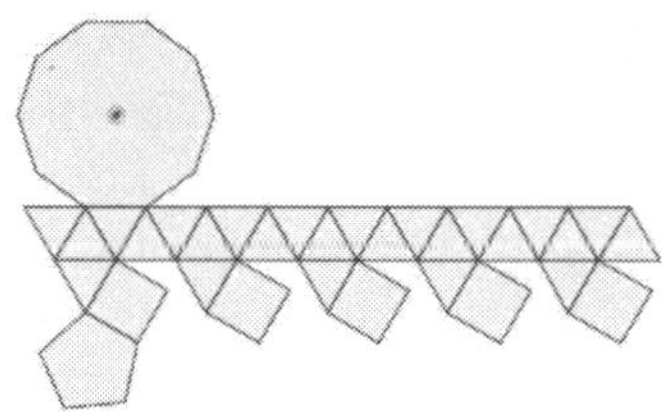

존슨입체도형 J24

또한, J24는 다음과 같이 표로 나타낼 수 있다.

[f_3는 존슨입체의 면이 3각형으로 이루어진 것을 나타냄]

분류	v	e	f	$v-e+f$	f_3	f_4	f_5	f_6	f_8	f_{10}
갯수	5	8	32	2	25	5	1	·	·	1

✔ J24는 $f_{3,4,5,10}$인 입체이다.

- 회전하여 길게 늘린 5각형 둥근 지붕(J24)은 5각형 둥근 지붕(J5)에 10각형 엇각기둥을 부착하여 길게 만들 수 있다. 이름에서 자이로(gyro)란 구성성분인 5각형 둥근 지붕(J5)의 10각형 면에 대해 하단 10각형 면을 어떻게 회전시키는가를 말한다.

10각형 엇각기둥

5각형 둥근 지붕(J5)

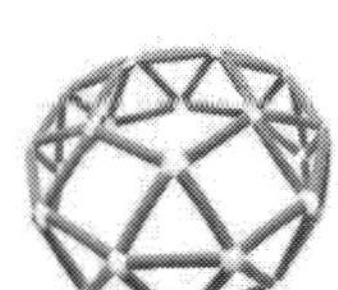

회전하여 길게 늘린 5각형
둥근 지붕(J24)

- 회전하여 길게 늘린 5각형 둥근 지붕(J24)의 엇각기둥의 반대편에 둥근 지붕을 하나 더 추가하면 회전하여 길게 늘린 5각형 2중 둥근 지붕(J46)이 된다. 대신 5각형 원형 둥근 지붕(J6)을 추가하면 회전하여 길게 늘린 5각형 둥근 원형 지붕(J47)이 된다.

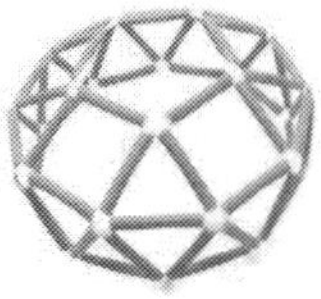

회전하여 길게 늘린
5각형 둥근 지붕(J24)

5각형
둥근 지붕(J5)

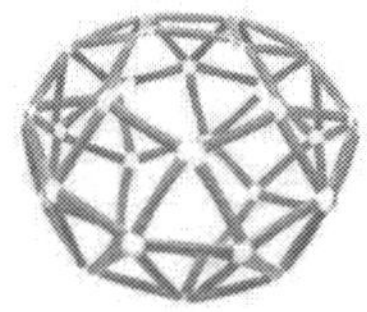

회전하여 길게 늘린
5각형 2중 둥근 지붕(J46)

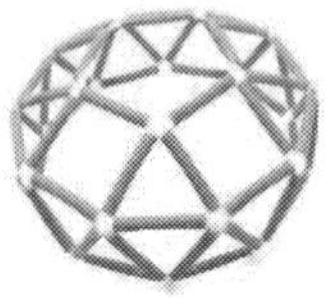

회전하여 길게 늘린
5각형 둥근 지붕(J24)

5각형
원형 둥근 지붕(J6)

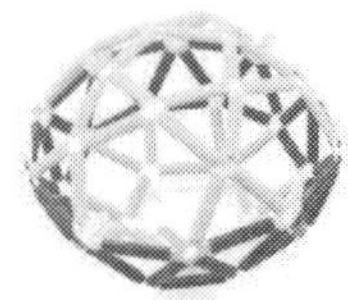

회전하여 길게 늘린
5각형 둥근 원형 지붕[24](J47)

- J_{24}의 쌍대는 25개의 면(10개의 연, 5개의 마름모, 10개의 5각형)이 있다.

J_{24}의 쌍대그림	J_{24}의 쌍대전개도
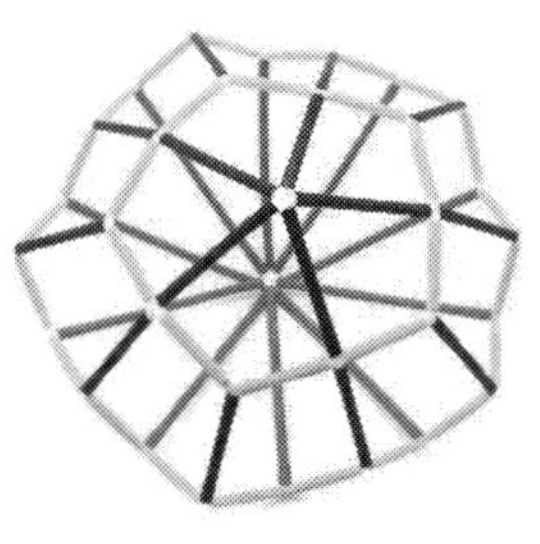	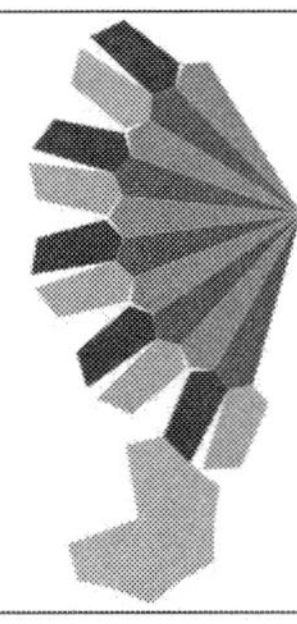

24) cupolar rotundae:A cupola adjoined to a rotunda(둥근 원형 지붕:원형에 둥근 지붕을 더한 것)

J25 회전하여 길게 늘린 5각형 원형 둥근지붕 (Gyroelongated Pentagonal Rotunda)

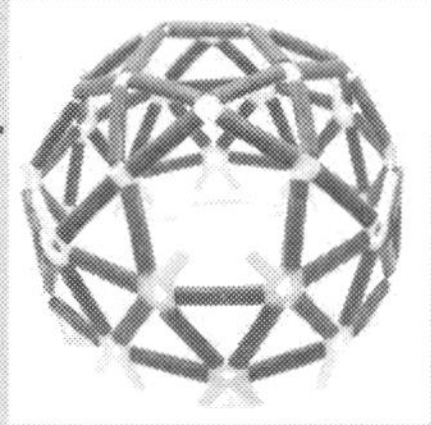

회전하여 길게 늘린 5각형 원형 둥근 지붕(J25)은 37개의 면(30개의 정3각형, 6개의 5각형, 1개의 10각형), 30개의 꼭짓점, 65개의 모서리를 가지고 있다.

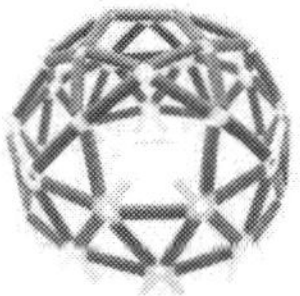

회전하여 길게 늘린 5각형 원형 둥근 지붕(J25)

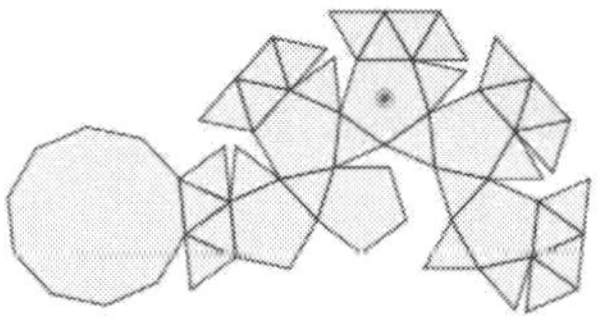

J25의 전개도

또한, J25는 다음과 같이 표로 나타낼 수 있다.

[f_3는 존슨입체의 면이 3각형으로 이루어진 것을 나타냄]

분류	v	e	f	$v-e+f$	f_3	f_4	f_5	f_6	f_8	f_{10}
갯수	30	65	37	2	30	·	6	·	·	1

✔ J25는 $f_{3,5,10}$인 입체이다.

- 회전하여 길게 늘린 5각형 원형 둥근 지붕(J25)은 5각형 원형 둥근 지붕(J6)에 10각형 엇각기둥을 붙여 길게 만들 수 있다. 이름 속의 자이로(gyro)란 구성부분 원형 둥근 지붕의 10각형 면에 대해 하단 10각형 면이 어떻게 회전하는가를 말한다.

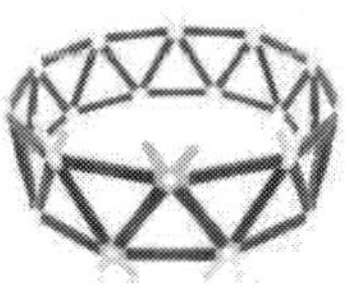

10각형 엇각기둥

5각형 원형 둥근 지붕(J6)

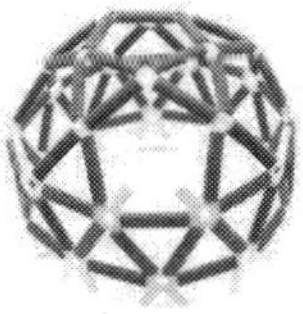

회전하여 길게 늘린 5각형 원형 둥근 지붕(J25)

- 회전하여 길게 늘린 5각형 원형 등근 지붕(J25)에 5각형 등근 지붕(J5)을 증강하여 회전하여 길게 늘린 5각형 등근 원형 지붕(J47)을 만들 수 있다.

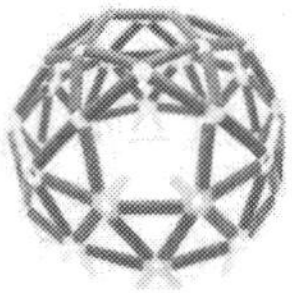

회전하여 길게 늘린
5각형 원형 등근 지붕(J25)

5각형
등근 지붕(J5)

회전하여 길게 늘린
5각형 등근 원형 지붕(J47)

- 회전하여 길게 늘린 5각형 원형 등근 지붕(J25)에 5각형 원형 등근 지붕(J6)을 추가하면 회전하여 길게 늘린 5각형 2중 원형 등근 지붕(J48)이 만들어 진다.

회전하여 길게 늘린
5각형 원형 등근 지붕(J25)

5각형
원형 등근 지붕(J6)

회전하여 길게 늘린
5각형 2중 원형 등근 지붕(J48)

- J_{25}의 쌍대는 30개의 면(10개의 5각형, 10개의 마름모, 10개의 부등변4각형)이 있다.

J_{25}의 쌍대그림	J_{25}의 쌍대전개도

J26 회전 2중 지붕 (Gyrobifastigium)

바우어 두음문자(Bowers Acronym) Gybef로도 알려진 회전2중지붕(J26)은 8개의 면(4개의 정3각형, 4개의 정4각형), 8개의 꼭짓점, 14개의 모서리를 가지고 있다. 회전2중지붕(J26)은 2개의 3각기둥을 자이로(gyro-, 회전)방향의 정4각형 면에 함께 붙이는 구조로 만들 수 있다.

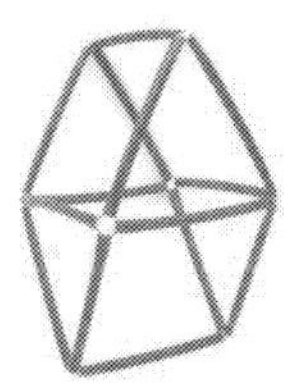

회전2중지붕(J26)

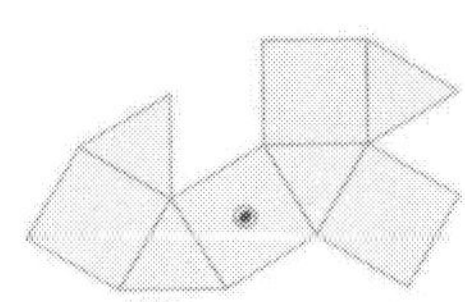

J26의 전개도

존슨입체도형 J26

또한, J26은 다음과 같이 표로 나타낼 수 있다.

[f_3는 존슨입체의 면이 3각형으로 이루어진 것을 나타냄]

분류	v	e	f	$v-e+f$	f_3	f_4	f_5	f_6	f_8	f_{10}
갯수	8	14	8	2	4	4	·	·	·	·

✔ J1은 $f_{3,4}$인 입체이다.

- 회전2중지붕(J26)의 이름은 지붕을 의미하는 라틴어 페스티지엄(fastigium)에서 유래되었는데, 그 정4각형 면들 중 하나에 놓여 있는 3각기둥의 모양, 즉 2개를 의미하는 bi-와 접두사 자이로(gyro-,회전)를 가리키며, 2개의 조각이 함께 회전된 방향으로 결합되는 것을 가리킨다. 따라서, 합성어 gyro-bi-fastigium(회전-2중-지붕)은 2개의 지붕처럼 생긴 모양(3각기둥)의 회전 방향으로 함께 결합하는 것을 말한다.

- 존슨 목록에서 회전2중지붕(J26)은 2중 둥근 지붕 바로 앞에 있는 것으로, 2변형 회전2중 둥근 지붕을 보고 설명할 수 있다. 다른 규칙적인 둥근 지붕들의 윗부분은 1개의 다각형(3각형, 정4각형 또는 5각형)을 둘러싸고 있는 정4각형과 3각형의 순서를 번갈아 가지고 있는 것 처럼, 회전2중지붕(J26)의 각 반쪽은 단지 정4각형과 3각형만 교대로 이루어지며, 윗 부분은 모서리로만 연결되어 있다.

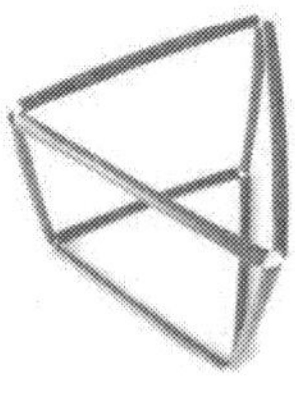
3각기둥

회전2중지붕(J26)

- 회전2중지붕(J26)의 쌍대인 길게 늘린 4변형 2중쐐기모양[25](elongated tetragonal disphenoid)은 $p-q$ 2중엇각기둥의 셀에서 찾아볼 수 있다.

- J_{26}의 쌍대는 8개의 면(3개의 모서리가 만나는 위 · 아래 꼭짓점의 4개의 2등변3각형, 4개의 모서리가 만나는 적도 꼭짓점의 4개의 평행4변형)이 있다.

회전2중지붕(J26)

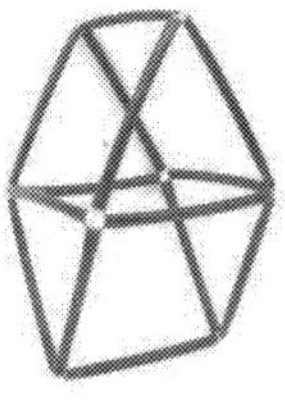

J_{26}의 쌍대그림

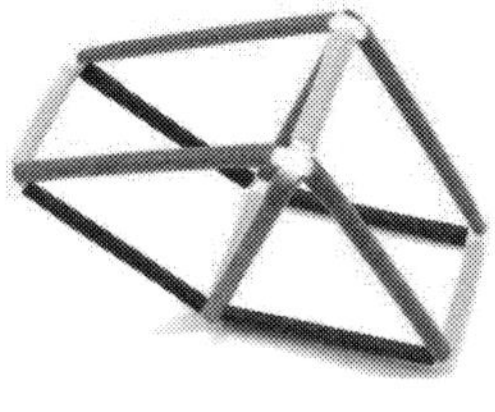

25) 4변형 2중쐐기모양(tetragonal disphenoid)은 2개의 반대쪽 면을 2등분하는 직육면체 내부에 놓여 있다. 4변형 변 주위에는 4개의 같은 모서리가 있다. 4변형은 4개의 합동인 2등변 3각형면을 가지고 있다

- 회전한 3각형 유사각기둥 벌집형태(gyrated triangular prismatic honeycomb)는 많은 수의 같은 회전2중지붕(J26)을 함께 묶어서 만들 수 있다. 회전2중지붕(J26)은 공간을 채울 수 있는 정다각형을 가진 5개의 볼록다면체(다른 다면체는 정6면체, 자른 8면체, 3각기둥, 6각기둥)중 하나이며 존슨입체에서는 유일하다.

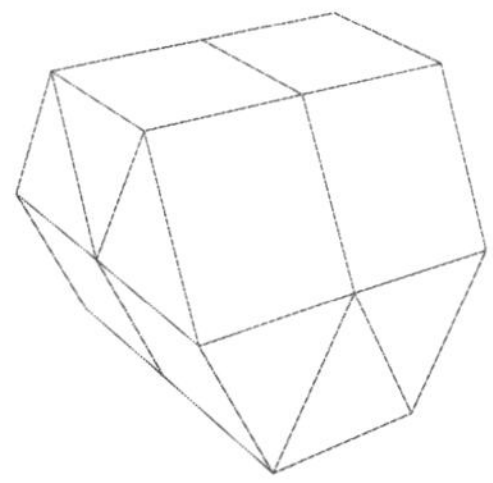

회전한 3각형 유사각기둥 벌집형태
(gyrated triangular prismatic honeycomb)

회전2중지붕(J26)으로
공간채우기(space-filling)

- 관련 있는 다면체는 다음과 같다.

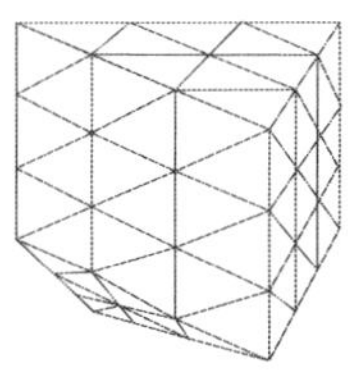

4변형 2중쐐기모양으로
이루어진 4면체벌집모양
(Tetragonal disphenoid tetrahedral honeycomb)

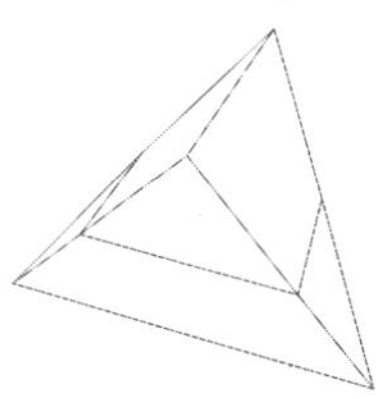

- 회전2중지붕(J26) 위상은 위의 그림처럼 특정 비율로 3-공간(3-space)을 테셀레이션 할 수 있는 대칭 평면에서 측면이 분할된 4변형 2중쐐기모양으로 존재한다.

<table>
<tr><td>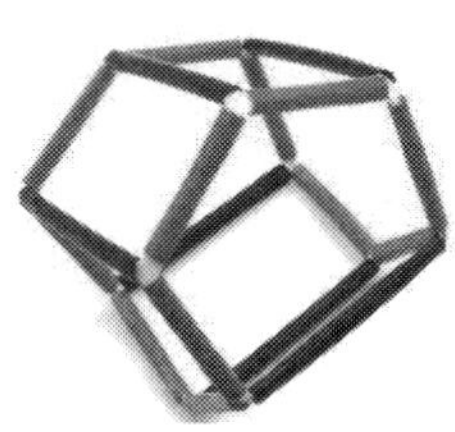</td><td>길게 늘린 회전2중지붕
(Elongated gyrobifastigium)
- 8개의 면(4개의 직4각형, 4개의 직각을 갖는 5각형), 12개의 꼭짓점, 18개의 모서리를 갖는 다면체이다.
- 공간을 채울 수 있다.
- 회전2중지붕의 4개의 3각형을 5각형으로 확장한다.</td></tr>
<tr><td></td><td>길게 늘린 8면체
(Elongated octahedron)
- 8개의 면(4개의 3각형, 4개의 등변사다리꼴), 8개의 꼭짓점, 14개의 모서리를 갖는 다면체이다.
- 회전2중지붕처럼 8개의 면을 갖는 8면체이다.</td></tr>
</table>

J27 3각형 수직 2중 둥근 지붕 (Triangular Orthobicupola)

3각형 수직 2중 둥근 지붕(J27)은 14개의 면(8개의 정3각형, 6개의 정4각형), 12개의 꼭짓점, 24개의 모서리를 가지고 있다.

3각형 수직
2중 둥근 지붕(J27)

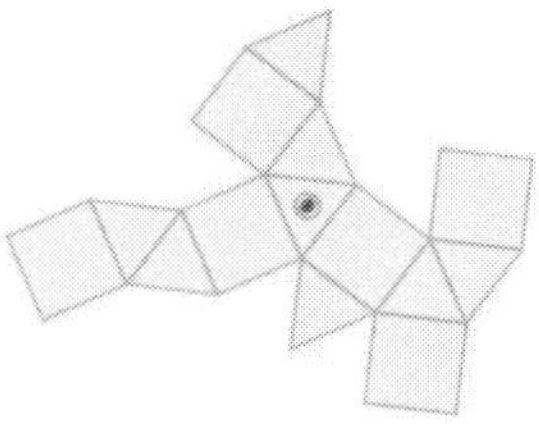

J27의 전개도

존슨입체도형 J27

또한, J27은 다음과 같이 표로 나타낼 수 있다.

[f_3는 존슨입체의 면이 3각형으로 이루어진 것을 나타냄]

분류	v	e	f	$v-e+f$	f_3	f_4	f_5	f_6	f_8	f_{10}
갯수	12	24	14	2	8	6	·	·	·	·

✔ J27은 $f_{3,4}$인 입체이다.

3각형 수직 2중 둥근 지붕(J27)은 정4각형 면들이 모서리에서 서로 닿도록 6각형 면에 2개의 3각형 둥근 지붕(J3)을 서로 결합하여 만들 수 있다. 이름 속의 수직으로 된(ortho)것은 2개의 둥근 지붕에 대한 방향(같은 방향으로)이 서로 어떻게 정렬되는지를 가리킨다.

3각형 둥근 지붕(J3)

3각형 수직
2중 둥근 지붕(J27)

3각형 수직 2중 등근 지붕(J27)은 6 · 8면체의 반을 60° 회전시켜 만들 수 있어서 6 · 8면체를 회전한 것으로 생각할 수 있다. 반대로, 6 · 8면체는 3각형 회전 2중 둥근 지붕으로 생각할 수 있다.

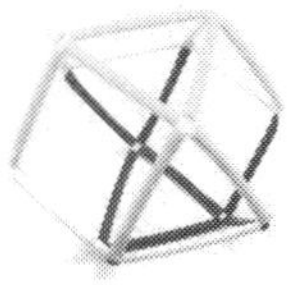

6 · 8면체
(3각형 회전 2중 둥근 지붕)

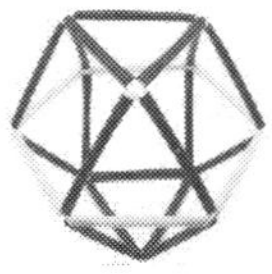

3각형 수직
2중 둥근 지붕(J27)

모서리의 길이가 2인 3각형 수직2중 둥근 지붕(J27)의 높이는 $4\sqrt{\frac{2}{3}}$ 또는 약 3.265986이다.

2개의 구성부분으로 이루어진 3각형 둥근 지붕(J3) 사이에 6각기둥을 삽입하면 길게 늘린 3각형 2중 둥근 지붕(J35)이 만들어 지는데, 이것은 또 다른 존슨 입체이다.

3각형
둥근 지붕(J3)

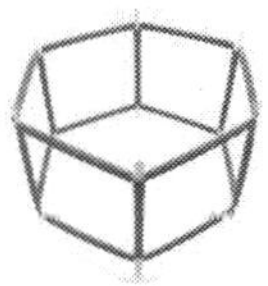

6각기둥

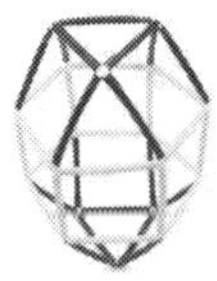

길게 늘린 3각형
2중 둥근 지붕(J35)

- J_{27}의 쌍대인 사다리꼴-마름모 12면체(Trapezo-rhombic dodecahedron)는 12개의 면(6개의 마름모, 6개의 사다리꼴),14개의 꼭짓점, 24개의 모서리가 있는 12면체 형태의 다면체이다.

J_{27}의 쌍대그림

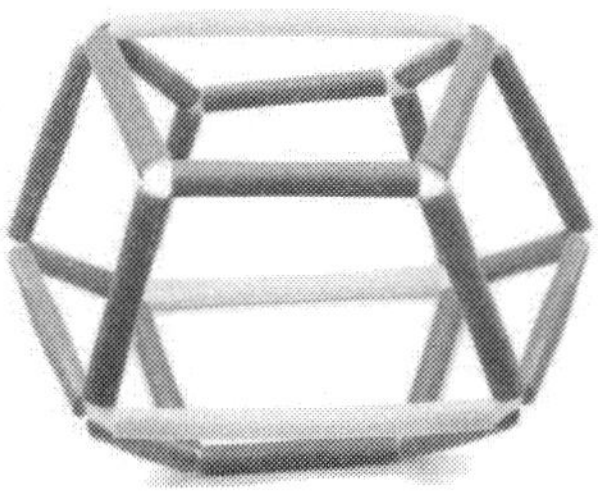

J_{27}의 쌍대전개도

- 사다리꼴-마름모 12면체(Trapezo-rhombic dodecahedron)로 공간채우기를 하면 사다리꼴-마름모 벌집(trapezo-rhombic dodecahedral honeycomb)형태가 된다.

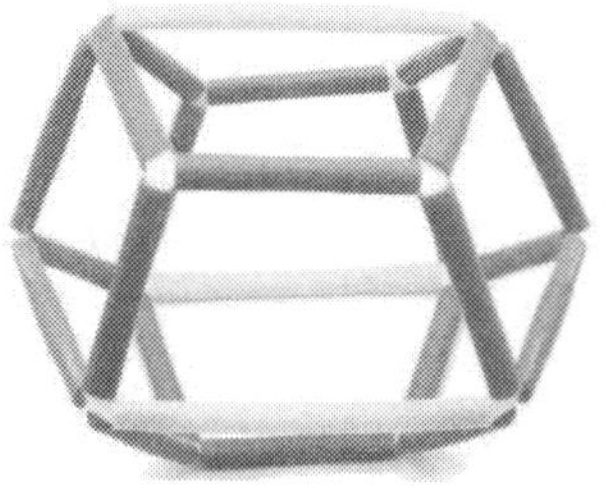

사다리꼴-마름모 12면체
(Trapezo-rhombic dodecahedron)

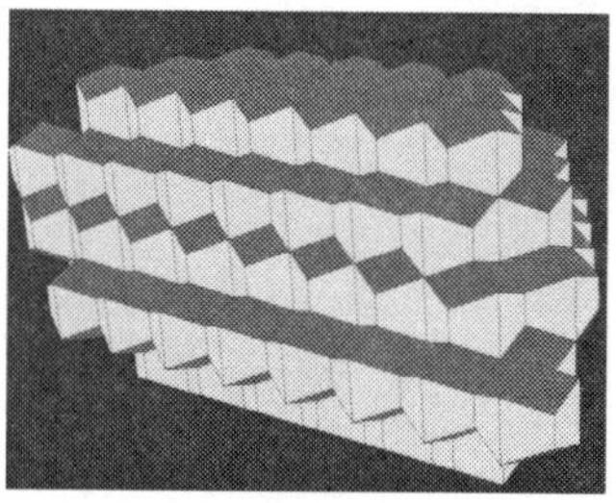

사다리꼴-마름모 벌집형태
(trapezo-rhombic dodecahedral honeycomb)

- 3각형 수직 2중 둥근 지붕(J27)은 정4각뿔을 가지고 공간을 채울 수 있다.
- 관련된 다면체와 벌집모양은 다음과 같다.

- 교정된 정6면체 벌집(rectified cubic honeycomb)모양은 3각형 수직 2중 둥근 지붕(J27)과 정4각뿔을 공간을 채우는 격자모양으로 분해하여 다시 만들 수 있다.
- 6 · 8면체와 8면체로 구성되어 있다.

✔ 6 · 8면체[26]의 내접원의 반지름, 외접원의 반지름, 높이, 넓이, 부피 구하기

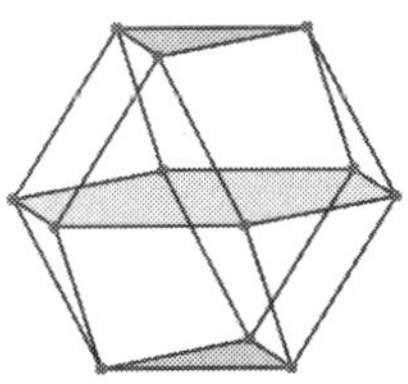

- 6 · 8면체는 14개의 면(8개의 정3각형, 6개의 정4각형), 24개의 모서리, 12개의 꼭짓점을 갖는 아르키메데스 입체이다.

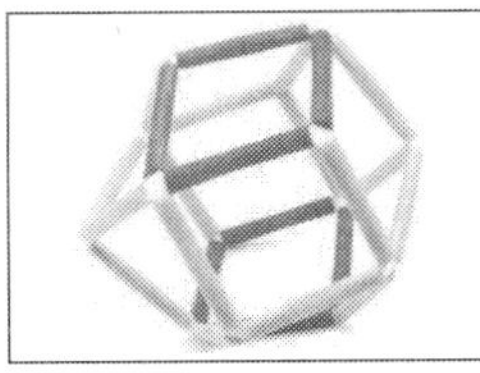

- 마름모12면체와는 쌍대이다.

- 존슨입체인 J_3(3각형 둥근 지붕, 6 · 8면체의 $\frac{1}{2}$), J_{27}(3각형 수직2중 둥근 지붕,)에서 무양을 찾아볼 수 있다.

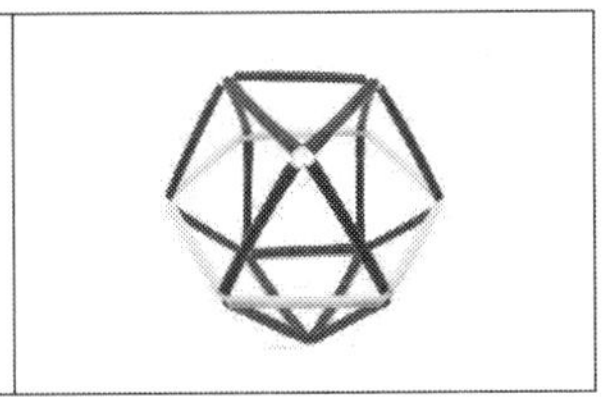

- 6 · 8면체(4각형-3각형)와 J_{27}(4각형-4각형)은 연결상태가 다르다.
- 정6면체의 모퉁이에 있는 꼭짓점을 자르거나 정8면체의 모퉁이에 있는 꼭짓점을 자르면 6 · 8면체를 만들 수 있다.
- 정6면체의 모퉁이에 있는 8개의 꼭짓점을 자르면 밑면이 정3각형인 직각뿔을 만들 수 있고 이것을 이용하여 6 · 8면체의 반지름, 높이, 넓이, 부피를 계산하고 구할 수 있다

❶ 6 · 8면체의 내접원의 반지름 r 구하기(6 · 8면체의 중심에서 4각뿔의 높이 h_4)

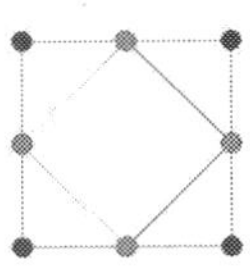

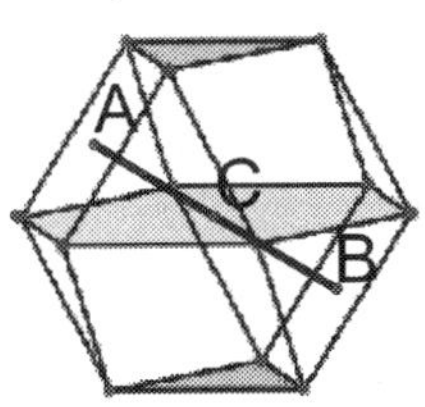

- 정4각형의 면을 수직으로 바라본 모습
- 내부에 있는 정4각형의 한 변을 a이라 하면,
외부에 있는 정4각형의 한 변의 길이는 $\sqrt{2}\,a$ 이다.
- 처음 정6면체의 한 변의 길이는 $\sqrt{2}\,a$ 이다.
- 6 · 8면체의 왼쪽 위 정4각형 중심에서 오른쪽 아래 정4각형 중심까지의 거리는 처음 정6면체의 한 변의 길이 $\sqrt{2}\,a$ 이다.
- $\overline{AB} = \sqrt{2}\,a$ 이므로, 6 · 8면체의 내접원의 반지름 r 은
$r = \overline{AC} = \frac{1}{2}\overline{AB} = \frac{\sqrt{2}}{2}a$ 이다.

26) https://en.wikipedia.org/wiki/Cuboctahedron

❷ 6 · 8면체의 높이 $H_{6 \cdot 8}$ 구하기

- 6 · 8면체의 높이 $H_{6 \cdot 8}$ 는 존슨입체인 J_3의 높이 h_{J3}의 2배이다.
- J_3의 높이 h_{J3}는 $h_{J3} = \frac{\sqrt{6}}{3}a$ 이므로, $H_{6 \cdot 8} = \frac{2\sqrt{6}}{3}a$ 이다.

❸ 6 · 8면체의 외접원의 반지름 R 구하기(=6 · 8면체의 중심에서 각 꼭짓점까지의 거리)

<table>
<tr>
<td>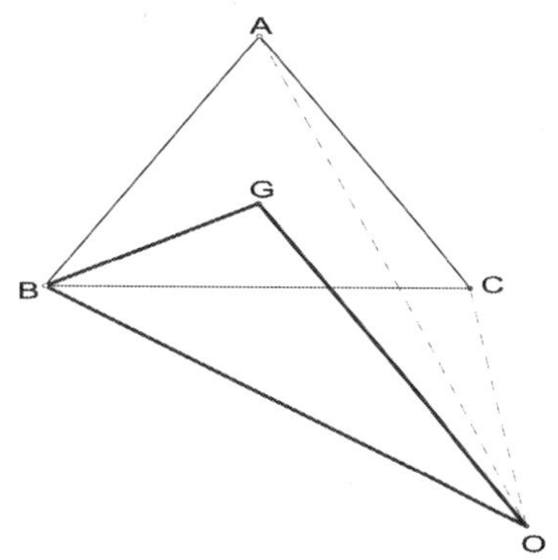
</td>
<td>- 왼쪽 그림은 정3각형을 밑면으로 하는 3각뿔이다.
- 왼쪽 그림에서 6 · 8면체의 중심은 O,
정3각형의 무게중심은 G 이다.
- 직각3각형 OBG에서 $\overline{OB} = R$,
$\overline{BG} = \frac{\sqrt{3}}{3}a$, $\overline{OG} = \frac{\sqrt{6}}{3}a$ 이다.
- $\overline{OG}^2 + \overline{BG}^2 = \overline{OB}^2$ 이다.
- $R^2 = \left(\frac{\sqrt{3}}{3}a\right)^2 + \left(\frac{\sqrt{6}}{3}a\right)^2 = \frac{1}{3}a^2 + \frac{2}{3}a^2 = a^2$ 이다.
- 6 · 8면체의 외접원의 반지름 R 은 $R = a$ 이다.</td>
</tr>
</table>

❹ 6 · 8면체의 넓이 $A_{6 \cdot 8}$ 구하기

- 6 · 8면체의 넓이는 8개의 정3각형과 6개의 정4각형의 넓이의 합이다.
- 6 · 8면체의 넓이 $A_{6 \cdot 8}$ 는 $A_{6 \cdot 8} = 8 \times \frac{\sqrt{3}}{4}a^2 + 6 \times a^2 = (2\sqrt{3} + 6)a^2$ 이다.

❺ 6 · 8면체의 부피 $V_{6 \cdot 8}$ 구하기

① J_3의 부피 V_{J3}을 이용하여 구하기

- 6 · 8면체의 부피 $V_{6 \cdot 8}$ 는 J_3의 부피 V_{J3}의 2배이다.
- J_3의 부피 V_{J3}는 $V_{J3} = \frac{5\sqrt{2}}{6}a^3$ 이다.
- 6 · 8면체의 부피 $V_{6 \cdot 8}$ 는 $V_{6 \cdot 8} = 2 \times \frac{5\sqrt{2}}{6}a^3 = \frac{5\sqrt{2}}{3}a^3$ 이다.

② 처음 정6면체의 부피에서 8개의 자른 3각뿔의 부피의 차를 이용하여 구하기

- 한 변의 길이가 $\sqrt{2}\,a$ 인 처음 정6면체의 부피 V_6은
  $V_6 = (\sqrt{2}\,a)^3 = 2\sqrt{2}\,a^3$ 이다.
- 자른 3각뿔은 밑면이 $\frac{\sqrt{2}}{2}a$인 직각2등변3각형이고 높이도 $\frac{\sqrt{2}}{2}a$ 이다.
- 3각뿔의 부피 V_3는 $V_3 = \frac{1}{3} \times \left(\frac{1}{2} \times \frac{\sqrt{2}}{2} \times \frac{\sqrt{2}}{2}\right)a^2 \times \frac{\sqrt{2}}{2}a = \frac{\sqrt{2}}{24}a^3$ 이다.
- 6 · 8면체의 부피 $V_{6 \cdot 8}$는
  $V_{6 \cdot 8} = 2\sqrt{2}\,a^3 - 8 \times \frac{\sqrt{2}}{24}a^3 = 2\sqrt{2}\,a^3 - \frac{\sqrt{2}}{3}a^3 = \frac{5\sqrt{2}}{3}a^3$ 이다.

J28 정4각형 수직 2중 둥근 지붕 (Square Orthobicupola)

정4각형 수직 2중 둥근 지붕(J28)은 18개의 면(8개의 정3각형과 10개의 정4각형), 16개의 꼭짓점, 32개의 모서리를 가지고 있다.

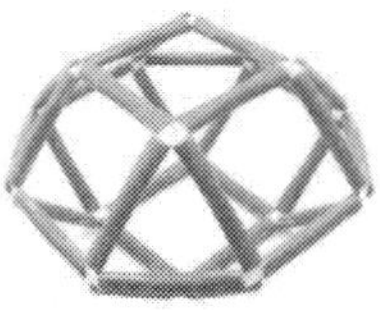

정4각형 수직
2중 둥근 지붕(J28)

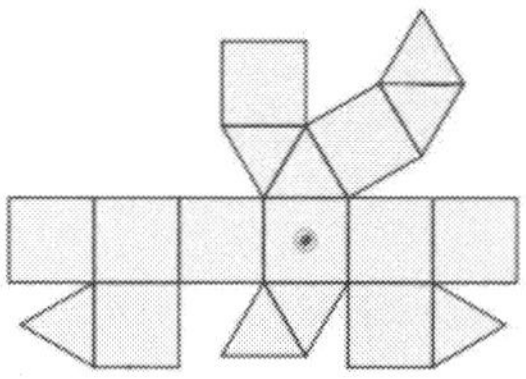

J28의 전개도

또한, J28은 다음과 같이 표로 나타낼 수 있다.

[f_3는 존슨입체의 면이 3각형으로 이루어진 것을 나타냄]

분류	v	e	f	$v-e+f$	f_3	f_4	f_5	f_6	f_8	f_{10}
갯수	16	32	18	2	8	10	·	·	·	·

✔ J28은 $f_{3,4}$인 입체이다.

- 정4각형 수직 2중 둥근 지붕(J28)은 2개의 정4각형 둥근 지붕(J4)을 8각형 면에 서로 연결하여 3각형 면이 모서리에서 서로 접촉하도록 구성할 수 있다. 이름 속의 수직이 되는(ortho)은 2개의 정4각형 둥근 지붕에 대한 방향(같은 방향으로)이 서로 어떻게 정렬되는지를 가리킨다.

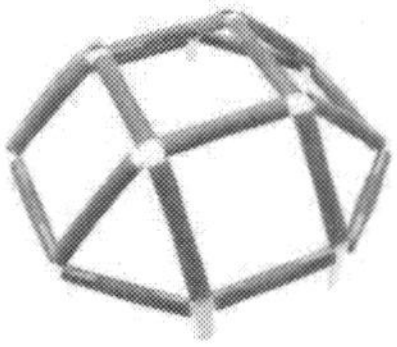

정4각형
둥근 지붕(J4)

정4각형 수직
2중 둥근 지붕(J28)

- 2개의 정4각형 둥근 지붕에 회전(gyro)방향으로 결합하면 대신 정4각형 회전 2중 둥근 지붕(J29)이 만들어진다.

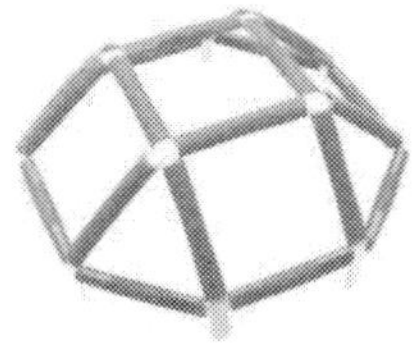

정4각형
둥근 지붕(J4)

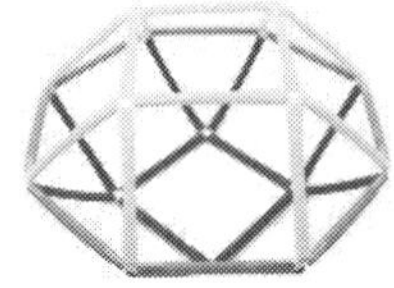

정4각형 회전
2중 둥근 지붕(J29)

- 2개의 정4각형 둥근 지붕(J4) 사이에 8각기둥을 삽입하여 정4각형 수직 2중 둥근 지붕(J28)을 마름모6 · 8면체로 늘일 수 있다.

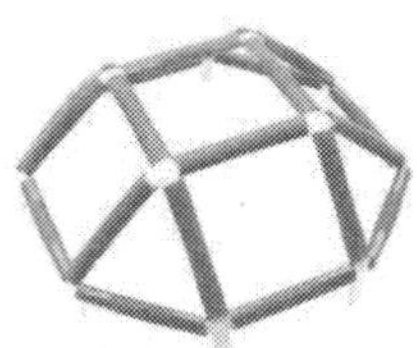

정4각형 둥근 지붕(J4)

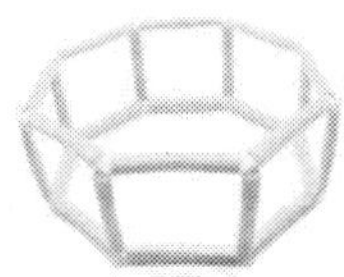

8각기둥

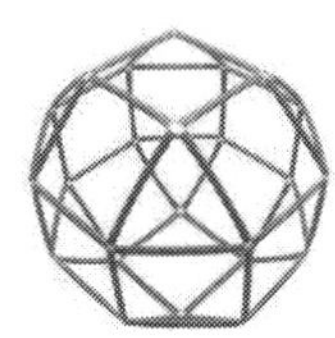

마름모6 · 8면체

- 정4각형 수직 2중 둥근 지붕(J28)에서 불규칙한 6각기둥을 제거하면 길게 늘린 정4각형 2중각뿔(J15)이 만들어지는데 이것은 단지 길게 늘린 8면체일 뿐이다.

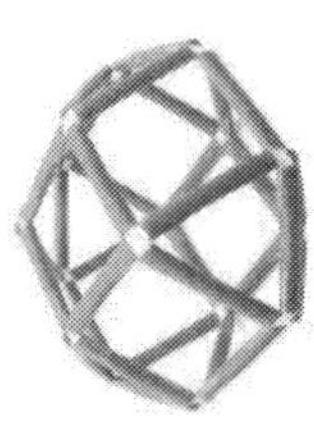

정4각형 수직
2중 둥근 지붕(J28)

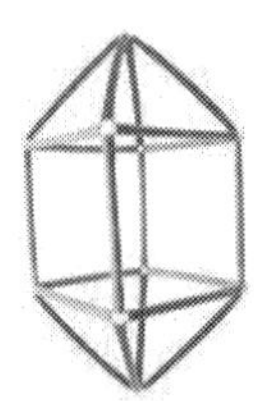

길게 늘린
정4각형 2중각뿔(J15)

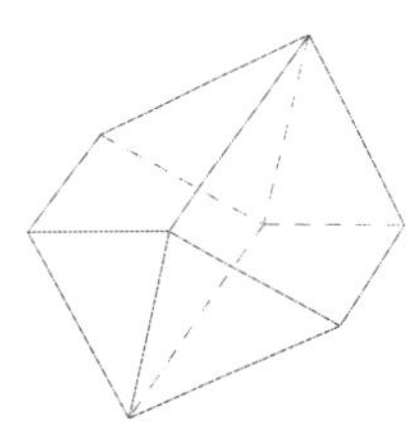

길게늘린 8면체
(Elongated octahedron)

- 정4각형 수직 2중 둥근 지붕(J28)은 4면체; 정6면체와 6 · 8면체; 4면체와 정6면체; 정4각뿔과 다양한 정6면체의 조합, 길게 늘린 정4각뿔들 또는 길게 늘린 정4각형 2중각뿔로 공간을 채우는 벌집모양을 만들 수 있다.

J29 정4각형 회전 2중 둥근 지붕 (Square Gyrobicupola)

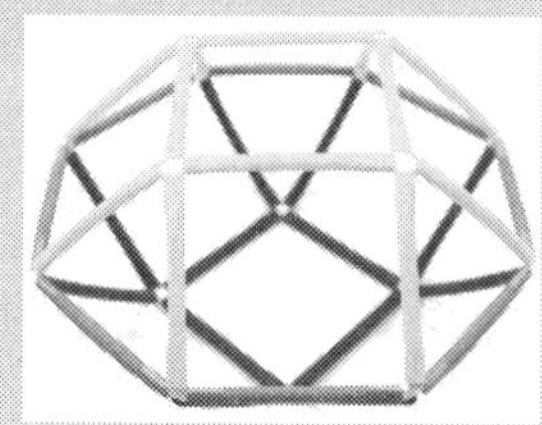

정4각형 회전 2중 둥근 지붕(J29)은 18개의 면(8개의 정3각형과 10개의 정4각형), 16개의 꼭짓점, 32개의 모서리를 가지고 있다.

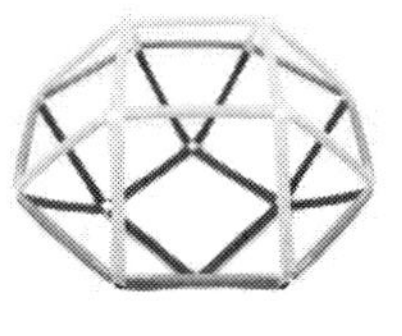

정4각형 회전 2중 둥근 지붕(J29)

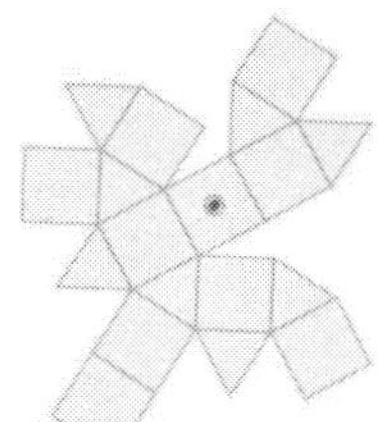

J29의 전개도

존슨입체도형 J29

또한, J29는 다음과 같이 표로 나타낼 수 있다.

[f_3는 존슨입체의 면이 3각형으로 이루어진 것을 나타냄]

분류	v	e	f	$v-e+f$	f_3	f_4	f_5	f_6	f_8	f_{10}
갯수	16	32	18	2	8	10	·	·	·	·

✔ J29는 $f_{3,4}$인 입체이다.

- 정4각형 회전 2중 둥근 지붕(J29)은 1개의 둥근 지붕의 3각형 면들이 모서리에서 다른 둥근 지붕의 정4각형 면에 닿도록 2개의 정4각형 둥근 지붕(J4)을 8각형 면에 서로 결합하여 만들 수 있다. 이름 속의 자이로(gyro)란 2개의 둥근 지붕에 대한 방향(반대 방향으로)이 서로 상대적으로 어떻게 회전되는가를 말한다.

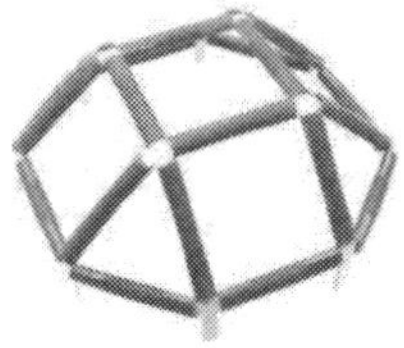

정4각형 둥근 지붕(J4)

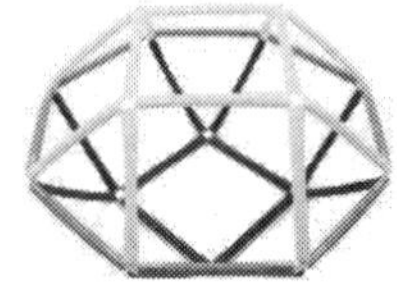

정4각형 회전 2중 둥근 지붕(J29)

- 수직 방향(ortho)으로 2개의 정4각형 둥근 지붕(J4)에 결합하면 정4각형 수직 2중 둥근 지붕(J28)이 만들어진다.

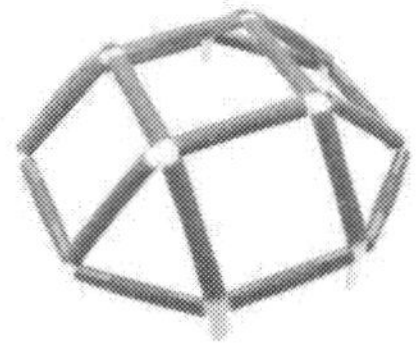

정4각형 둥근 지붕(J4)

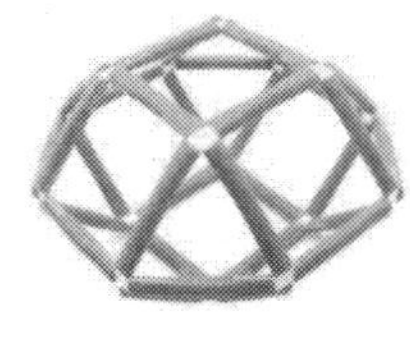

정4각형 수직 2중 둥근 지붕(J28)

- 2개의 정4각형 둥근 지붕 사이(J4)에 8각기둥을 삽입하여 정4각형 회전 2중 둥근 지붕(J29)을 길게 늘린 정4각형 회전 2중 둥근 지붕(J37)로 늘일 수 있다.

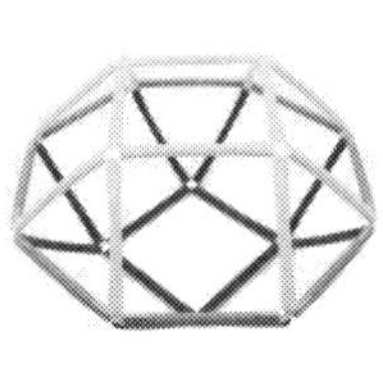

정4각형 회전 2중 둥근 지붕(J29)

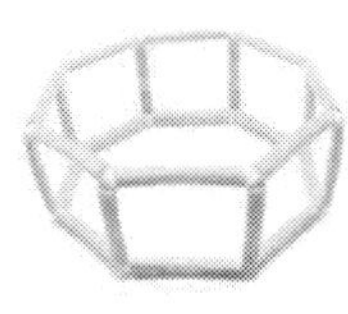

8각기둥

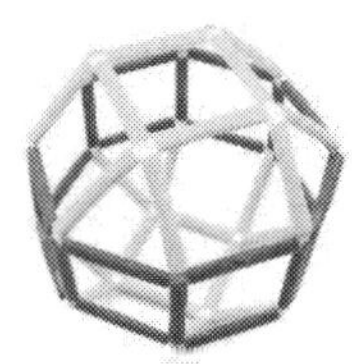

길게 늘린 정4각형 회전 2중 둥근 지붕(J37)

- J29의 쌍대인 길게 늘린 정4각형 사다리꼴다면체(Elongated square trapezohedron[27])는 16개의 면(8개의 연, 8개의 사다리꼴)로 이루어진 다면체이다.

J29의 쌍대 그림[28]

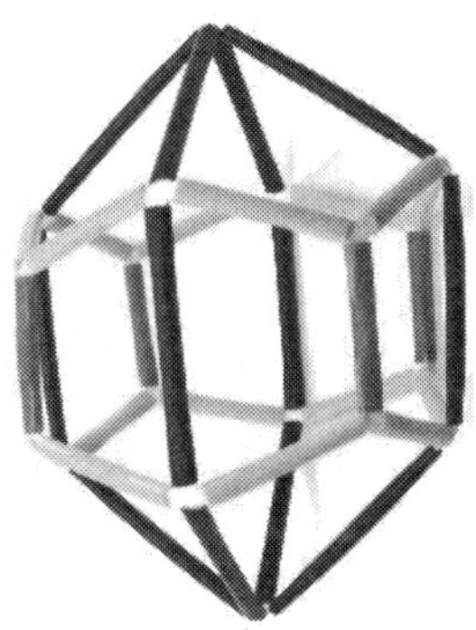

J29의 쌍대 전개도[29]

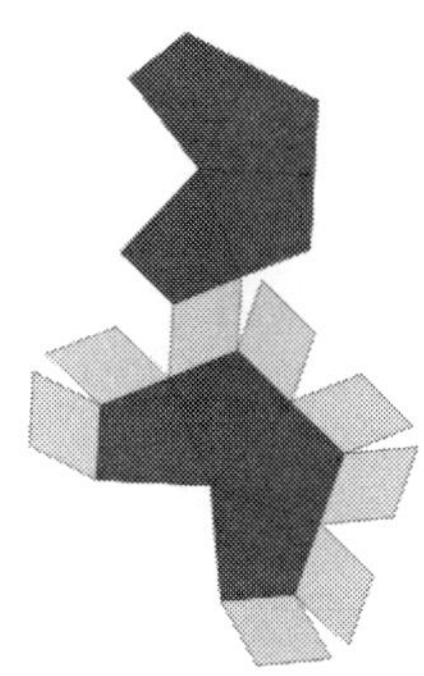

- 정4각형 회전 2중 둥근 지붕(J29)은 4면체, 6면체, 6 · 8면체; 4면체, 정4각뿔, 길게 늘린 정4각형 2중각뿔들로 공간을 채우는 벌집형태를 만들 수 있다. (뒤에 유닛은 길게 늘린 정4각뿔, 6면체 또는 정4각뿔로 분해할 수 있다).

---

27) 라틴어에서 사다리꼴+다면체의 합성어이다. 연(Kite)과 사다리꼴로 이루어진 다면체이다. https://en.wikipedia.org/wiki/Trapezohedron

28) https://commons.wikimedia.org/wiki/File:Elonagated_square_trapezohedron.png

29) https://commons.wikimedia.org/wiki/File:Elongated_square_trapezohedron_net.png

J30 5각형 수직 2중 둥근 지붕 (Pentagonal Orthobicupola)

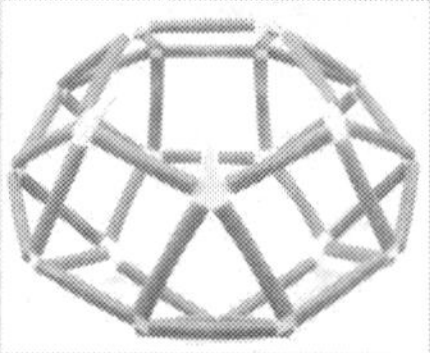

5각형 수직 2중 둥근 지붕(J30)은 22개의 면(10개의 정3각형, 10개의 정4각형, 2개의 5각형), 20개의 꼭짓점, 40개의 모서리를 가지고 있다.

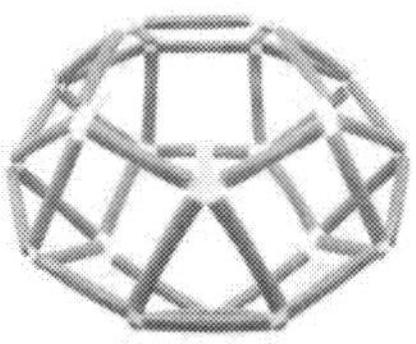

5각형 수직 2중
둥근 지붕(J30)

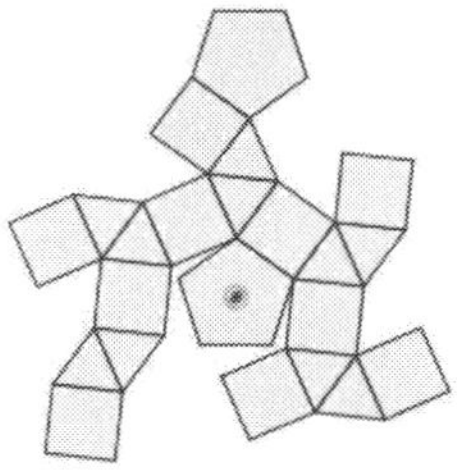

J30의 전개도

존슨입체도형 J30

또한, J30은 다음과 같이 표로 나타낼 수 있다.

[f_3는 존슨입체의 면이 3각형으로 이루어진 것을 나타냄]

분류	v	e	f	$v-e+f$	f_3	f_4	f_5	f_6	f_8	f_{10}
갯수	20	40	22	2	10	10	2	·	·	·

✔ J30은 $f_{3,4,5}$인 입체이다.

- 5각형 수직 2중 둥근 지붕(J30)은 각 둥근 지붕의 정4각형 면들이 모서리에서 다른 둥근 지붕의 정4각형 면에 닿도록 10각형 면에서 2개의 5각형 둥근 지붕(J5)을 서로 결합하여 만들 수 있다. 이름 속의 수직(ortho)은 2개의 둥근 지붕의 방향(같은 방향)이 서로 어떻게 맞춰져 있는가를 가리킨다.

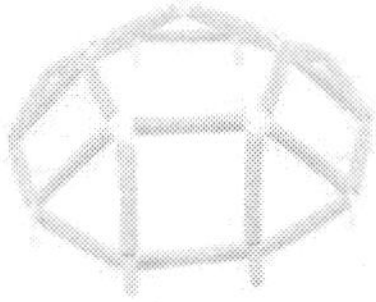

5각형 둥근 지붕(J5)

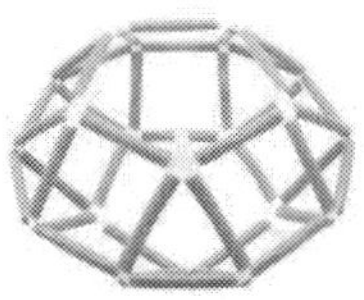

5각형 수직 2중 둥근 지붕(J30)

- 2개의 5개의 둥근 지붕(J5)에 회전(gyro)방향으로 결합하면 5각형 회전 2중 둥근 지붕(J31)이 대신 만들어진다.

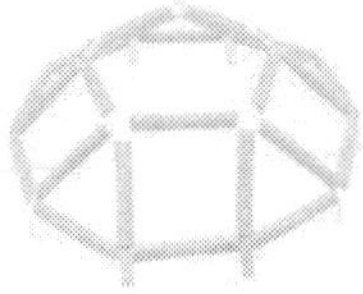

5각형 둥근 지붕(J5)

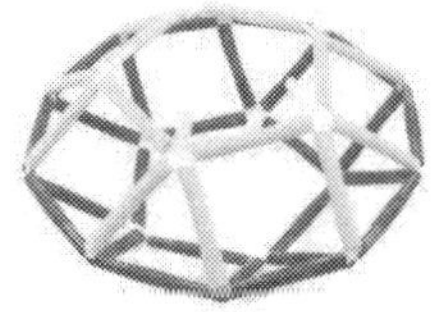

5각형 회전 2중 둥근 지붕(J31)

- 10각기둥을 2개로 구성된 5각형 둥근 지붕(J5) 사이에 삽입하면 길게 늘인 5각형 수직 2중 둥근 지붕(J38)을 만들 수 있다.

5각형 둥근 지붕(J5)

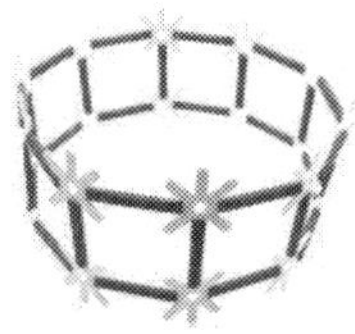

10각기둥

길게 늘인 5각형
수직 2중 둥근 지붕(J38)

J31 5각형 회전 2중 둥근 지붕 (Pentagonal Gyrobicupola)

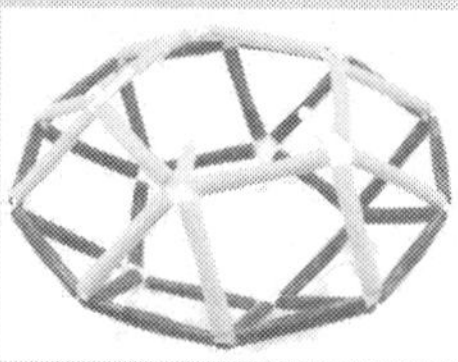

5각형 회전 2중 둥근 지붕(J31)은 22개의 면(10개의 정3각형, 10개의 정4각형, 2개의 5각형), 20개의 꼭짓점, 40개의 모서리를 가지고 있다.

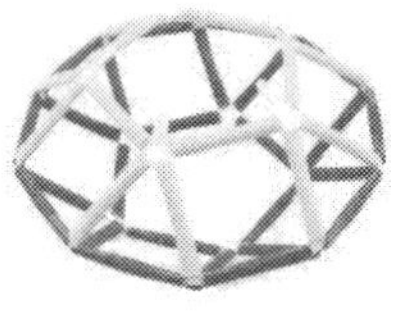

5각형 회전
2중 둥근 지붕(J31)

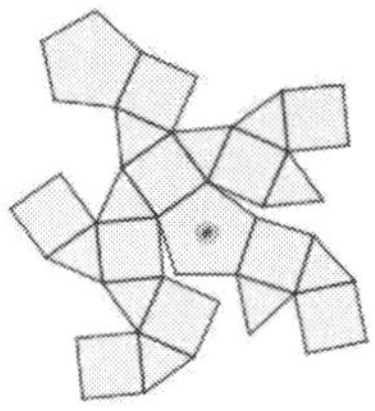

J31의 전개도

존슨입체도형 J31

또한, J31은 다음과 같이 표로 나타낼 수 있다.

[f_3는 존슨입체의 면이 3각형으로 이루어진 것을 나타냄]

분류	v	e	f	$v-e+f$	f_3	f_4	f_5	f_6	f_8	f_{10}
갯수	20	40	22	2	10	10	2	·	·	·

✔ J31은 $f_{3,4,5}$인 입체이다.

- 5각형 회전 2중 둥근 지붕(J31)은 각 둥근 지붕의 정4각형 면들이 모서리에서 다른 둥근 지붕의 3각형 면에 닿도록 10각형 면을 2개의 5각형 둥근 지붕(J5)에 서로 연결하여 만들 수 있다.

5각형 둥근 지붕(J5)

5각형 회전
2중 둥근 지붕(J31)

- 이름 속의 자이로(gyro)란 2개의 둥근 지붕의 방향이 서로에 대해 어떻게 회전하는가를 말한다. 2개의 둥근 지붕에 수직(ortho)방향으로 결합하면 대신 5각형 수직 2중 둥근 지붕(J30)이 만들어진다.

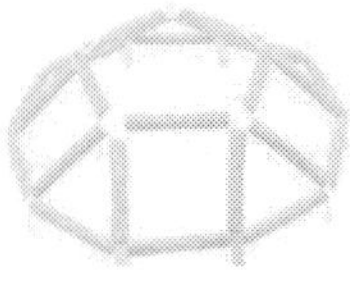

5각형 둥근 지붕(J5)

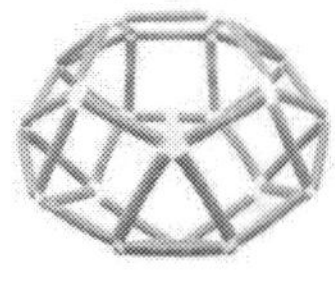

5각형 수직 2중 둥근 지붕(J30)

- 2개로 구성된 둥근 지붕 사이에 10각기둥을 삽입하여 길게 늘린 5각형 회전 2중 둥근 지붕(J39)을 만들 수 있다.

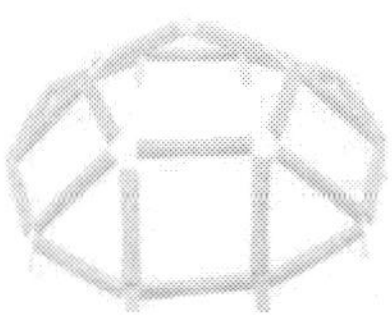

5각형 둥근 지붕(J5)

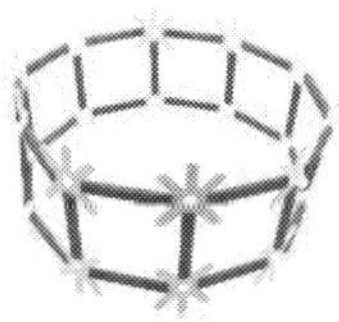

10각기둥

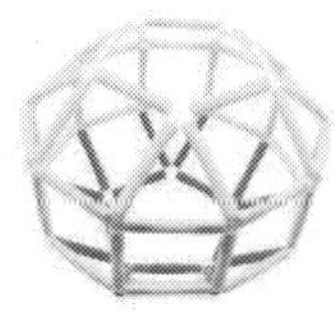

길게 늘린 5각형 회전 2중 둥근 붕(J39)

- 5각형 회전 2중 둥근 지붕(J31)은 마름모12 · 20면체에서 가운데 부분인 반대쪽으로(위 · 아래)로 2중 감소된 마름모12 · 20면체(parabidiminished rhombicosidodecahedron (J80))를 자르고 꺼낸 다음, 반대편 2개의 둥근 지붕을 다시 붙여 만들 수 있다.

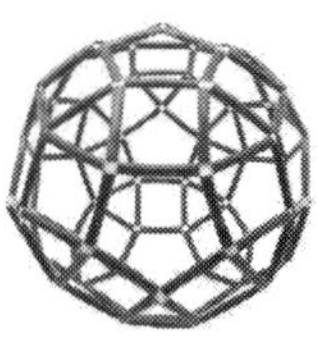

마름모12 · 20면체

반대쪽으로 2중 감소된 마름모12 · 20면체(J80)

5각형 둥근 지붕(J5)

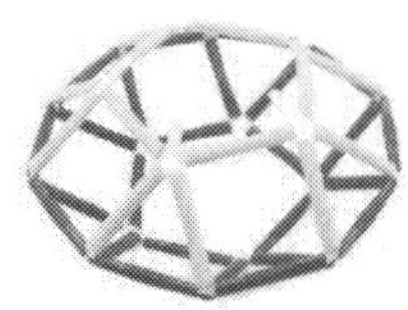

5각형 회전 2중 둥근 지붕(J31)

- J31의 쌍대인 길게 늘린 5각형 사다리꼴다면체(Elongated pentagonal trapezohedron[30]))는 20개의 면(10개의 연, 10개의 사다리꼴)로 이루어진 다면체이다.

J31의 쌍대 그림[31])

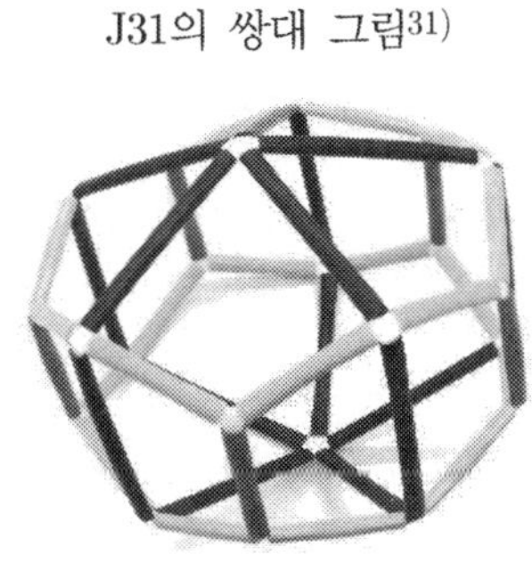

J31의 쌍대 전개도[32])

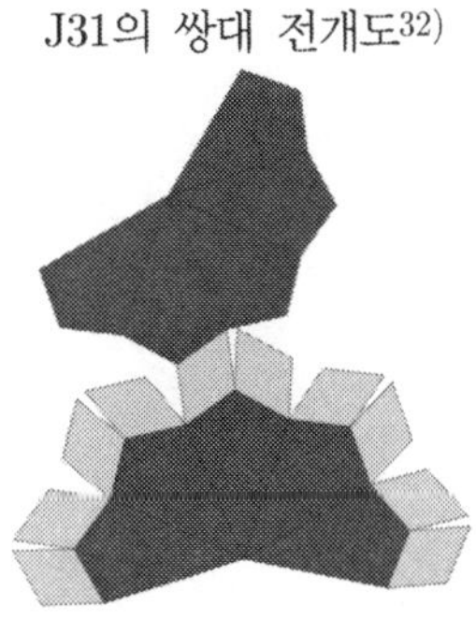

30) 라틴어에서 사다리꼴+다면체의 합성어이다. 연(Kite)과 사다리꼴로 이루어진 다면체이다. https://en.wikipedia.org/wiki/Trapezohedron

31) https://commons.wikimedia.org/wiki/File:Elonagated_pentagonal_trapezohedron.png

32) https://commons.wikimedia.org/wiki/File:Elonagated_pentagonal_trapezohedron_net.png

J32 5각형 수직 둥근 원형 지붕 (Pentagonal Orthocupol-arotunda)

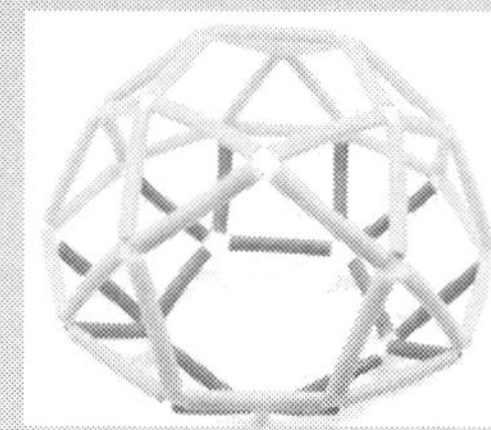

5각형 수직 둥근 원형 지붕(J32)은 27개의 면(15개의 정3각형, 5개의 정4각형, 7개의 5각형), 25개의 꼭짓점, 50개의 모서리를 가지고 있다.

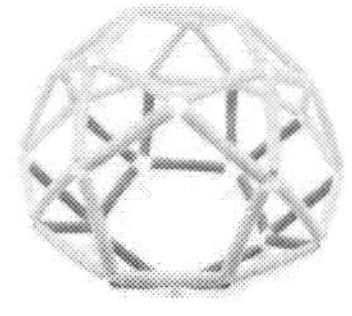

5각형 수직
둥근 원형 지붕(J32)

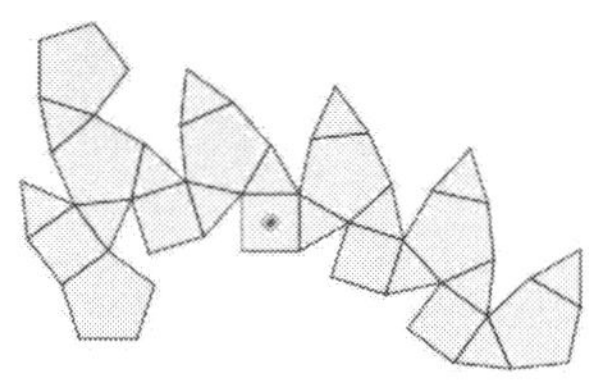

J32의 전개도

존슨입체도형 J32

또한, J32는 다음과 같이 표로 나타낼 수 있다.

[f_3는 존슨입체의 면이 3각형으로 이루어진 것을 나타냄]

분류	v	e	f	$v-e+f$	f_3	f_4	f_5	f_6	f_8	f_{10}
갯수	25	50	27	2	15	5	7	·	·	·

✔ J32는 $f_{3,4,5}$인 입체이다.

- 5각형 수직 둥근 원형 지붕(J32)은 둥근 지붕의 정4각형 면과 모서리를 공유하는 원형 둥근 지붕의 3각형 면과 같이 그들의 10각형 면에서 5각형 둥근 지붕(J5)에 5각형 원형 둥근 지붕(J6)을 결합시켜 만들 수 있다.

5각형 원형
둥근 지붕(J6)

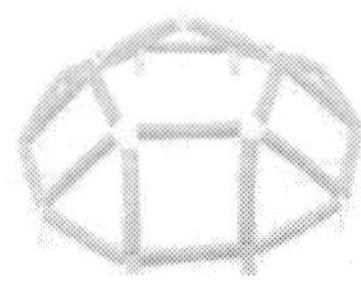

5각형
둥근 지붕(J5)

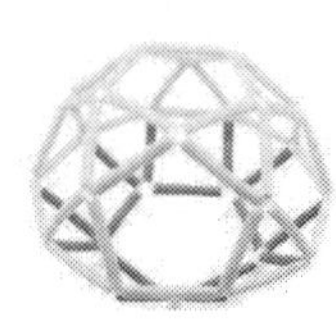

5각형 수직
둥근 원형 지붕(J32)

- 이름에서 수직(ortho-)은 상단 및 하단 5각형의 방향이 서로 정렬되는 방식을 의미한다. 5각형 둥근 지붕(J5)과 5각형 원형 둥근 지붕(J6)에 회전(gyro)방향으로 결합하면 대신 5각형 회전 둥근 원형 지붕(J33)이 만들어 진다.

5각형 원형
둥근 지붕(J6)

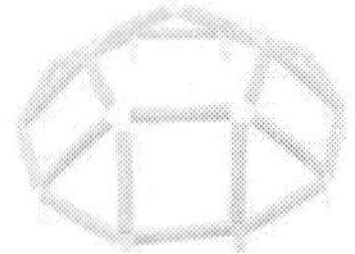
5각형
둥근 지붕(J5)

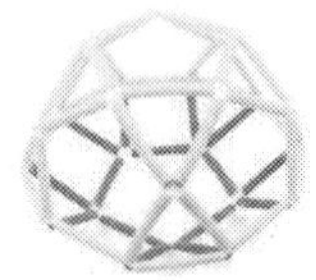
5각형 회전
둥근 원형 지붕(J33)

- 5각형 수직 둥근 원형 지붕(J32)과 20면체 사이에는 숨겨진 연관성이 있다: 그것은 5각형 수직 둥근 원형 지붕(J32)의 5배의 대칭 축 중 하나에 따라 20면체의 특정한 부분적인 면의 스토트 확장(Stott expansion)이다. 20면체와 5각형 수직 둥근 원형 지붕(J32)의 특별한 관계는 정면에 보이는 20면체의 5각형 꼭짓점을 한 점으로 하는 2개의 5각형 모양을 양쪽의 꼭짓점으로 이동하여 확장하면 5각형 수직 둥근 원형 지붕(J32)이 만들어지고, 반대로 하면 5각형 수직둥근 원형 지붕(J32)을 축소하면 20면체가 만들어짐을 알 수 있다.

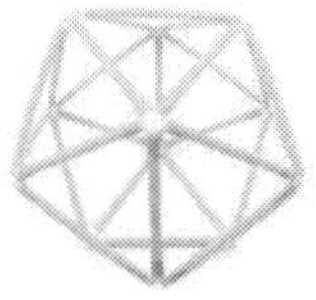
20면체

확장
⇔
축소

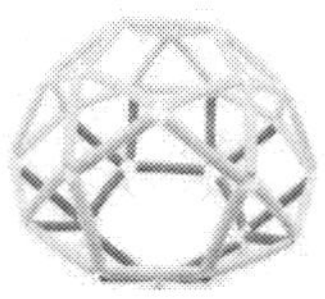
5각형 수직
둥근 원형 지붕(J32)

J33 5각형 회전 둥근 원형 지붕 (Pentagonal Gyrocupola-rotunda)

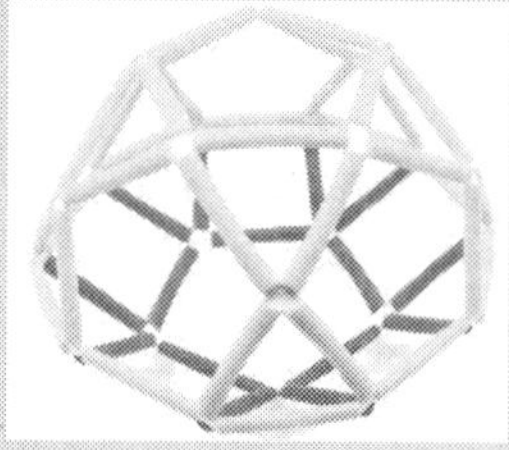

5각형 회전 둥근 원형 지붕(J33)은 27개의 면(15개의 정3각형, 5개의 정4각형, 7개의 5각형), 25개의 꼭짓점, 50개의 모서리를 가지고 있다.

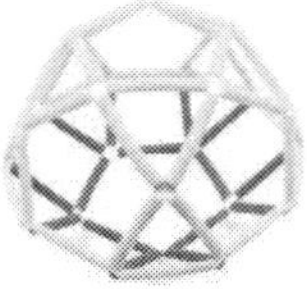

5각형 회전
둥근 원형 지붕(J33)

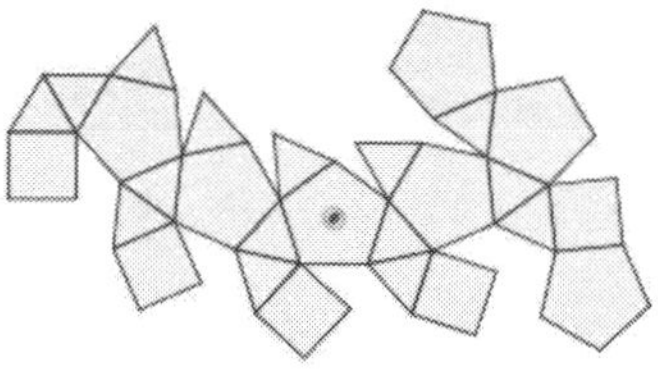

J33의 전개도

존슨입체도형 J33

또한, J33은 다음과 같이 표로 나타낼 수 있다.
[f_3는 존슨입체의 면이 3각형으로 이루어진 것을 나타냄]

분류	v	e	f	$v-e+f$	f_3	f_4	f_5	f_6	f_8	f_{10}
갯수	25	50	27	2	15	5	7	·	·	·

✔ J33은 $f_{3,4,5}$인 입체이다.

- 5각형 회전 둥근 원형 지붕(J33)은 둥근 지붕의 정4각형의 면을 갖고 모서리를 공유하는 원형 둥근 지붕의 5각형 면처럼 그들의 10각형 면에 있는 5각형 둥근 지붕(J5)을 5각형 원형 둥근 지붕(J6)에 결합하여 만들 수 있다.

5각형 원형
둥근 지붕(J6)

5각형
둥근 지붕(J5)

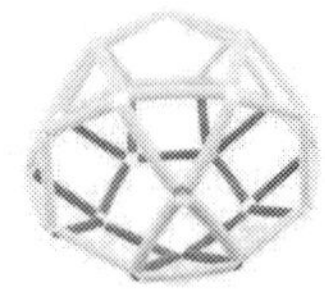
5각형 회전
둥근 원형 지붕(J33)

- 이름에서 회전(gyro-)이란 상단과 하단의 5각형의 방향이 서로에 대해 회전하는 방식을 말한다. 둥근 지붕과 원형 둥근 지붕에 수직(ortho)방향으로 결합하면 대신 5각형 수직 둥근 원형 지붕(J32)이 만들어 진다.

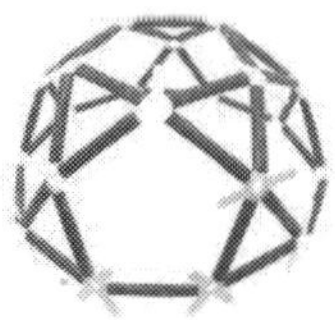
5각형 원형
둥근 지붕(J6)

5각형
둥근 지붕(J5)

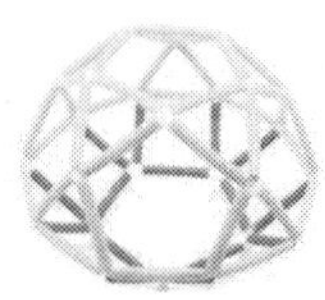
5각형 수직
둥근 원형 지붕(J32)

J34 5각형 수직 2중 원형 둥근 지붕 (Pentagonal Orthobirotunda)

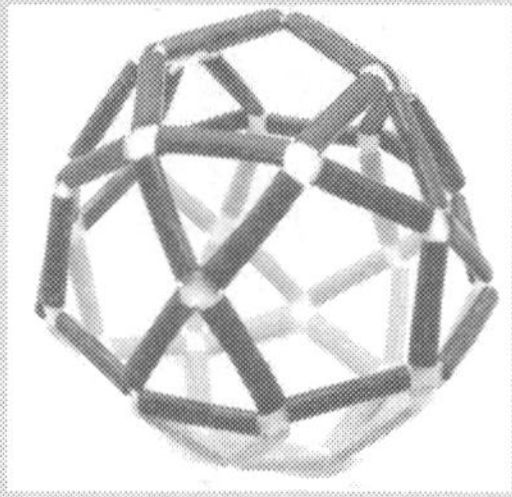

5각형 수직 2중 원형 둥근 지붕(J34)은 32개의 면(20개의 정3각형과 12개의 5각형), 30개의 꼭짓점, 60개의 모서리를 가지고 있다.

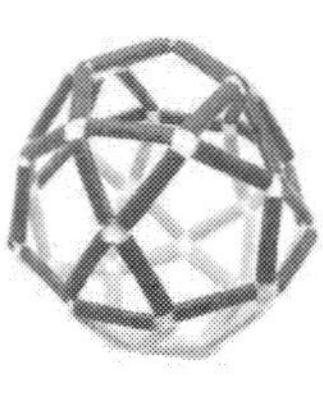

5각형 수직 2중
원형 둥근 지붕(J34)

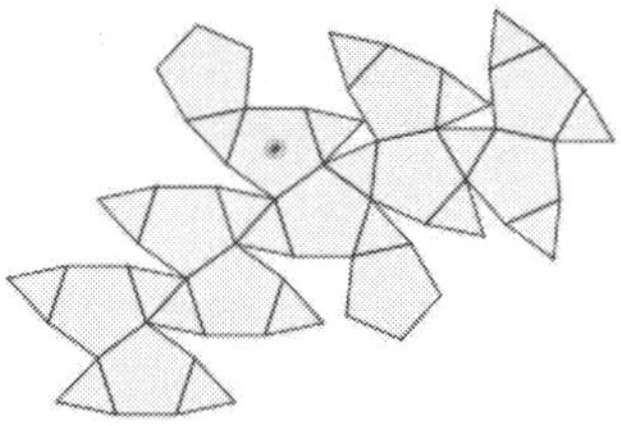

J34의 전개도

존슨입체도형 J34

또한, J34는 다음과 같이 표로 나타낼 수 있다.

[f_3는 존슨입체의 면이 3각형으로 이루어진 것을 나타냄]

분류	v	e	f	$v-e+f$	f_3	f_4	f_5	f_6	f_8	f_{10}
갯수	30	60	32	2	20	·	12	·	·	·

✔ J34는 $f_{3,5}$인 입체이다.

- 5각형 수직 2중 원형 둥근 지붕(J34)은 각각의 5각형들이 서로 모서리를 공유하고 3각형이 서로 모서리를 공유한 것과 같이 10각형 면에 서로 2개의 5각형 원형 둥근 지붕(J6)을 붙여 만들 수 있다.

5각형 원형
둥근 지붕(J6)

5각형 수직 2중
원형 둥근 지붕(J34)

- 이름에서 수직(ortho-)이란 상단 및 하단 5각형의 방향이 서로 정렬되는 방식을 의미한다. 회전(gyro)방향에서 원형 둥근 지붕에 결합하면 대신 균일한 12 · 20면체가 만들어 진다. 따라서 이 12 · 20면체는 5각형 회전 2중 원형 둥근 지붕이라고 생각할 수도 있다.

5각형 원형
둥근 지붕(J6)

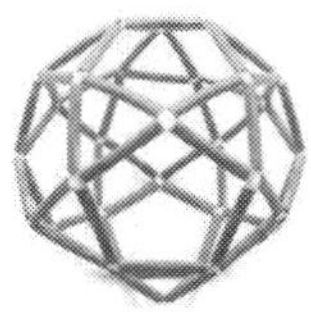

12 · 20면체
(5각형 회전 2중
원형 둥근 지붕)

- 5각형 수직 2중 원형 둥근 지붕(J34)은 가운데 사이에 10각기둥을 넣어 길게 하면 길게 늘린 5각형 수직 2중 원형 둥근 지붕(J42)을 만들 수 있다.

5각형 수직 2중
원형 둥근 지붕(J34)

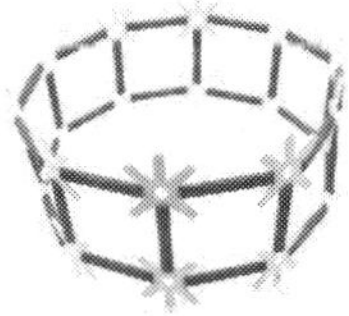

10각기둥

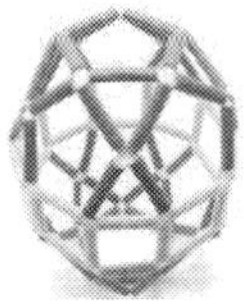

길게 늘린 5각형 수직 2중
원형 둥근 지붕(J42)

- J34의 쌍대인 사다리꼴 마름모30면체(Trapezo-rhombic triacontahedron[33]))는 30개의 면(20개의 마름모, 10개의 사다리꼴), 32개의 꼭짓점, 60개의 모서리로 이루어진 다면체이다.

J34의 쌍대 그림

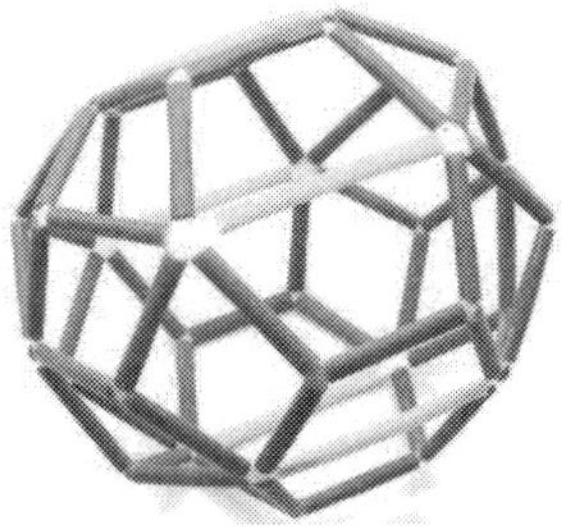

33) 라틴어에서 사다리꼴+다면체의 합성어이다. 연(Kite)과 사다리꼴로 이루어진 다면체이다.
https://en.wikipedia.org/wiki/Trapezohedron

J35 길게 늘린 3각형 수직 2중 둥근 지붕 (Elongated Triangular Orthobicupola)

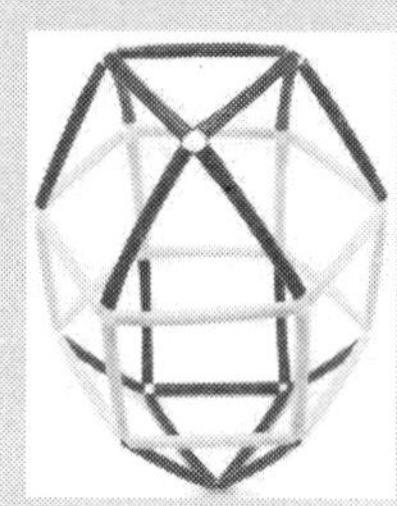

길게 늘린 3각형 수직 2중 둥근 지붕(J35)은 20개의 면(8개의 정3각형, 12개의 정4각형), 18개의 꼭짓점, 36개의 모서리를 가지고 있다.

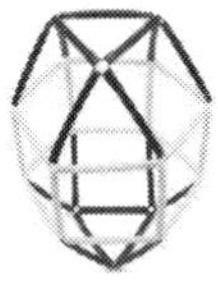

길게 늘린 3각형 수직 2중 둥근 지붕(J35)

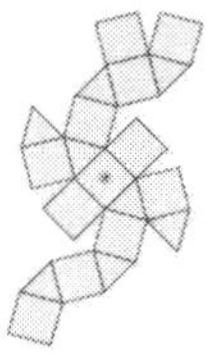

J35의 전개도

존슨입체도형 J35

또한, J35는 다음과 같이 표로 나타낼 수 있다.
[f_3는 존슨입체의 면이 3각형으로 이루어진 것을 나타냄]

분류	v	e	f	$v-e+f$	f_3	f_4	f_5	f_6	f_8	f_{10}
갯수	18	36	20	2	8	12	·	·	·	·

✔ J35는 $f_{3,4}$인 입체이다.

- 길게 늘린 3각형 수직 2중 둥근 지붕(J35)은 6각기둥에 2개의 3각형 둥근 지붕(J3)을 붙여 만들 수 있다. 이와 같이, 3각형 수직 2중 둥근 지붕(J27)의 2개의 구성부분인 둥근 지붕 사이에 6각기둥을 삽입하여 만들 수 있다.

3각형 둥근 지붕(J3)

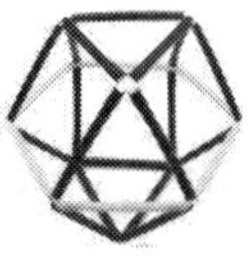

3각형 수직 2중 둥근 지붕(J27)

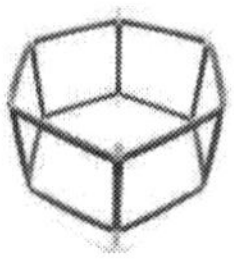

6각기둥

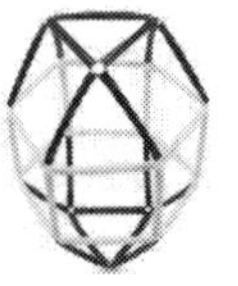

길게 늘린 3각형 수직 2중 둥근 지붕(J35)

- 이름에서 수직(ortho-)이란 상단 및 하단 3각형의 방향이 서로 정렬되는 방식을 의미한다. 상·하 3각형이 서로에 대해 회전하면 대신 길게 늘린 3각형 회전 2중 둥근 지붕(J36)이 만들어 진다.

3각형
둥근 지붕(J3)

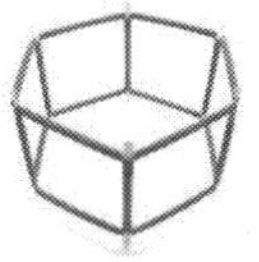

6각기둥

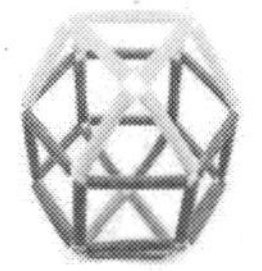

길게 늘린 3각형 회전 2중
둥근 지붕(J36)

- 길게 늘린 3각형 수직 2중 둥근 지붕(J35)은 4면체와 정4각뿔로 공간을 채우는 벌집을 만들 수 있다.

J36 길게 늘린 3각형 회전 2중 둥근 지붕 (Elongated Triangular Gyrobicupola)

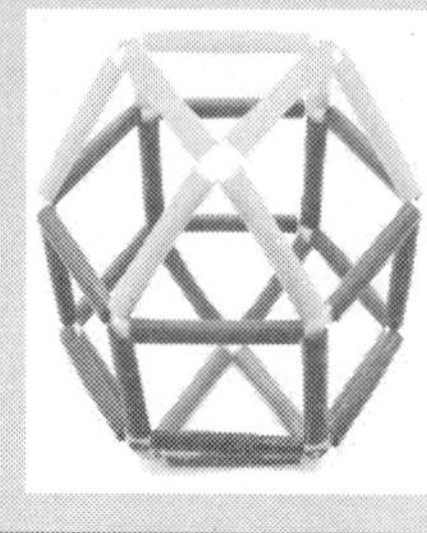

길게 늘린 3각형 회전 2중 둥근 지붕(J36)은 20개의 면(8개의 정3각형, 12개의 정4각형), 18개의 꼭짓점, 36개의 모서리를 가지고 있다.

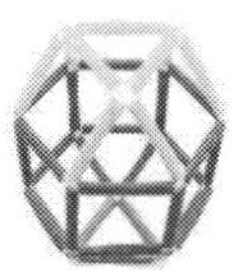

길게 늘린 3각형 회전 2중 둥근 지붕(J36)

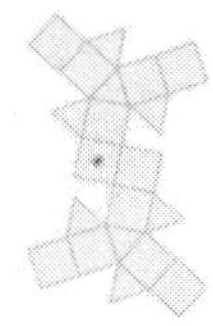

J36의 전개도

또한, J36은 다음과 같이 표로 나타낼 수 있다.
[f_3는 존슨입체의 면이 3각형으로 이루어진 것을 나타냄]

분류	v	e	f	$v-e+f$	f_3	f_4	f_5	f_6	f_8	f_{10}
갯수	18	36	20	2	8	12	·	·	·	·

✔ J36은 $f_{3,4}$인 입체이다.

- 길게 늘린 3각형 회전 2중 둥근 지붕(J36)은 6각기둥에 2개의 3각형 둥근 지붕(J3)을 붙여서 만들 수도 있고, 또는 6 · 8면체(3각형 회전 2중 둥근 지붕)의 가운데 사이에 6각기둥을 삽입하여 같게 만들 수도 있다.

3각형 둥근 지붕(J3)

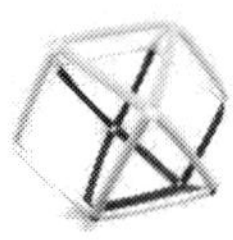

6 · 8면체 (3각형 회전 2중 둥근 지붕)

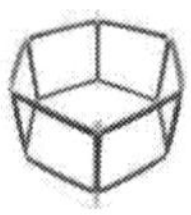

6각기둥

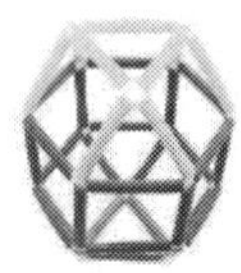

길게 늘린 3각형 회전 2중 둥근 지붕(J36)

- 이름에서 회전(gyro-)이란 상하 3각형의 방향이 서로에 대해 회전하는 방식을 말한다. 위와 아래 3각형이 서로에 대해 같은 방향으로 정렬되면 대신 길게 늘린 3각형 수직 2중 둥근 지붕(J35)이 만들어진다.

3각형
둥근 지붕(J3)

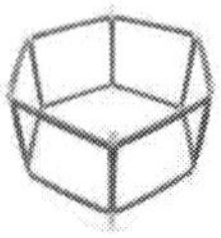

6각기둥

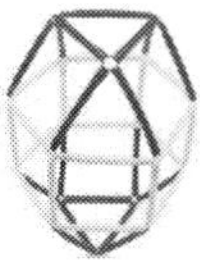

길게 늘린 3각형 수직 2중
둥근 지붕(J35)

- 길게 늘린 3각형 회전 2중 둥근 지붕(J36)은 4면체와 정4각뿔로 공간을 채우는 벌집을 만들 수 있다.

J37 길게 늘린 정4각형 회전 2중 둥근 지붕 (Elongated Square Gyrobicupola)

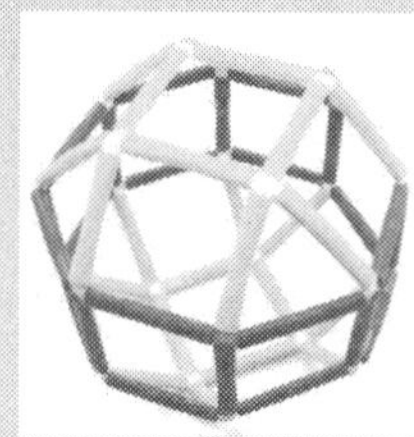

길게 늘린 정4각형 회전 2중 둥근 지붕(J37)은 26개의 면(8개의 3각형, 18개의 정4각형), 24개의 꼭짓점, 48개의 모서리를 가지고 있다.

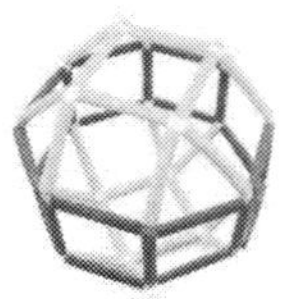

길게 늘린 정4각형 회전 2중 둥근 지붕(J37)

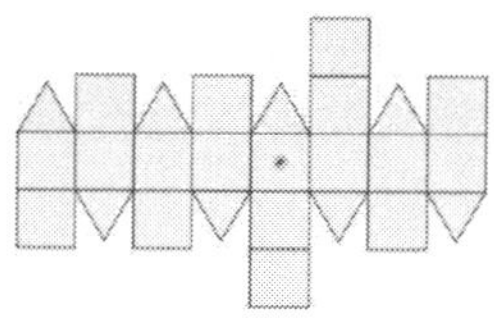

(J37)의 전개도

존슨입체도형 J37

또한, J37은 다음과 같이 표로 나타낼 수 있다.

[f_3는 존슨입체의 면이 3각형으로 이루어진 것을 나타냄]

분류	v	e	f	$v-e+f$	f_3	f_4	f_5	f_6	f_8	f_{10}
갯수	24	48	26	2	8	18	·	·	·	·

✔ J37은 $f_{3,4}$인 입체이다.

- 우리가 알고 있는 회전한 마름모6 · 8면체(elongated square gyrobicupola) 또는 유사-마름모6 · 8면체(pseudo-rhombicuboctahedron)는 각 꼭짓점 주위에 마름모6 · 8면체와 정확히 같은 면과 면의 구성(3개의 정4각형과 1개의 3각형)을 가지고 있지만 꼭짓점이 추이[34]적이지 않기 때문에 균일하지 않다. 그것은 정4각형 둥근 지붕(J4)이 45° 회전하는 길게 늘린 정4각형 2중 둥근 지붕으로 취급되는 마름모6 · 8면체이라고 생각할 수 있다. 즉, 정4각형 둥근 지붕((J4)을 위 · 아래로 연결하는 도형의 모양이 마름모6 · 8면체는 3각형-4각형-3각형으로 연결되어 있고, 길게 늘린 정4각형 회전 2중 둥근 지붕(J37)은 3각형-4각형-4각형으로 연결되어 있어 전혀 다른 입체가 된다.

34) 추이(推移):시간의 흐름에 따라 일이나 형편이 변하여 나아감.

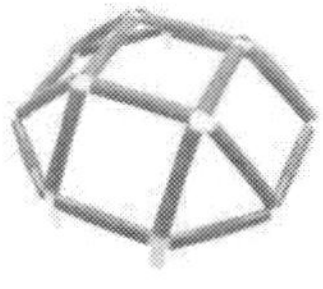

정4각형 둥근 지붕(J4)

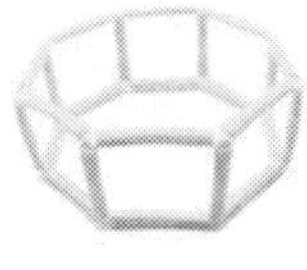

8각기둥

마름모6 · 8면체
(길게 늘린 정4각형 2중 둥근 지붕)

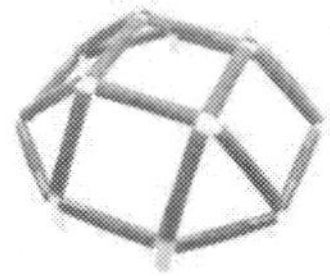

정4각형 둥근 지붕(J4)

8각기둥

길게 늘린 정4각형
회전 2중 둥근 지붕(J37)

- 꼭짓점의 불변성 때문에 길게 늘린 정4각형 회전 2중 둥근 지붕(J37)은 대칭의 한 축만 가지고 있으며, 서로에 비례하여 45° 회전하는 2개의 반대되는 정4각형 면을 통과한다.
- 길게 늘린 정4각형 회전 2중 둥근 지붕(J37)은 정4각형 회전 2중 둥근 지붕(J29)에 8각기둥을 끼워서 만들 수 있다.

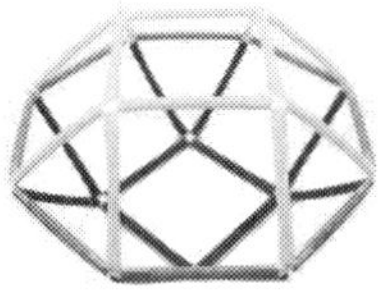

정4각형 회전
2중 둥근 지붕(J29)

8각기둥

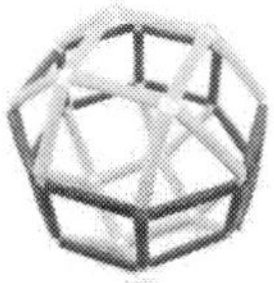

길게 늘린 정4각형
회전 2중 둥근 지붕(J37)

- J37의 쌍대인 유사-3각형 24면체(Pseudo-deltoidal icositetrahedron, 유사3각형모양의 20 · 4면체)는 24개의 면(24개의 연), 26개의 꼭짓점, 48개의 모서리로 이루어진 다면체이다.

J37의 쌍대 그림

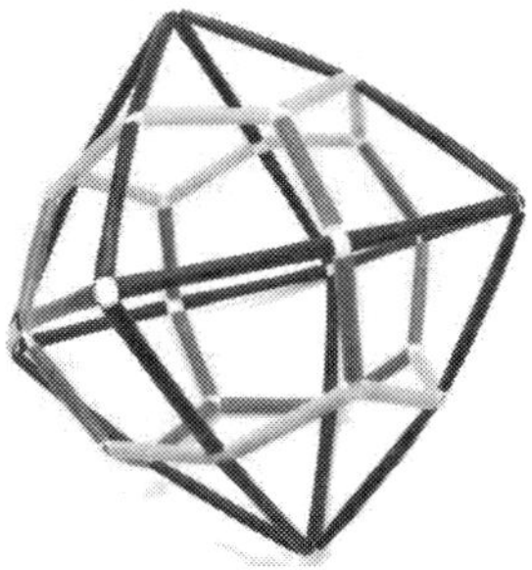

J37의 쌍대 전개도

- 길게 늘린 정4각형 회전 2중 둥근 지붕(J37)은 정4면체, 정6면체, 6 · 8면체 등으로 공간을 채우는 벌집모양을 만들 수 있다. 또한, 길게 늘린 정4각형 회전 2중 둥근 지붕(J37)은 4면체, 정4각뿔, 다양한 6면체, 길게 늘린 정4각뿔, 길게 늘린 정4각형 2중각뿔로 또 다른 벌집모양을 만들 수 있다.

J38 길게 늘린 5각형 수직 2중 둥근 지붕 (Elongated Pent-agonal Orthobicupola)

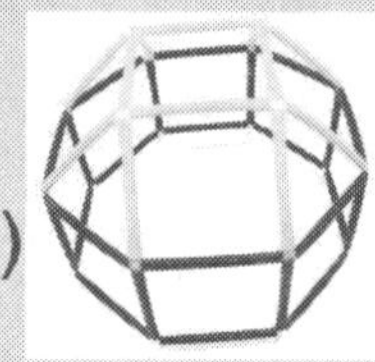

길게 늘린 5각형 수직 2중 둥근 지붕(J38)은 32개의 면(10개의 정3각형, 20개의 정4각형, 2개의 5각형), 30개의 꼭짓점, 60개의 모서리를 가지고 있다.

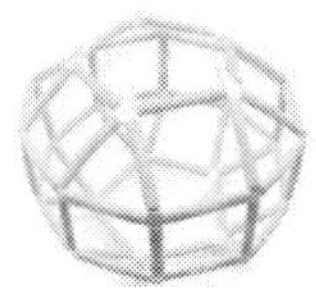

길게 늘린 5각형 수직 2중 둥근 지붕(J38)

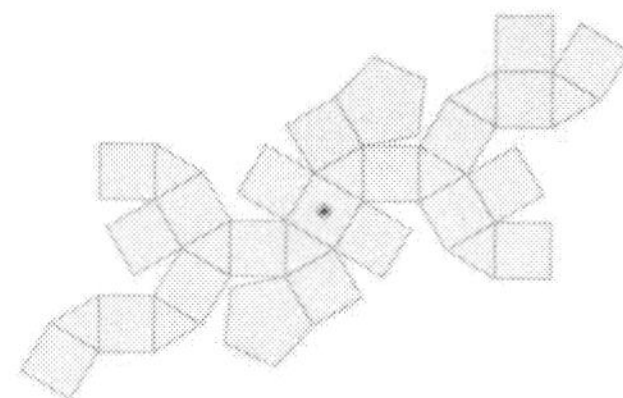

J38의 전개도

존슨입체도형 J38

또한, J38은 다음과 같이 표로 나타낼 수 있다.

[f_3는 존슨입체의 면이 3각형으로 이루어진 것을 나타냄]

분류	v	e	f	$v-e+f$	f_3	f_4	f_5	f_6	f_8	f_{10}
갯수	30	60	32	2	10	20	2	·	·	·

✔ J38은 $f_{3,4,5}$인 입체이다.

- 길게 늘린 5각형 수직 2중 둥근 지붕(J38)은 10각기둥에 2개의 5각형 둥근 지붕(J5)을 붙이거나 같게 10각기둥을 5각형 수직 2중 둥근 지붕(J30) 사이에 삽입하여 구성할 수 있다.

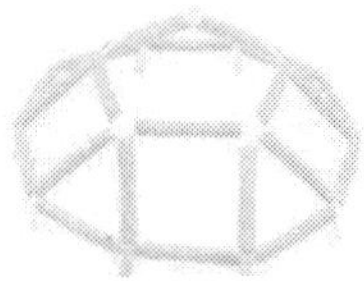

5각형
둥근 지붕(J5)

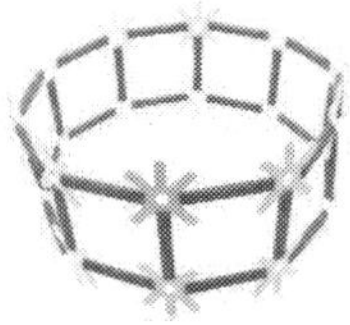

10각 기둥

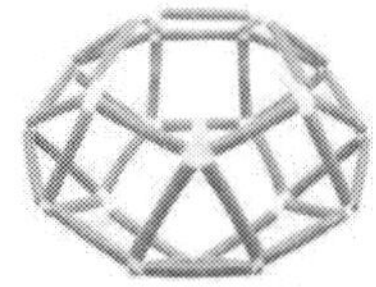

5각형 수직 2중
둥근 지붕(J30)

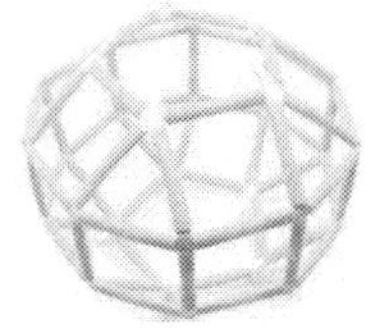

길게 늘린 5각형 수직 2중
둥근 지붕(J38)

- 이름에서 수직(ortho-)은 상단 및 하단 5각형의 방향이 서로 정렬되는 방식을 의미한다. 만약에 서로에 대하여 회전(gyro)방향으로 대신 결합하면 길게 늘린 5각형 회전 2중 둥근 지붕(J39)이 만들어진다.

5각형
둥근 지붕(J5)

10각 기둥

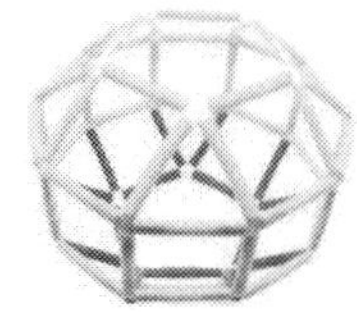

길게 늘린 5각형 회전 2중
둥근 지붕(J39)

J39 길게 늘린 5각형 회전 2중 둥근 지붕 (Elongated Pen-tagonal Gyrobicupola)

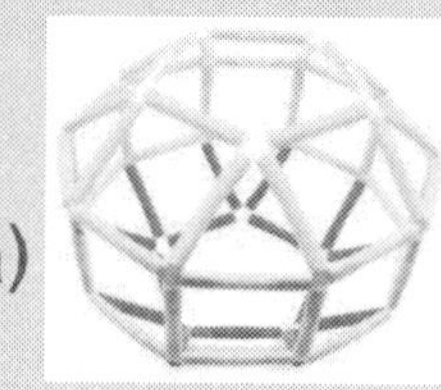

길게 늘린 5각형 회전 2중 둥근 지붕(J39)은 32개의 면(10개의 정3각형, 20개의 정4각형, 2개의 5각형), 30개의 꼭짓점, 60개의 모서리를 가지고 있다.

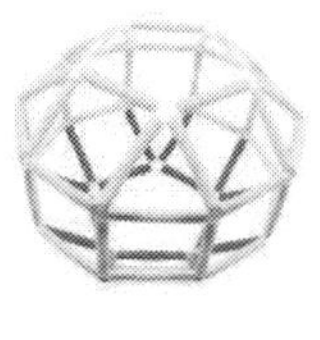

길게 늘린 5각형 회전 2중 둥근 지붕(J39)

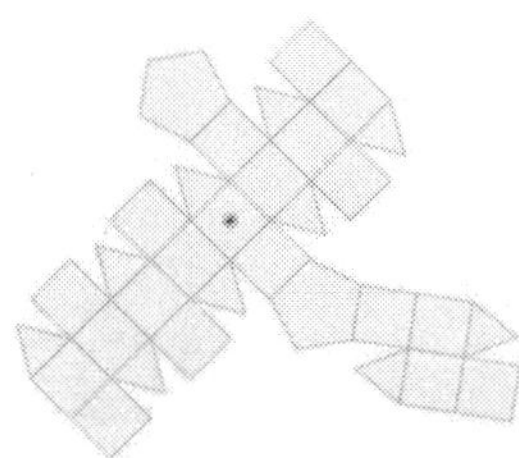

J39의 전개도

존슨입체도형 J39

또한, J39는 다음과 같이 표로 나타낼 수 있다.
[f_3는 존슨입체의 면이 3각형으로 이루어진 것을 나타냄]

분류	v	e	f	$v-e+f$	f_3	f_4	f_5	f_6	f_8	f_{10}
갯수	30	60	32	2	10	20	2	·	·	·

✔ J39는 $f_{3,4,5}$인 입체이다.

- 길게 늘린 5각형 회전 2중 둥근 지붕(J39)은 10각기둥에 2개의 5각형 둥근 지붕(J5)을 붙여서 만들 수도 있고, 5각형 회전 2중 둥근 지붕(J31)의 가운데 사이에 10각기둥을 삽입하여 같게 만들 수도 있다. 즉, 연결한 도형의 모양은 4각형-4각형-3각형 또는 3각형-4각형-4각형 이다.

5각형
둥근 지붕(J5)

10각기둥

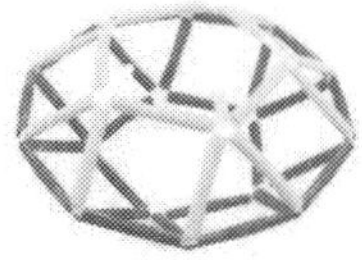
5각형 회전
2중 둥근 지붕(J31)

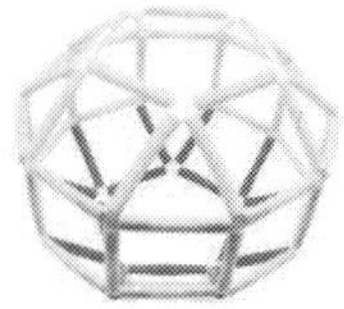
길게 늘린 5각형 회전 2중
둥근 지붕(J39)

- 이름 속의 회전(gyro-)이란 상단과 하단의 5각형이 서로에 대해 회전하는 방식을 말한다. 대신 서로 정렬하면 길게 늘린 5각형 수직 2중 둥근 지붕(J38)이 만들어진다. 즉, 연결한 도형의 모양은 4각형-4각형-4각형 또는 3각형-4각형-3각형 이다.

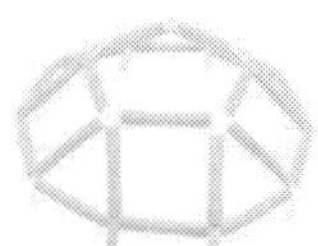
5각형
둥근 지붕(J5)

10각기둥

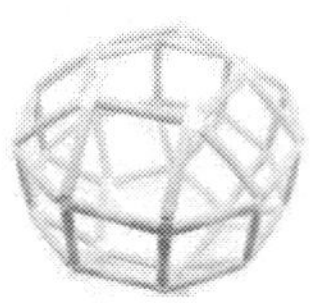
길게 늘린 5각형 수직 2중
둥근 지붕(J38)

J40 길게 늘린 5각형 수직 둥근 원형 지붕 (Elongated Pentagonal rthocupolarotunda)

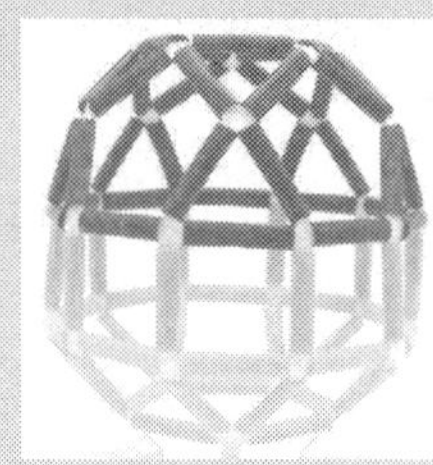

길게 늘린 5각형 수직 둥근 원형 지붕(J40)은 37개의 면(15개의 정3각형, 15개의 정4각형, 7개의 5각형), 35개의 꼭짓점, 70개의 모서리를 가지고 있다.

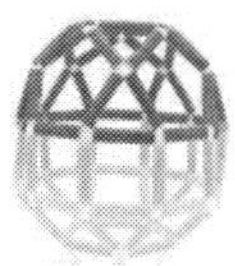

길게 늘린 5각형 수직 둥근 원형 지붕(J40)

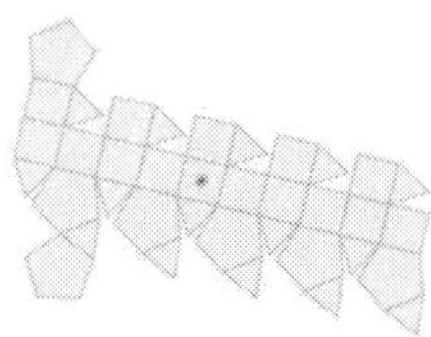

J40의 전개도

존슨입체도형 J40

또한, J40은 다음과 같이 표로 나타낼 수 있다.

[f_3는 존슨입체의 면이 3각형으로 이루어진 것을 나타냄]

분류	v	e	f	$v-e+f$	f_3	f_4	f_5	f_6	f_8	f_{10}
갯수	35	72	37	2	15	15	7	·	·	·

✔ J40은 $f_{3,4,5}$인 입체이다.

- 길게 늘린 5각형 수직 둥근 원형 지붕(J40)은 10각기둥에 5각형 원형 둥근 지붕(J6)과 5각형 둥근 지붕(J5)을 붙여 만들 수 있다. 또는, 5각형 수직 둥근 원형 지붕(J32)의 원형 둥근 지붕과 둥근 지붕 사이에 10각기둥을 삽입하여 같게 만들 수 있다.

5각형 원형
둥근 지붕(J6)

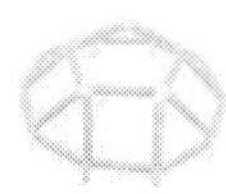

5각형
둥근 지붕(J5)

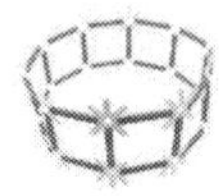

10각기둥

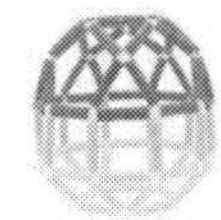

길게 늘린 5각형 수직
둥근 원형 지붕(J40)

5각형 수직
둥근 원형 지붕(J32)

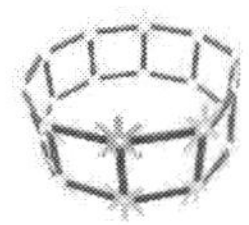

10각기둥

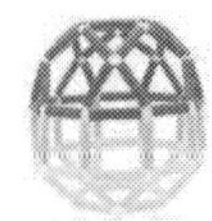

길게 늘린 5각형 수직
둥근 원형 지붕(J40)

- 이름에서 수직(ortho-)이란 상단과 하단의 5각형이 서로 정렬되는 방식(같은 방향으로)을 말한다. 서로에 대해 다른 방향으로 회전(36°)하면 길게 늘린 5각형 회전 둥근 원형 지붕(J41)이 만들어 진다.

5각형 원형
둥근 지붕(J6)

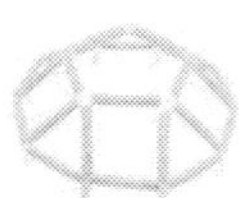

5각형
둥근 지붕(J5)

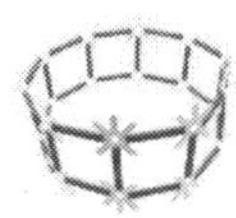

10각기둥

길게 늘린 5각형 회전
둥근 원형 지붕(J41)

J41 길게 늘린 5각형 회전 둥근 원형 지붕 (Elongated Pentagonal Gyrocupolarotunda)

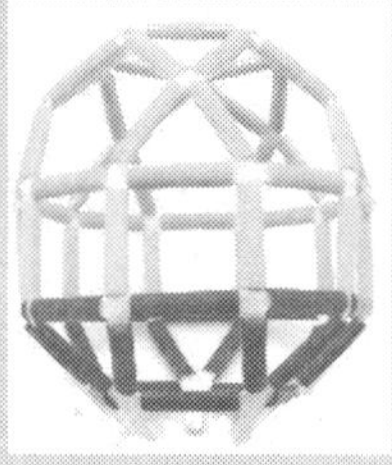

길게 늘린 5각형 회전 둥근 원형 지붕(J41)은 37개의 면(15개의 정3각형, 15개의 정4각형, 7개의 5각형), 35개의 꼭짓점, 70개의 모서리를 가지고 있다.

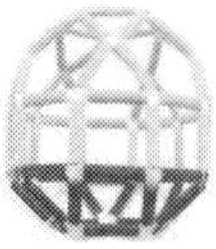

길게 늘린 5각형 회전 둥근 원형 지붕(J41)

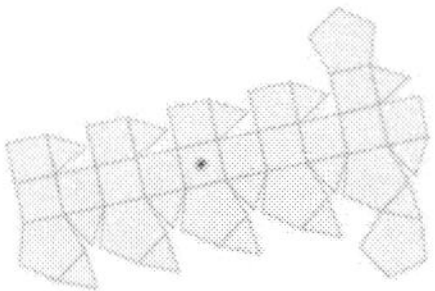

J41의 전개도

또한, J41은 다음과 같이 표로 나타낼 수 있다.

[f_3는 존슨입체의 면이 3각형으로 이루어진 것을 나타냄]

분류	v	e	f	$v-e+f$	f_3	f_4	f_5	f_6	f_8	f_{10}
갯수	35	70	37	2	15	15	7	·	·	·

✔ J41은 $f_{3,4,5}$인 입체이다.

- 길게 늘린 5각형 회전 둥근 원형 지붕(J41)은 10각기둥에 5각형 원형 둥근 지붕(J6)과 5각형 둥근 지붕(J5)을 붙여 만들 수 있다. 또는, 5각형 회전 둥근 원형 지붕(J33)의 둥근 원형과 둥근 지붕 사이에 10각기둥을 삽입하여 같게 만들 수 있다.

5각형 원형
둥근 지붕(J6)

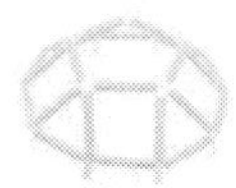

5각형
둥근 지붕(J5)

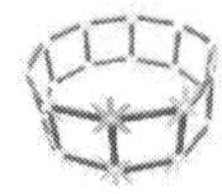

10각기둥

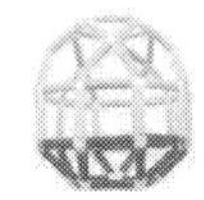

길게 늘린 5각형 회전 둥근
원형 지붕(J41)

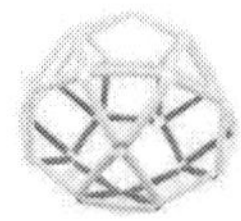

5각형 회전
둥근 원형 지붕(J33)

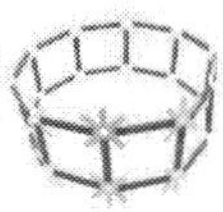

10각기둥

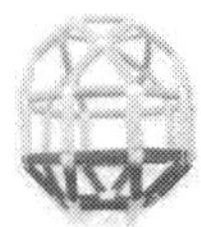

길게 늘린 5각형 회전 둥근
원형 지붕(J41)

- 이름 속의 회전(gyro-)이란 상단과 하단의 5각형이 서로에 대해 회전(36°)하는 방식을 말한다. 서로에 대해 같은 방향으로 대신 정렬하면 길게 늘린 5각형 수직 둥근 원형 지붕(J40)이 만들어진다.

5각형 원형
둥근 지붕(J6)

5각형
둥근 지붕(J5)

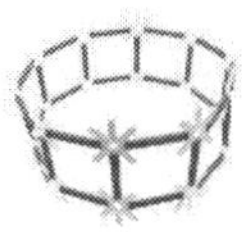

10각기둥

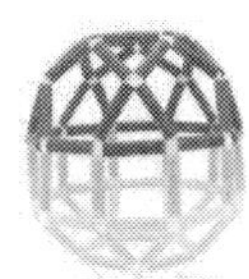

길게 늘린 5각형 수직
둥근 원형 지붕(J40)

J42 길게 늘린 5각형 수직 2중 원형 둥근 지붕 (Elongated Pe–ntagonal Orthobirotunda)

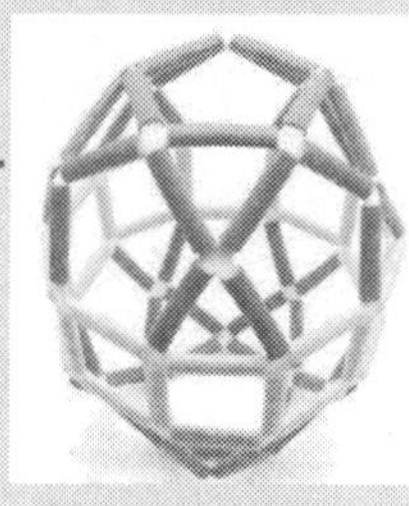

길게 늘린 5각형 수직 2중 원형 둥근 지붕(J42)은 42개의 면(20개의 정3각형, 10개의 정4각형, 12개의 5각형), 40개의 꼭짓점, 80개의 모서리를 가지고 있다.

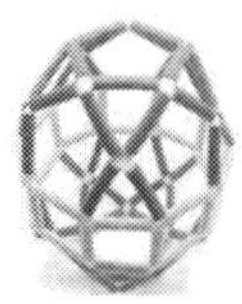

길게 늘린 5각형 수직 2중 원형 둥근 지붕(J42)

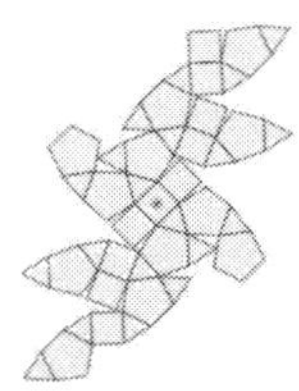

J42의 전개도

존슨입체도형 J42

또한, J42는 다음과 같이 표로 나타낼 수 있다.

[f_3는 존슨입체의 면이 3각형으로 이루어진 것을 나타냄]

분류	v	e	f	$v-e+f$	f_3	f_4	f_5	f_6	f_8	f_{10}
갯수	40	80	42	2	20	10	12	·	·	·

✔ J42는 $f_{3,4,5}$인 입체이다.

- 길게 늘린 5각형 수직 2중 원형 둥근 지붕(J42)은 10각기둥에 2개의 5각형 원형 둥근 지붕(J6)을 붙여 만들 수 있고, 또는, 5각형 수직 2중 원형 둥근 지붕(J34)의 가운데 사이에 10각기둥을 삽입하여 같게 만들 수 있다.

5각형 원형 둥근 지붕(J6)

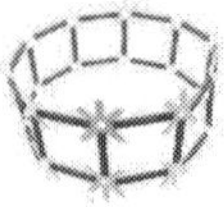

10각기둥

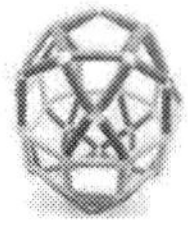

길게 늘린 5각형 수직 2중 원형 둥근 지붕(J42)

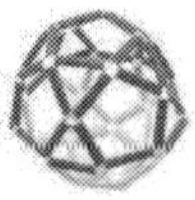

5각형 수직 2중 원형 둥근 지붕(J34)

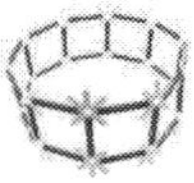

10각기둥

길게 늘린 5각형 수직 2중 원형 둥근 지붕(J42)

- 이름에서 수직(ortho-)이란 상단과 하단의 5각형이 서로 같은 방향으로 정렬되는 방식을 말한다. 서로에 대해 반대방향으로 대신 회전(36°)하면 길게 늘린 5각형 회전 2중 원형 둥근 지붕(J43)이 만들어 진다.

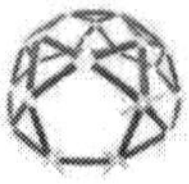

5각형 원형 둥근 지붕(J6)

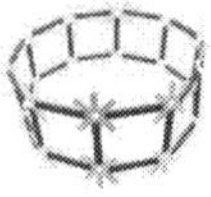

10각기둥

길게 늘린 5각형 회전 2중 원형 둥근 지붕(J43)

J43 길게 늘린 5각형 회전 2중 원형 둥근 지붕 (Elongated Pentagonal Gyrobirotunda)

길게 늘린 5각형 회전 2중 원형 둥근 지붕(J43)은 42개의 면(20개의 정3각형, 10개의 정4각형, 12개의 5각형), 40개의 꼭짓점, 80개의 모서리를 가지고 있다.

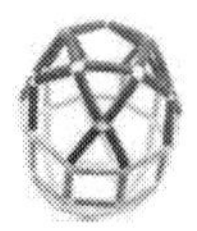

길게 늘린 5각형 회전 2중 원형 둥근 지붕(J43)

J43의 전개도

존슨입체도형 J43

또한, J43은 다음과 같이 표로 나타낼 수 있다.

[f_3는 존슨입체의 면이 3각형으로 이루어진 것을 나타냄]

분류	v	e	f	$v-e+f$	f_3	f_4	f_5	f_6	f_8	f_{10}
갯수	40	80	42	2	20	10	12	·	·	·

✔ J43은 $f_{3,4,5}$인 입체이다.

길게 늘린 5각형 회전 2중 원형 둥근 지붕(J43)은 10각기둥에 2개의 5각형 원형 둥근 지붕(J6)을 붙여서 만들 수도 있고, 12 · 20면체의 가운데 사이에 10각기둥을 삽입하여 같게 만들 수도 있다.

5각형 원형 둥근 지붕(J6)

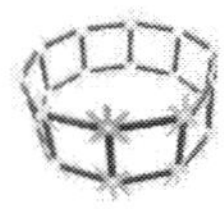

10각기둥

길게 늘린 5각형 회전 2중 원형 둥근 지붕(J43)

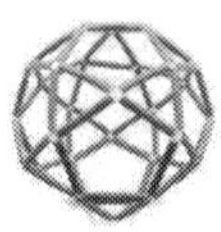

12 · 20면체

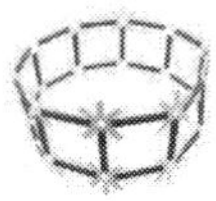

10각기둥

길게 늘린 5각형 회전 2중 원형 둥근 지붕(J43)

이름 속의 회전(gyro-)이란 상단과 하단의 5각형이 서로에 대해 회전(36°)하는 방식을 말한다. 대신 서로 같은 방향으로 정렬하면 길게 늘린 5각형 수직 2중 원형 둥근 지붕(J42)을 만들 수 있다.

5각형 원형 둥근 지붕(J6)

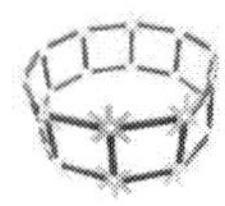

10각기둥

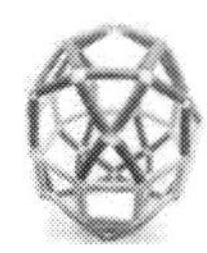

길게 늘린 5각형 수직 2중 원형 둥근 지붕(J42)

J44 회전하여 길게 늘린 3각형 2중 둥근 지붕 (Gyroelongated Triangular Bicupola)

회전하여 길게 늘린 3각형 2중 둥근 지붕(J44)은 26개의 면(20개의 정3각형, 6개의 정4각형), 18개의 꼭짓점, 42개의 모서리를 가지고 있다.

회전하여 길게 늘린
3각형 2중 둥근 지붕(J44)

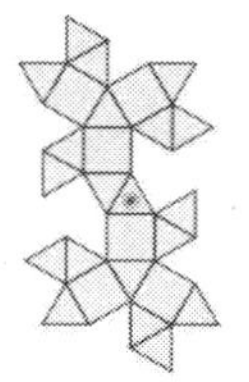

J44의 전개도

존슨입체도형 J44

또한, J44는 다음과 같이 표로 나타낼 수 있다.

[f_3는 존슨입체의 면이 3각형으로 이루어진 것을 나타냄]

분류	v	e	f	$v-e+f$	f_3	f_4	f_5	f_6	f_8	f_{10}
갯수	18	42	26	2	20	6	·	·	·	·

✔ J44는 $f_{3,4}$인 입체이다.

- 회전하여 길게 늘린 3각형 2중 둥근 지붕(J44)은 6각형 엇각기둥에 2개의 3각형 둥근 지붕(J3)을 붙이거나, 또는, 회전하여 길게 늘린 3각형 둥근 지붕(J22)에 2번째 3각형 둥근 지붕(J3)을 추가하여 같게 만들 수 있다.

3각형
둥근 지붕(J3)

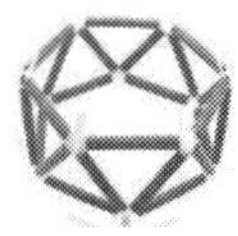

6각형
엇각기둥

회전하여 길게 늘린
3각형 2중 둥근 지붕(J44)

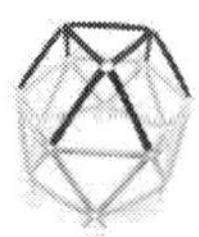

회전하여 길게 늘린 3각형
둥근 지붕(J22)

3각형
둥근 지붕(J3)

회전하여 길게 늘린
3각형 2중 둥근 지붕(J44)

- 회전하여 길게 늘린 3각형 2중 둥근 지붕(J44)는 몇 안 되는 존슨 입체 중 하나로 카이럴(chiral)이다; 자신의 거울 이미지와는 다르다.

J45 회전하여 길게 늘린 정4각형 2중 둥근 지붕 (Gyroelonga-ted Square Bicupola)

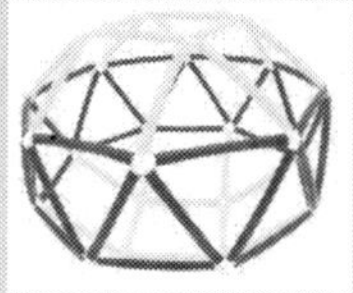

회전하여 길게 늘린 정4각형 2중 둥근 지붕(J45)은 34개의 면(24개의 정3각형, 10개의 정4각형), 24개의 꼭짓점, 56개의 모서리를 가지고 있다.

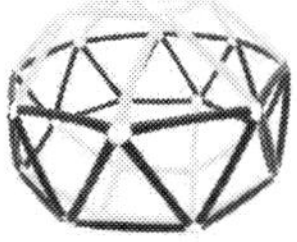

회전하여 길게 늘린 정4각형 2중 둥근 지붕(J45)

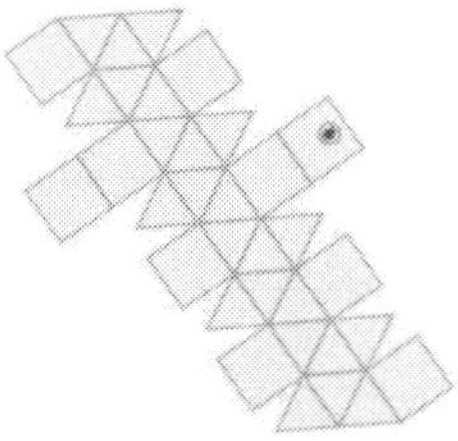

J45의 전개도

존슨입체도형 J45

또한, J45는 다음과 같이 표로 나타낼 수 있다.

[f_3는 존슨입체의 면이 3각형으로 이루어진 것을 나타냄]

분류	v	e	f	$v-e+f$	f_3	f_4	f_5	f_6	f_8	f_{10}
갯수	24	56	34	2	24	10	·	·	·	·

✔ J45는 $f_{3,4}$인 입체이다.

- 회전하여 길게 늘린 정4각형 2중 둥근 지붕(J45)은 8각형 엇각기둥에 2개의 정4각형 둥근 지붕(J4)을 붙이거나, 회전하여 길게 늘린 정4각형 둥근 지붕(J23)에 2번째 정4각형 둥근 지붕을 추가하여 같게 만들 수 있다.

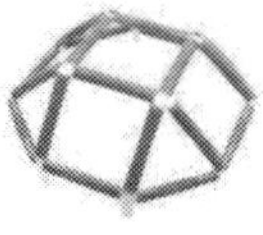

정4각형
둥근 지붕(J4)

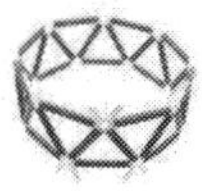

8각형
엇각기둥

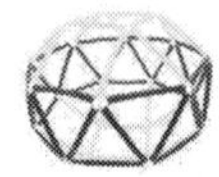

회전하여 길게 늘린
정4각형 2중 둥근 지붕(J45)

회전하여 길게 늘린 정4각형
둥근 지붕(J23)

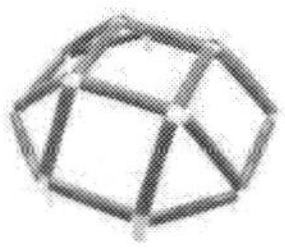

정4각형
둥근 지붕(J4)

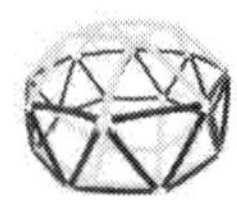

회전하여 길게 늘린
정4각형 2중 둥근 지붕(J45)

- 회전하여 길게 늘린 정4각형 2중 둥근 지붕(J45)는 몇 안 되는 존슨 입체 중 하나로 카이럴(chiral)이다; 자신의 거울 이미지와는 다르다.

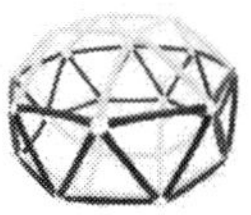

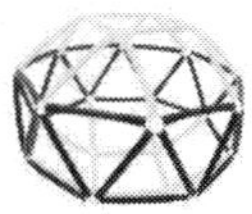

J46 회전하여 길게 늘린 5각형 중 둥근 지붕 (Gyroelonga-ted Pentagonal Bicupola)

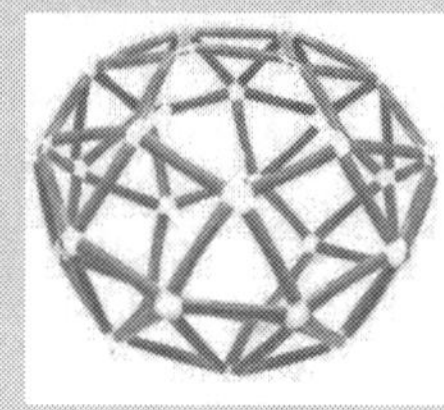

회전하여 길게 늘린 5각형 2중 둥근 지붕(J46)은 42개의 면(30개의 정3각형, 10개의 정4각형, 2개의 5각형), 30개의 꼭짓점, 70개의 모서리를 가지고 있다.

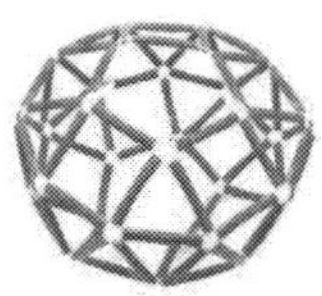

회전하여 길게 늘린 5각형 2중 둥근 지붕(J46)

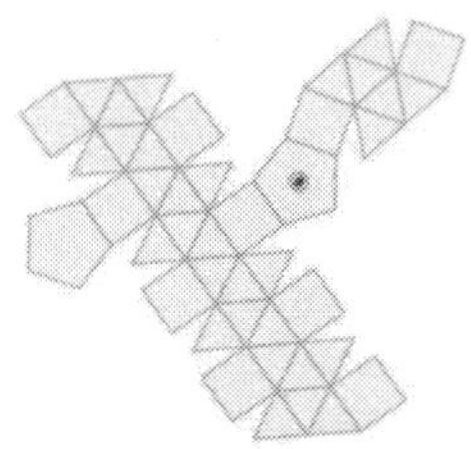

J46의 전개도

존슨입체도형 J46

또한, J46은 다음과 같이 표로 나타낼 수 있다.

[f_3는 존슨입체의 면이 3각형으로 이루어진 것을 나타냄]

분류	v	e	f	$v-e+f$	f_3	f_4	f_5	f_6	f_8	f_{10}
갯수	30	70	42	2	30	10	2	·	·	·

✔ J46은 $f_{3,4,5}$인 입체이다.

- 회전하여 길게 늘린 5각형 2중 둥근 지붕(J46)은 10각형 엇각기둥에 2개의 5각형 둥근 지붕(J5)을 붙이거나, 회전하여 길게 늘린 5각형 둥근 지붕(J24)에 2번째 5각형 둥근 지붕(J5)을 추가하여 같게 만들 수 있다.

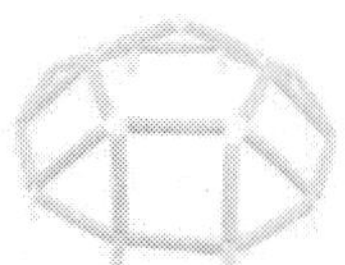

5각형
둥근 지붕(J5)

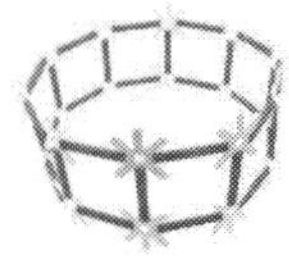

10각형
엇각기둥

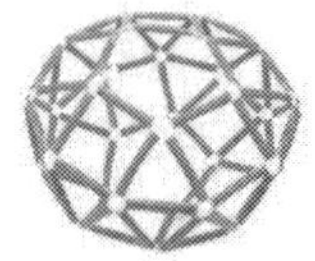

회전하여 길게 늘린
5각형 2중 둥근 지붕(J46)

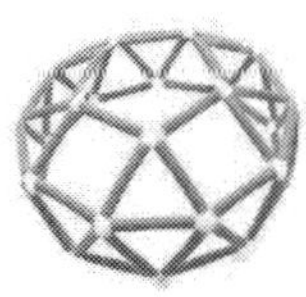

회전하여 길게 늘린
5각형 둥근 지붕(J24)

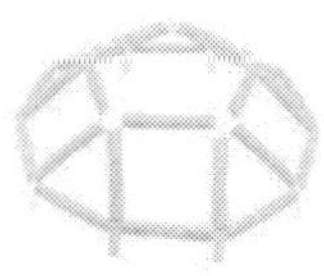

5각형
둥근 지붕(J5)

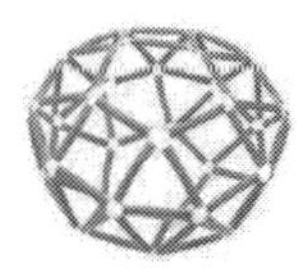

회전하여 길게 늘린
5각형 2중 둥근 지붕(J46)

- 회전하여 길게 늘린 5각형 2중 둥근 지붕(J46)은 5각형 수직 2중 둥근 지붕(J30) 또는 5각형 회전 2중 둥근 지붕(J31)에 10각형 엇각기둥을 끼워 만들 수 있다.

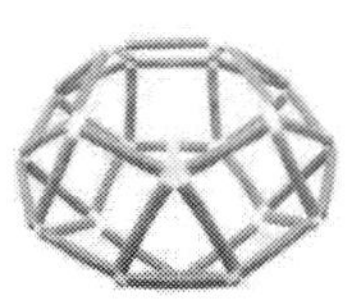

5각형 수직
2중 둥근 지붕(J30)

10각형
엇각기둥

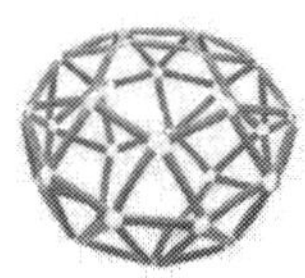

회전하여 길게 늘린
5각형 2중 둥근 지붕(J46)

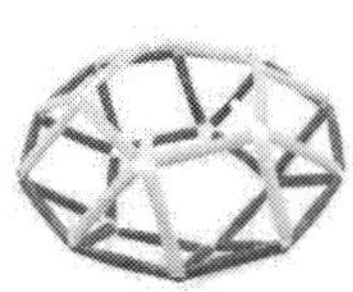

5각형 회전
2중 둥근 지붕(J31)

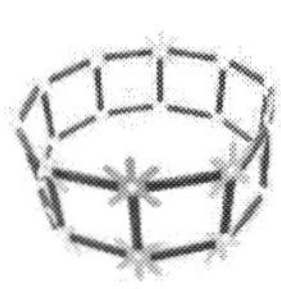

10각형
엇각기둥

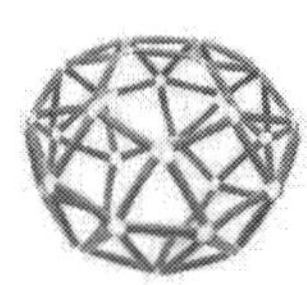

회전하여 길게 늘린
5각형 2중 둥근 지붕(J46)

- 회전하여 길게 늘린 5각형 2중 둥근 지붕(J46)은 몇 안 되는 존슨 입체 중 하나로 카이럴(chiral)이다; 자신의 거울 이미지와는 다르다.

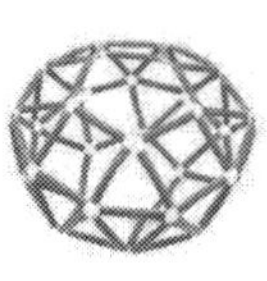

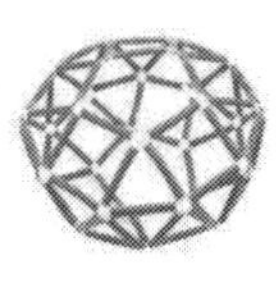

J47 회전하여 길게 늘인 5각형 둥근 원형 지붕

(Gyroelongated Pentagonal Cupolarotunda)

회전하여 길게 늘인 5각형 둥근 원형 지붕(J47)은 47개의 면(35개의 정3각형, 5개의 정4각형, 7개의 5각형), 35개의 꼭짓점, 80개의 모서리를 가지고 있다.

회전하여 길게 늘인
5각형 둥근 원형 지붕(J47)

J47의 전개도

존슨입체도형 J47

또한, J47은 다음과 같이 표로 나타낼 수 있다.

[f_3는 존슨입체의 면이 3각형으로 이루어진 것을 나타냄]

분류	v	e	f	$v-e+f$	f_3	f_4	f_5	f_6	f_8	f_{10}
갯수	35	80	47	2	35	5	7	·	·	·

✔ J47은 $f_{3,4,5}$인 입체이다.

- 회전하여 길게 늘인 5각형 둥근 원형 지붕(J47)은 10각기둥에 5각형 원형 둥근 지붕(J6)과 5각형 둥근 지붕(J5)을 붙이거나, 또는, 회전하여 길게 늘인 5각형 둥근 지붕(J24)에 5각형 원형 둥근 지붕(J6)을 추가하거나, 5각형 둥근 지붕(J5)을 회전하여 길게 늘인 5각형 둥근 원형(J25)에 추가하여 같게 만들 수 있다.

5각형 원형
둥근 지붕(J6)

5각형
둥근 지붕(J5)

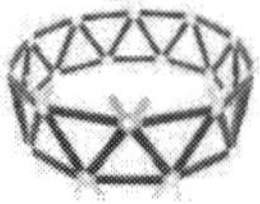

10각형
엇각기둥

회전하여 길게 늘인
5각형 둥근 원형 지붕(J47)

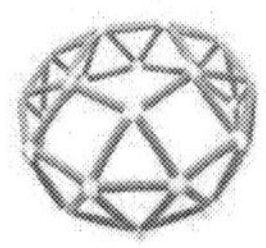

회전하여 길게 늘인
5각형 둥근 지붕(J24)

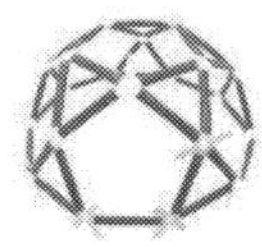

5각형 원형
둥근 지붕(J6)

회전하여 길게 늘인
5각형 둥근 원형 지붕(J47)

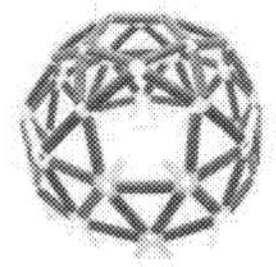

회전하여 길게 늘인
5각형 둥근 원형(J25)

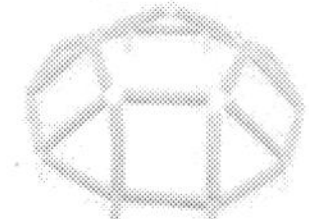

5각형
둥근 지붕(J5)

회전하여 길게 늘인
5각형 둥근 원형 지붕(J47)

- 회전하여 길게 늘인 5각형 둥근 원형 지붕(J47)은 5각형 수직 둥근 원형 지붕(J32) 또는 5각형 회전 둥근 원형 지붕(J33)에 10각형 엇각기둥을 끼워 만들 수 있다.

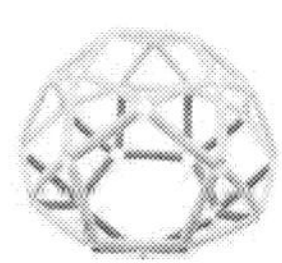

5각형 수직
둥근 원형
지붕(J32)

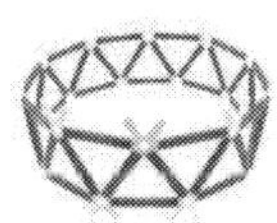

10각형
엇각기둥

회전하여 길게 늘인
5각형 둥근 원형 지붕(J47)

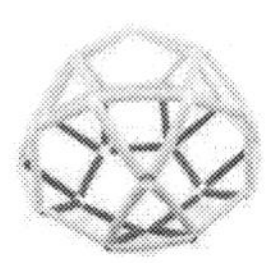

5각형 회전
둥근 원형
지붕(J33)

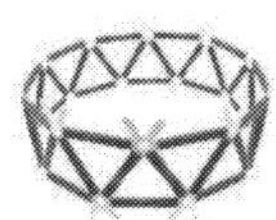

10각형
엇각기둥

회전하여 길게 늘인
5각형 둥근 원형 지붕(J47)

- 회전하여 길게 늘인 5각형 둥근 원형 지붕(J47)은 몇 안 되는 존슨 입체 중 하나로 카이럴(chiral)이다; 자신의 거울 이미지와는 다르다.

J48 회전하여 길게 늘인 5각형 2중 원형 둥근 지붕 (Gyroelongated Pentagonal Birotunda)

회전하여 길게 늘인 5각형 2중 원형 둥근 지붕(J48)은 52개의 면(40개의 정3각형, 12개의 5각형), 40개의 꼭짓점, 90개의 모서리를 가지고 있다.

회전하여 길게 늘인 5각형 2중 원형 둥근 지붕(J48)

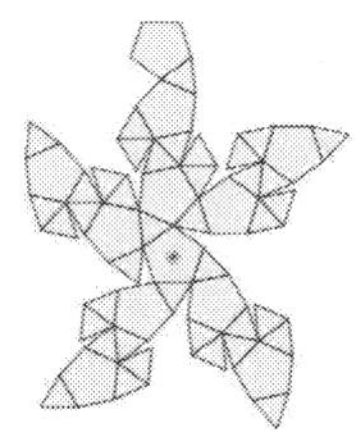

J48의 전개도

존슨입체도형 J48

또한, J48은 다음과 같이 표로 나타낼 수 있다.

[f_3는 존슨입체의 면이 3각형으로 이루어진 것을 나타냄]

분류	v	e	f	$v-e+f$	f_3	f_4	f_5	f_6	f_8	f_{10}
갯수	40	90	52	2	40		12	·	·	·

✔ J48은 $f_{3,5}$인 입체이다.

- 회전하여 길게 늘인 5각형 2중 원형 둥근 지붕(J48)은 10각형 엇각기둥에 2개의 5각형 원형둥근 지붕(J6)을 붙여 만들 수도 있고, 또는, 회전하여 길게 늘인 5각형 원형 둥근 지붕(J25)에 5각형 원형 둥근 지붕(J6)을 추가하여 같게 만들 수 있다.

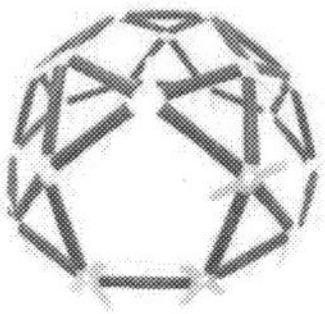

5각형 원형
둥근 지붕(J6)

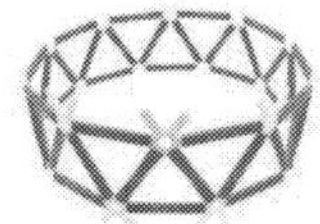

10각형
엇각기둥

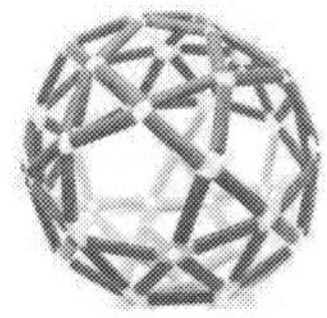

회전하여 길게 늘인 5각형 2중
원형 둥근 지붕(J48)

회전하여 길게 늘인
5각형 원형 둥근 지붕(J25)

5각형 원형
둥근 지붕(J6)

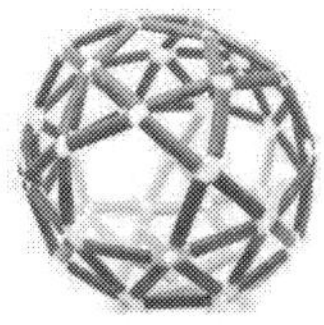

회전하여 길게 늘인 5각형 2중
원형 둥근 지붕(J48)

- 회전하여 길게 늘인 5각형 2중 원형 둥근 지붕(J48) 5각형 수직 2중 원형 둥근 지붕(J34) 또는 12 · 20면체(5각형 회전 2중 원형 둥근 지붕) 에 10가형 엇가기둥을 끼워 만들 수 있다.

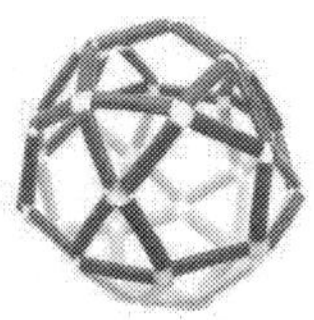

5각형 수직 2중
원형 둥근 지붕(J34)

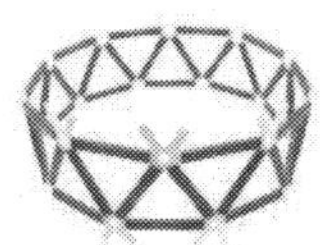

10각형
엇각기둥

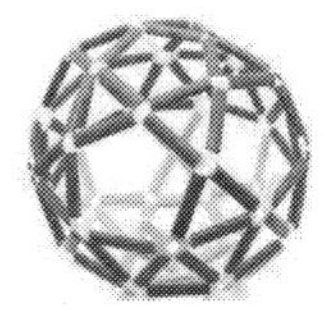

회전하여 길게 늘인 5각형 2중
원형 둥근 지붕(J48)

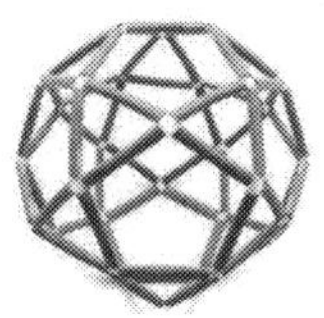

12 · 20면체
(5각형 회전 2중
원형 둥근 지붕)

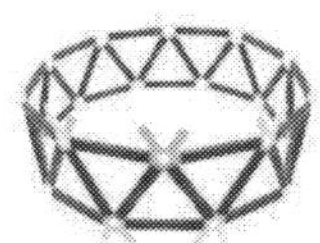

10각형
엇각기둥

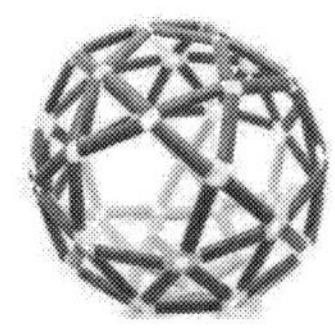

회전하여 길게 늘인 5각형 2중
원형 둥근 지붕(J48)

- 회전하여 길게 늘인 5각형 2중 원형 둥근 지붕(J48)은 몇 안 되는 존슨 입체 중 하나인 카이럴(chiral)이다; 자신의 거울 이미지와는 다르다.

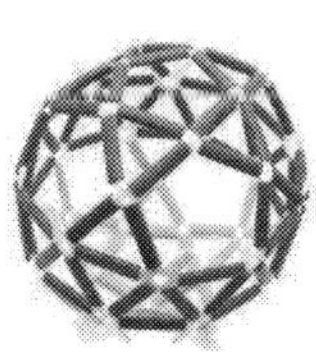

J49 증강된 3각기둥 (Augmented Triangular Prism)

증강된 3각기둥(J49)은 8개의 면(6개의 정3각형, 2개의 정4각형), 7개의꼭짓점, 13개의 모서리를 가지고 있다.

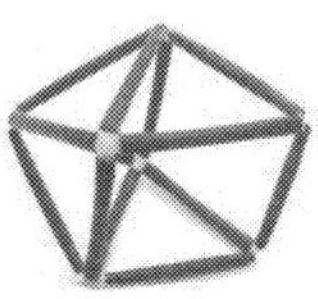

증강된 3각기둥(J49)

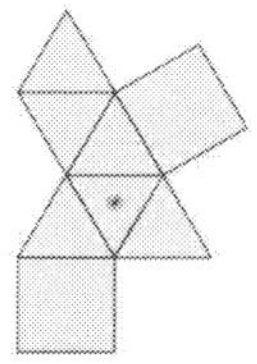

J49의 전개도

존슨입체도형 J49

또한, J49는 다음과 같이 표로 나타낼 수 있다.

[f_3는 존슨입체의 면이 3각형으로 이루어진 것을 나타냄]

분류	v	e	f	$v-e+f$	f_3	f_4	f_5	f_6	f_8	f_{10}
갯수	7	15	8	2	6	2	·	·	·	·

✔ J49는 $f_{3,4}$인 입체이다.

- 증강된 3각기둥(J49)은 3각기둥의 정4각형 면 하나에 정4각뿔(J1)을 붙여 만들 수 있다. 2번째 정4각뿔(J1)을 추가하면 2중 증강된 3각기둥(J50)이 만들어 지고, 그 위에 3번째 정4각뿔(J1)을 추가하면 3중 증강된 3각기둥(J51)이 만들어진다.

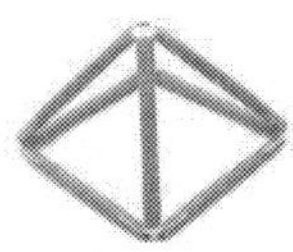
정4각뿔(J1)

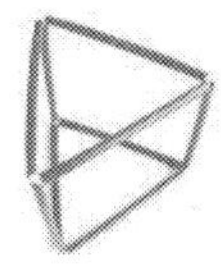
3각기둥

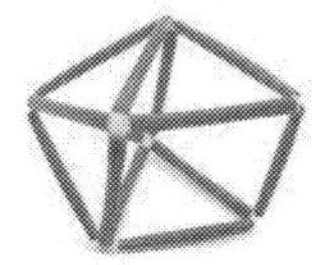
증강된 3각기둥(J49)

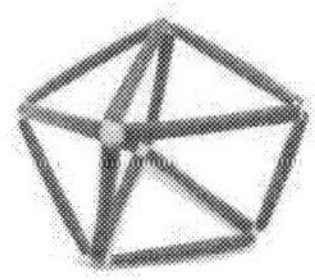
증강된 3각기둥(J49)

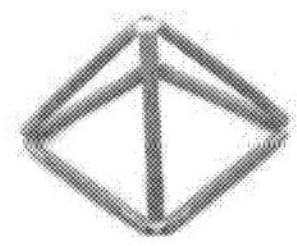
정4각뿔(J1)

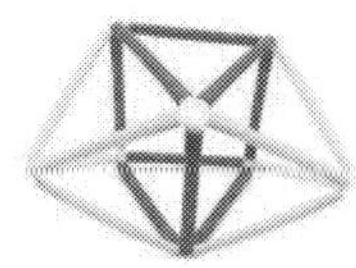
2중 증강된 3각기둥(J50)

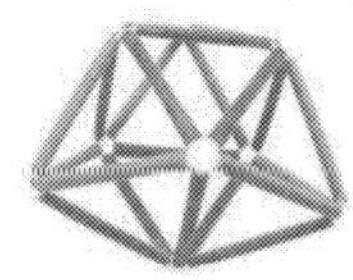
3중 증강된 3각기둥(J51)

- 증강된 3각기둥(J49)은 회전2중지붕(J26)과는 다르다. 즉, 회전2중지붕(J26)은 3각기둥의 4각형 면에 3각기둥을 회전하여 붙이지만, 증강된 3각기둥(J49)은 3각기둥의 4각형 면에 정4각뿔(J1)을 붙이기 때문에 비슷해 보이지만 다른 입체이다.

3각기둥

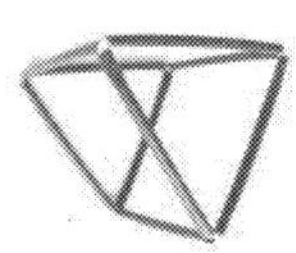
3각기둥

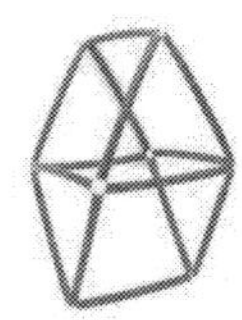
회전2중지붕(J26)

J50 2중으로 증강된 3각기둥 (Biaugmented Triangular Prism)

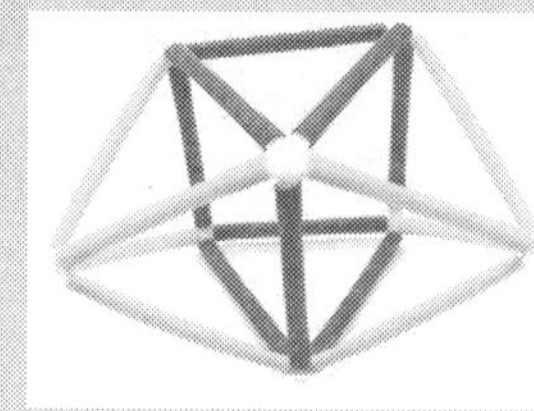

2중으로 증강된 3각기둥(J50)은 11개의 면(10개의 정3각형, 1개의 정4각형), 8개의 꼭짓점, 17개의 모서리를 가지고 있다.

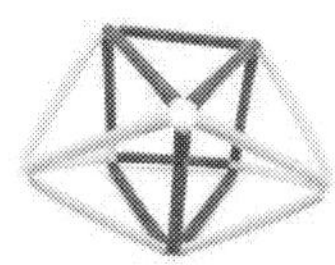

2중으로 증강된 3각기둥(J50)

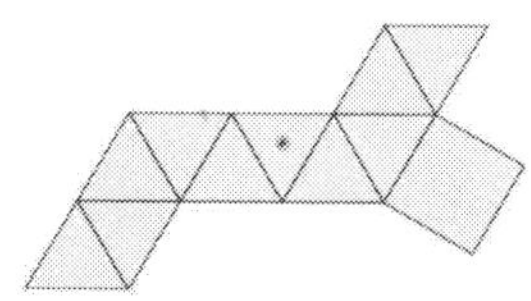

J50의 전개도

존슨입체도형 J50

또한, J50은 다음과 같이 표로 나타낼 수 있다.
[f_3는 존슨입체의 면이 3각형으로 이루어진 것을 나타냄]

분류	v	e	f	$v-e+f$	f_3	f_4	f_5	f_6	f_8	f_{10}
갯수	8	17	11	2	10	1	·	·	·	·

✔ J50은 $f_{3,4}$인 입체이다.

- 2중으로 증강된 3각기둥(J50)은 3각기둥의 2개의 정4각형 면에 2개의 정4각뿔(J1)을 붙여 만들 수 있다. 또는, 2번째 정4각뿔(J1)을 증강된 3각기둥(J49)에 붙이면 같게 만들 수 있다. 3번째 정4각뿔(J1)을 추가하면 그 결과는 3중으로 증강된 3각기둥(J51)이다.

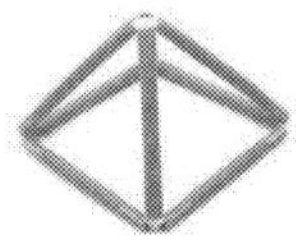

정4각뿔(J1)

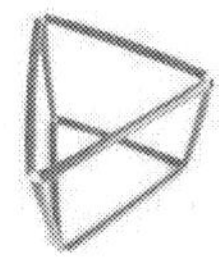

3각기둥

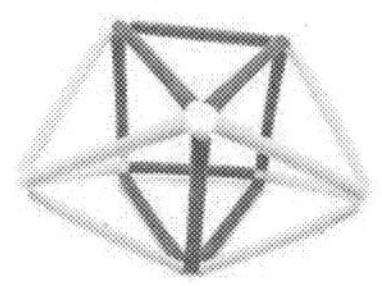

2중으로 증강된
3각기둥(J50)

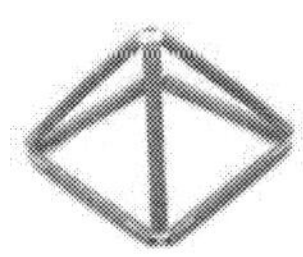

정4각뿔(J1)

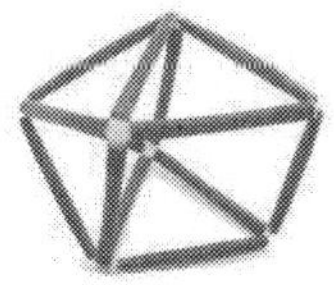

증강된 3각기둥(J49)

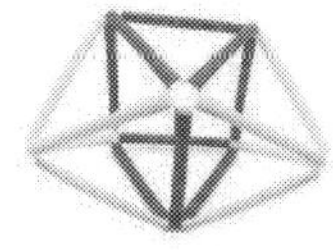

2중으로 증강된
3각기둥(J50)

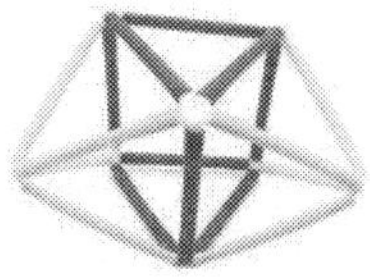

2중으로 증강된
3각기둥(J50)

정4각뿔(J1)

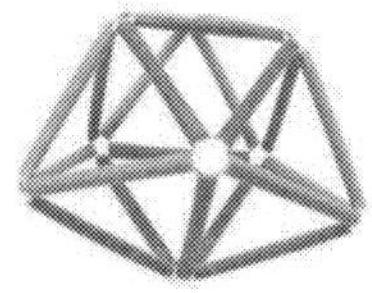

3중으로 증강된
3각기둥(J51)

J51 3중으로 증강된 3각기둥 (Triaugmented Triangu-lar Prism)

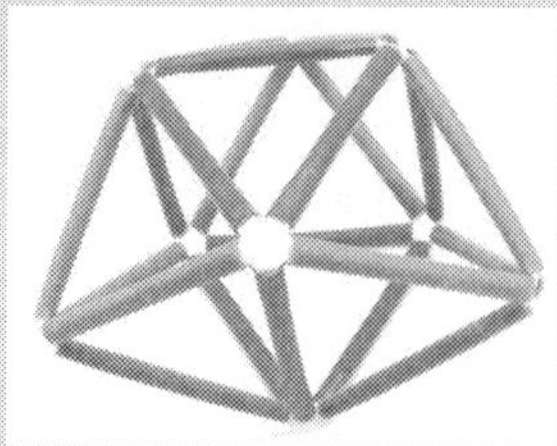

3중으로 증강된 3각기둥(J51)은 14개의 면(14개의 정3각형), 9개의 꼭짓점, 21개의 모서리를 가지고 있다.

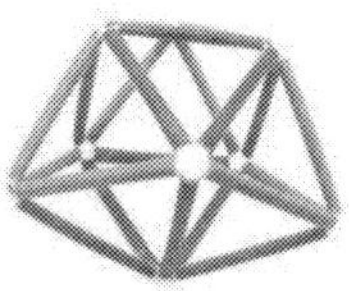

3중으로 증강된 3각기둥(J51)

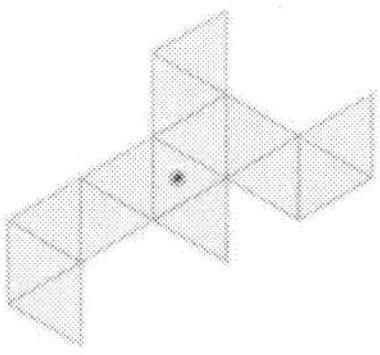

J51의 전개도

존슨입체도형 J51

또한, J51은 다음과 같이 표로 나타낼 수 있다.

[f_3는 존슨입체의 면이 3각형으로 이루어진 것을 나타냄]

분류	v	e	f	$v-e+f$	f_3	f_4	f_5	f_6	f_8	f_{10}
갯수	9	21	14	2	14	·	·	·	·	·

✔ J51은 f_3인 (델타다면체)입체이다.

- 3중으로 증강된 3각기둥(J51)은 3개의 정4각뿔(J1)로 3각기둥을 증강하여 만들 수 있다. 정4각뿔(J1) 2개만 더하면 2중으로 증강된 3각기둥(J50)이 만들어 진다. 정4각뿔(J1) 하나만 더하면 증강된 3각기둥(J49)이 된다.

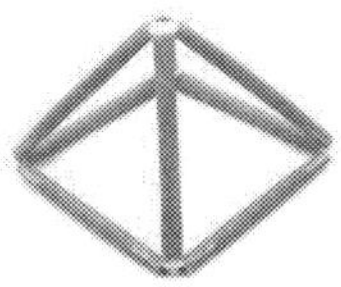
정4각뿔(J1)

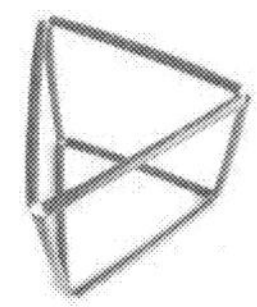
3각기둥

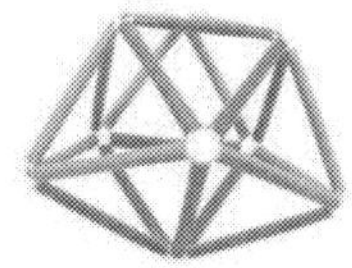
3중으로 증강된 3각기둥(J51)

정4각뿔(J1)

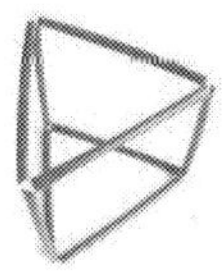
3각기둥

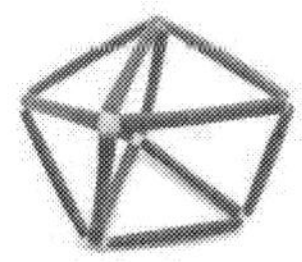
증강된 3각기둥(J49)

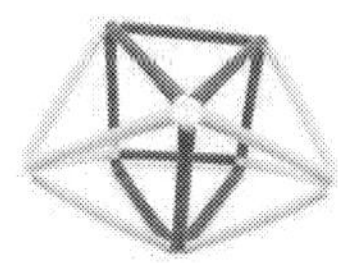
2중으로 증강된 3각기둥(J50)

- J51의 쌍대인 9면체[35](enneahedron, associahedron K5, order-4 truncated triangular bipyramid)는 9개의 면(3개의 정4각형, 6개의 5각형),14개의 꼭짓점, 21개의 모서리를 가진 다면체이다.

J51의 쌍대그림

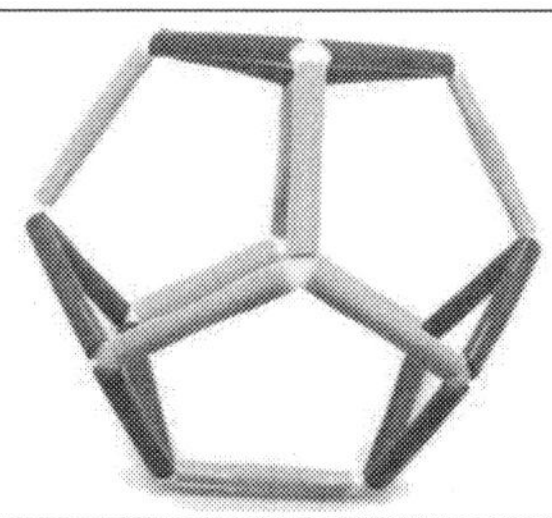

35) https://en.wikipedia.org/wiki/Associahedron

J52 증강된 5각기둥 (Augmented Pentagonal Prism)

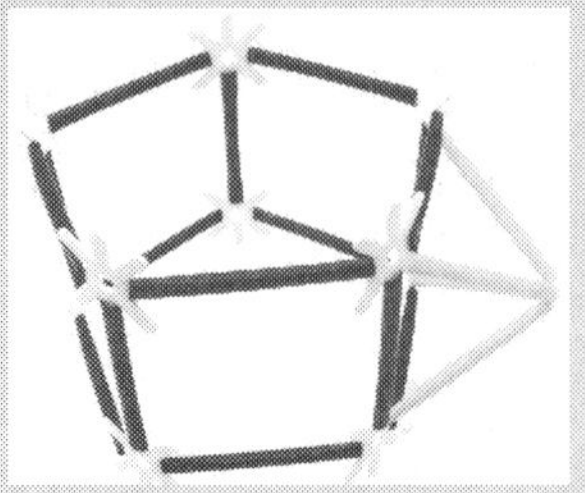

증강된 5각기둥(J52)은 10개의 면(4개의 3각형, 4개의 정4각형, 2개의 5각형), 11개의 꼭짓점, 19개의 모서리를 가지고 있다.

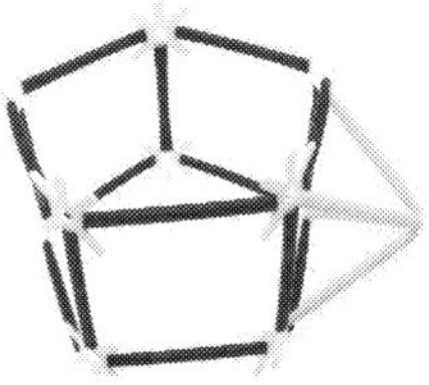

증강된 5각기둥(J52)

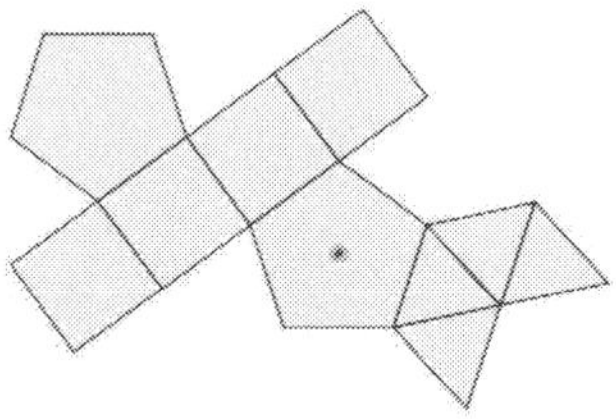

J52의 전개도

존슨입체도형 J52

또한, J52는 다음과 같이 표로 나타낼 수 있다.

[f_3는 존슨입체의 면이 3각형으로 이루어진 것을 나타냄]

분류	v	e	f	$v-e+f$	f_3	f_4	f_5	f_6	f_8	f_{10}
갯수	11	19	10	2	4	4	2	·	·	·

✔ J52는 $f_{3,4,5}$인 입체이다.

- 증강된 5각기둥(J52)은 정4각뿔(J1)로 5각기둥을 증강시켜 만들 수 있다. 2번째 정4각뿔(J1)은 각기둥의 인접하지 않은 위치 중 하나에 추가되어 2중으로 증강된 5각기둥(J53)을 만들 수 있다.

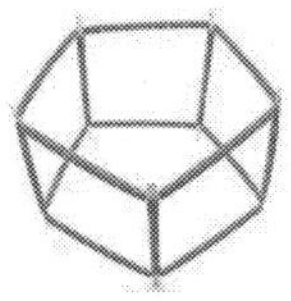

5각기둥

정4각뿔(J1)

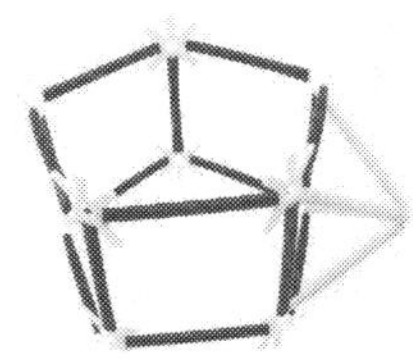

증강된 5각기둥(J52)

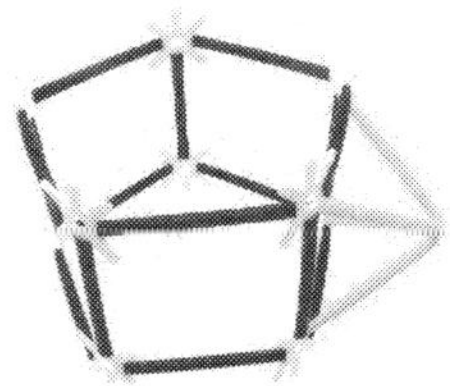

증강된 5각기둥(J52)

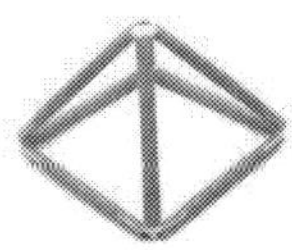

정4각뿔(J1)

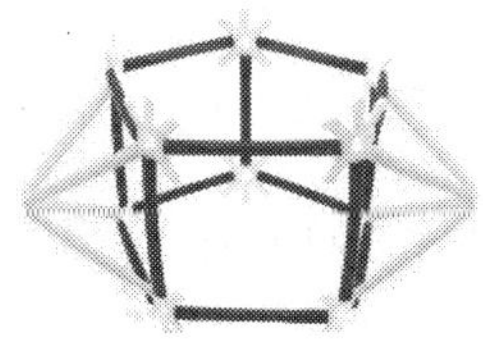

2중으로 증강된 5각기둥(J53)

- J52의 쌍대인 11면체(monolaterotruncated pentagonal bipyramid)는 11개의 면(5개의 4각형, 6개의 3각형), 10개의 꼭짓점, 19개의 모서리를 가진 다면체이다.

J52의 쌍대그림

J53 2중으로 증강된 5각기둥 (Biaugmented Pentago-nal Prism)

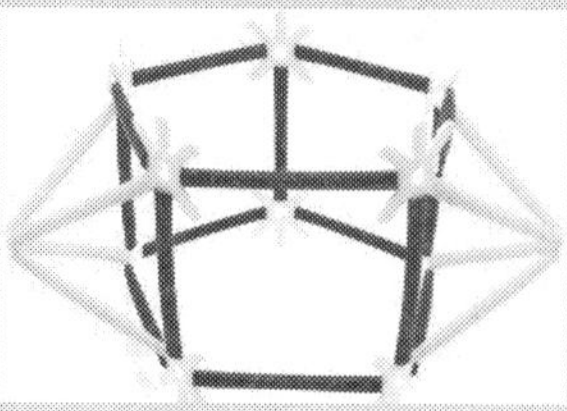

2중으로 증강된 5각기둥(J53)은 13개의 면(8개의 정3각형, 3개의 정4각형, 2개의 5각형), 12개의 꼭짓점, 23개의 모서리를 가지고 있다.

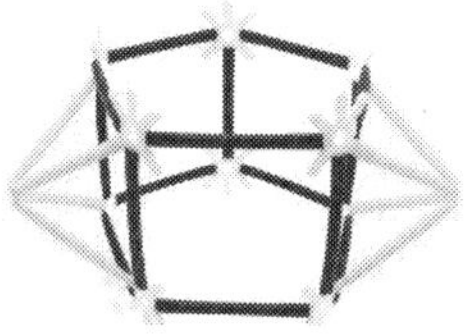

2중으로 증강된 5각기둥(J53)

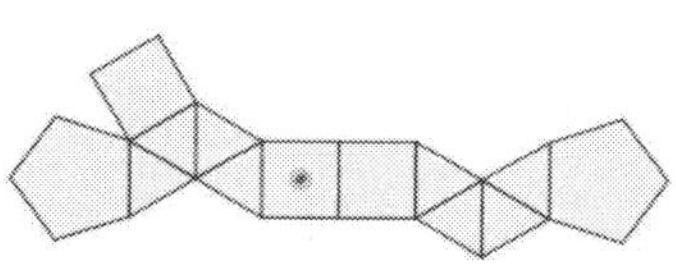

J53의 전개도

존슨입체도형 J53

또한, J53은 다음과 같이 표로 나타낼 수 있다.

[f_3는 존슨입체의 면이 3각형으로 이루어진 것을 나타냄]

분류	v	e	f	$v-e+f$	f_3	f_4	f_5	f_6	f_8	f_{10}
갯수	12	23	13	2	8	3	2	·	·	·

✔ J53은 $f_{3,4}$인 입체이다.

- 2중으로 증강된 5각기둥(J53)은 인접하지 않은 위치에 2개의 정4각뿔(J1)로 증강된 5각기둥을 만들 수 있다.(인접한 정4각형과 증강의 이면각 때문에, 인접한 증강은 더 이상 볼록하지 않을 것이다.) 만약에 1개의 증강만 더하면 증강된 5각기둥(J52)을 얻는다.

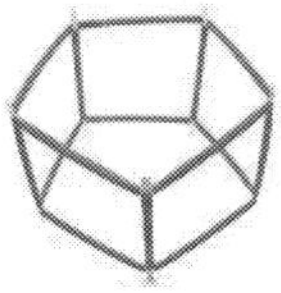

5각기둥

정4각뿔(J1)

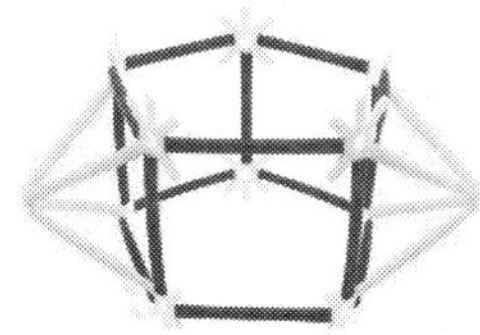

2중으로 증강된 5각기둥(J53)

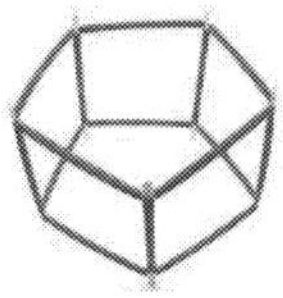

5각기둥

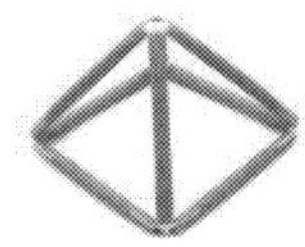

정4각뿔(J1)

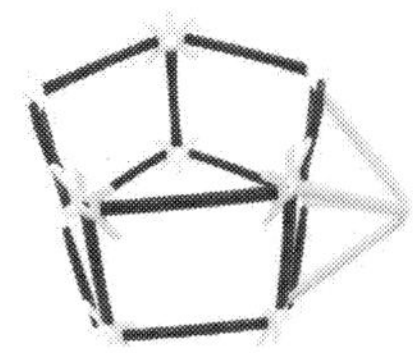

증강된 5각기둥(J52)

- J53의 쌍대인 12면체(parabilaterotruncated pentagonal bipyramid)는 12개의 면(10개의 4각형, 2개의 3각형), 13개의 꼭짓점, 23개의 모서리를 가진 다면체이다.

J53의 쌍대그림

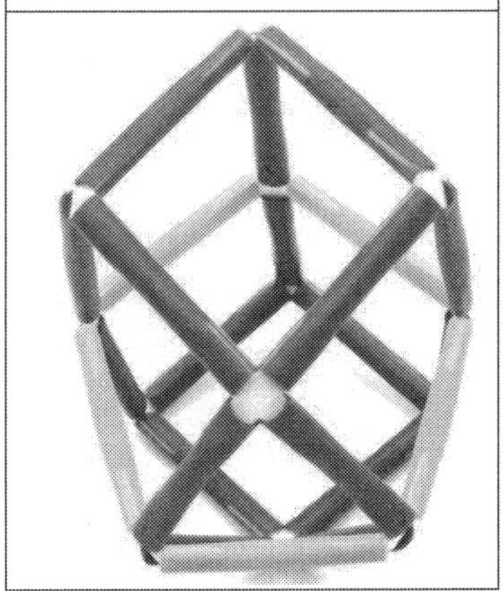

J54 증강된 6각기둥 (Augmented Hexagonal Prism)

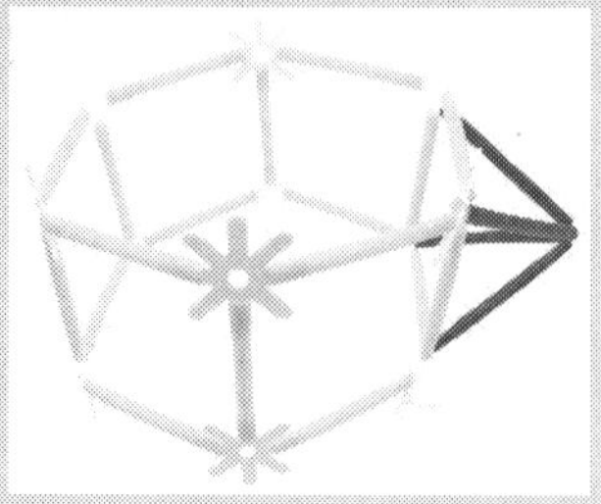

증강된 6각기둥(J54)은 11개의 면(4개의 3각형, 5개의 정4각형, 2개의 6각형), 13개의 꼭짓점, 22개의 모서리를 가지고 있다.

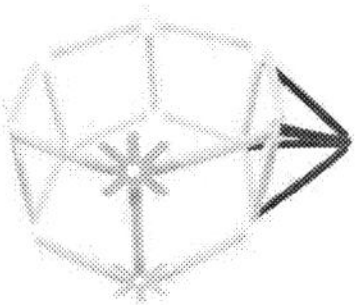

증강된 6각기둥(J54)

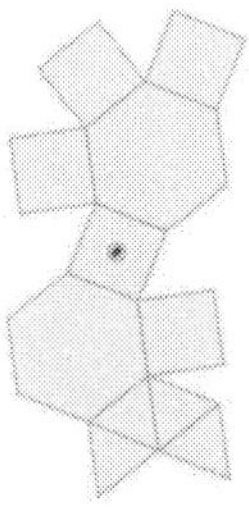

J54의 전개도

존슨입체도형 J54

또한, J54는 다음과 같이 표로 나타낼 수 있다.

[f_3는 존슨입체의 면이 3각형으로 이루어진 것을 나타냄]

분류	v	e	f	$v-e+f$	f_3	f_4	f_5	f_6	f_8	f_{10}
갯수	13	22	11	2	4	5	·	2	·	·

✔ J54는 $f_{3,4,6}$인 입체이다.

- 증강된 6각기둥(J54)은 정4각뿔(J1)로 6각기둥을 증강시키는 것을 만들 수 있다. 2번째 정4각뿔(J1)은 초과된 위치에서 증강시켜서 반대쪽으로 2중 증강된 6각기둥(J55)을 만들거나 앞의 위치에서 더 증강시키면 양 옆으로 2중 증강된 6각기둥(J56)을 만들 수 있다. 2개의 앞의 위치에서 더 증강 시킨 경우, 결과는 3중으로 증강된 6각기둥(J57)을 만들 수 있다.

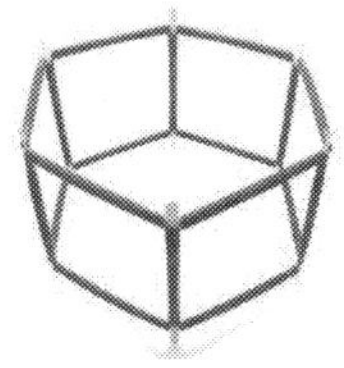

6각기둥

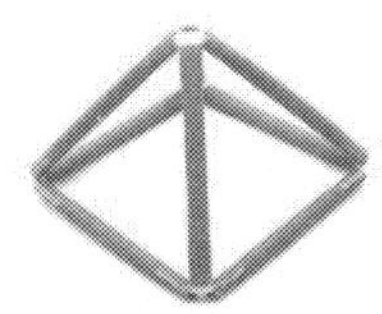

정4각뿔(J1)

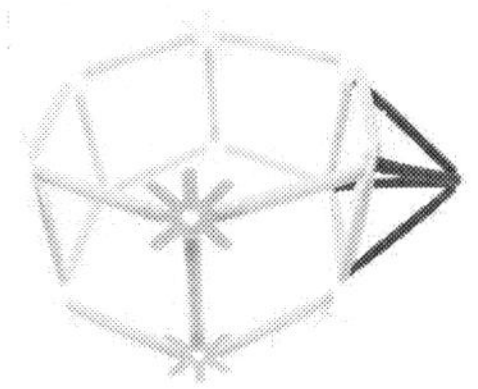

증강된 6각기둥(J54)

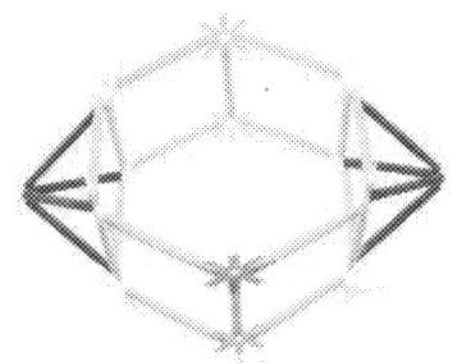

반대쪽으로 2중
증강된 6각기둥(J55)

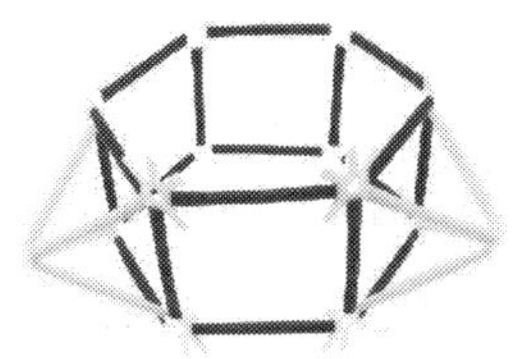

양 옆으로 2중
증강된 6각기둥(J56)

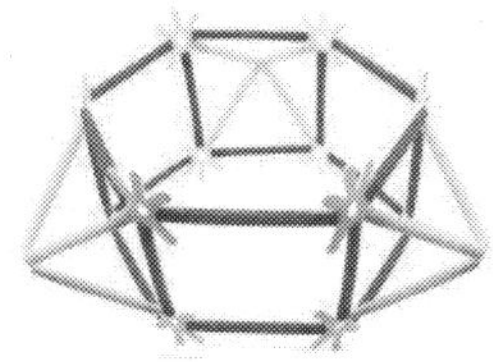

3중으로
증강된 6각기둥(J57)

- J54의 쌍대인 13면체(monolaterotruncated hexagonal bipyramid)는 13개의 면(5개의 4각형, 8개의 3각형), 11개의 꼭짓점, 22개의 모서리를 가진 다면체이다.

J54의 쌍대그림

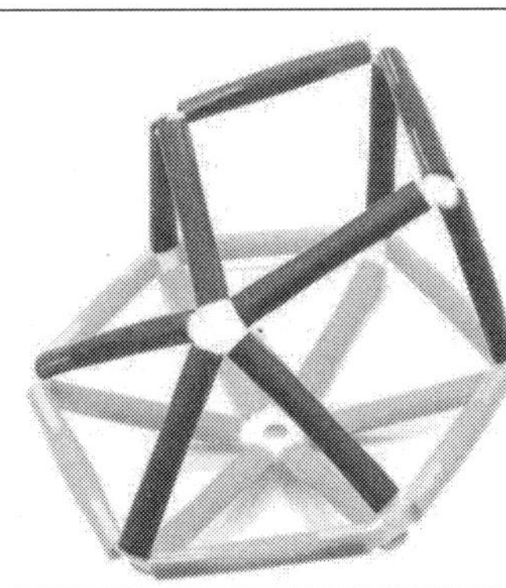

J55 반대쪽으로 2중 증강된 6각 기둥 (Parabiaugmented Hexagonal Prism)

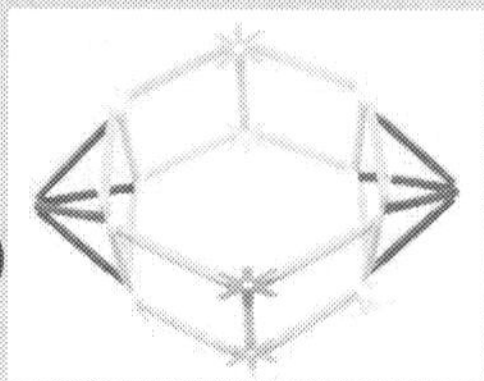

반대쪽으로 2중 증강된 6각기둥(J55)은 14개의 면(8개의 3각형, 4개의 정4각형, 2개의 6각형), 14개의 꼭짓점, 26개의 모서리를 가지고 있다.

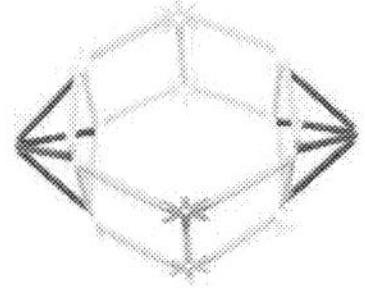

반대쪽으로 2중 증강된 6각기둥(J55)

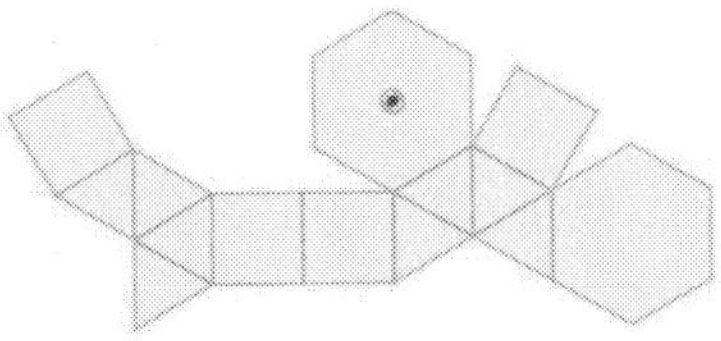

J55의 전개도

존슨입체도형 J55

또한, J55는 다음과 같이 표로 나타낼 수 있다.

[f_3는 존슨입체의 면이 3각형으로 이루어진 것을 나타냄]

분류	v	e	f	$v-e+f$	f_3	f_4	f_5	f_6	f_8	f_{10}
갯수	14	26	14	2	8	4	·	2	·	·

✔ J55는 $f_{3,4,6}$인 입체이다.

- 반대쪽으로 2중 증강된 6각기둥(J55)은 정4각형 면 반대쪽에 2개의 정4각뿔(J1)을 가진 6각기둥을 증강하여 만들 수 있다. 정4각뿔(J1) 중 하나를 제거하면 증강된 6각기둥(J54)이 만들어 진다.

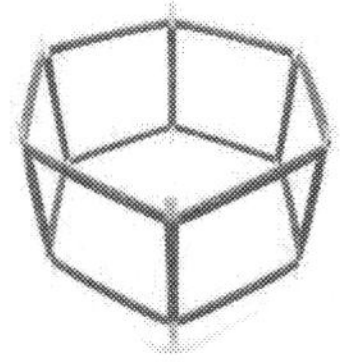

6각기둥

정4각뿔(J1)

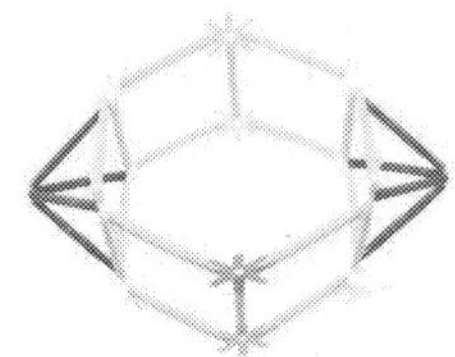

반대쪽으로 2중
증강된 6각기둥(J55)

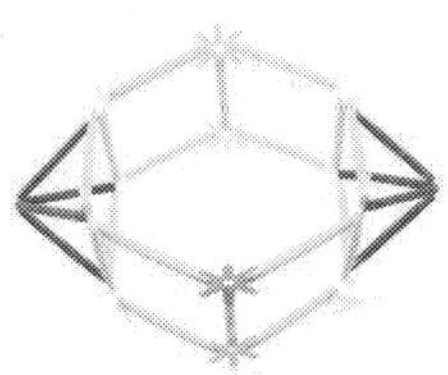

반대쪽으로 2중
증강된 6각기둥(J55)

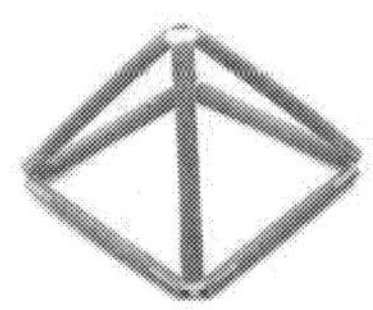

정4각뿔(J1)

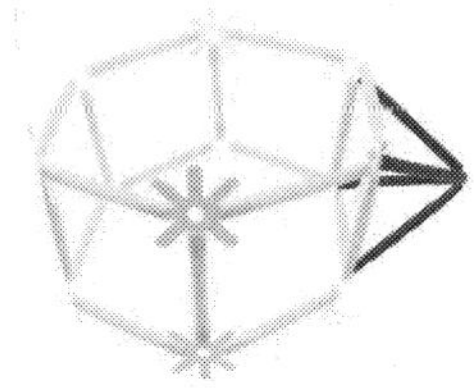

증강된 6각기둥(J54)

- J55의 쌍대인 14면체(parabilaterotruncated hexagonal bipyramid)는 14개의 면(10개의 4각형, 4개의 3각형), 14개의 꼭짓점, 26개의 모서리를 가진 다면체이다.

J55의 쌍대그림

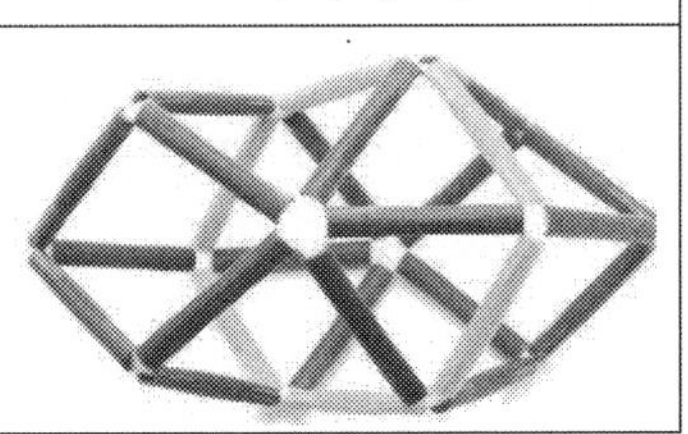

J56 양 옆으로 2중 증강된 6각기둥 (Metabiaugmented Hexagonal Prism)

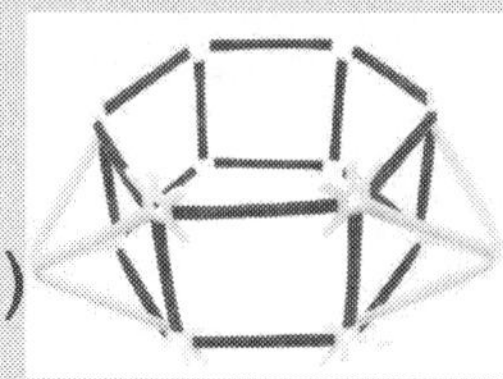

양 옆으로 2중 증강된 6각기둥(J56)은 14개의 면(8개의 3각형, 4개의 정4각형, 2개의 6각형), 14개의 꼭짓점, 26개의 모서리를 가지고 있다.

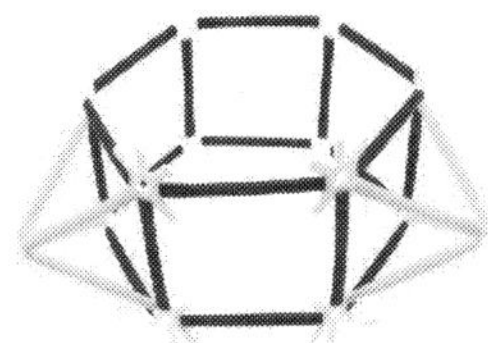

양 옆으로 2중 증강된 6각기둥(J56)

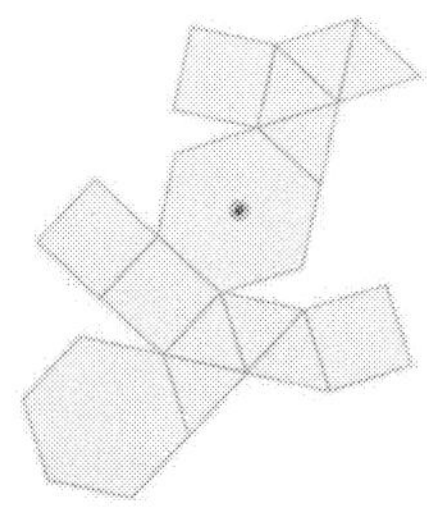

J56의 전개도

존슨입체도형 J56

또한, J56은 다음과 같이 표로 나타낼 수 있다.

[f_3는 존슨입체의 면이 3각형으로 이루어진 것을 나타냄]

분류	v	e	f	$v-e+f$	f_3	f_4	f_5	f_6	f_8	f_{10}
갯수	14	26	14	2	8	4	·	2	·	·

✔ J56은 $f_{3,4,6}$인 입체이다.

- 양 옆으로 2중 증강된 6각기둥(J56)은 120° 간격으로 정4각형 면 위에 2개의 정4각뿔(J1)로 증강된 6각기둥을 만들 수 있다. 정4각뿔 중 하나를 제거하면 증강된 6각기둥(J54)이 된다. 2개의 증강과 120° 떨어져 있는 정4각형 면에 또 다른 정4각뿔(J1)을 추가하면 3중으로 증강된 6각기둥(J57)이 된다.

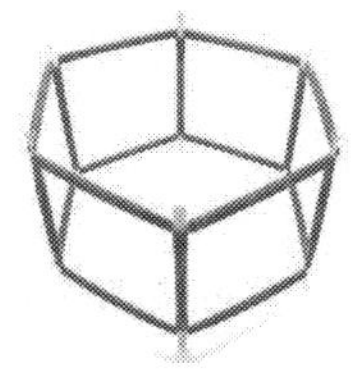
6각기둥

정4각뿔(J1)

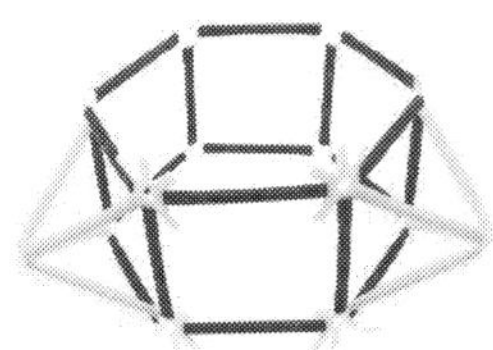
양 옆으로 2중
증강된 6각기둥(J56)

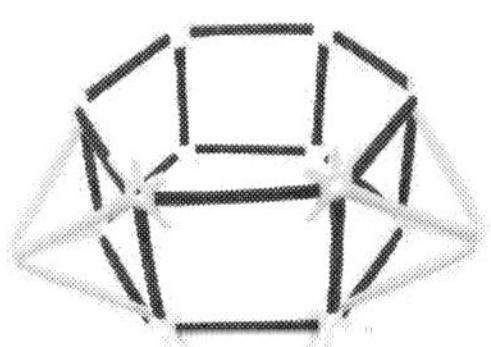
양 옆으로 2중
증강된 6각기둥(J56)

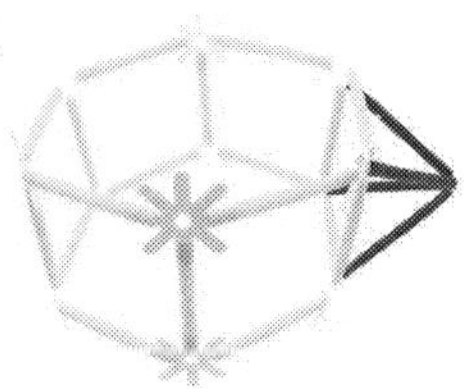
증강된 6각기둥(J54)

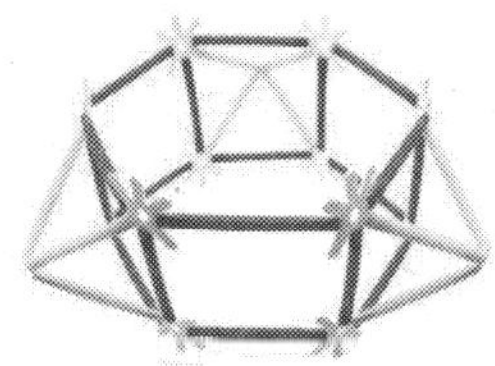
3중으로
증강된 6각기둥(J57)

J57 3중으로 증강된 6각기둥 (Triaugmented Hexagonal Prism)

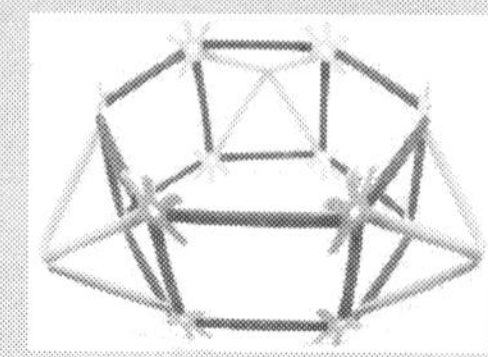

3중으로 증강된 6각기둥(J57)은 17개의 면(12개의 3각형, 3개의 정4각형, 2개의 6각형), 15개의 꼭짓점, 30개의 모서리를 가지고 있다.

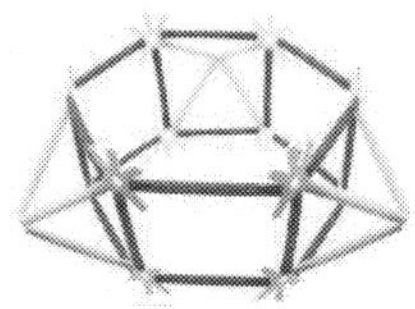

3중으로
증강된 6각기둥(J57)

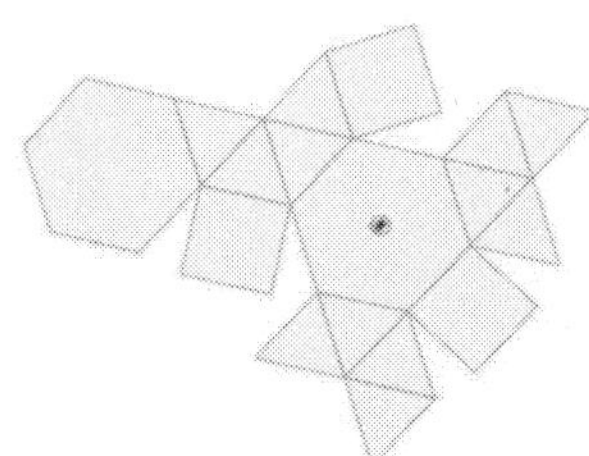

J57의 전개도

존슨입체도형 J57

또한, J57은 다음과 같이 표로 나타낼 수 있다.
[f_3는 존슨입체의 면이 3각형으로 이루어진 것을 나타냄]

분류	v	e	f	$v-e+f$	f_3	f_4	f_5	f_6	f_8	f_{10}
갯수	15	30	17	2	12	3	·	2	·	·

✔ J57은 $f_{3,4,6}$인 입체이다.

- 3개의 정4각뿔(J1)을 가지고 6각기둥을 증강하여 만들 수 있다.

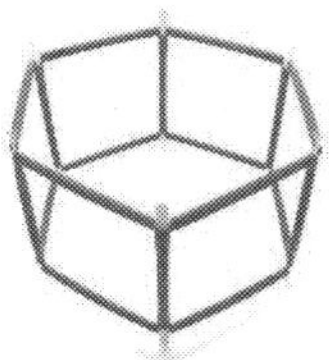
6각기둥

정4각뿔(J1)

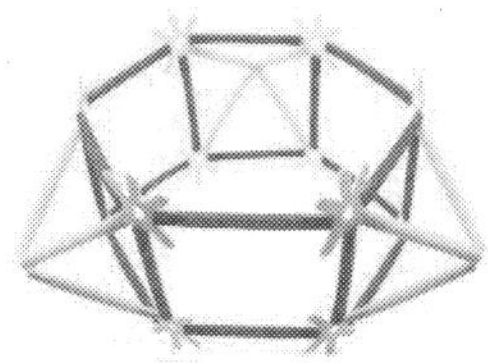
3중으로
증강된 6각기둥(J57)

- 3중으로 증강된 6각기둥(J57)은 1개의 증강을 제거하면 양 옆으로 2중 증강된 6각기둥(J56)을 얻는다. 2개의 증강을 제거하면 증강된 6각기둥(J54)이 만들어 진다.

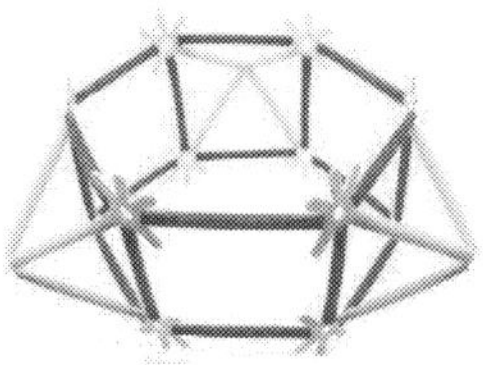
3중으로
증강된 6각기둥(J57)

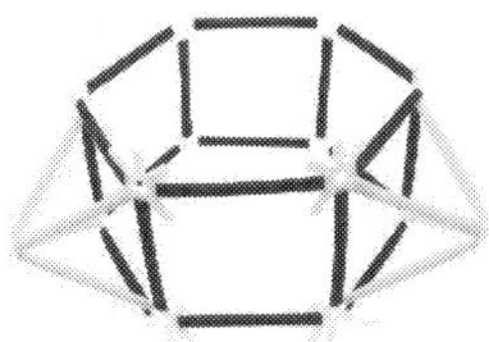
양 옆으로 2중
증강된 6각기둥(J56)

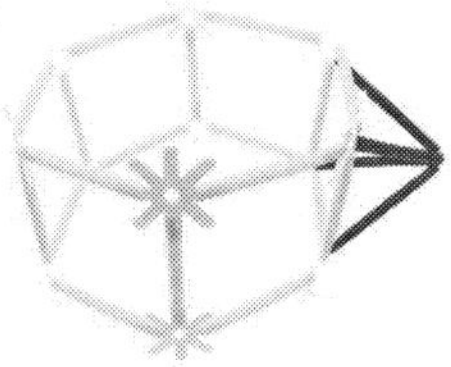
증강된 6각기둥(J54)

- J57의 쌍대인 15면체(alternate order-4 truncated hexagonal bipyramid)는 15개의 면(15개의 4각형), 17개의 꼭짓점, 30개의 모서리를 가진 다면체이다.

J57의 쌍대그림

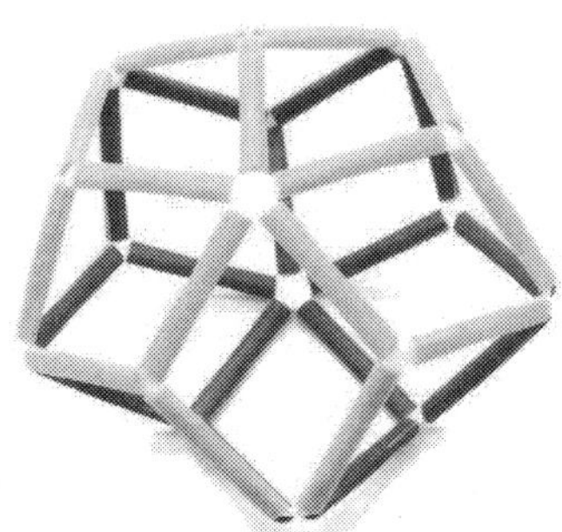

J58 증강된 12면체 (Augmented Dodecahedron)

증강된 12면체(J58)은 16개의 면(5개의 3각형, 11개의 5각형), 21개의 꼭짓점, 35개의 모서리를 가지고 있다.

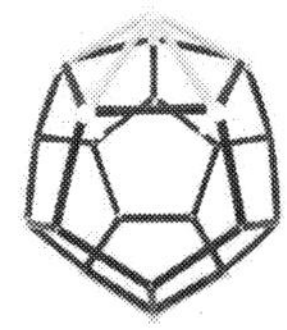

증강된 12면체(J58)

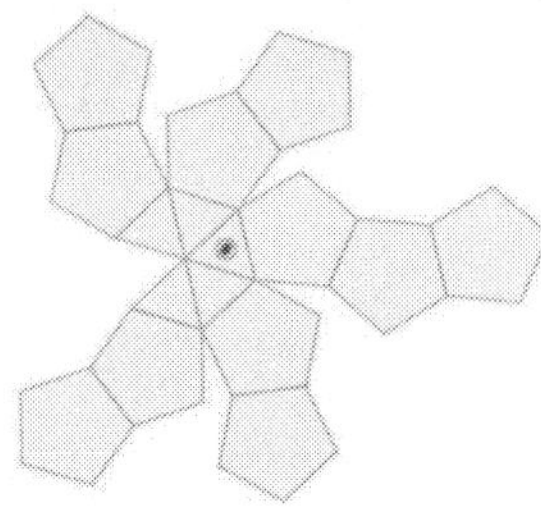

J58의 전개도

존슨입체도형 J58

또한, J58은 다음과 같이 표로 나타낼 수 있다.

[f_3는 존슨입체의 면이 3각형으로 이루어진 것을 나타냄]

분류	v	e	f	$v-e+f$	f_3	f_4	f_5	f_6	f_8	f_{10}
갯수	21	35	16	2	5		11	·	·	·

✔ J58은 $f_{3,5}$인 입체이다.

- 증강된 12면체(J58)은 5각뿔(J2)을 갖는 12면체를 증강시켜 만들 수 있다.

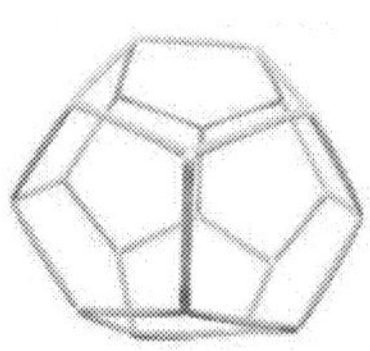

12면체

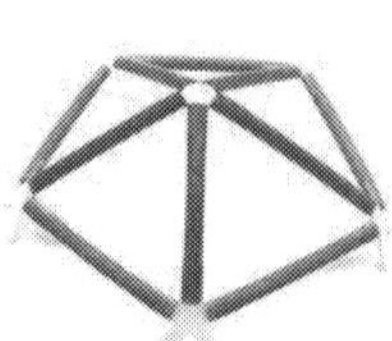

5각뿔(J2)

증강된 12면체(J58)

- 증강된 12면체(J58)은 반대편에 2번째 5각뿔(J2)을 추가하면 반대쪽으로 2중 증강된 12면체(J59)가 만들어 진다. 1번째 각뿔로부터 한 모서리 떨어진 면에 2번째 5각뿔(J2)을 추가하면 대신 양 옆으로 2중 증강된 12면체(J60)가 만들어진다.

증강된 12면체(J58)

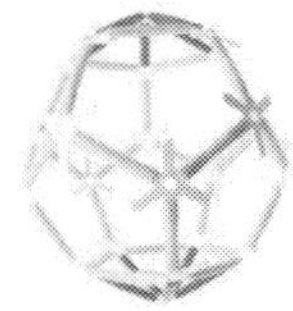

반대쪽으로
2중 증강된 12면체(J59)

양 옆으로
2중 증강된 12면체(J60)

☆ 정12면체의 부피 구하기

- 정12면체는 12개의 면(정5각형 12개), 20개의 꼭짓점, 30개의 모서리를 갖는 다면체이이고 정20면체와 쌍대이다.

✔ 12개의 5각뿔의 합으로 정12면체의 부피를 구하는 방법

❶ 5각뿔의 부피는 $\frac{1}{3}\times$밑넓이$\times$높이 이다.

- 밑넓이는 한 변의 길이가 a인 정5각형의 넓이이므로 $\frac{\sqrt{25+10\sqrt{5}}}{4}a^2$ 이다.

- 5각뿔의 높이를 다음과 같은 과정에 따라 구한다.

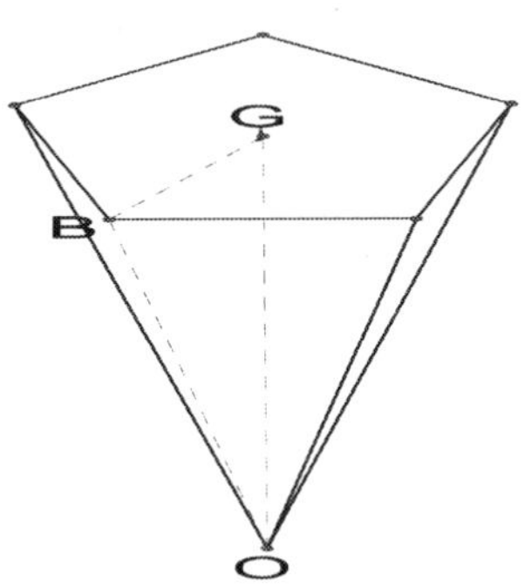

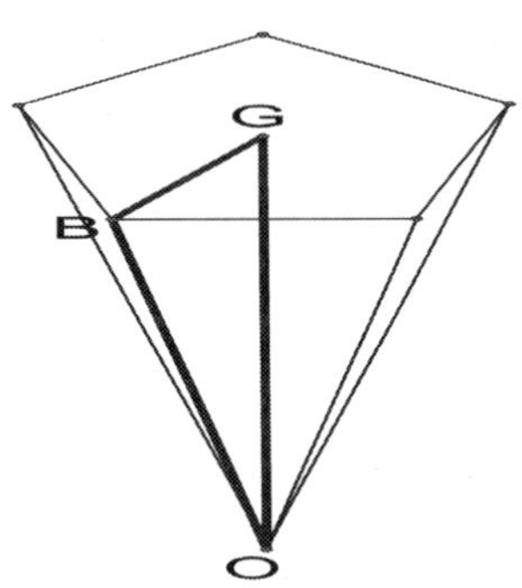

- 왼쪽과 같이 중심 O, 밑면이 정5각형 $ABCDE$이고, 무게중심 G인 5각뿔을 그린다.
- 오른쪽과 같이 직각3각형 OGB을 그리고,

$\overline{OG}=h$, $\overline{OB}=r$, $\overline{BG}=\frac{2}{\sqrt{10-2\sqrt{5}}}a$ 이라 하자.

[h는 5각뿔의 높이, r은 외접하는 구의 반지름이다.]

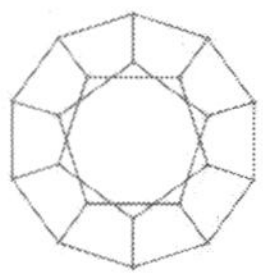 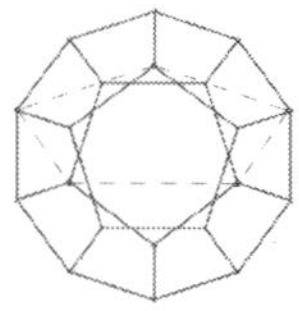 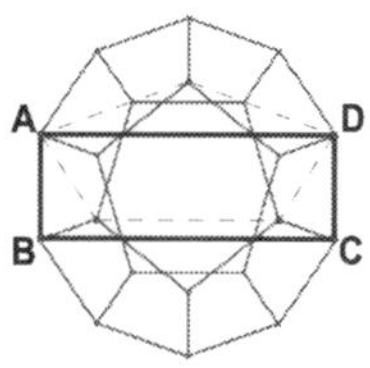 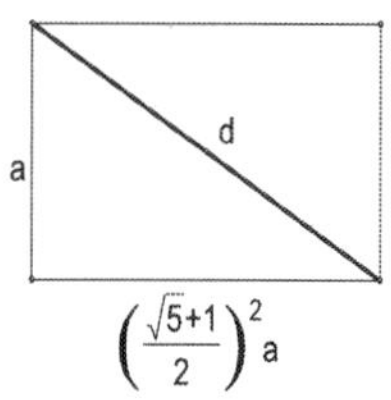	❷ 외접하는 구의 반지름의 길이 r은 다음과 같이 구한다. - 왼쪽 그림은 면을 중심으로 정12면체를 본 모습이다. - 한 변의 길이가 a인 정5각형의 대각선의 길이는 $\phi=\frac{\sqrt{5}+1}{2}a$ 이다. - 한 변의 길이가 $\phi=\frac{\sqrt{5}+1}{2}a$ 인 점선으로 된 정5각형이 있다. - 가운데 부분을 자세히 보면 직4각형의 모습이 보인다. - 가로의 길이 $\overline{AD}$는 한 변의 길이가 $\phi=\frac{\sqrt{5}+1}{2}a$ 인 정5각형의 대각선의 길이 $\phi^2 a=\left(\frac{\sqrt{5}+1}{2}\right)^2 a$이고, 세로의 길이 $\overline{AB}$는 정5각형의 한 변의 길이 a임을 알 수 있다. - 따라서, 구의 반지름의 길이r은 대각선 길이 d의 $\frac{1}{2}$ 이다. ✍ $d^2=a^2+\left(\left(\frac{\sqrt{5}+1}{2}\right)^2 a\right)^2=a^2+\frac{14+6\sqrt{5}}{4}a^2$ 이므로. $=\frac{18+6\sqrt{5}}{4}a^2$ $d=\frac{\sqrt{15}+\sqrt{3}}{2}a$ 이다. 따라서, $r=\frac{\sqrt{15}+\sqrt{3}}{4}a$ 이다. [ϕ를 이용하여 나타낼 수 있다.]

❸ 높이 h는 다음과 같이 구한다.

- 직각3각형 OGB에서 높이 h는,

$$h^2=\left(\frac{\sqrt{15}+\sqrt{3}}{4}\right)^2-\left(\frac{2}{\sqrt{10-2\sqrt{5}}}a\right)^2=\frac{18+6\sqrt{5}}{16}a^2-\frac{4}{10-2\sqrt{5}}a^2 \text{ 이므로,}$$

$$=\left(\frac{18+6\sqrt{5}}{16}-\frac{40+8\sqrt{5}}{80}\right)a^2=\frac{25+11\sqrt{5}}{40}a^2$$

$h=\frac{\sqrt{25+11\sqrt{5}}}{2\sqrt{10}}a$ 이다. [ϕ를 이용하여 나타낼 수 있다.]

- 5각뿔의 부피 V_5는 다음과 같다. [ϕ를 이용하여 나타낼 수 있다.]

$$V_3=\frac{1}{3}\times\frac{\sqrt{25+10\sqrt{5}}}{4}a^2\times\frac{\sqrt{25+11\sqrt{5}}}{2\sqrt{10}}a \quad \text{이다.}$$

$$=\frac{\sqrt{1175+525\sqrt{5}}}{24\sqrt{10}}a^3=\frac{5\sqrt{47+21\sqrt{5}}}{24\sqrt{10}}a^3$$

❹ 정12면체의 부피 V 는 다음과 같다. [ϕ를 이용하여 나타낼 수 있다.]

$$V=12\times\frac{5\sqrt{47+21\sqrt{5}}}{24\sqrt{10}}a^3=\frac{5\sqrt{47+21\sqrt{5}}}{2\sqrt{10}}=\frac{5\sqrt{470+210\sqrt{5}}}{20}a^3 \quad \text{이다.}$$

$$=\frac{\sqrt{470+2\sqrt{105^2\cdot 5}}}{4}a^3=\frac{\sqrt{225}+\sqrt{245}}{4}a^3=\frac{15+7\sqrt{5}}{4}a^3$$

J59 반대쪽으로 2중 증강된 12면체 (Parabiaugmented Dodecahedron)

반대쪽으로 2중 증강된 12면체(J59)은 20개의 면(10개의 3각형,10개의 5각형), 22개의 꼭짓점, 40개의 모서리를 가지고 있다.

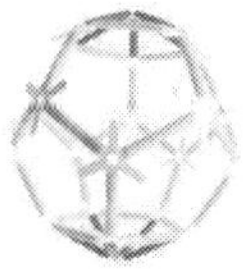

반대쪽으로
2중 증강된 12면체(J59)

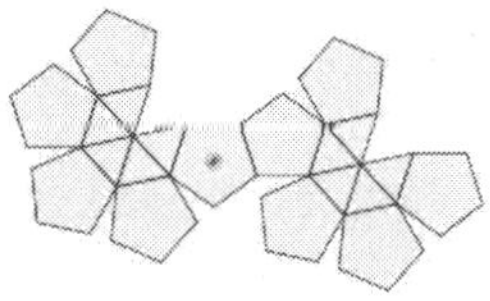

J59의 전개도

존슨입체도형 J59

또한, J59는 다음과 같이 표로 나타낼 수 있다.

[f_3는 존슨입체의 면이 3각형으로 이루어진 것을 나타냄]

분류	v	e	f	$v-e+f$	f_3	f_4	f_5	f_6	f_8	f_{10}
갯수	22	40	20	2	10	·	10	·	·	·

✔ J59는 $f_{3,5}$인 입체이다.

- 반대쪽으로 2중 증강된 12면체(J59)은 반대쪽 면에 2개의 5각뿔(J2)을 가지고 12면체를 증강시켜 만들 수 있다.

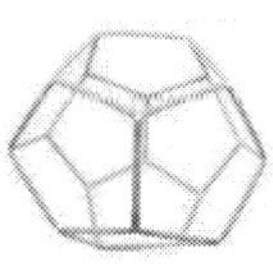

12면체

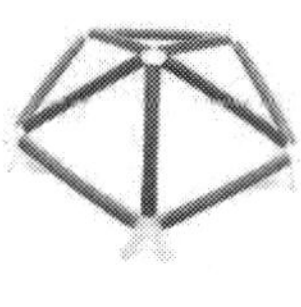

5각뿔(J2)

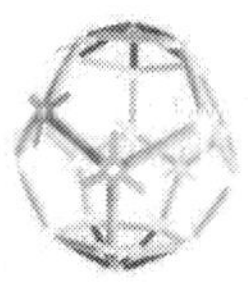

반대쪽으로
2중 증강된 12면체(J59)

만약 5각뿔(J2) 중 하나를 제거하면 그 결과는 증강된 12면체(J58)이다.

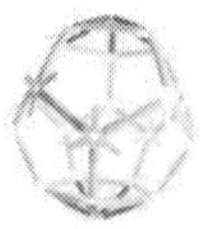

반대쪽으로
2중 증강된 12면체(J59)

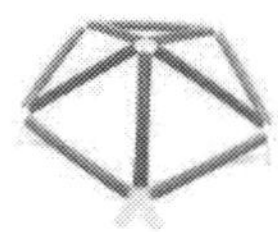

5각뿔(J2)

증강된 12면체(J58)

만약 이 2개의 증강이 반대편 5각형 대신 모서리로 분리된 5각형 위에 놓여 있다면, 그 결과는 양 옆으로 2중 증강된 12면체(J60)이다.

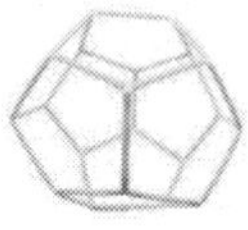

12면체

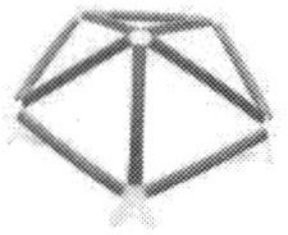

5각뿔(J2)

양 옆으로
2중 증강된 12면체(J60)

- J59의 쌍대인 22면체(Gyroelongated pentagonal bifrustum)는 22개의 면(10개의 3각형, 10개의 사다리꼴, 2개의 5각형), 20개의 꼭짓점, 40개의 모서리를 가진 다면체이다.

J59의 쌍대그림

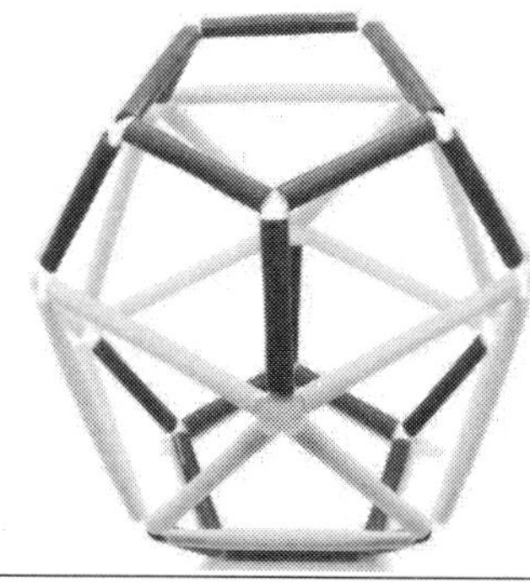

J60 양 옆으로 2중 증강된 12면체 (Metabiaugmented Dodecahedron)

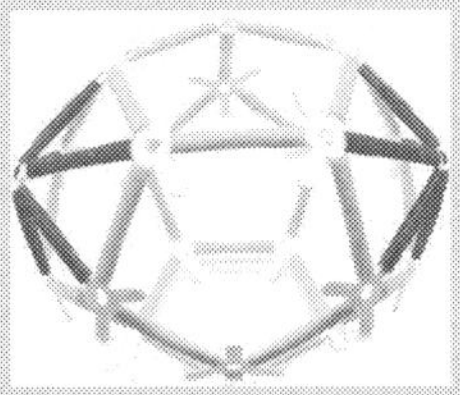

양 옆으로 2중 증강된 12면체(J60)은 20개의 면(10개의 3각형, 10개의 5각형), 22개의 꼭짓점, 40개의 모서리를 가지고 있다.

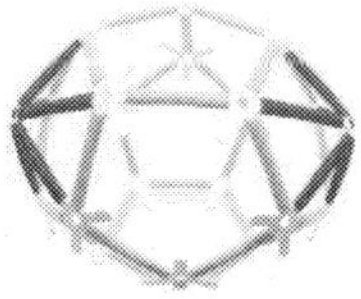

양 옆으로
2중 증강된 12면체(J60)

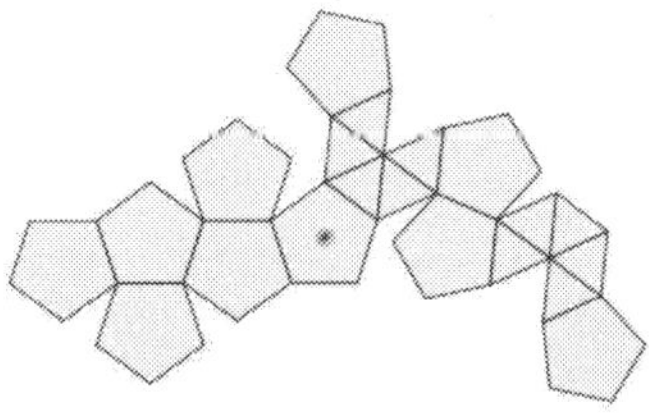

J60의 전개도

또한, J60은 다음과 같이 표로 나타낼 수 있다.

[f_3는 존슨입체의 면이 3각형으로 이루어진 것을 나타냄]

분류	v	e	f	$v-e+f$	f_3	f_4	f_5	f_6	f_8	f_{10}
갯수	22	40	20	2	10	·	10	·	·	·

✔ J60은 $f_{3,5}$인 입체이다.

- 양 옆으로 2중 증강된 12면체(J60)은 모서리에 의해 분리된 2개의 5각뿔(J2)로 12면체를 증강시켜 만들 수 있다.

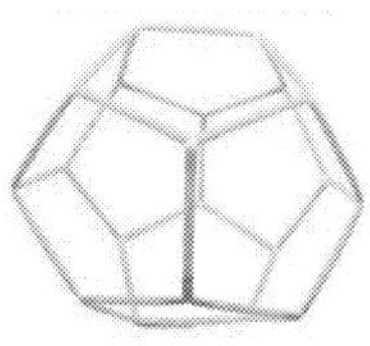
12면체

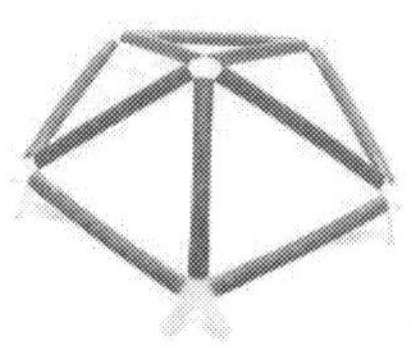
5각뿔(J2)

옆으로
2중 증강된 12면체(J60)

만약 양 옆으로 2중 증강된 12면체(J60)의 5각뿔(J2) 중 하나를 제거하면 그 결과는 증강된 12면체(J58)이다. 그 대신 2개의 증강과 인접하지 않은 면에 3번째 5각뿔(J2)을 추가하면 3중으로 증강된 12면체(J61)가 만들어진다.

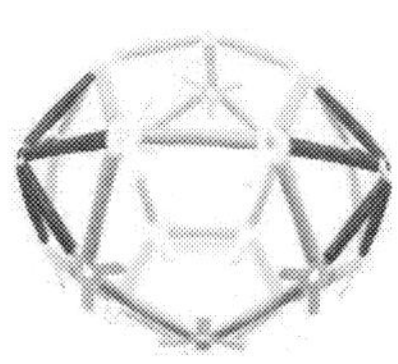
양 옆으로
2중 증강된 12면체(J60)

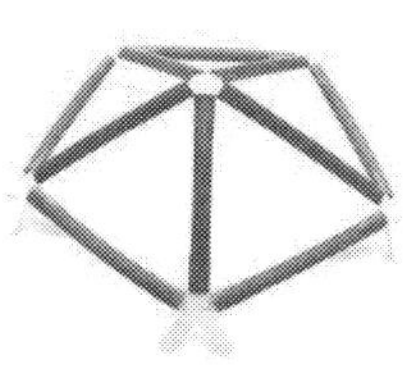
5각뿔(J2)

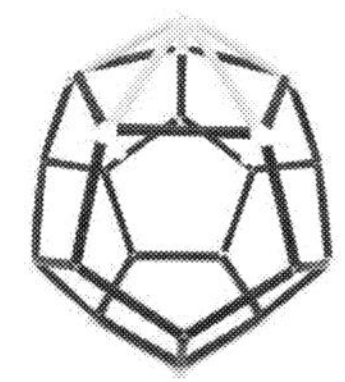
증강된 12면체(J58)

양 옆으로
2중 증강된 12면체(J60)

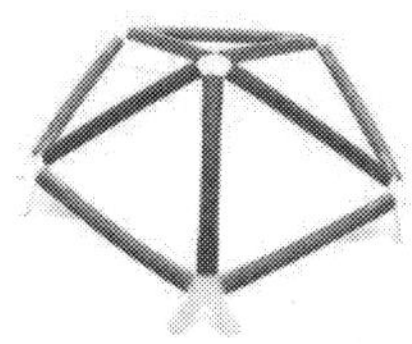
5각뿔(J2)

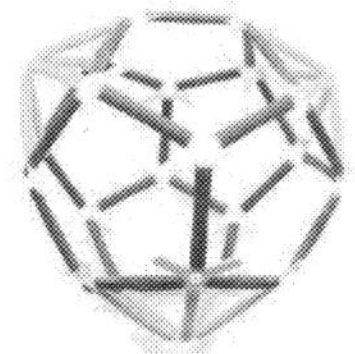
3중으로
증강된 12면체(J61)

만약 대신 반대편 5각형 위에 5각뿔(J2)이 세워진다면, 그 결과는 반대쪽으로 2중 증강된 12면체(J59)가 만들어 진다.

증강된 12면체(J58)

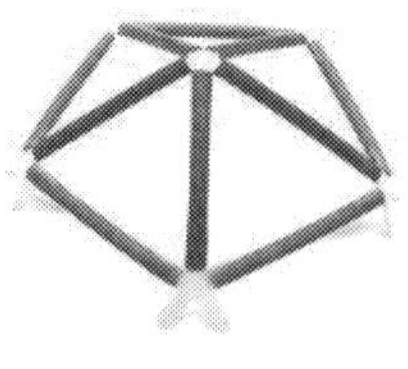
5각뿔(J2)

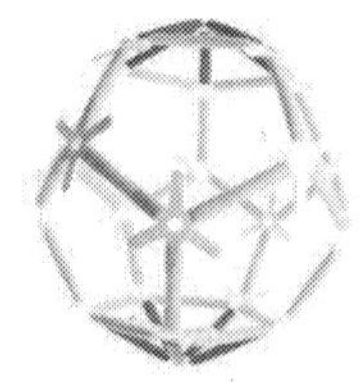
반대쪽으로
2중 증강된 12면체(J59)

J61 3중으로 증강된 12면체 (Triaugmented Dodecahedron)

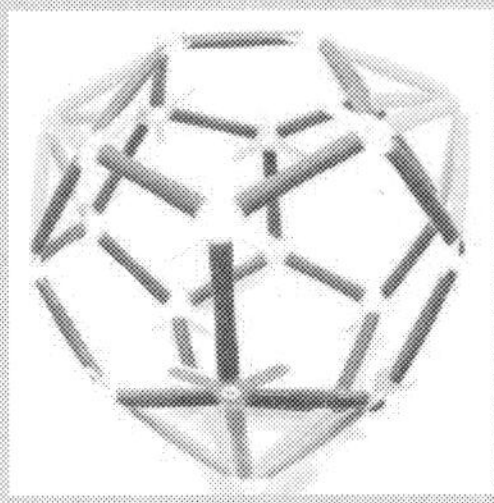

3중으로 증강된 12면체(J61)은 24개의 면(15개의 3각형, 9개의 5각형), 23개의 꼭짓점, 45개의 모서리를 가지고 있다.

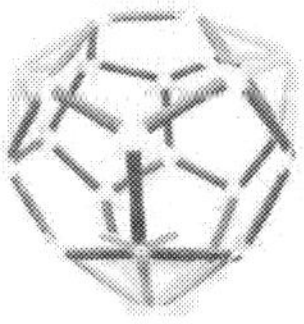

3중으로
증강된 12면체(J61)

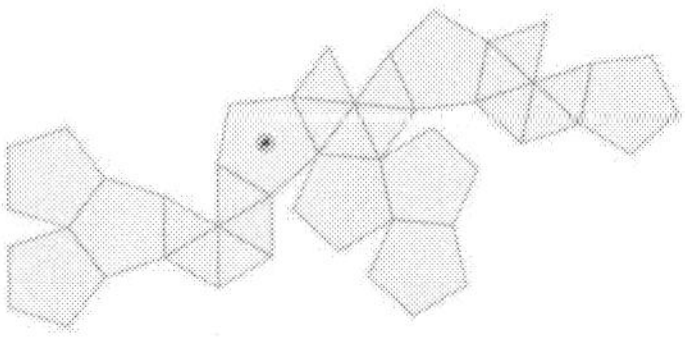

J61의 전개도

또한, J61은 다음과 같이 표로 나타낼 수 있다.
[f_3는 존슨입체의 면이 3각형으로 이루어진 것을 나타냄]

분류	v	e	f	$v-e+f$	f_3	f_4	f_5	f_6	f_8	f_{10}
갯수	23	45	24	2	15	·	9	·	·	·

✔ J61은 $f_{3,4}$인 입체이다.

- 3중으로 증강된 12면체(J61)은 인접하지 않는 5각형 면에 3개의 5각뿔(J1)을 가지고 12면체를 증강시켜 만들 수 있다.

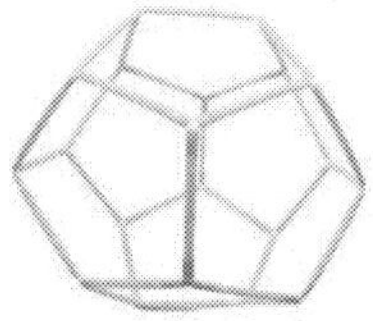

12면체

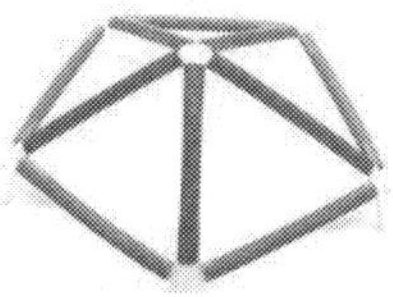

5각뿔(J1)

3중으로
증강된 12면체(J61)

- 3중으로 증강된 12면체(J61)의 5각뿔(J1) 중 하나를 제거하면, 그 결과는 양 옆으로 2중 증강된 12면체(J60)이다. 5각뿔(J1) 2개를 제거하면 그 결과는 증강된 12면체(J58)이다.

3중으로
증강된 12면체(J61)

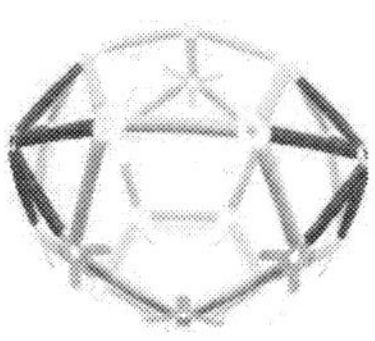

양 옆으로
2중 증강된 12면체(J60)

증강된 12면체(J58)

J62 양 옆으로 2중 감소된 20면체 (Metabidiminished Icosahedron)

양 옆으로 2중 감소된 20면체(J62)는 12개의 면(10개의 3각형, 2개의 5각형), 10개의 꼭짓점, 20개의 모서리를 가지고 있다.

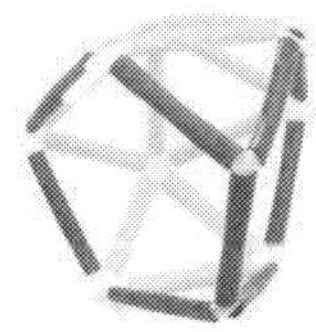

양 옆으로
2중 감소한 20면체(J62)

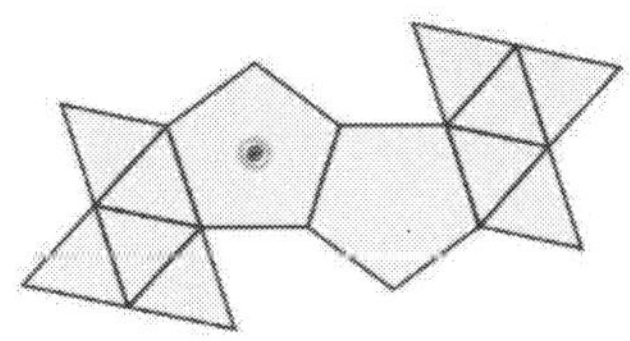

J62의 전개도

존슨입체도형 J62

또한, J62는 다음과 같이 표로 나타낼 수 있다.

[f_3는 존슨입체의 면이 3각형으로 이루어진 것을 나타냄]

분류	v	e	f	$v-e+f$	f_3	f_4	f_5	f_6	f_8	f_{10}
갯수	10	20	12	2	10	·	2	·	·	·

✔ J62는 $f_{3,5}$인 입체이다.

- 양 옆으로 2중 감소된 20면체(J62)는 인접한 5각형 면 2개가 형성되도록 정20면체에서 꼭짓점 2개를 제거(감소)하여 만들 수 있다.

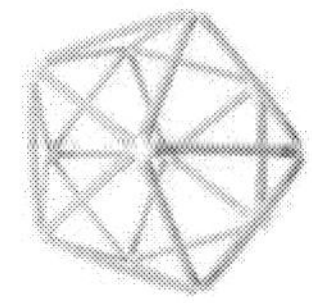

정20면체

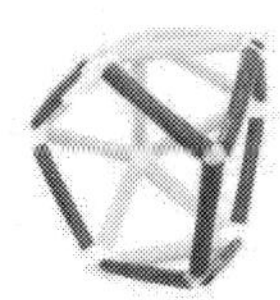

양 옆으로
2중 감소한 20면체(J62)

- 20면체에서 꼭짓점 2개를 제거하면 대칭성이 저하되므로, 양 옆으로 2중 감소한 20면체(J62)는 2개의 5각형이 공유하는 모서리 주위에 대칭의 2배 축만 있어 반대편 모서리까지 확장된다. 2개의 5각형 사이의 모양은 쐐기 모양의 형태를 띠고 있다. 따라서 3각형 면의 위치에 따라 다음과 같이 분류할 수 있다.

· 2개의 5각형 사이에 있는 2개의 쐐기모양의 3각형(wedge triangle).

· 2개의 5각형 사이의 모서리 반대쪽 모서리에 쐐기모양의 3각형을 연결하는 2개의 옆에 있는 3각형(lateral triangle).

· 이 반대쪽 모서리를 공유하는 2개의 뒤 쪽에 있는 3각형(back triangle).

· 2개의 5각형, 2개의 옆에 있는 3각형, 2개의 뒤 쪽에 있는 3각형 사이에 있는 4개의 기울어진 3각형(oblique triangle).

☆ 정20면체의 부피 구하기

- 정20면체는 20개의 면(정3각형 20개), 12개의 꼭짓점, 30개의 모서리를 갖는 다면체이이고 정12면체와 쌍대이다.

- 정20면체의 부피를 다음과 같은 2가지 방법으로 구할 수 있다.

✔ 20개의 3각뿔의 합으로 정20면체의 부피를 구하는 방법

❶ 3각뿔의 부피는 $\frac{1}{3} \times 밑넓이 \times 높이$ 이다.

- 밑넓이는 한 변의 길이가 a인 정3각형의 넓이이므로 $\frac{\sqrt{3}}{4}a^2$ 이다.

- 3각뿔의 높이를 다음과 같은 과정에 따라 구한다.

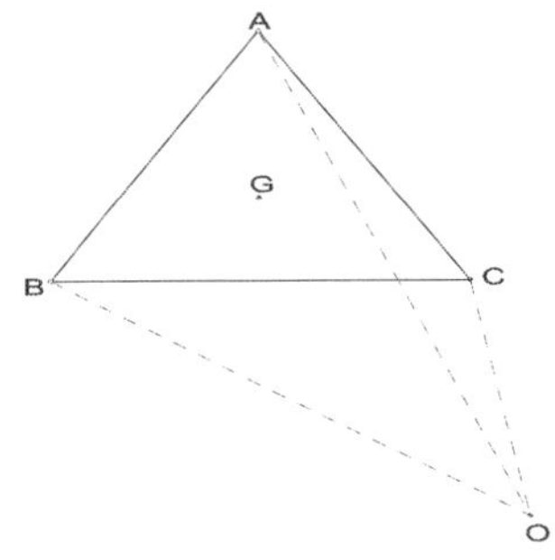

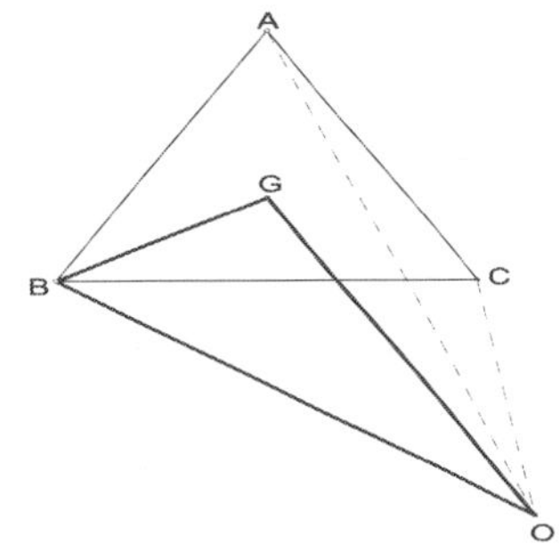

- 왼쪽과 같이 중심 O, 밑면이 정3각형 ABC이고, 무게중심 G인 3각뿔을 그린다.
- 오른쪽과 같이 직각3각형 OGB을 그리고, $\overline{OG}=h, \overline{OB}=r, \overline{BG}=\frac{\sqrt{3}}{3}a$ 이라 하자.

[h는 3각뿔의 높이, r은 외접하는 구의 반지름이다.]

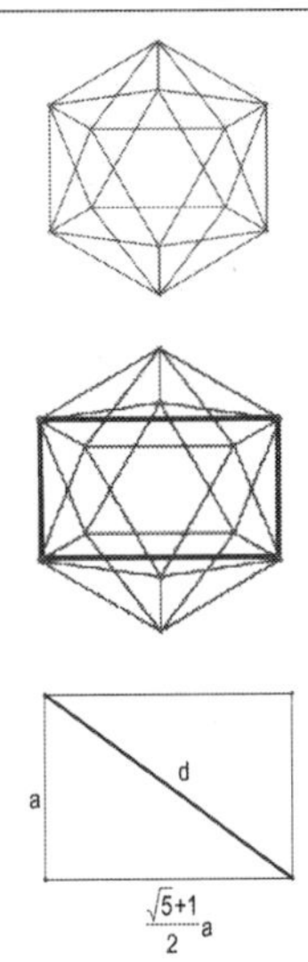

❷ 외접하는 구의 반지름의 길이 r은 다음과 같이 구한다.
- 왼쪽 그림은 면을 중심으로 정20면체를 본 모습이다.
- 가운데 부분을 자세히 보면 직4각형의 모습이 보인다.
- 가로의 길이는 정5각형의 대각선의 길이 $\phi=\frac{\sqrt{5}+1}{2}a$이고, 세로의 길이는 정3각형의 한 변의 길이 a임을 알 수 있다.
- 따라서, 구의 반지름의 길이r은 대각선 길이 d의 $\frac{1}{2}$ 이다.

✍ $d^2=a^2+\left(\frac{\sqrt{5}+1}{2}a\right)^2=\frac{10+2\sqrt{5}}{4}a^2$ 이므로.

$d=\frac{\sqrt{10+2\sqrt{5}}}{2}a$ 이다. 따라서, $r=\frac{\sqrt{10+2\sqrt{5}}}{4}a$ 이다.

[ϕ를 이용하여 나타낼 수 있다.]

❸ 높이 h는 다음과 같이 구한다.
- 직각3각형 OGB에서 높이 h는,

$$h^2=r^2-\left(\frac{\sqrt{3}}{3}a\right)^2=\frac{10+2\sqrt{5}}{16}a^2-\frac{1}{3}a^2=\frac{7+3\sqrt{5}}{24}a^2 \text{ 이므로,}$$

$$h=\frac{\sqrt{7+3\sqrt{5}}}{2\sqrt{6}}a \text{ 이다.}$$

- 3각뿔의 부피 V_3는 $V_3=\frac{1}{3}\times\frac{\sqrt{3}}{4}a^2\times\frac{\sqrt{7+3\sqrt{5}}}{2\sqrt{6}}a=\frac{\sqrt{3}\sqrt{7+3\sqrt{5}}}{24\sqrt{6}}a^3$ 이다.

❹ 정20면체의 부피 V 는 다음과 같다.

$$V = 20\times\frac{\sqrt{3}\sqrt{7+3\sqrt{5}}}{24\sqrt{6}}a^3 = \frac{5\sqrt{3}\sqrt{7+3\sqrt{5}}}{6\sqrt{6}}a^3 = \frac{15\sqrt{2}\sqrt{7+3\sqrt{5}}}{36}a^3$$ 이다.

$$= \frac{5\sqrt{2}\sqrt{7+3\sqrt{5}}}{12}a^3 = \frac{5\sqrt{14+6\sqrt{5}}}{12}a^3 = \frac{5\sqrt{14+2\sqrt{45}}}{12}a^3 = \frac{5(3+\sqrt{5})}{12}a^3$$

✔ 2개의 정5각뿔과 1개의 5각형 엇각기둥의 합으로 정20면체의 부피를 구하는 방법

- 정20면체가 2개의 정5각뿔이 위 · 아래, 중간에 5각형 엇각기둥이 있는 경우

❶ 한 변의 길이가 a인 정5각뿔의 부피 V_5는 $V_5 = \frac{5+\sqrt{5}}{24}a^3$ 이다.

(J_2의 부피 구하기 참조)

❷ 2개의 정5각뿔의 부피는 $\frac{5+\sqrt{5}}{12}a^3$ 이다.

❸ 엇각기둥의 부피 V_{anti}는 $V_{anti} = \frac{h}{6}\left(2A_n(a) + 4A_{2n}\left(\frac{a}{2}\right)\right) = \frac{nha^2}{12}\left(\cot\frac{\pi}{n} + \cot\frac{\pi}{2n}\right)$이다.

- $n=5$, $h = \frac{\sqrt{3}}{2}a$, $\cot\frac{\pi}{n} = \cot\frac{\pi}{5} = \cot 36°$, $\cot\frac{\pi}{2n} = \cot\frac{\pi}{10} = \cot 18°$ 이다.

- $\cot 36° = \frac{\cos 36°}{\sin 36°} = \frac{\frac{\sqrt{5}+1}{4}}{\frac{\sqrt{10-2\sqrt{5}}}{4}} = \frac{\sqrt{5}+1}{\sqrt{10-2\sqrt{5}}} = \frac{(5+\sqrt{5})(\sqrt{10+2\sqrt{5}}}{20}$ 이다.

- $\cot 18° = \frac{\cos 18°}{\sin 18°} = \frac{\frac{\sqrt{10+2\sqrt{5}}}{4}}{\frac{\sqrt{5}-1}{4}} = \frac{\sqrt{10+2\sqrt{5}}}{\sqrt{5}-1} = \frac{(\sqrt{5}+1)(\sqrt{10+2\sqrt{5}}}{4}$ 이다.

- $\cot 36° + \cot 18° = \frac{(10+6\sqrt{5})(\sqrt{10+2\sqrt{5}})}{20} = \frac{(5+3\sqrt{5})(\sqrt{10+2\sqrt{5}})}{10}$ 이다.

- 엇각기둥의 부피 V_{anti}는

$$V_{anti} = \frac{5\sqrt{3}}{24}\cdot\frac{5+3\sqrt{5}}{10}(\sqrt{10+2\sqrt{5}})a^3 = \frac{(5\sqrt{3}+3\sqrt{15})(\sqrt{10+2\sqrt{5}})}{48}a^3$$ 이다.

❹ 정20면체의 부피 V_{20}은

$$V_{20} = 2V_5 + V_{anti} = \frac{20+4\sqrt{5}+(5\sqrt{3}+3\sqrt{15})(\sqrt{10+2\sqrt{5}})}{48}a^3$$

❺ 첫 번째 방법과 표현하는 값은 다르지만 결과는 같다.

J63

3중으로 감소된 20면체
(Tridiminished Icosahedron)

3중으로 감소된 20면체(J63)는 8개의 면(5개의 정3각형, 3개의 정5각형), 9개의 꼭짓점, 15개의 모서리를 가지고 있다.

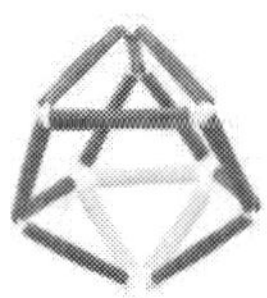

3중으로
감소된 20면체(J63)

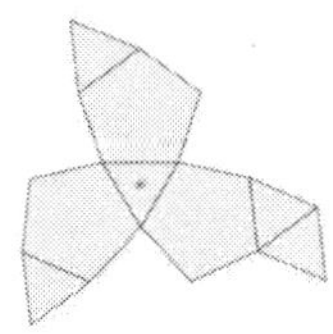

J63의 전개도

존슨입체도형 J63

또한, J63은 다음과 같이 표로 나타낼 수 있다.

[f_3는 존슨입체의 면이 3각형으로 이루어진 것을 나타냄]

분류	v	e	f	$v-e+f$	f_3	f_4	f_5	f_6	f_8	f_{10}
갯수	9	15	8	2	5	·	3	·	·	·

✔ J63은 $f_{3,5}$인 입체이다.

- 3중으로 감소된 20면체(J63)는 3개의 5각형 면이 형성되도록 정20면체로부터 3개의 꼭짓점을 제거하여 만들 수 있다.

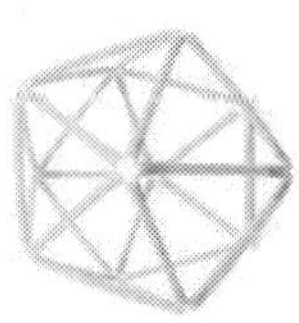

정20면체

3중으로
감소된 20면체(J63)

- 3중으로 감소된 20면체(J63)는 3가지 다른 종류의 3각형 면이 있는데, 이것은 3개의 5각형 면으로 둘러싸인 위쪽 3각형(top triangle), 3개의 3각형으로 둘러싸인 아래쪽 3각형(bottom triangle), 그리고 아래쪽 3각형을 둘러싼 3개의 측면 3각형들(lateral triangles)이 있다.

꼭짓점의 균등성이 없기 때문에, 3중으로 감쇠된 20면체(J63)에는 대칭의 단일 축, 즉 위와 아래의 3각형을 통과하는 선 주위의 3-회전 대칭만 있다. 위쪽 3각형에 4면체를 이용하여 증강시키면 또 다른 존슨 입체인 증강된 3중으로 감소된 20면체(J64)를 형성할 수 있다.

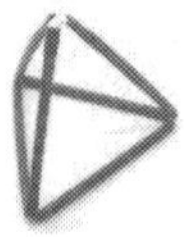

4면체

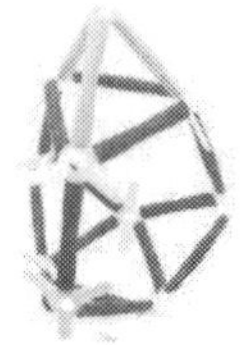

증강된 3중으로
감소된 20면체(J64)

- J63의 쌍대인 9면체(enneahedron)는 9개의 면(3개의 연, 6개의 3각형), 8개의 꼭짓점, 15개의 모서리를 갖는 다면체이다.

J63의 쌍대 그림

- 관련된 다포체[36](polytope)는 확장된 24-셀(snub 24-cell)로 120개의 정4면체와 24개의 20면체로 이루어진 볼록하고 균일한 4차원 다포체(convex uniform 4-polytope)이다.

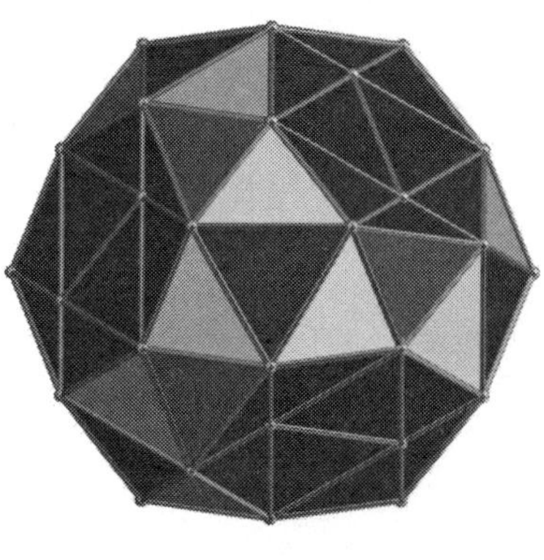

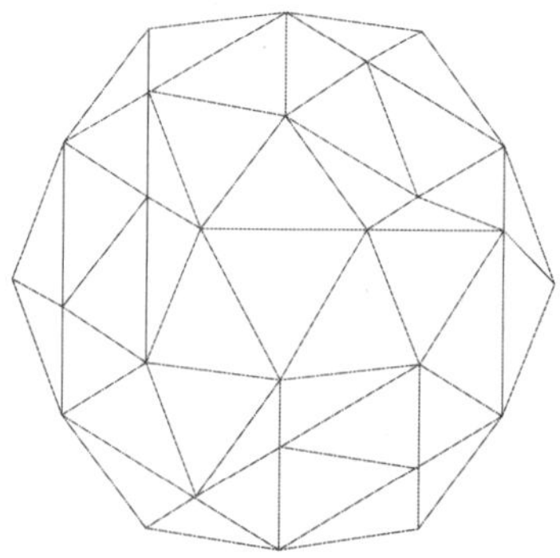

36) 여러 개의 셀(cell)로 이루어진 4차원 입체

J64 증강된 3중으로 감소된 20면체 (Augmented Tridiminished Icosahedron)

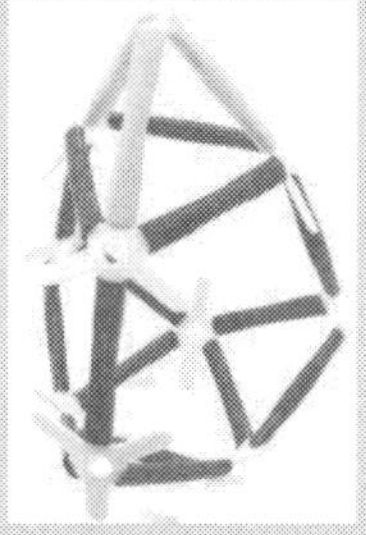

증강된 3중으로 감소된 20면체(J64)는 10개의 면(7개의 3각형, 3개의 5각형), 10개의 꼭짓점, 18개의 모서리를 가지고 있다.

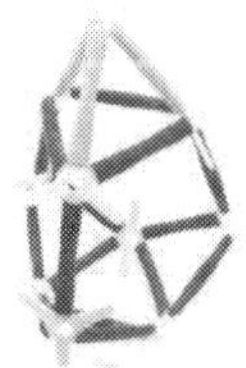

증강된 3중으로
감소된 20면체(J64)

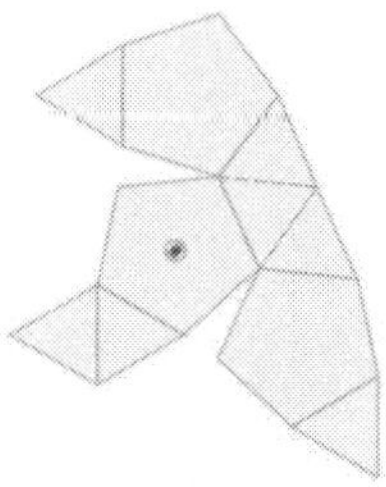

J64의 전개도

존슨입체도형 J64

또한, J64는 다음과 같이 표로 나타낼 수 있다.

[f_3는 존슨입체의 면이 3각형으로 이루어진 것을 나타냄]

분류	v	e	f	$v-e+f$	f_3	f_4	f_5	f_6	f_8	f_{10}
갯수	10	18	10	2	7	·	3	·	·	·

✔ J64는 $f_{3,5}$인 입체이다.

- 증강된 3중으로 감소된 20면체(J64)는 3중으로 감소된 20면체(J63)를 4면체(3각뿔)로 증강하여 만들 수 있다.

3중으로
감소된 20면체(J63)

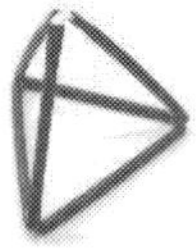

4면체

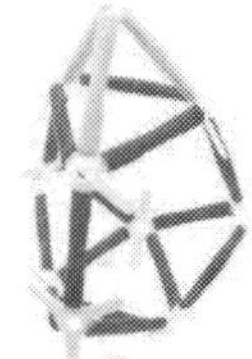

증강된 3중으로
감소된 20면체(J64)

- 증강된 3중으로 감소된 20면체(J64)는 꼭짓점의 균등성이 없기 때문에, 증강된 3중으로 감소된 20면체(J64)는 대칭의 단일 축이 있다: 정점과 아래쪽 3각형을 통과하는 선 주위의 3-회전 대칭이 있다.

J65 증강된 자른 4면체 (Augmented Truncated Tetrahedron)

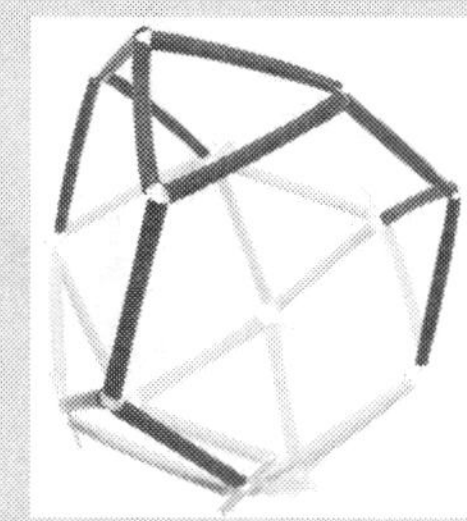

증강된 자른 4면체(Augmented Truncated[37] Tetrahedron, J65)는 14개의 면(8개의 3각형, 3개의 정4각형, 3개의 6각형), 15개의 꼭짓점, 27개의 모서리를 가지고 있다.

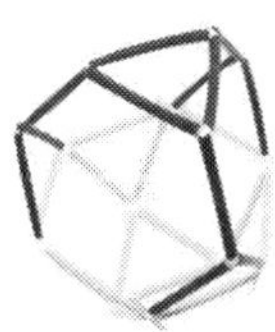

증강된 자른 4면체(J65)

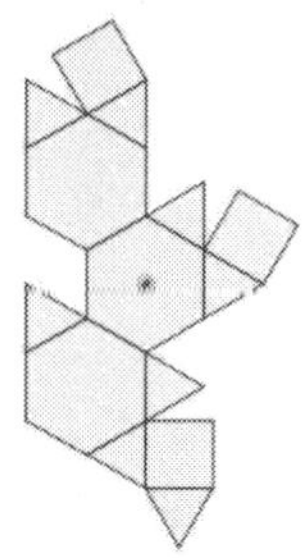

J65의 전개도

존슨입체도형 J65

또한, J65는 다음과 같이 표로 나타낼 수 있다.

[f_3는 존슨입체의 면이 3각형으로 이루어진 것을 나타냄]

분류	v	e	f	$v-e+f$	f_3	f_4	f_5	f_6	f_8	f_{10}
갯수	15	27	14	2	8	3	·	3	·	·

✔ J65는 $f_{3,4,6}$인 입체이다.

- 증강된 자른 4면체(J65)는 3각형 둥근 지붕(J3)을 가지고 자른 4면체를 증강시켜 만들 수 있다.

자른 4면체

3각형 둥근 지붕(J3)

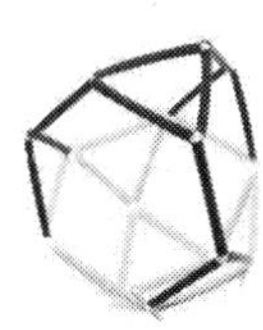

증강된 자른 4면체(J65)

37) 1. 끝을 자른 2. 일부를 줄인 3. 꼭짓점을 평면으로 자른

J66 증강된 자른 정6면체 (Augmented Truncated Cube)

증강된 자른 정6면체(J66)는 22개의 면(12개의 정3각형, 5개의 정4각형, 5개의 8각형), 28개의 꼭짓점, 48개의 모서리를 가지고 있다.

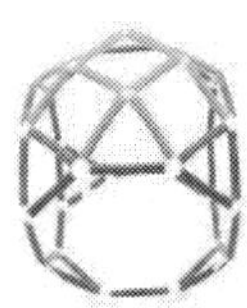

증강된
자른 정6면체(J66)

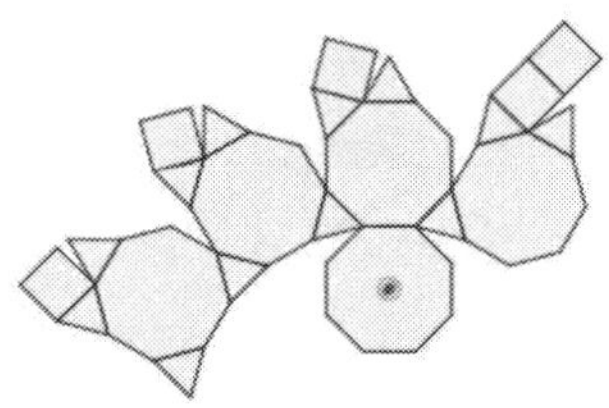

J66의 전개도

또한, J66은 다음과 같이 표로 나타낼 수 있다.

[f_3는 존슨입체의 면이 3각형으로 이루어진 것을 나타냄]

분류	v	e	f	$v-e+f$	f_3	f_4	f_5	f_6	f_8	f_{10}
갯수	28	48	22	2	12	5	·	·	5	·

✔ J66은 $f_{3,4,8}$인 입체이다.

- 증강된 자른 정6면체(J66)는 정4각형 둥근 지붕(J4)을 갖고 자른 정6면체를 증강하여 만들 수 있다.

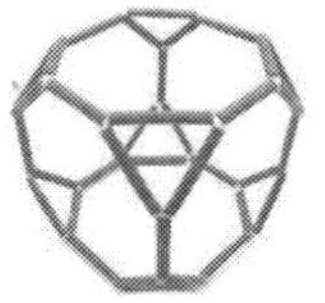
자른 정6면체

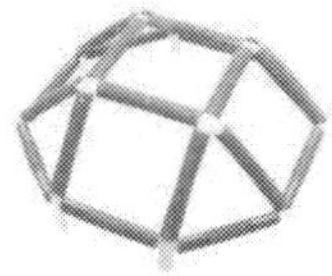
정4각형
둥근 지붕(J4)

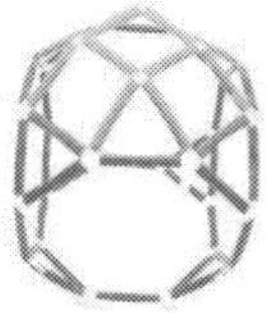
증강된
자른 정6면체(J66)

- 증강된 자른 정6면체(J66)에 2번째 정4각형 둥근 지붕(J4)을 반대쪽 면에 추가하면 2중 증강된 자른 정6면체(J67)를 만들 수 있다.

증강된
자른 정6면체(J66)

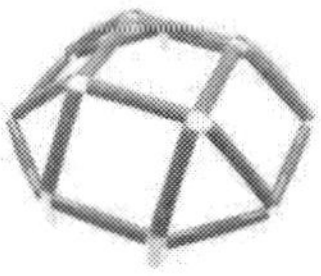
정4각형
둥근 지붕(J4)

2중 증강된
자른 정6면체(J67)

J67 2중 증강된 자른 정6면체 (Biaugmented Truncated Cube)

2중 증강된 자른 정6면체(J67)은 30개의 면(16개의 정3각형, 10개의 정4각형, 4개의 정8각형), 32개의 꼭짓점, 60개의 모서리를 가지고 있다.

2중 증강된
자른 정6면체(J67)

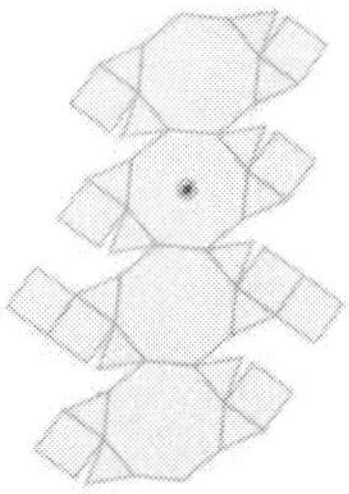

J67의 전개도

또한, J67은 다음과 같이 표로 나타낼 수 있다.
[f_3는 존슨입체의 면이 3각형으로 이루어진 것을 나타냄]

분류	v	e	f	$v-e+f$	f_3	f_4	f_5	f_6	f_8	f_{10}
갯수	32	60	30	2	16	10	·	·	4	·

✔ J67은 $f_{3,4,8}$인 입체이다.

- 2중 증강된 자른 정6면체(J67)은 반대쪽 변에 2개의 정4각형 둥근 지붕(J4)을 갖고 자른 정6면체를 증강시켜 만들 수 있다.

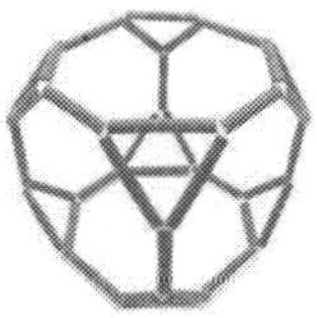

자른 정6면체

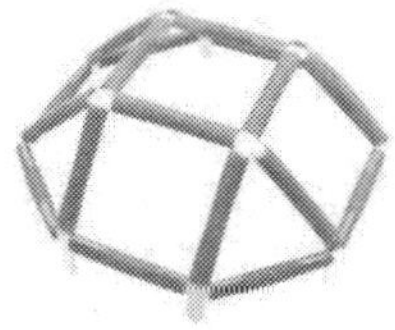

정4각형
둥근 지붕(J4)

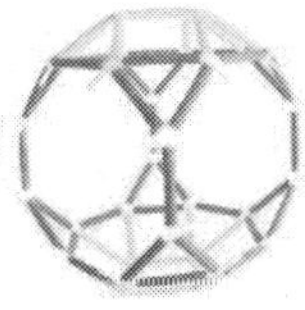

2중 증강된
자른 정6면체(J67)

- 2중 증강된 자른 정6면체(J67)에서 정4각형 둥근 지붕(J4)을 하나 제거한다면, 그것은 증강된 잘린 6면체(J66)이다.

2중 증강된
자른 정6면체(J67)

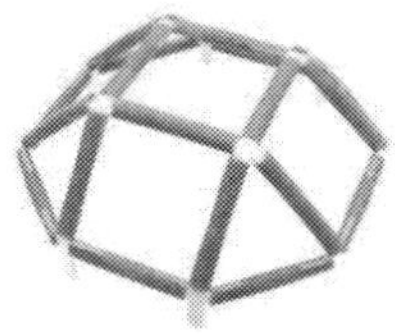

정4각형
둥근 지붕(J4)

증강된
자른 정6면체(J66)

J68 증강된 자른 12면체 (Augmented Truncated Dodecahedron)

증강된 자른 12면체(J68)는 42개의 면(25개의 3각형, 5개의 정4각형, 1개의 5각형. 11개의 10각형), 65개의 꼭짓점, 105개의 모서리를 가지고 있다.

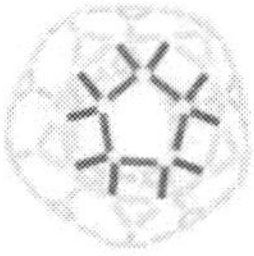

증강된 자른 12면체(J68)

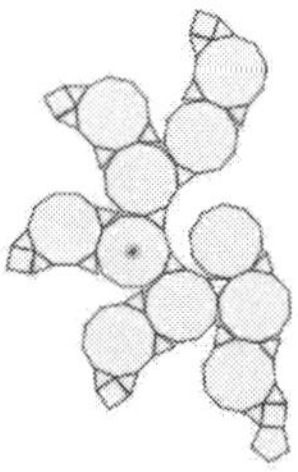

J68의 전개도

또한, J68은 다음과 같이 표로 나타낼 수 있다.

[f_3는 존슨입체의 면이 3각형으로 이루어진 것을 나타냄]

분류	v	e	f	$v-e+f$	f_3	f_4	f_5	f_6	f_8	f_{10}
갯수	65	105	42	2	25	5	1	·	·	11

✔ J68은 $f_{3,4,5,10}$인 입체이다.

- 증강된 자른 12면체(J68)는 5각형 둥근 지붕(J5)을 갖고 자른 12면체를 증강시켜 만들 수 있다.

자른 12면체

5각형 둥근 지붕(J5)

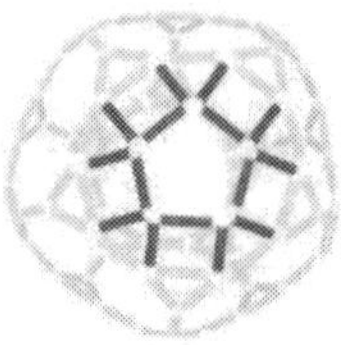

증강된 자른 12면체(J68)

- 증강된 자른 12면체(J68)의 반대쪽 10각형에 2번째 증강을 더하면 반대쪽으로 2중 증강된 자른 12면체(J69)를 만들 수 있다.

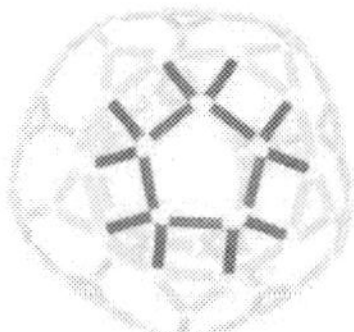

증강된 자른 12면체(J68)

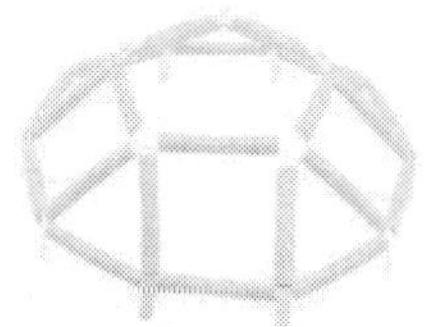

5각형 둥근 지붕(J5)

반대쪽으로 2중 증강된
자른 12면체(J69)

- 증강된 자른 12면체(J68)의 반대쪽이 아닌 인접하지 않은 10각형에 2번째 증강을 배치하면 양 옆으로 2중 증강된 자른 12면체(J70)를 만들 수 있다.

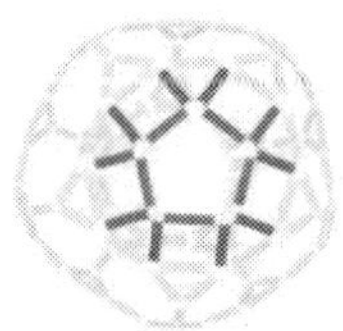

증강된 자른 12면체(J68)

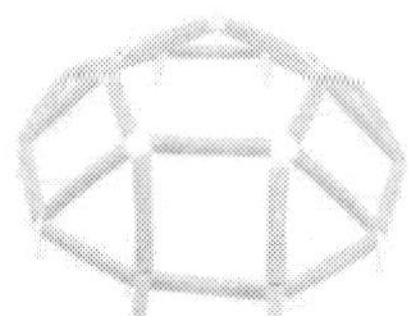

5각형 둥근 지붕(J5)

양 옆으로 2중 증강된
자른 12면체(J70)

마지막에 3번째 증강을 하여 3중으로 증강된 자른 12면체(J71)를 만들 수 있다.

양 옆으로 2중 증강된
자른 12면체(J70)

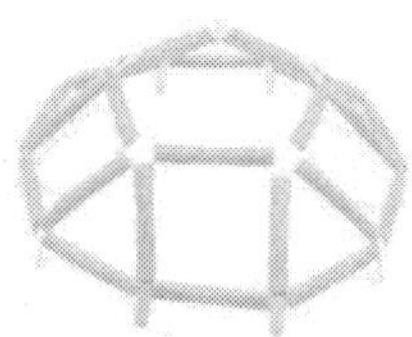

5각형
둥근 지붕(J5)

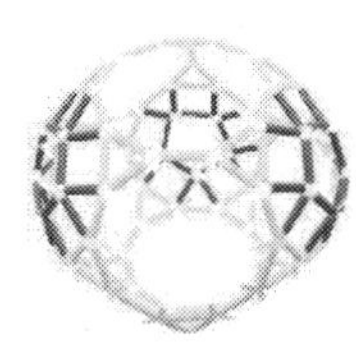

3중으로 증강된
자른 12면체(J71)

J69 반대쪽으로 2중 증강된 자른 12면체 (Parabiaugmented Truncated Dodecahedron)

반대쪽으로 2중 증강된 자른 12면체(J69)는 52개의 면(30개의 3각형, 10개의 정4각형, 2개의 5각형, 10개의 10각형), 70개의 꼭짓점, 120개의 모서리를 가지고 있다.

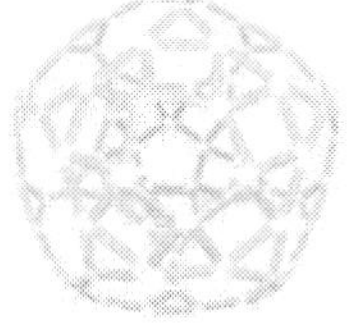

반대쪽으로 2중 증강된 자른 12면체(J69)

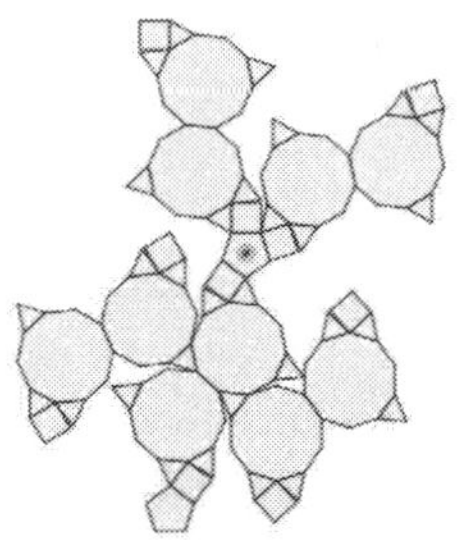

J69의 전개도

또한, J69는 다음과 같이 표로 나타낼 수 있다.

[f_3는 존슨입체의 면이 3각형으로 이루어진 것을 나타냄]

분류	v	e	f	$v-e+f$	f_3	f_4	f_5	f_6	f_8	f_{10}
갯수	70	120	52	2	30	10	2	·	·	10

✔ J69는 $f_{3,4,5,10}$인 입체이다.

- 반대쪽으로 2중 증강된 자른 12면체(J69)는 5각형 둥근 지붕(J5)을 갖고 자른 12면체의 2개의 반대쪽 10각형 면을 증강시켜 만들 수 있다.

자른 12면체

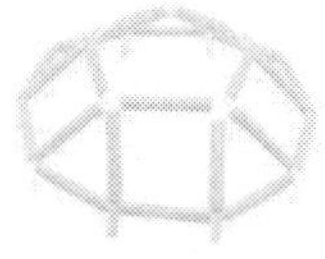
5각형 둥근 지붕(J5)

반대쪽으로 2중 증강된 자른 12면체(J69)

- 반대쪽으로 2중 증강된 자른 12면체(J69)에서 증강 하나를 제거하면, 결과는 증강된 자른 12면체(J68)이다.

반대쪽으로 2중 증강된 자른 12면체(J69)

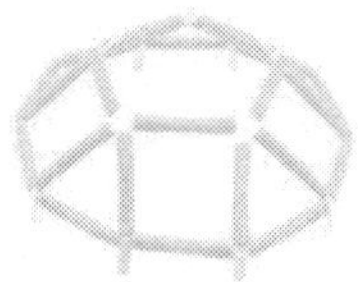
5각형 둥근 지붕(J5)

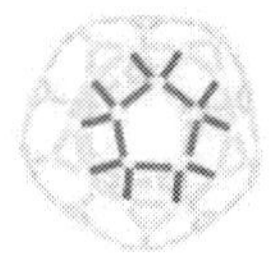
증강된 자른 12면체(J68)

J70 양 옆으로 2중 증강된 자른 12면체
(Metabiaugmented Truncated Dodecahedron)

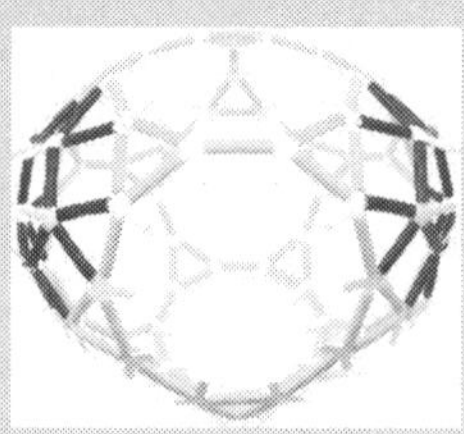

양 옆으로 2중 증강된 자른 12면체(J70)은 52개의 면(30개의 3각형, 10개의 정4각형, 2개의 5각형, 10개의 10각형), 70개의 꼭짓점, 120개의 모서리를 가지고 있다.

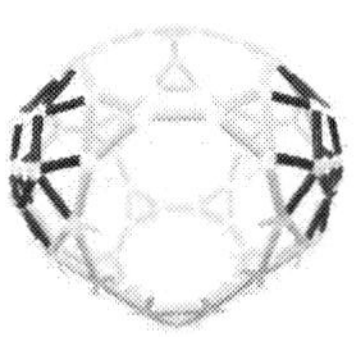

양 옆으로 2중 증강된 자른 12면체(J70)

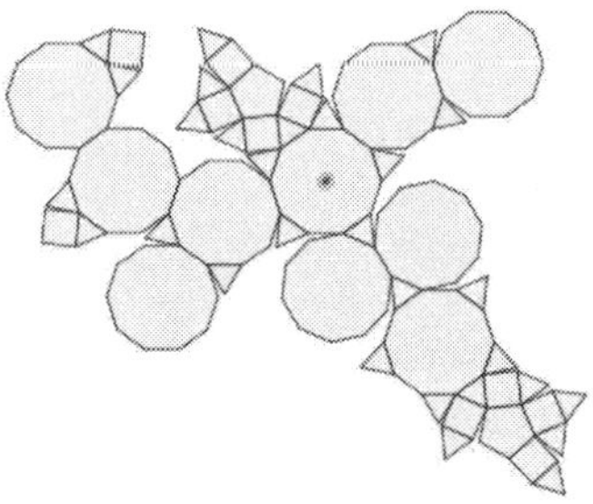

J70의 전개도

존슨입체도형 J70

또한, J70은 다음과 같이 표로 나타낼 수 있다.

[f_3는 존슨입체의 면이 3각형으로 이루어진 것을 나타냄]

분류	v	e	f	$v-e+f$	f_3	f_4	f_5	f_6	f_8	f_{10}
갯수	70	120	52	2	30	10	2	·	·	10

✔ J70은 $f_{3,4,5,10}$인 입체이다.

- 양 옆으로 2중 증강된 자른 12면체(J70)은 5각형 둥근 지붕(J5)을 가지고 잘린 12면체의 2개의 반대쪽에 없고 인접하지 않은 10각형 면을 증강하여 만들 수 있다.

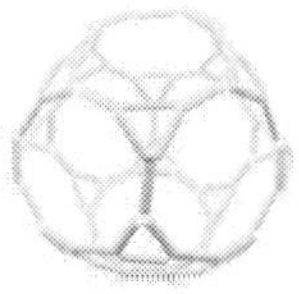

자른 12면체

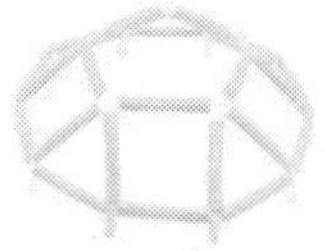

5각형
둥근 지붕(J5)

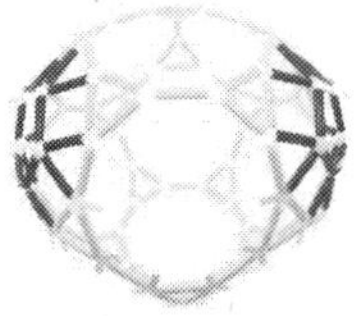

양 옆으로 2중 증강된
자른 12면체(J70)

- 양 옆으로 2중 증강된 자른 12면체(J70)의 증강 중 하나를 제거하면 증강된 자른 12면체(J68)가 그 결과로 나타난다. 3번째 증강은 기존의 증강과 인접하지 않은 10각형에 추가될 수 있으며, 3중으로 증강된 자른 12면체(J71)를 만들 수 있다.

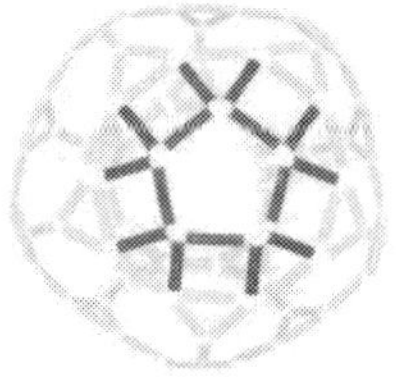

증강된 자른 12면체(J68)

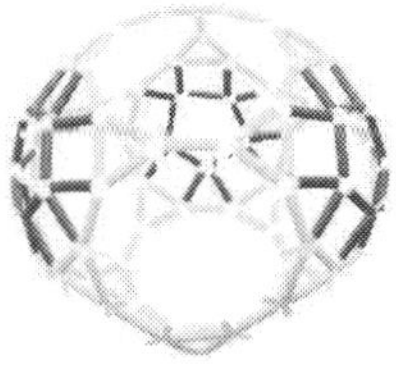

3중으로 증강된 자른 12면체(J71)

J71 3중으로 증강된 자른 12면체 (Triaugmented Truncated Dodecahedron)

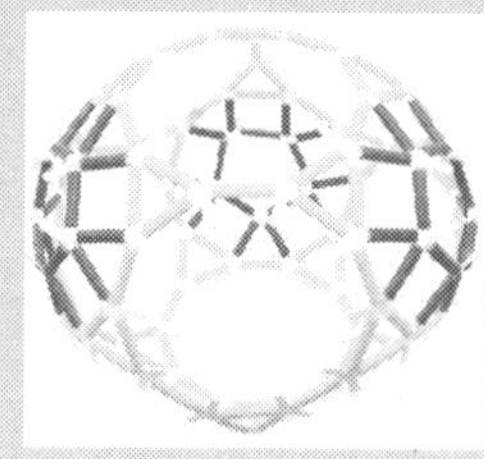

3중으로 증강된 자른 12면체(J71)는 62개의 면(35개의 3각형, 15개의 정4각형, 3개의 5각형, 9개의 10각형), 75개의 꼭짓점, 135개의 모서리를 가지고 있다.

3중으로 증강된
자른 12면체(J71)

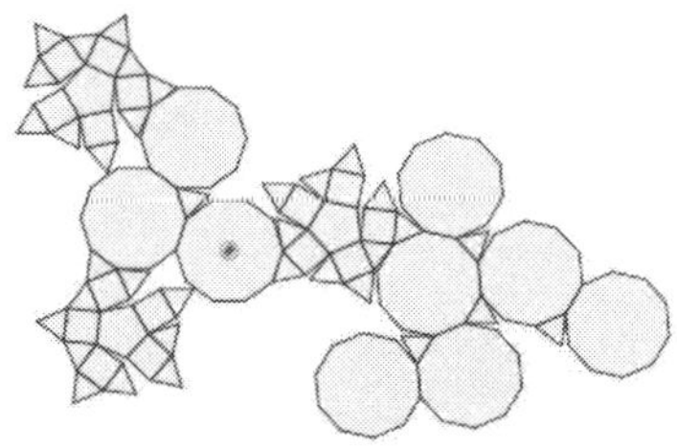

J71의 전개도

존슨입체도형 J71

또한, J71은 다음과 같이 표로 나타낼 수 있다.

[f_3는 존슨입체의 면이 3각형으로 이루어진 것을 나타냄]

분류	v	e	f	$v-e+f$	f_3	f_4	f_5	f_6	f_8	f_{10}
갯수	75	135	62	2	35	15	3	·	·	9

✔ J71은 $f_{3,4,5,10}$인 입체이다.

- 3중으로 증강된 자른 12면체(J71)는 5각형 둥근 지붕(J5)을 가지고 자른 12면체의 3개의 인접하지 않은 10각형 면을 증강시켜 만들 수 있다.

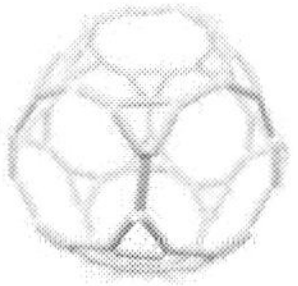

자른 12면체

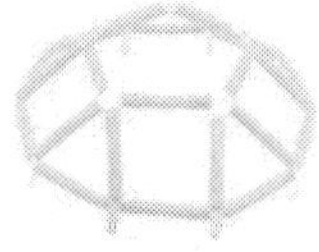

5각형 둥근 지붕(J5)

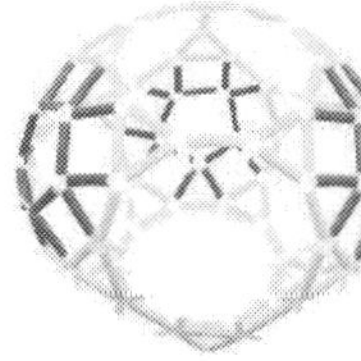

3중으로 증강된
자른 12면체(J71)

- 3중으로 증강된 자른 12면체(J71)의 증강 중 하나를 제거하면 양 옆으로 2중 증강된 자른 12면체(J70)를 만들 수 있다. 2개의 증강이 제거되면 남은 것은 증강된 자른 12면체(J68)이다.

양 옆으로 2중 증강된
자른 12면체(J70)

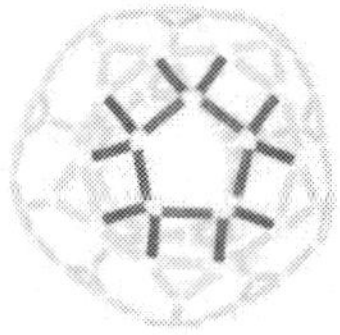

증강된 자른 12면체(J68)

J72 회전한 마름모12 · 20면체 (Gyrate Rhombicosido-decahedron)

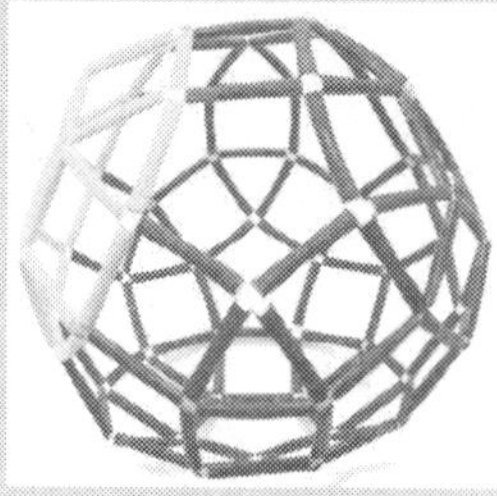

회전한 마름모12 · 20면체(J72)는 62개의 면(20개의 3각형, 30개의 정4각형, 12개의 5각형), 60개의 꼭짓점, 120개의 모서리를 가지고 있다.

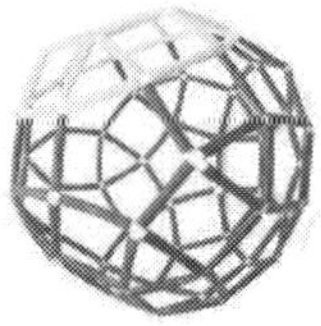

회전한 마름모12 · 20면체(J72)

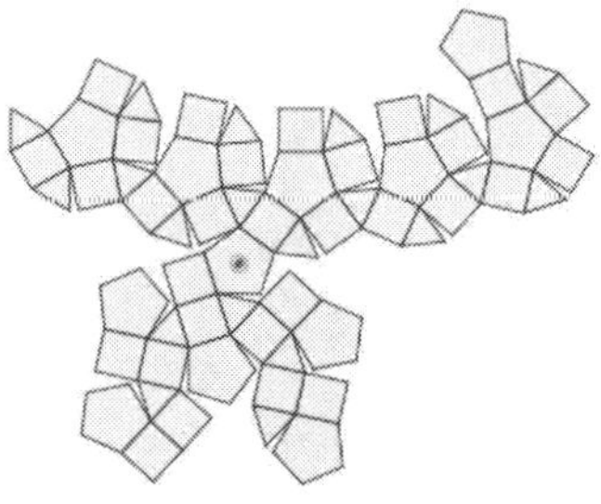

J72의 전개도

존슨입체도형 J72

또한, J72는 다음과 같이 표로 나타낼 수 있다.

[f_3는 존슨입체의 면이 3각형으로 이루어진 것을 나타냄]

분류	v	e	f	$v-e+f$	f_3	f_4	f_5	f_6	f_8	f_{10}
갯수	60	120	62	2	20	30	12	·	·	·

✔ J72는 $f_{3,4,5}$인 입체이다.

- 회전한 마름모12 · 20면체(J72)가 더 이상 꼭짓점-변형이 되지 않도록 5각형 둥근 지붕(J5) 부분 중 하나가 회전된 것을 제외하면 마름모12 · 20면체와 같다.

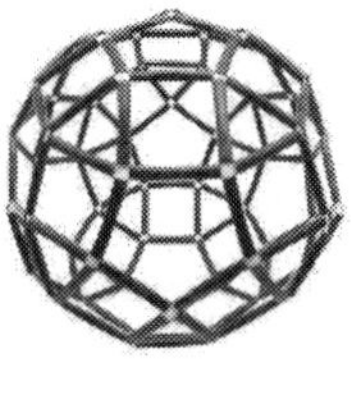

마름모12 · 20면체

5각형
둥근 지붕(J5)

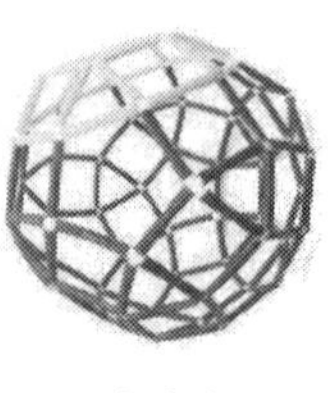

회전한
마름모12 · 20면체(J72)

- 회전한 마름모12 · 20면체(J72)는 마름모12 · 20면체와 매우 유사하지만, 5각형 둥근 지붕(J5)부분의 회전 구성에서 마름모12 · 20면체는 다각형의 배열이 5각형-4각형-5각형-3각형인 반면에 회전한 마름모12 · 20면체(J72)의 다각형의 배열은 5각형-4각형-4각형-3각형이다.

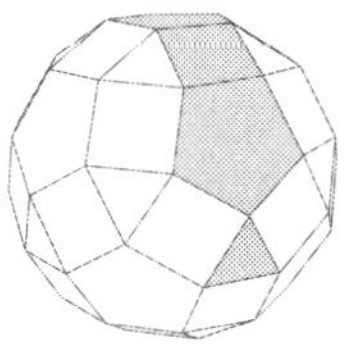

마름모12 · 20면체

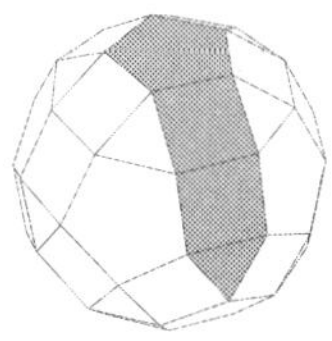

회전한 마름모12 · 20면체(J72)

☆ 마름모 12 · 20면체[38]의 외접구(외접원)의 반지름, 넓이, 부피 구하기

- 마름모12 · 20면체(작은 마름모12 · 20면체)는 62개의 면(20개의 정3각형, 30개의 정4각형, 12개의 정5각형), 60개의 꼭짓점, 120개의 모서리로 이루어진 아르키메데스 입체이다.

❶ 한 변의 길이가 a인 마름모12 · 20면체의 외접원의 반지름의 길이 R은

$R=\frac{\sqrt{11+4\sqrt{5}}}{2}a \approx 2.233a$ 이다.

✍ 한 모서리의 길이가 2인 마름모12 · 20면체의 데카르트 좌표는 다음과 같다.

$(\pm 1, \pm 1, \pm\varphi^3), (\pm\varphi^2, \pm\varphi, \pm 2\varphi), (\pm(2+\varphi), 0, \pm\varphi^2)$[단, $\varphi=\frac{\sqrt{5}+1}{2}$ 이다.]

- 마름모12 · 20면체의 외접원의 반지름의 길이는 원점에서 이 점들까지의 공통거리이다.

즉, 한 모서리의 길이가 2이면 $\sqrt{\varphi^6+2}=\sqrt{8\varphi+7}=\sqrt{11+4\sqrt{5}}$ 이다.

[원점에서 $(\pm 1, \pm 1, \pm\varphi^3)$ 까지의 거리는 $\sqrt{1+1+\varphi^6}=\sqrt{\varphi^6+2}$ 이고,

원점에서 $(\pm(2+\varphi), 0, \pm\varphi^2)$ 까지의 거리는 [단, $\varphi^2-\varphi-1=0$, $\varphi^2=\varphi+1$ 이다.]

$\sqrt{(2+\varphi)^2+\varphi^4}=\sqrt{\varphi^4+\varphi^2+4\varphi+4}=\sqrt{\varphi^2+2\varphi+1+\varphi^2+4\varphi+4}=\sqrt{2\varphi^2+6\varphi+5}=\sqrt{8\varphi+7}$ 이다.]

---

38) https://en.wikipedia.org/wiki/Rhombicosidodecahedron

- 한 변의 길이가 a인 마름모12 · 20면체의 외접원의 반지름의 길이 R은

$$R=\frac{\sqrt{8\varphi+7}}{2}a=\frac{\sqrt{11+4\sqrt{5}}}{2}a$$ 이다.

❷ 마름모12 · 20면체의 중심에서 정3각형까지의 거리 h_3 구하기(3각뿔의 높이)

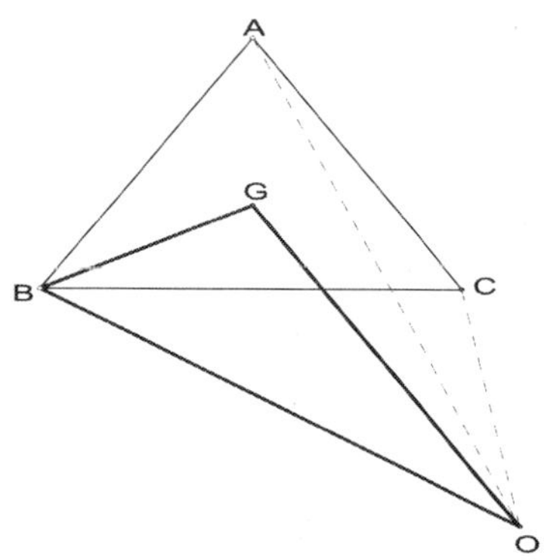

- 왼쪽 그림에서 마름모12 · 20면체의 중심은 O, 정3각형의 무게중심은 G 이다.
- 직각3각형 OBG에서 $\overline{OB}=R=\frac{\sqrt{11+4\sqrt{5}}}{2}a$,

  $\overline{BG}=\frac{\sqrt{3}}{3}a$, $\overline{OG}=h_3$ 이다.
- $\overline{OG}^2+\overline{BG}^2=\overline{OB}^2$ 이므로, $\overline{OG}^2=\overline{OB}^2-\overline{BG}^2$이다.
- $\overline{OG}=h_3=\sqrt{\left(\frac{\sqrt{11+4\sqrt{5}}}{2}a\right)^2-\left(\frac{\sqrt{3}}{3}a\right)^2}$ 이다.

  $=\sqrt{\frac{11+4\sqrt{5}}{4}a^2-\frac{1}{3}a^2}=\sqrt{\frac{29+12\sqrt{5}}{12}}a$

  $=\frac{\sqrt{29+2\sqrt{180}}}{\sqrt{12}}a=\frac{\sqrt{9}+\sqrt{20}}{2\sqrt{3}}a=\frac{3+2\sqrt{5}}{2\sqrt{3}}a$
- 3각뿔의 높이 h_3는 $h_3=\frac{3+2\sqrt{5}}{2\sqrt{3}}a$ 이다.

❸ 20개의 3각뿔의 부피 V_3 구하기

- 20개의 3각뿔의 부피 V_3 는

$$V_3=20\times\frac{1}{3}\times\frac{\sqrt{3}}{4}a^2\times\frac{3+2\sqrt{5}}{2\sqrt{3}}a=\frac{5(3+2\sqrt{5})}{6}a^3$$ 이다.

❹ 마름모12 · 20면체의 중심에서 정5각형까지의 거리 h_5 구하기(5각뿔의 높이)

<table>
<tr>
<td>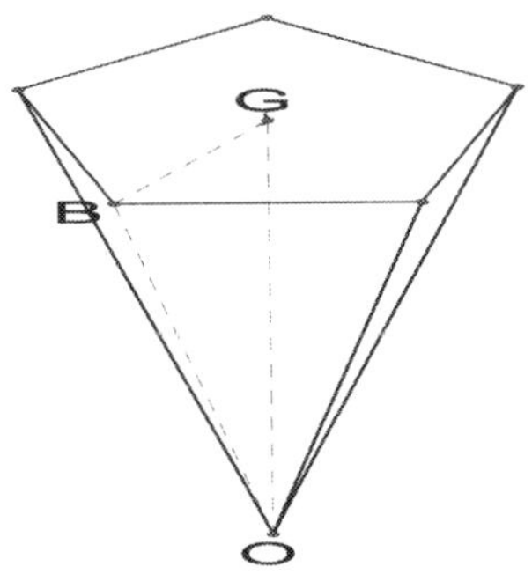
</td>
<td>

- 왼쪽 그림에서 마름모12 · 20면체의 중심은 O, 정5각형의 무게중심은 G 이다.

- 직각3각형 OBG에서 $\overline{OB}=R=\dfrac{\sqrt{11+4\sqrt{5}}}{2}a$,

$\overline{BG}=\dfrac{2}{\sqrt{10-2\sqrt{5}}}a$, $\overline{OG}=h_5$ 이다.

- $\overline{OG}^2+\overline{BG}^2=\overline{OB}^2$ 이므로, $\overline{OG}^2=\overline{OB}^2-\overline{BG}^2$이다.

- $\overline{OG}=h_5=\sqrt{\left(\dfrac{\sqrt{11+4\sqrt{5}}}{2}a\right)^2-\left(\dfrac{2}{\sqrt{10-2\sqrt{5}}}a\right)^2}$ 이다.

$=\sqrt{\dfrac{11+4\sqrt{5}}{4}a^2-\dfrac{4}{10-2\sqrt{5}}a^2}=\sqrt{\dfrac{45+18\sqrt{5}}{20}}a$

$=\dfrac{\sqrt{45+18\sqrt{5}}}{\sqrt{20}}a=\dfrac{\sqrt{9(5+2\sqrt{5})}}{2\sqrt{5}}a=\dfrac{3\sqrt{5+2\sqrt{5}}}{2\sqrt{5}}a$

- 5각뿔의 높이 h_5는 $h_5=\dfrac{3\sqrt{5+2\sqrt{5}}}{2\sqrt{5}}a$ 이다.

</td>
</tr>
<tr>
<td colspan="2">

❺ 12개의 5각뿔의 부피 V_5 구하기

- 12개의 5각뿔의 부피 V_5 는

$V_5=12\times\dfrac{1}{3}\times\dfrac{\sqrt{25+10\sqrt{5}}}{4}a^2\times\dfrac{3\sqrt{5+2\sqrt{5}}}{2\sqrt{5}}a$ 이다.

$=\dfrac{3(\sqrt{25+10\sqrt{5}})(\sqrt{5+2\sqrt{5}})}{2\sqrt{5}}a^3=\dfrac{3(10+5\sqrt{5})}{2\sqrt{5}}a^3=\dfrac{15+6\sqrt{5}}{2}a^3$

✍ $(\sqrt{25+10\sqrt{5}})(\sqrt{5+2\sqrt{5}})=\sqrt{125+50\sqrt{5}+50\sqrt{5}+100}$ 이다.

$=\sqrt{225+100\sqrt{5}}=\sqrt{225+2\sqrt{12500}}=10+5\sqrt{5}$

✍ 한 변의 길이가 a인 정5각형의 넓이는 $\dfrac{\sqrt{25+10\sqrt{5}}}{4}a^2$ 이다.

</td>
</tr>
</table>

❻ 마름모12 · 20면체의 중심에서 정4각형까지의 거리 h_4 구하기(4각뿔의 높이)

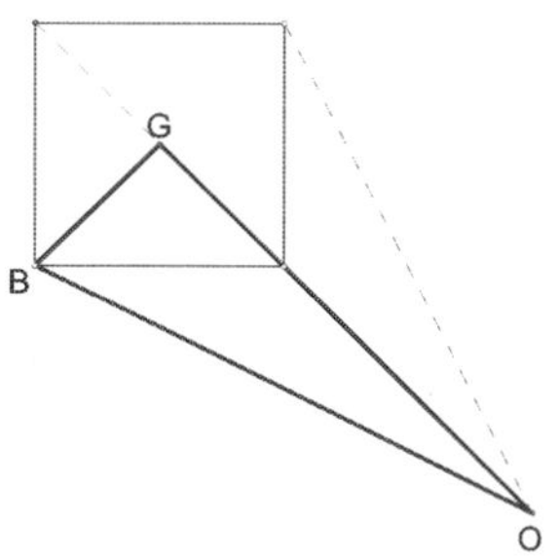

- 왼쪽 그림에서 마름모12 · 20면체의 중심은 O, 정4각형의 무게중심은 G 이다.
- 직각3각형 OBG에서 $\overline{OB}=R=\dfrac{\sqrt{11+4\sqrt{5}}}{2}a$,

$\overline{BG}=\dfrac{\sqrt{2}}{2}a$, $\overline{OG}=h_4$ 이다.

- $\overline{OG}^2+\overline{BG}^2=\overline{OB}^2$ 이므로, $\overline{OG}^2=\overline{OB}^2-\overline{BG}^2$이다.
- $\overline{OG}=h_4=\sqrt{\left(\dfrac{\sqrt{11+4\sqrt{5}}}{2}a\right)^2-\left(\dfrac{\sqrt{2}}{2}a\right)^2}$ 이다.

$$=\sqrt{\frac{11+4\sqrt{5}}{4}a^2-\frac{1}{2}a^2}=\sqrt{\frac{9+4\sqrt{5}}{4}}a$$
$$=\frac{\sqrt{9+4\sqrt{5}}}{2}a=\frac{\sqrt{9+2\sqrt{20}}}{2}a=\frac{2+\sqrt{5}}{2}a$$

- 4각뿔의 높이 h_4는 $h_4=\dfrac{2+\sqrt{5}}{2}a$ 이다.

❼ 30개의 4각뿔의 부피 V_4 구하기

- 30개의 4각뿔의 부피 V_4 는

$$V_4=30\times\frac{1}{3}\times a^2\times\frac{2+\sqrt{5}}{2}a=5(2+\sqrt{5})a^3=(10+5\sqrt{5})a^3 \text{ 이다.}$$

✍ 한 변의 길이가 a인 정4각형의 넓이는 a^2 이다.

❽ 마름모12 · 20면체의 부피 V는 $V=V_3+V_4+V_5$ 이다.

- $V=\dfrac{15+10\sqrt{5}}{6}a^3+(10+5\sqrt{5})a^3+\dfrac{15+6\sqrt{5}}{2}a^3=\dfrac{120+58\sqrt{5}}{6}a^3=\dfrac{60+29\sqrt{5}}{3}a^3$ 이다.

- 따라서, 마름모12 · 20면체의 부피 V는 $V=\dfrac{60+29\sqrt{5}}{3}a^3$ 이다.

❾ 마름모12 · 20면체의 넓이 S는 $S=S_3+S_4+S_5$ 이다.

- $S_3=20\times\dfrac{\sqrt{3}}{4}a^2=5\sqrt{3}a^2$, $S_4=30\times a^2=30a^2$,

$S_5=12\times\dfrac{\sqrt{25+10\sqrt{5}}}{4}a^2=3(\sqrt{25+10\sqrt{5}})a^2$ 이다.

- 마름모12 · 20면체의 넓이 S는 $S=(5\sqrt{3}+30+3\sqrt{25+10\sqrt{5}})a^2$ 이다.

J73 반대쪽으로 2중 회전한 마름모12 · 20면체 (Parabigyrate Rhombicosidodecahedron)

반대쪽으로 2중 회전한 마름모12 · 20면체(J73)은 62개의 면(20개의 3각형, 30개의 정4각형, 12개의 5각형), 60개의 꼭짓점, 120개의 모서리를 가지고 있다.

반대쪽으로 2중 회전한 마름모12 · 20면체(J73)

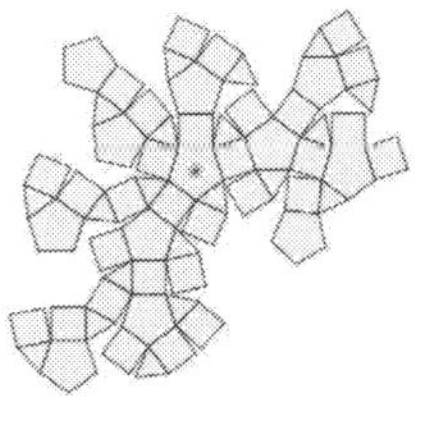
J73의 전개도

존슨입체도형 J73

또한, J73은 다음과 같이 표로 나타낼 수 있다.

[f_3는 존슨입체의 면이 3각형으로 이루어진 것을 나타냄]

분류	v	e	f	$v-e+f$	f_3	f_4	f_5	f_6	f_8	f_{10}
갯수	60	120	62	2	20	30	12	·	·	·

✔ J73은 $f_{3,4,5}$인 입체이다.

- 반대쪽으로 2중 회전한 마름모12 · 20면체(J73)가 더 이상 꼭짓점-변형이 되지 않도록 5각형 둥근 지붕(J5) 부분 중 반대쪽에 있는 2개가 회전된 것을 제외하면 마름모12 · 20면체와 같다.

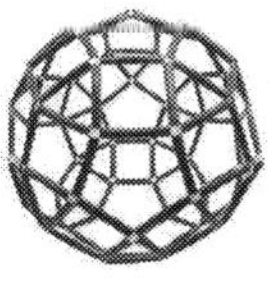
마름모12 · 20면체

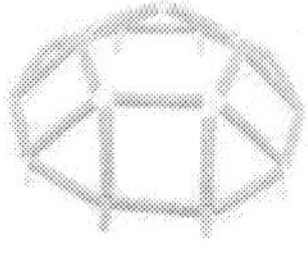
5각형 둥근 지붕(J5)

반대쪽으로 2중 회전한 마름모12 · 20면체(J73)

- 반대쪽으로 2중 회전한 마름모12 · 20면체(J73)는 마름모12 · 20면체와 매우 유사하지만 회전한 마름모12 · 20면체(J72)와 같고, 5각형 둥근 지붕(J5)부분의 회전 구성에서 마름모12 · 20면체는 다각형의 배열이 5각형-4각형-5각형-3각형인 반면에 반대쪽으로 2중 회전한 마름모12 · 20면체(J73)의 다각형의 배열은회전한 마름모12 · 20면체(J72)의 배열과 같은 5각형-4각형-4각형-3각형이다.

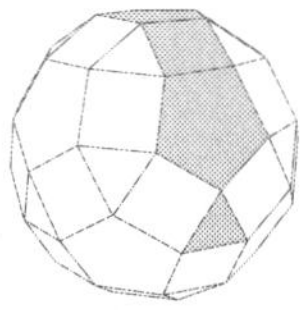

마름모12 · 20면체

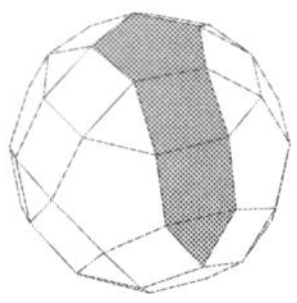

반대쪽으로 2중 회전한
마름모12 · 20면체(J73)

- 반대쪽으로 2중 회전한 마름모12 · 20면체(J73)은 상단과 하단의 회전 둥근 지붕 부분의 대응으로 인해 회전한 마름모12 · 20면체(J72)보다 다소 대칭적이다.

J74 양 옆으로 2중 회전한 마름모12 · 20면체 (Metabigyrate Rhombicosidodecahedron)

양 옆으로 2중 회전한 마름모12 · 20면체(J74)는 62개의 면(20개의 3각형, 30개의 정4각형, 12개의 5각형), 60개의 꼭짓점, 120개의 모서리를 가지고 있다.

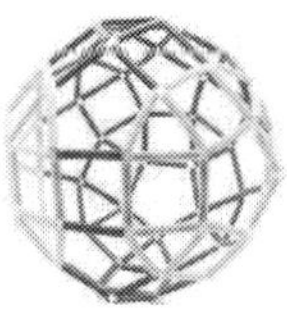

양 옆으로 회전한
마름모12 · 20면체(J74)

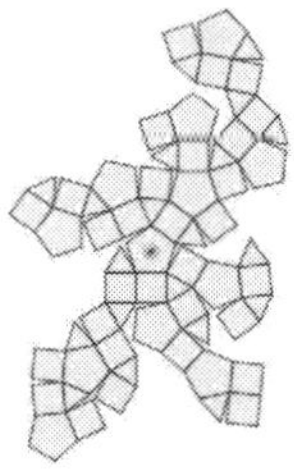

J74의 전개도

또한, J74는 다음과 같이 표로 나타낼 수 있다.

[f_3는 존슨입체의 면이 3각형으로 이루어진 것을 나타냄]

분류	v	e	f	$v-e+f$	f_3	f_4	f_5	f_6	f_8	f_{10}
갯수	60	120	62	2	20	30	12	·	·	·

✔ J74는 $f_{3,4,5}$인 입체이다.

- 양 옆으로 2중 회전한 마름모12 · 20면체(J74)는 2개의 경사진 5각형 둥근 지붕(J5) 부분을 회전시켜 다면체가 더 이상 꼭짓점-변형이 되지 않게 한 것을 제외하면, 마름모12 · 20면체와 마찬가지로 같다.

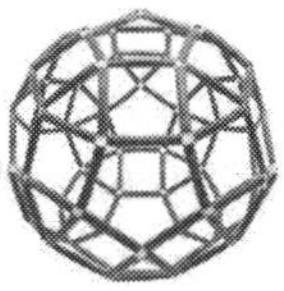

마름모12 · 20면체

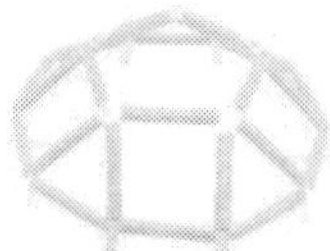

5각형
둥근 지붕(J5)

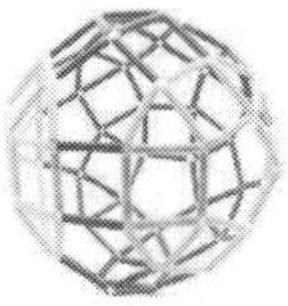

양 옆으로 회전한
마름모12 · 20면체(J74)

- 양 옆으로 2중 회전한 마름모12 · 20면체(J74)는 마름모12 · 20면체와 매우 유사하지만 5각형 둥근 지붕(J5)부분의 회전 구성에서 마름모12 · 20면체는 다각형의 배열이 5각형-4각형-5각형-4각형인 반면에 양 옆으로 2중 회전한 마름모12 · 20면체(J74)는 다각형의 배열은 모서리를 공유하는 3개의 인접한 정4각형 띠를 가지고 있다.

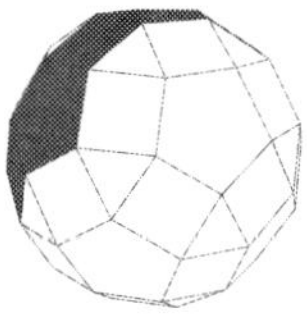

마름모12 · 20면체

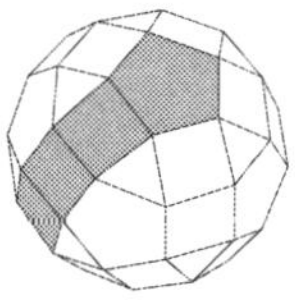

양 옆으로 2중 회전한
마름모12 · 20면체(J74)

J75 3중으로 회전한 마름모12 · 20면체 (Trigyrate Rhombicosidodecahedron)

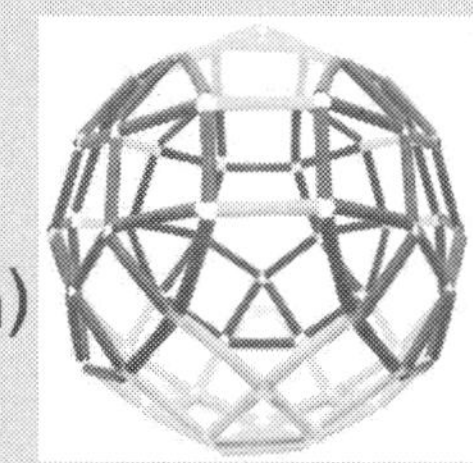

길게 늘린 정4각형 둥근 지붕(J19)은 18개의 면(4개의 정3각형, 13개의 정4각형, 1개의 8각형), 20개의 꼭짓점, 36개의 모서리를 가지고 있다.

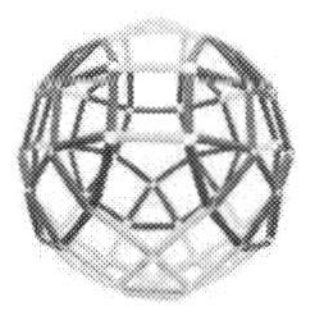

3중으로 회전한
마름모12 · 20면체(J75)

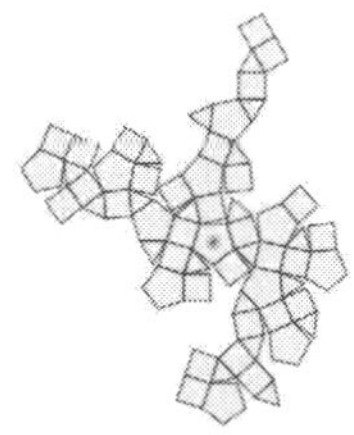

J75의 전개도

존슨입체도형 J75

또한, J75는 다음과 같이 표로 나타낼 수 있다.
[f_3는 존슨입체의 면이 3각형으로 이루어진 것을 나타냄]

분류	v	e	f	$v-e+f$	f_3	f_4	f_5	f_6	f_8	f_{10}
갯수	60	120	62	2	20	30	12	·	·	·

✔ J75는 $f_{3,4,5}$인 입체이다.

- 3중으로 회전한 마름모12 · 20면체(J75)는 더 이상 꼭짓점-변형이 되지 않도록 3개의 5각형 둥근 지붕(J5) 부분을 회전한 것을 제외하고, 마름모12 · 20면체와 마찬가지로 같다.

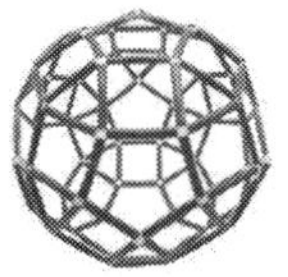

마름모12 · 20면체

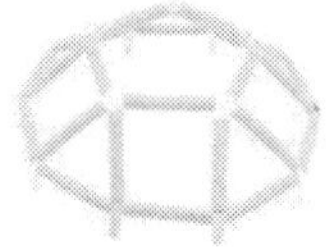

5각형
둥근 지붕(J5)

3중으로 회전한
마름모12 · 20면체(J75)

- 3중으로 회전한 마름모12 · 20면체(J75)는 마름모12 · 20면체와 매우 유사하지만 5각형 둥근 지붕(J5)부분의 회전 구성에서 마름모12 · 20면체는 다각형의 배열이 5각형-4각형-5각형-4각형인 반면에 양 옆으로 2중 회전한 마름모12 · 20면체(J74)는 다각형의 배열은 모서리를 공유하는 3개의 인접한 정4각형 띠를 가지고 있고, 3중으로 회전한 마름모12 · 20면체(J75)는 3개의 인접한 정4각형 띠를 5각형을 중심으로 3쌍(정4각형 9개)을 가지고 있다.

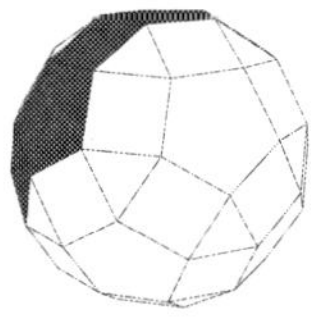

마름모12 · 20면체

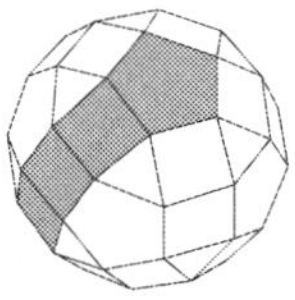

양 옆으로 2중 회전한
마름모12 · 20면체(J74)

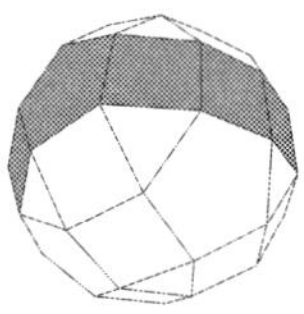

3중으로 회전한
마름모12 · 20면체(J75)

J76 감소된 마름모12 · 20면체 (Diminished Rhombicosidodecahedron)

감소된 마름모12 · 20면체(J76)는 52개의 면(15개의 3각형, 25개의 정4각형, 11개의 5각형, 1개의 10각형), 55개의 꼭짓점, 105개의 모서리를 가지고 있다.

감소된
마름모12 · 20면체(J76)

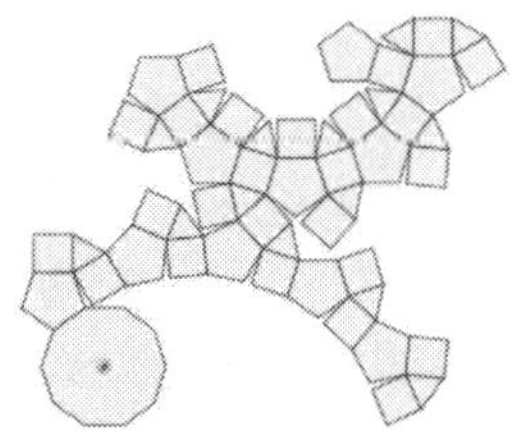

J76의 전개도

존슨입체도형 J76

또한, J76은 다음과 같이 표로 나타낼 수 있다.

[f_3는 존슨입체의 면이 3각형으로 이루어진 것을 나타냄]

분류	v	e	f	$v-e+f$	f_3	f_4	f_5	f_6	f_8	f_{10}
갯수	55	105	52	2	15	25	11	·	·	1

✔ J76은 $f_{3,4,5,10}$인 입체이다.

- 감소된 마름모12 · 20면체(J76)는 마름모12 · 20면체의 5각형 둥근 지붕(J5) 부분을 잘라서 만들 수 있다.

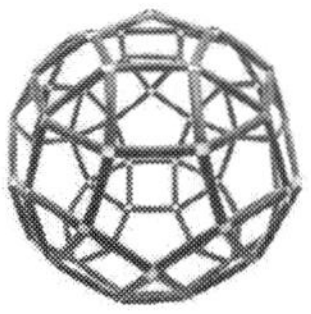

마름모12 · 20면체

5각형
둥근 지붕(J5)

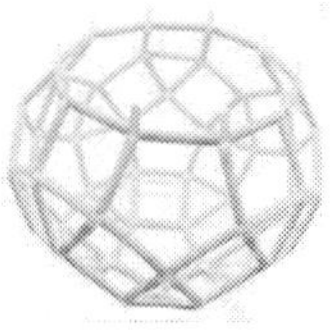

감소된
마름모12 · 20면체(J76)

- 감소된 마름모12 · 20면체(J76)는 10각형 면에 대해 반대쪽 변의 2번째 5각형 둥근 지붕(J5)을 자르면 반대쪽으로 2중 감소된 마름모12 · 20면체(J80)를 만들 수 있다. 10각형 바로 반대쪽에 있지 않은 둥근 지붕을 자르면 양 옆으로 2중 감소된 마름모12 · 20면체(J81)를 만들 수 있다.

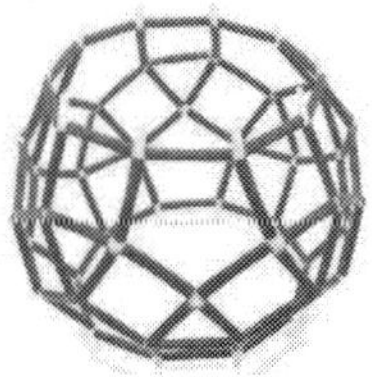

반대쪽으로 2중 감소된
마름모12 · 20면체(J80)

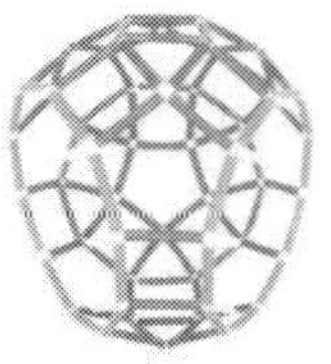

양 옆으로 2중 감소된
마름모12 · 20면체(J81)

J77 반대쪽으로 회전하고 감소된 마름모12 · 20면체
(Paragyrate Diminished Rhombicosidodecahedron)

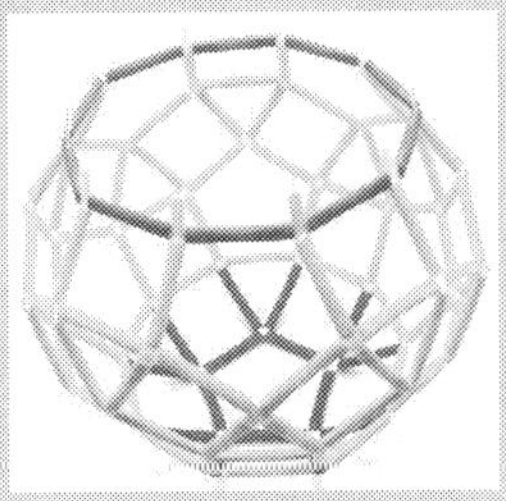

반대쪽으로 회전하고 감소된 마름모12 · 20면체(J77)는 52개의 면(15개의 3각형, 25개의 정4각형, 11개의 5각형, 1개의 10각형), 55개의 꼭짓점, 105개의 모서리를 가지고 있다.

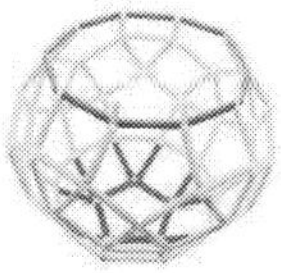

반대쪽으로 회전하여
감소된 마름모12 · 20면체(J77)

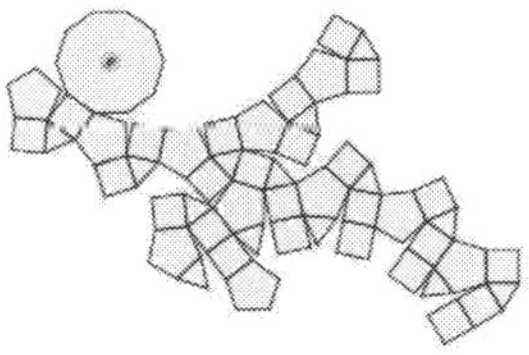

J77의 전개도

존슨입체도형 J77

또한, J77은 다음과 같이 표로 나타낼 수 있다.
[f_3는 존슨입체의 면이 3각형으로 이루어진 것을 나타냄]

분류	v	e	f	$v-e+f$	f_3	f_4	f_5	f_6	f_8	f_{10}
갯수	55	105	52	2	15	25	11	·	·	1

✔ J77은 $f_{3,4,5,10}$인 입체이다.

- 반대쪽으로 회전하고 감소된 마름모12 · 20면체(J77)는 반대쪽 5각형 둥근 지붕(J5)을 회전하고 마름모12 · 20면체에서 5각형 둥근 지붕(J5) 부분을 잘라 만들 수 있다.

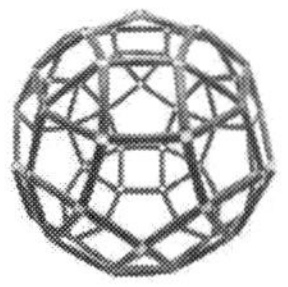

마름모12 · 20면체

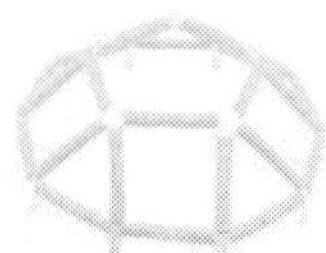

5각형
둥근 지붕(J5)

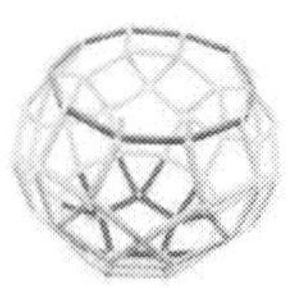

반대쪽으로 회전하여
감소된 마름모12 · 20면체(J77)

- 반대쪽으로 회전하고 감소된 마름모12 · 20면체(J77)는 감소된 마름모12 · 20면체(J76)와 매우 유사하지만 감소된 마름모12 · 20면체(J76)에 존재하지 않는 5개의 숨길 수 없는 인접 정4각형 쌍이 있어 구별할 수 있다. 즉, 연결되어 있는 다각형의 배열이 J76은 3각형-4각형으로 연결되어있고, J77은 4각형-4각형으로 연결되어 있다.

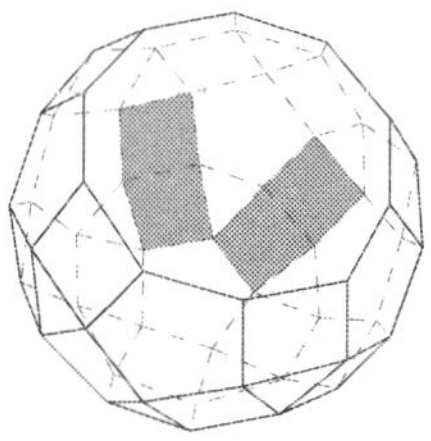

반대쪽으로 회전하고
감소된 마름모12 · 20면체(J77)

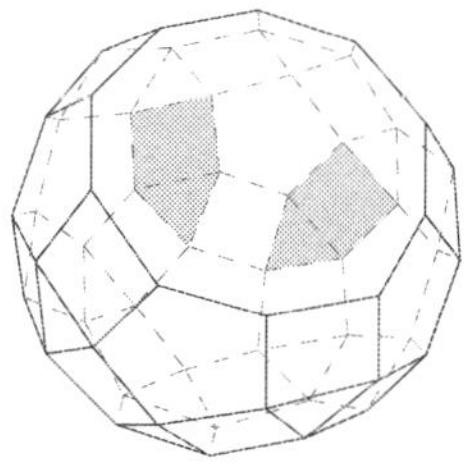

감소된
마름모12 · 20면체(J76)

J78 엷에서 회전하고 감소된 마름모 12 · 20면체

(Metagyrate Diminished Rhombicosidodecahedron)

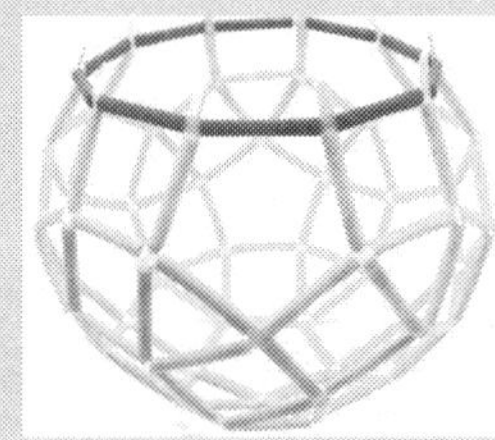

엷에서 회전하고 감소된 마름모12 · 20면체(J78)는 52개의 면(15개의 3각형, 25개의 정4각형, 11개의 5각형, 1개의 10각형), 55개의 꼭짓점, 105개의 모서리를 가지고 있다.

엷에서 회전하고
감소된 마름모12 · 20면체(J78)

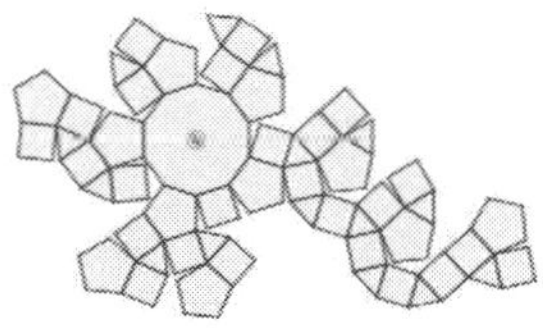

J78의 전개도

존슨입체도형 J78

또한, J78은 다음과 같이 표로 나타낼 수 있다.

[f_3는 존슨입체의 면이 3각형으로 이루어진 것을 나타냄]

분류	v	e	f	$v-e+f$	f_3	f_4	f_5	f_6	f_8	f_{10}
갯수	55	105	52	2	15	25	11	·	·	1

✔ J78은 $f_{3,4,5,10}$인 입체이다.

- 옆에서 회전하고 감소된 마름모12 · 20면체(J78)는 마름모12 · 20면체에서 5각형 둥근 지붕(J5) 부분을 자르고 10각형 면 바로 맞은편에 있지 않은 5각형 둥근 지붕(J5) 부분을 회전하여 만들 수 있다.

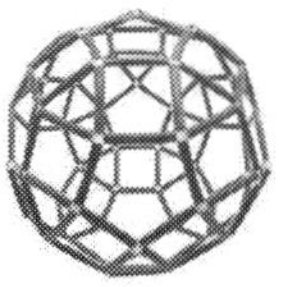

마름모12 · 20면체

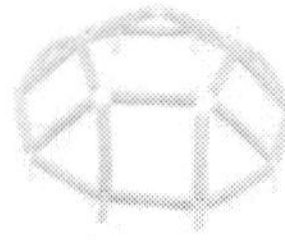

5각형
둥근 지붕(J5)

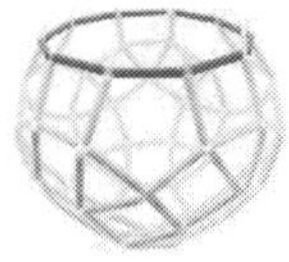

옆에서 회전하고
감소된 마름모12 · 20면체(J78)

- 옆에서 회전하고 감소된 마름모12 · 20면체(J78)는 감소된 마름모12 · 20면체(J76)와 매우 유사하지만 감소된 마름모12 · 20면체(J76)에 존재하지 않는 5개의 숨길 수 없는 인접 정4각형 쌍이 있어 구별할 수 있다. 즉, 연결되어 있는 다각형의 배열이 J76은 3각형-4각형으로 연결되어있고, J78은 4각형-4각형으로 연결되어 있다.

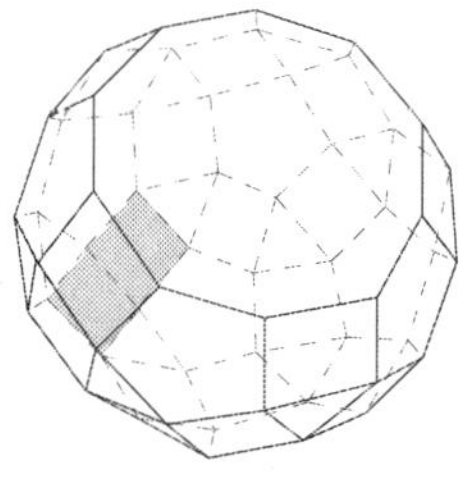

옆에서 회전하고 감소된
마름모12 · 20면체(J78)

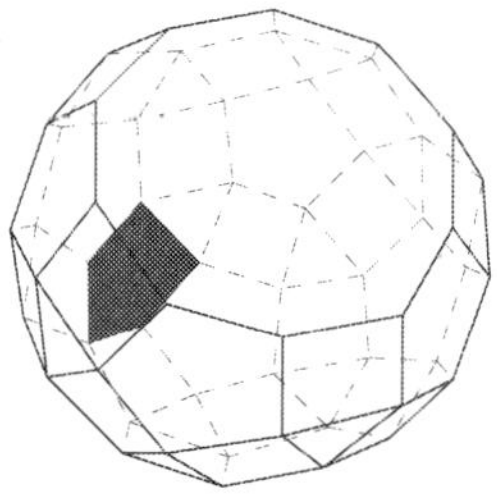

감소된
마름모12 · 20면체(J76)

J79 2중으로 회전하고 감소된 마름모 12 · 20면체 (Bigyrate Diminished Rhombicosidodecahedron)

2중으로 회전하고 감소된 마름모12 · 20면체(J79)는 52개의 면(15개의 3각형, 25개의 정4각형, 11개의 5각형, 1개의 10각형), 55개의 꼭짓점, 105개의 모서리를 가지고 있다.

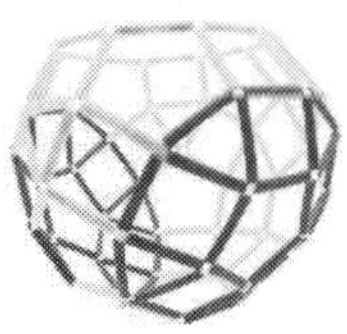

2중으로 회전하고
감소된 마름모12 · 20면체(J79)

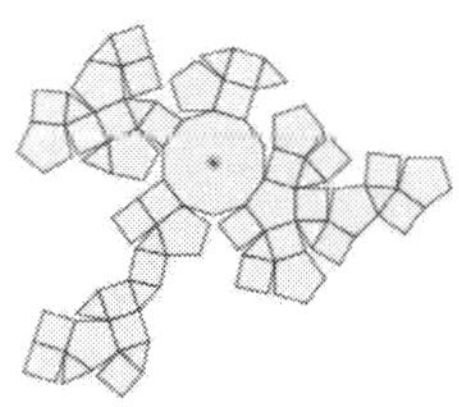

J79의 전개도

존슨입체도형 J79

또한, J79는 다음과 같이 표로 나타낼 수 있다.

[f_3는 존슨입체의 면이 3각형으로 이루어진 것을 나타냄]

분류	v	e	f	$v-e+f$	f_3	f_4	f_5	f_6	f_8	f_{10}
갯수	55	105	52	2	15	25	11	·	·	1

✔ J79는 $f_{3,4,5,10}$인 입체이다.

- 2중으로 회전하고 감소된 마름모12 · 20면체(J79)는 마름모12 · 20면체에서 양 옆의 아래쪽 2개의 5각형 둥근 지붕(J5) 부분을 36° 회전한 다음, 5각형 둥근 지붕(J5) 부분을 잘라서 만들 수 있다.

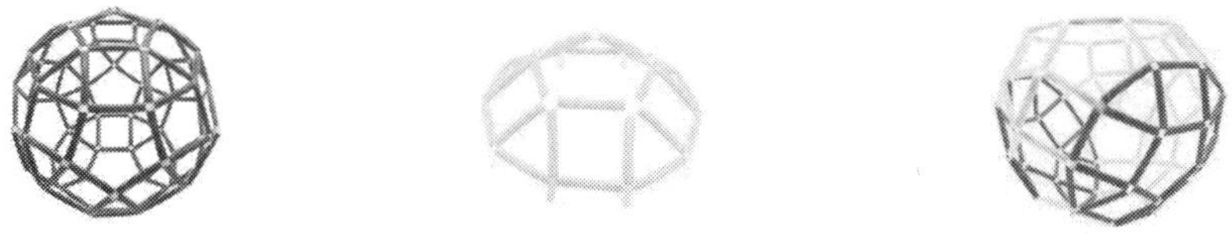

마름모12 · 20면체　　5각형 둥근 지붕(J5)　　2중으로 회전하여 감소된 마름모12 · 20면체(J79)

- 2중으로 회전하고 감소된 마름모12 · 20면체(J79)는 감소된 마름모12 · 20면체(J76)와 매우 유사하지만 감소된 마름모12 · 20면체(J76)에 존재하지 않는 5개의 숨길 수 없는 인접 정4각형 쌍이 있어 구별할 수 있다. 즉, 연결되어 있는 다각형의 배열이 J76은 3각형-4각형으로 연결되어있고, J79는 4각형-4각형으로 연결되어 있다.

2중으로 회전하고 감소된 마름모12 · 20면체(J79)　　감소된 마름모12 · 20면체(J76)

J80 반대쪽으로 2중 감소된 마름모12 · 20면체 (Parabidiminished Rhombicosidodecahedron)

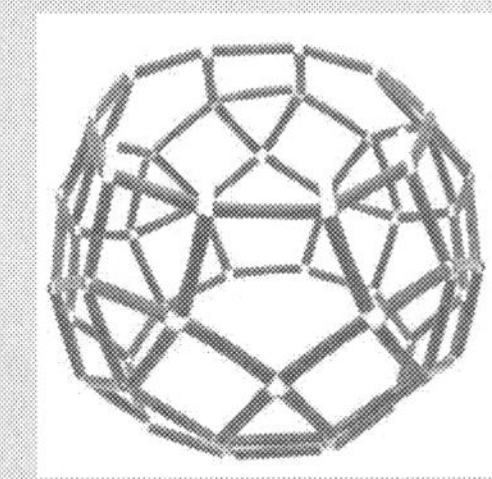

반대쪽으로 2중 감소된 마름모12 · 20면체(J80)는 42개의 면(10개의 3각형, 20개의 정4각형, 10개의 5각형, 2개의 10각형), 50개의 꼭짓점, 90개의 모서리를 가지고 있다.

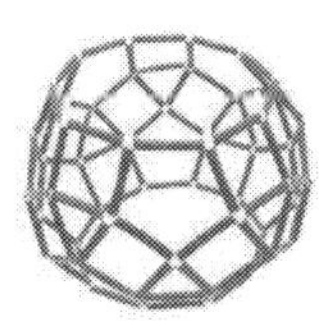

반대쪽으로 2중 감소된 마름모12 · 20면체(J80)

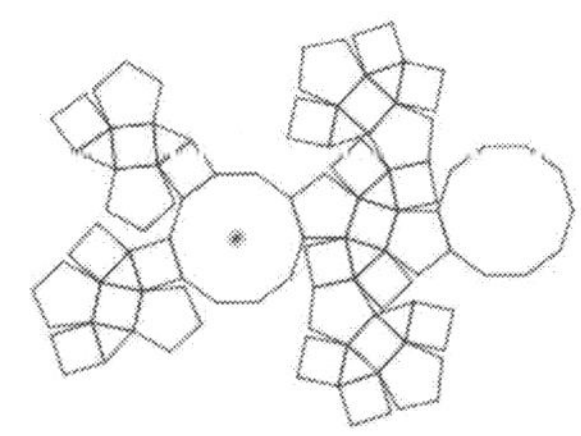

J80의 전개도

존슨입체도형 J80

또한, J80은 다음과 같이 표로 나타낼 수 있다.
[f_3는 존슨입체의 면이 3각형으로 이루어진 것을 나타냄]

분류	v	e	f	$v-e+f$	f_3	f_4	f_5	f_6	f_8	f_{10}
갯수	50	90	42	2	10	20	10	·	·	2

✔ J80은 $f_{3,4,5,10}$인 입체이다.

- 반대쪽으로 2중 감소된 마름모12 · 20면체(J80)는 마름모12 · 20면체의 반대쪽에서 2개의 5각형 둥근 지붕(J5) 부분을 잘라 만들 수 있다.

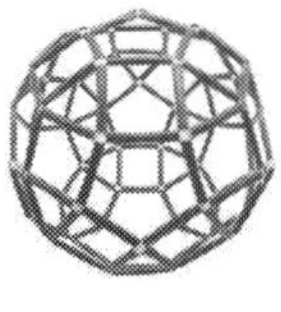
마름모12 · 20면체

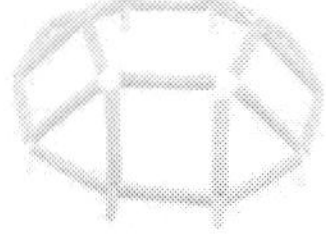
5각형
둥근 지붕(J5)

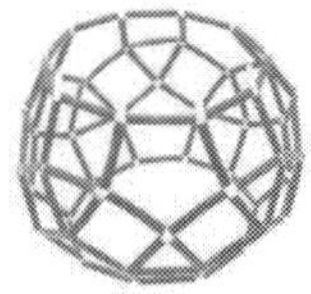
반대쪽으로 2중 감소된
마름모12 · 20면체(J80)

- 반대쪽으로 2중 감소된 마름모12 · 20면체(J80)와 관련된 존슨입체는 1개의 5각형 둥근 지붕(J5)를 제거하여 만든 감소된 마름모12 · 20면체(J76), 반대방향으로 있지 않은 2개의 5각형 둥근 지붕(J5)를 제거하여 만든 양옆으로 2중 감소된 마름모12 · 20면체(J81), 3개의 5각형 둥근 지붕(J5)을 제거하여 만든 3중으로 감소된 마름모12 · 20면체(J83)가 있다.

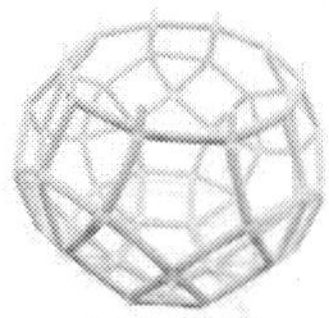
감소된
마름모12 · 20면체(J76)

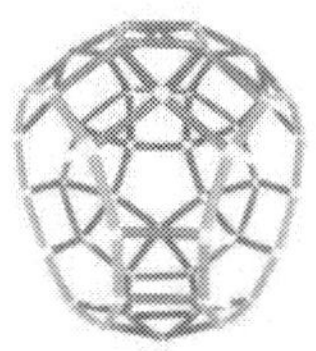
양옆으로 2중 감소된
마름모12 · 20면체(J81)

3중으로 감소된
마름모12 · 20면체(J83)

J81 양 옆으로 2중 감소된 마름모12 · 20면체 (Metabidiminished Rhombicosidodecahedron)

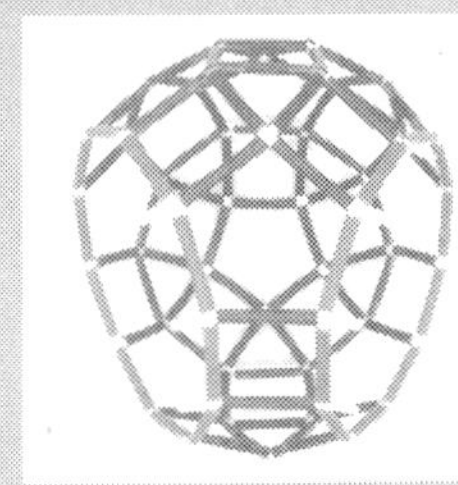

양 옆으로 2중 감소된 마름모 12 · 20면체(J81)는 42개의 면(10개의 3각형, 20개의 정4각형, 10개의 5각형, 2개의 10각형), 50개의 꼭짓점, 90개의 모서리를 가지고 있다.

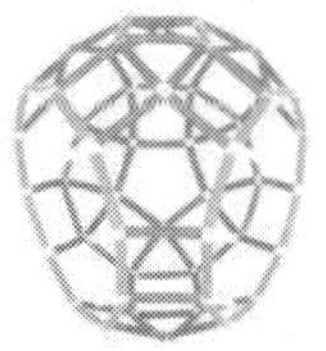

양 옆으로 2중 감소된 마름모 12 · 20면체(J81)

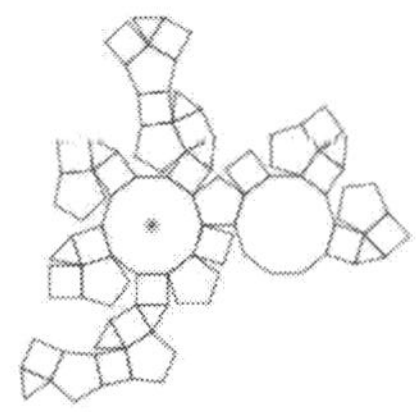

J81의 전개도

존슨입체도형 J81

또한, J81은 다음과 같이 표로 나타낼 수 있다.

[f_3는 존슨입체의 면이 3각형으로 이루어진 것을 나타냄]

분류	v	e	f	$v-e+f$	f_3	f_4	f_5	f_6	f_8	f_{10}
갯수	50	90	42	2	10	20	10	·	·	2

✔ J81은 $f_{3,4,5,10}$인 입체이다.

- 양 옆으로 2중 감소된 마름모 12 · 20면체(J81)는 2개의 평행하지 않은 10각형 면이 형성되도록 마름모12 · 20면체에서 반대쪽에 있지 않은 2개의 5각형 둥근 지붕(J5)을 제거하여 만들 수 있다.

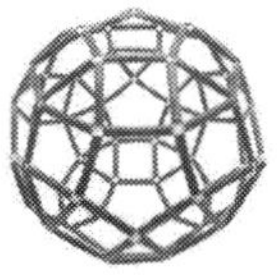

마름모12 · 20면체

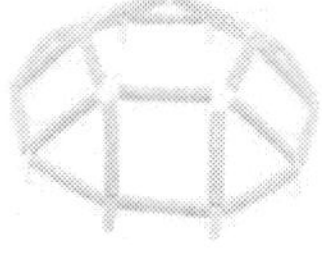

5각형
둥근 지붕(J5)

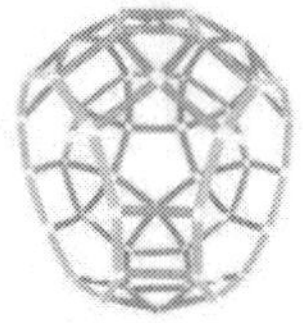

양 옆으로 2중 감소된
마름모 12 · 20면체(J81)

- 양 옆으로 2중 감소된 마름모 12 · 20면체(J81)는 20면체의 감소로 만들어지는 양 옆으로 2중 감소한 20면체(J62)와 유사한 방법으로 마름모12 · 20면체의 감소로 만들어진 것이다.

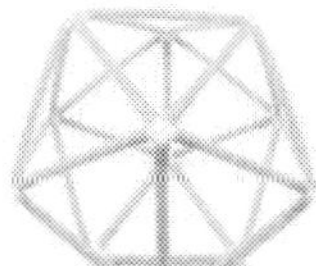

20면체

양 옆으로 2중
감소한 20면체(J62)

- 양 옆으로 2중 감소된 마름모 12 · 20면체(J81)와 관련된 존슨입체는 1개의 5각형 둥근 지붕(J5)을 제거하여 만든 감소된 마름모12 · 20면체(J76), 반대방향으로 있는 2개의 5각형 둥근 지붕(J5)을 제거하여 만든 반대쪽으로 2중 감소된 마름모12 · 20면체(J80), 반대에 있지 않은 2개의 둥근 지붕(J5)을 제거하고 1개의 둥근 지붕(J5)을 36° 회전하여 만든 회전 2중 감소된 마름모12 · 20면체(J82), 3개의 5각형 둥근 지붕(J5)을 제거하여 만든 3중으로 감소된 마름모12 · 20면체(J83)가 있다.

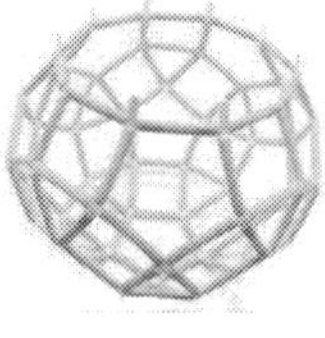

감소된
마름모12 · 20면체
(J76)

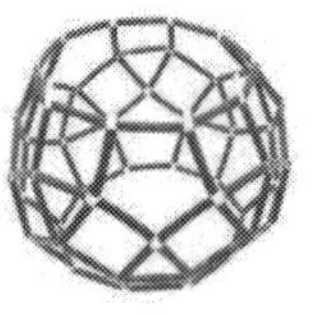

반대쪽으로 2중
감소된
마름모12 · 20면체
(J80)

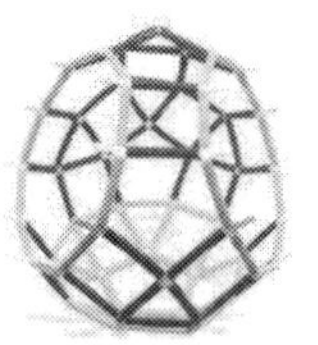

회전하여 2중으로
감소된
마름모12 · 20면체
(J82)

3중으로 감소된
마름모12 · 20면체
(J83)

J82 회전하여 2중으로 감소된 마름모 12 · 20면체
(Gyrate Bidiminished Rhombicosidodecahedron)

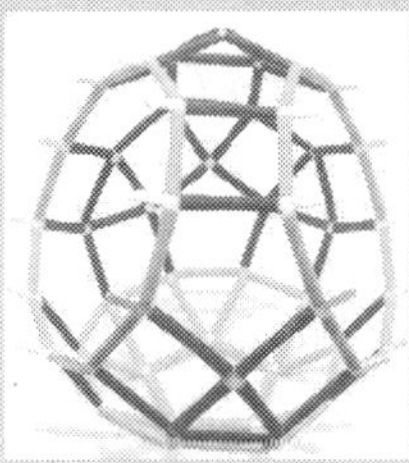

회전하여 2중으로 감소된 마름모12 · 20면체(J82)는 42개의 면(10개의 3각형, 20개의 정4각형, 10개의 5각형, 2개의 10각형), 50개의 꼭짓점, 90개의 모서리를 가지고 있다.

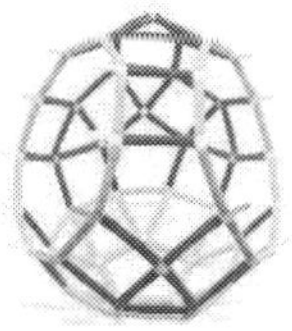

회전하여 2중으로 감소된
마름모12 · 20면체(J82)

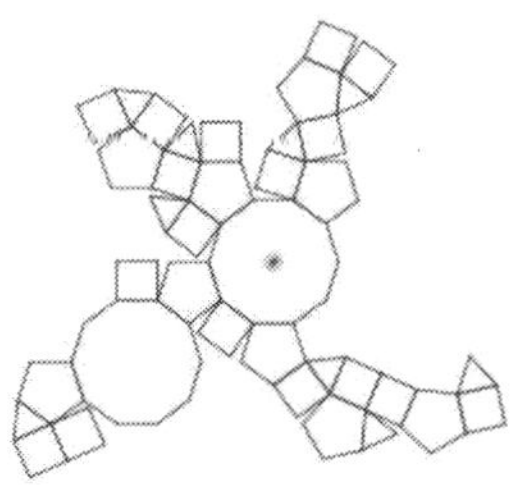

J82의 전개도

존슨입체도형 J82

또한, J82는 다음과 같이 표로 나타낼 수 있다.
[f_3는 존슨입체의 면이 3각형으로 이루어진 것을 나타냄]

분류	v	e	f	$v-e+f$	f_3	f_4	f_5	f_6	f_8	f_{10}
갯수	50	90	42	2	10	20	10	·	·	2

✔ J82는 $f_{3,4,5,10}$인 입체이다.

- 회전하여 2중으로 감소된 마름모12 · 20면체(J82)는 2개의 평행하지 않은 10각형 면이 형성되도록 마름모12 · 20면체에서 2개의 5각형 둥근 지붕(J5)을 제거하고, 감소되어 자르지 않은 나머지 5각형 둥근 지붕(J5) 부분 중 하나를 회전(36°)시켜 만들 수 있다.

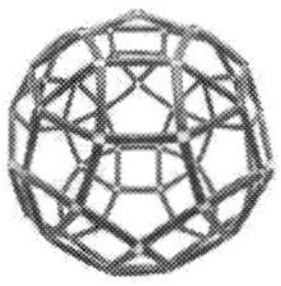

마름모12 · 20면체

5각형
둥근 지붕(J5)

회전하여 2중으로 감소된
마름모12 · 20면체(J82)

- 회전하여 2중으로 감소된 마름모12 · 20면체(J82)는 양 옆으로 2중 감소된 마름모 12 · 20면체(J81)의 5각형 둥근 지붕(J5) 부분 중 하나를 회전시켜 만들 수 있다.

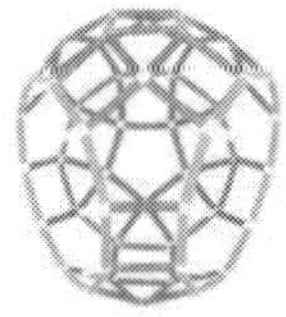

양 옆으로 2중 감소된
마름모12 · 20면체(J81)

회전하여 2중으로 감소된
마름모12 · 20면체(J82)

- 회전하여 2중으로 감소된 마름모12 · 20면체(J82)는 양 옆으로 2중 감소된 마름모12 · 20면체(J81)와 매우 유사하지만 양 옆으로 2중 감소된 마름모12 · 20면체(J81)에 존재하지 않는 5개의 숨길 수 없는 인접 정4각형 쌍이 있어 구별할 수 있다. 즉, 연결되어 있는 다각형의 배열이 J81은 3각형-4각형으로 연결되어있고, J82는 4각형-4각형으로 연결되어 있다.

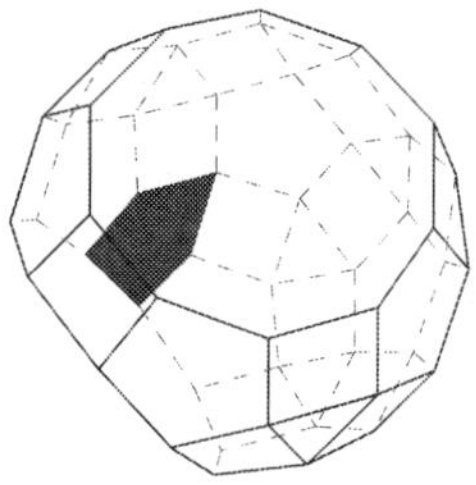

양 옆으로 2중 감소된
마름모12 · 20면체(J81)

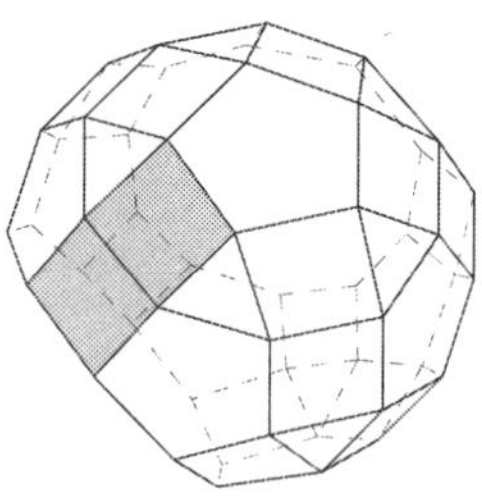

회전하여 2중으로 감소된
마름모12 · 20면체(J82)

J83 3중으로 감소된 마름모12 · 20면체 (Tridiminished Rhombicosidodecahedron)

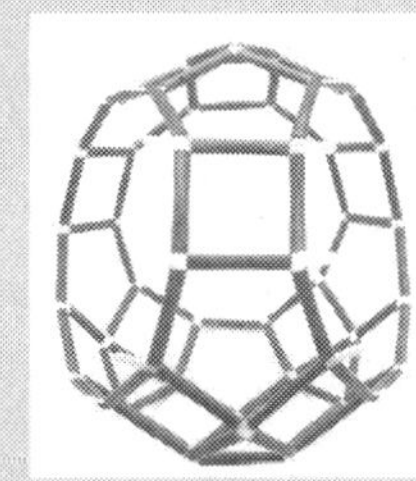

3중으로 감소된 마름모12 · 20면체(J83)는 32개의 면(5개의 3각형, 15개의 정4각형, 9개의 5각형, 3개의 10각형), 45개의 꼭짓점, 75개의 모서리를 가지고 있다.

3중으로 감소된
마름모12 · 20면체(J83)

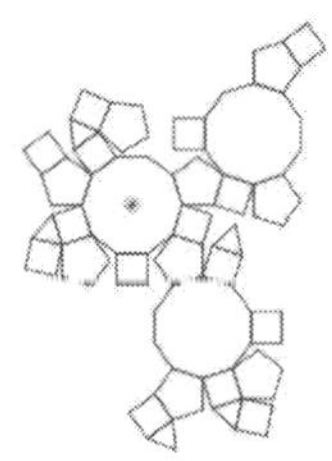

J83의 전개도

존슨입체도형 J83

또한, J83은 다음과 같이 표로 나타낼 수 있다.

[f_3는 존슨입체의 면이 3각형으로 이루어진 것을 나타냄]

분류	v	e	f	$v-e+f$	f_3	f_4	f_5	f_6	f_8	f_{10}
갯수	45	75	32	2	5	15	9	·	·	3

✔ J83은 $f_{3,4,5,10}$인 입체이다.

- 3중으로 감소된 마름모12 · 20면체(J83)는 마름모12 · 20면체에서 3개의 5각형 둥근 지붕(J5)을 제거하여 3개의 10각형 면을 형성하여 만들 수 있다.

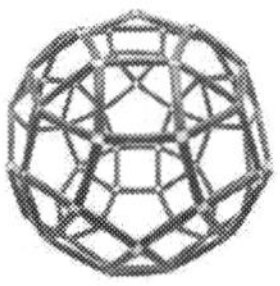
마름모12 · 20면체

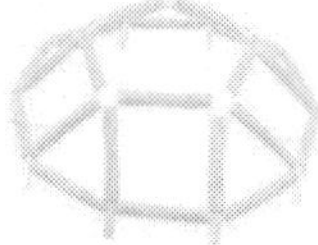
5각형
둥근 지붕(J5)

3중으로 감소된 마름모12 · 20면체(J83)

- 3중으로 감소된 마름모12 · 20면체(J83)는 20면체를 감소하여 만든 3중으로 감소한 20면체(J63)와 유사한 방식으로 마름모12 · 20면체를 감소하여 만들 수 있다.

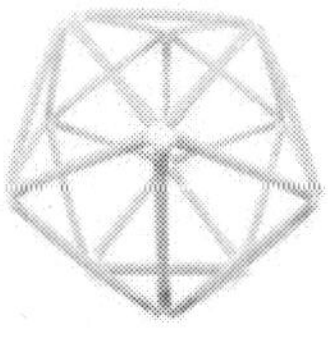
20면체

3중으로
감소한 20면체(J63)

- 3중으로 감소된 마름모12 · 20면체(J83)와 관련된 존슨입체는 1개의 5각형 둥근 지붕(J5)을 제거하여 만든 감소된 마름모12 · 20면체(J76), 반대방향으로 있는 2개의 5각형 둥근 지붕(J5)을 제거하여 만든 반대쪽으로 2중 감소된 마름모12 · 20면체(J80), 반대방향으로 있지 않은 2개의 5각형 둥근 지붕(J5)을 제거하여 만든 양옆으로 2중 감소된 마름모12 · 20면체(J81)가 있다.

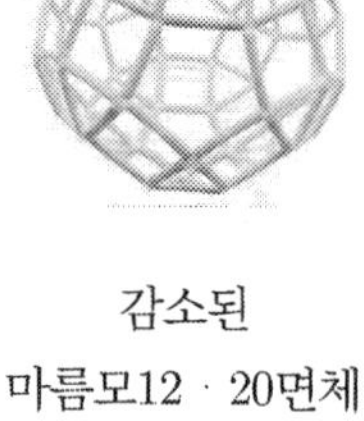
감소된
마름모12 · 20면체
(J76)

반대쪽으로 2중
감소된
마름모12 · 20면체
(J80)

양옆으로 2중 감소된
마름모12 · 20면체(J81)

J84 확장된 2중 쐐기 모양 (Snub Disphenoid)

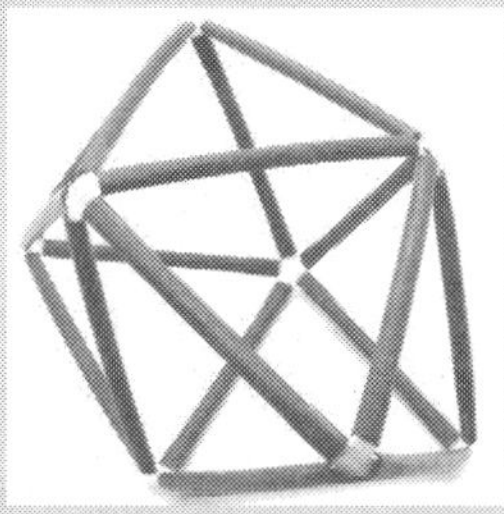

확장된 2중 쐐기 모양(J84)은 12개의 면(12개의 정3각형), 8개의 꼭짓점, 18개의 모서리를 가지고 있다.

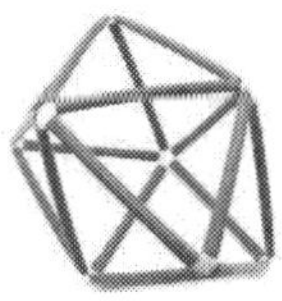

확장된 2중 쐐기 모양(J84)

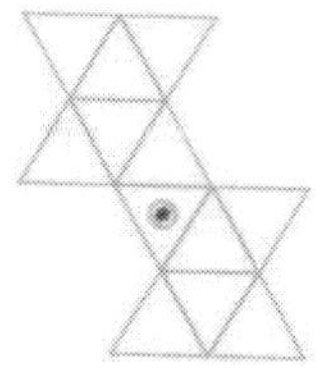

J84의 전개도

존슨입체도형 J84

또한, J84는 다음과 같이 표로 나타낼 수 있다.

[f_3는 존슨입체의 면이 3각형으로 이루어진 것을 나타냄]

분류	v	e	f	$v-e+f$	f_3	f_4	f_5	f_6	f_8	f_{10}
갯수	8	18	12	2	12	·	·	·	·	·

✔ J84는 f_3인 입체(델타다면체)이다.

- 확장된 2중 쐐기 모양(Snub Disphenoid, J84)의 다른 이름인 샴12면체(Siamese dodecahedron), 3각형 12면체(triangular dodecahedron), 3변형 12면체(trigonal dodecahedron), 또는 12델타다면체(dodecadeltahedron, 12개의 변을 갖는 델타다면체)는 12개의 정3각형 면을 갖는 3차원 볼록한 다면체이다.

- 확장된 2중 쐐기 모양(J84)은 정3각형 면을 갖는 8개의 볼록한 델타다면체(Deltahedron[39]), 정3각형의 면의 개수는 4, 6, 8, 10, 12, 14, 16, 20) 중 하나이다.

8개의 볼록한 델타다면체들

정4면체

정8면체

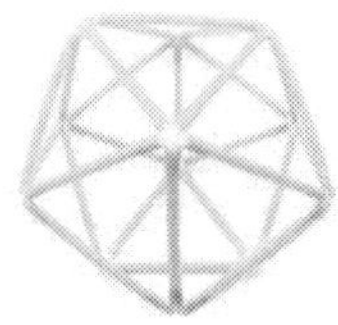
정20면체

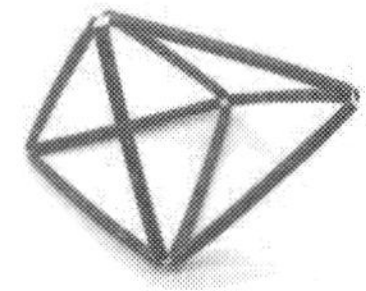
3각형
2중각뿔

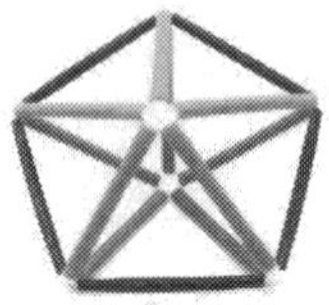
5각형
2중각뿔

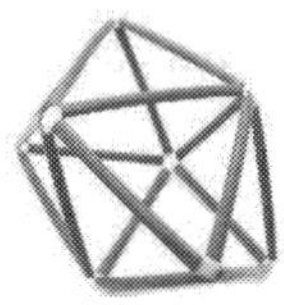
확장된
2중쐐기모양

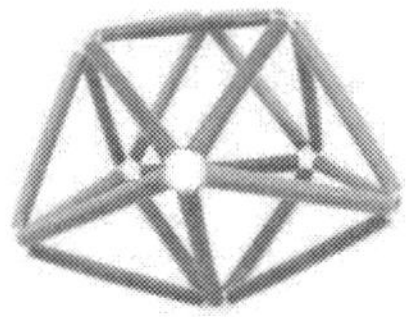
3중 증강된 3각기둥

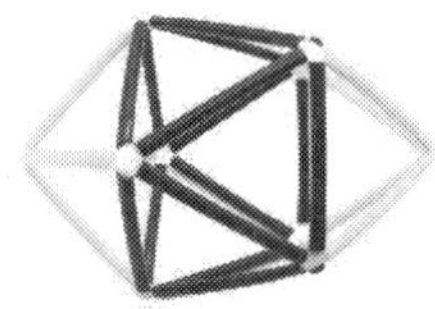
회전하여 길게 늘린
정4각형 2중각뿔

- 확장된 2중 쐐기 모양(J84)은 2개의 정8면체에서 각각 1쌍의 3각형을 제거하고 나머지 6개의 면은 샴쌍둥이(결합 쌍둥이자리)처럼 약간 변형시켜 결합하여 만들면 12개의 면을 가질 수 있기 때문에 샴쌍둥이 다면체라고 불리기도 한다.

- 정4각엇각기둥에서 2개의 정4각형이 정3각형으로 바뀌는 것을 의미한다.
- 확장된 2중 쐐기 모양(J84)은 축대칭이 있는 다면체에서 먼저 존재하기 때문에 2변형 회전 2중 엇각 둥근 지붕(digonal gyrobianticupola)이라고 한다.
- 확장된 2중 쐐기 모양(snub disphenoid)은 이름에서 알 수 있듯이 정4면체의 낮은 대칭 형태 인 4변형 2중 쐐기 모양(tetragonal disphenoid)으로 형성된 확장된 다면체(snub polyhedron)로 구성된다.

2중 쐐기 모양

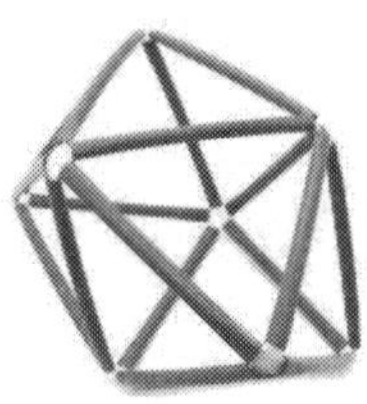
확장된 2중 쐐기 모양

39) https://en.wikipedia.org/wiki/Deltahedron

- 확장된(snub)연산은 2개의 반대쪽 모서리(그림에서 빨간색)와 인접한 3각형을 분리하는 단일 주기적 3각형 띠를 만든다. 확장된(snub)엇각기둥은 단일 주기적인 3각형 띠를 갖는다는 점에서 유사하지만, 확장된(snub)엇각기둥에서 3각형 띠들은 2개의 반대쪽 모서리가 아닌 2개의 반대쪽 면과 인접한 3각형을 분리한다.

- 확장된 2중 쐐기 모양(snub disphenoid)은 정3각형 쌍으로 2개의 정4각형 면을 대체함으로써 정4각형 엇각기둥으로 만들 수 있다. 그러나 이것은 플라톤 입체와 아르키메데스 입체의 "자르고-붙이기(cut-and-past)" 조작에 의해 생기지 않는 기본적인 존슨 입체 중 하나이다.

- 확장된 2중 쐐기 모양(snub disphenoid)의 물리적 모델은 12개의 정3각형(12-iamond[40])으로 형성된 전개도를 접어서 만들 수 있다. 존 몬트롤(John Montroll[41])이 제시한 대안적 전개도는 그 경계선에 오목한 꼭짓점이 적어 종이접기로 만들기에 더욱 편리하다.

- 확장된 2중 쐐기 모양(snub disphenoid)의 또 다른 구조는 2변형 회전 2중 엇각 둥근 지붕(digonal gyrobianticupola)이다. 2각형 회전 2중 엇각 둥근 지붕(digonal gyrobianticupola)은 위상과 대칭은 같지만 정3각형은 없다. 2각형 회전 2중 엇각 둥근 지붕(digonal gyrobianticupola)의 중심 평면 4각형에는 회전 대칭을 하여 붙인 2개의 엇각 둥근 지붕으로 만들어지 4개의 꼭짓점이 있다. 쌍대는 직각 5각형을 가진 길게 늘린 회전 2중 지붕(Elongated gyrobifastigium)으로 스스로 공간을 채울 수 있다.

	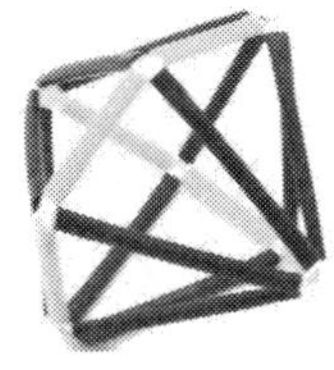	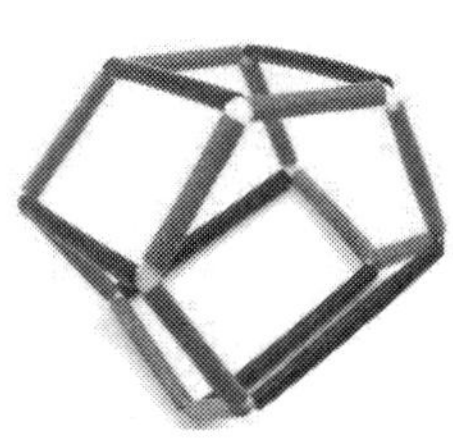	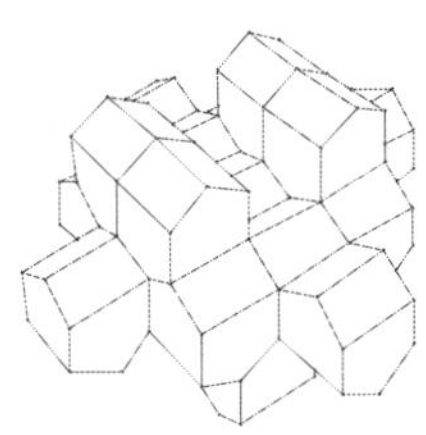
2각형 엇각 둥근 지붕 (Digonal anticupola)	2각형 회전 2중 엇각 둥근 지붕 (digonal gyrobianticupola)	길게 늘린 회전2중지붕 (Elongated gyrobifastigium)	부분공간채우기 (Partial tessellation)

40) https://en.wikipedia.org/wiki/Polyiamond
41) Montroll, John (2004), "Dodecadeltahedron", A Constellation of Origami Polyhedra, Dover Origami Papercraft Series, Dover Publications, Inc., pp. 38-40, ISBN 9780486439587.

- 확장된 2중 쐐기 모양(J84)을 구성하는 다른 방법은, 2각형 엇각기둥(digonal[42] antiprism, 2중 쐐기 모양)으로 여겨지는 4면체를 2쌍의 삼각형으로 분할하고, 적절히 변형하여 8개의 삼각형의 띠와 결합하는 것이다("snubbing(확장되어진)"). 그래서 확장된 2중 쐐기모양(snub disphenoid)라는 이름이 붙었다. 비슷한 과정을 8면체에 적용할 수 있고 3각형 엇각기둥으로 간주되는 정20면체가 만들어지고, 정4각형 엇각기둥에 적용되면 확장된 정4각형 엇각기둥(J85)을 만들 수 있다.

4면체

8면체

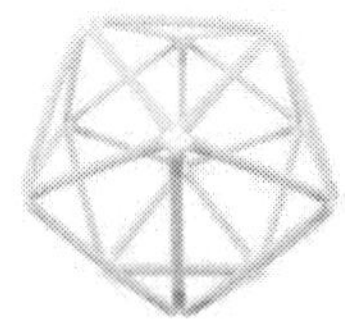
20면체

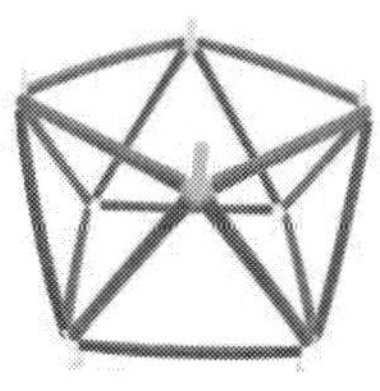
정4각형 엇각기둥

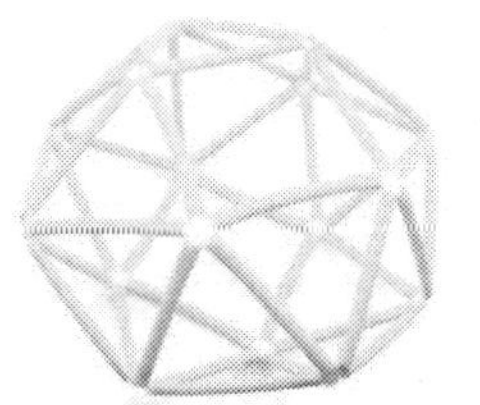
확장된 정4각형 엇각기둥(J85)

- 확장된 2중 쐐기 모양(J84)은 외접원이 없기 때문에 균일하지 않은 다면체이다.

42) 2각형(2변형)과 관련 있는
축을 중심으로 약 180° 회전하는 대칭

J85 확장된 정4각형 엇각기둥 (Snub Square Antiprism)

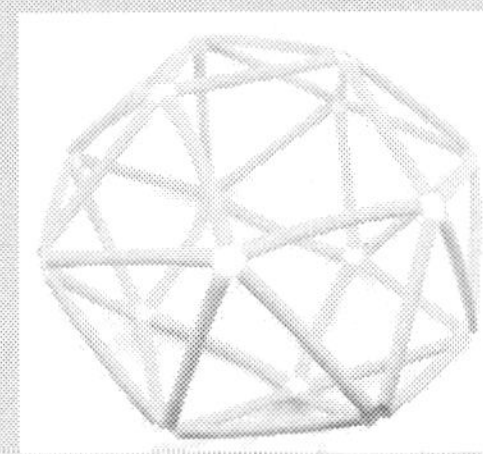

확장된 정4각형 엇각기둥(J85)의 26개의 면(24개의 정3각형, 2개의 정4각형), 16개의 꼭짓점, 40개의 모서리를 가지고 있다.

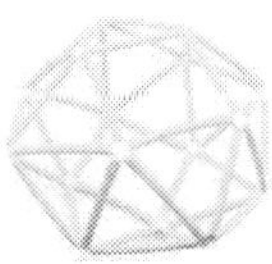

확장된 정4각형 엇각기둥(J85)

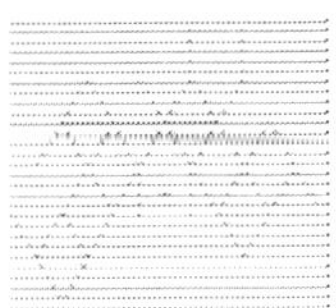

J85의 전개도

존슨입체도형 J85

또한, J85는 다음과 같이 표로 나타낼 수 있다.

[f_3는 존슨입체의 면이 3각형으로 이루어진 것을 나타냄]

분류	v	e	f	$v-e+f$	f_3	f_4	f_5	f_6	f_8	f_{10}
갯수	16	40	26	2	24	2	·	·	·	·

✔ J85는 $f_{3,4}$인 입체이다.

- 확장된 정4각형 엇각기둥(J85)은 특별한 존슨 입체 중 하나로, 플라톤 입체와 아르키메데스 입체의 "자르고-붙이기(cut-and-paste)"연산에 의해 직접 만들어지지 않는 기본적인 존슨입체이다. 확장된 정4각형 엇각기둥(J85)은 정4각형 엇각기둥(Square antiprism)의 3각형 면 사이에 지그재그로 자른 2개의 반으로 분리하여 2개의 반으로 적절히 변형시켜 16개의 3각형으로 된 띠로 함께 결합함으로써 만들 수 있다.

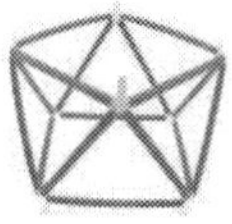

정4각형 엇각기둥

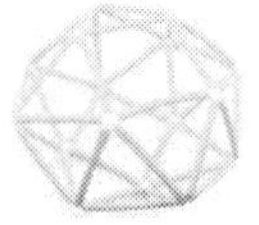

확장된 정4각형 엇각기둥(J85)

- 2각형 엇각기둥(digonal antiprism)인 4면체에 유사한 과정을 적용하여 확장한 2중 쐐기모양(J84)을 만들 수 있다. 이 과정을 3각형 엇각기둥(Trigonal antiprism)인 낮은 대칭인 8면체에 적용하면 20면체가 만들어 진다. 그것은 또한 5각형 엇각기둥(pentagonal antiprism)에 적용하면 확장된 5각형 엇각기둥(snub pentagonal antiprism)을 만들 수 있지만 이 다면체는 더 이상 정3각형이 있는 볼록한 다면체(오목한 다면체가 됨)가 아니고 존슨 입체에도 적용되지 않는다.

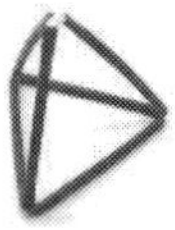

4면체

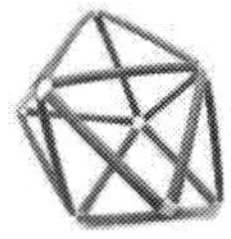

2중으로 확장한 쐐기모양(J84)

8면체

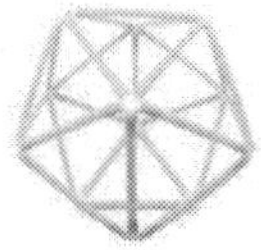

20면체

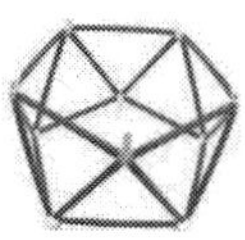

5각형 엇각기둥

- 위의 내용을 정리한 표는 다음과 같다.

확장된 엇각기둥들				
엇각기둥들		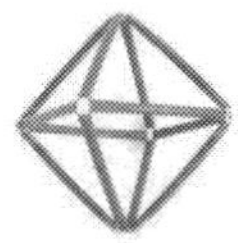	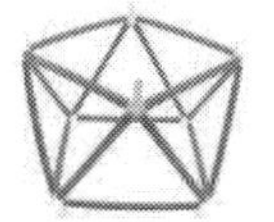	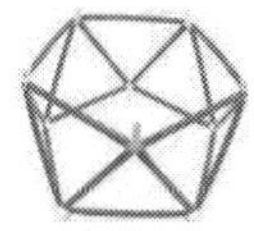
	2각형 엇각기둥 (digonal antiprism) (2중쐐기모양)	3각형 엇각기둥 (Trigonal antiprism) (정8면체)	정4각형 엇각기둥 (Square antiprism)	5각형 엇각기둥 (pentagonal antiprism)
자른 엇각기둥들	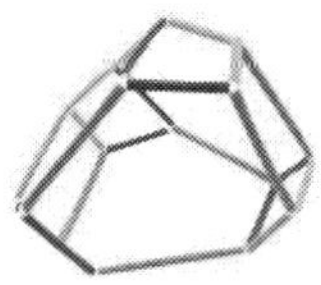	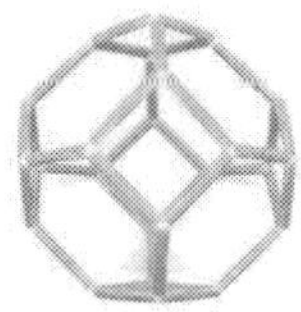	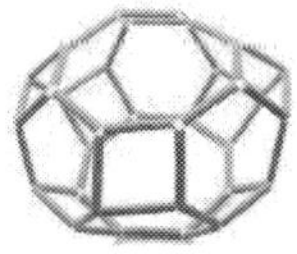	
	자른2각형 엇각기둥 (Truncated digonal antiprism)	자른3각형 엇각기둥 (Truncated Trigonal antiprism) 자른8면체	자른정4각형 엇각기둥 (Truncated Square antiprism)	자른5각형 엇각기둥 (Truncated pentagonal antiprism)
확장된 엇각기둥들	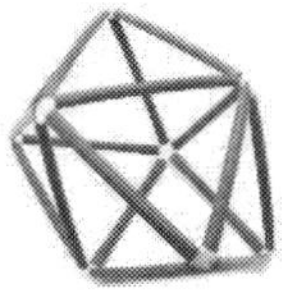	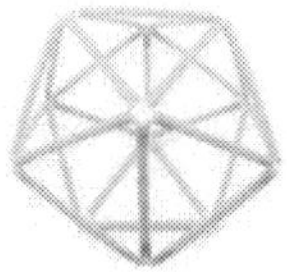	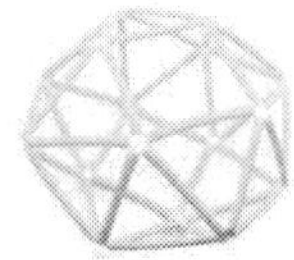	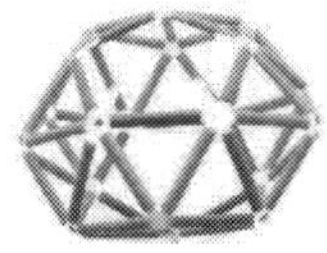
	확장된 2중 쐐기 모양(J84)	20면체	확장된 정4각형 엇각기둥(J85)	확장된 5각형 엇각기둥 (snub pentagonal antiprism)

J86 쐐기모양의 왕관 (Sphenocorona)

쐐기모양의 왕관(J86)은 14개의 면(12개의 정3각형과 2개의 정4각형), 10개의 꼭짓점, 22개의 모서리를 가지고 있다.

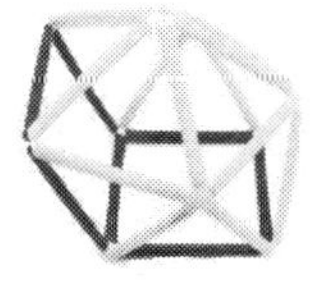

쐐기모양의 왕관(J86)

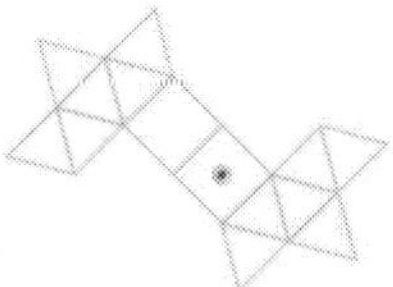

J86의 전개도

존슨입체도형 J86

또한, J86은 다음과 같이 표로 나타낼 수 있다.

[f_3는 존슨입체의 면이 3각형으로 이루어진 것을 나타냄]

분류	v	e	f	$v-e+f$	f_3	f_4	f_5	f_6	f_8	f_{10}
갯수	10	22	14	2	12	2	·	·	·	·

✔ J86은 $f_{3,4}$인 입체이다.

- 쐐기모양의 왕관(J86)은 특별한 존슨 입체 중 하나로, 플라톤 입체와 아르키메데스 입체의 "자르고-붙이기(cut-and-paste)"연산에 의해 직접 만들어지지 않는 기본적인 존슨입체이다.

- 존슨은 접두사 스피노-(spheno-)를 사용하여 2개의 인접한 룬(lunes)들에 의해 형성된 쐐기 모양(wedge-like)의 복합체를 말하고, 룬(lune[43]))은 정4각형의 반대편에 붙어있는 2개의 3각형의 복합체를 말한다. 마찬가지로 접미사 -코로나(-corona)는 8개의 정3각형으로 이루어진 왕관 같은(crownlike) 복합체를 말한다. 2개의 복합체가 결합한 것이 스피노코로나(sphenocorona)이다.

- 쐐기모양의 왕관(J86)은 정4각뿔을 가시고 증강하여 증강된 쐐기모양의 왕관(J87)를 만들 수 있다.

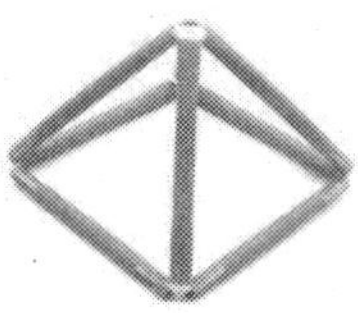

정4각뿔(J1)

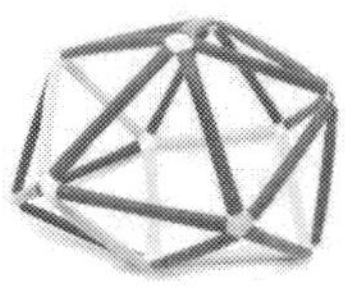

증강된
쐐기모양의 왕관(J87)

43) 룬(lune)의 모양은 다음과 같다.

J87 증강된 쐐기모양의 왕관 (Augmented Sphenocorona)

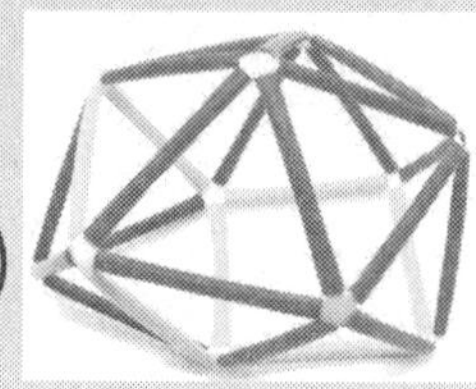

증강된 쐐기모양의 왕관(J87)은 17개의 면(16개의 정3각형, 1개의 정4각형), 11개의 꼭짓점, 26개의 모서리를 가지고 있다.

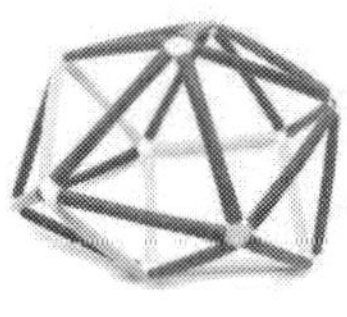

증강된
쐐기모양의 왕관(J87)

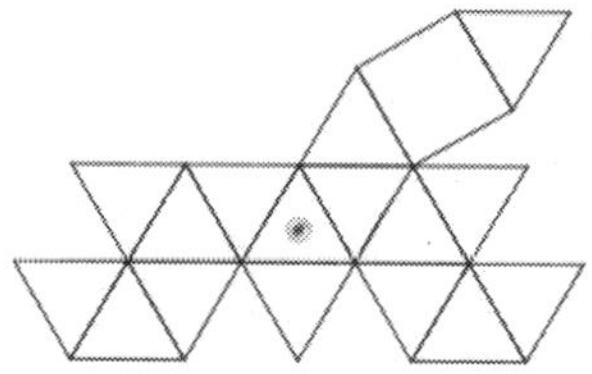

J87의 전개도

또한, J87은 다음과 같이 표로 나타낼 수 있다.

[f_3는 존슨입체의 면이 3각형으로 이루어진 것을 나타냄]

분류	v	e	f	$v-e+f$	f_3	f_4	f_5	f_6	f_8	f_{10}
갯수	11	26	17	2	16	1	·	·	·	·

✔ J87은 $f_{3,4}$인 입체이다.

- 증강된 쐐기모양의 왕관(J87)은 특별한 존슨 입체 중 하나로, 플라톤 입체와 아르키메데스 입체의 "자르고-붙이기(cut-and-paste)"연산에 의해 직접 만들어지지 않는 기본적인 존슨입체이다.
- 증강된 쐐기모양의 왕관(J87)의 정4각형 면 중 하나를 정4각뿔로 증강하여 만들 수 있다. 정4각형 면에 닿는 증강된 3각형 면은 거의 같은 평면상에 있다.

쐐기모양의 왕관(J86)

정4각뿔

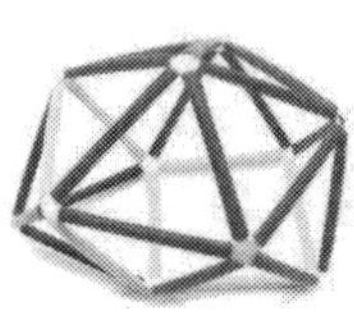

증강된
쐐기모양의 왕관(J87)

J88 양 옆으로 쐐기모양의 왕관 (Sphenomegacorona)

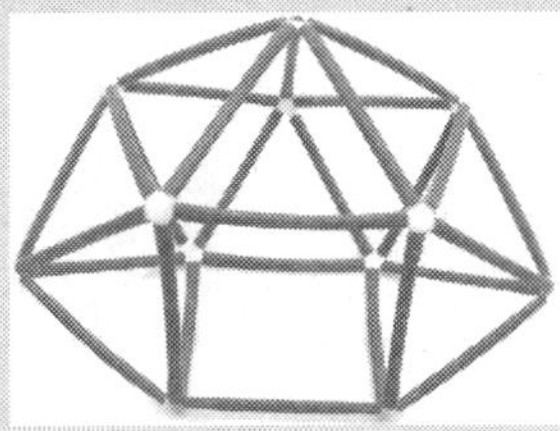

양 옆으로 쐐기모양의 왕관(J88)은 18개의 면(16개의 정3각형, 2개의 정4각형), 12개의 꼭짓점, 28개의 모서리를 가지고 있다.

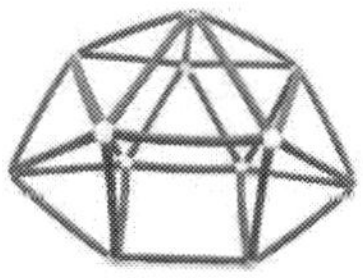

양 옆으로
쐐기모양의 왕관(J88)

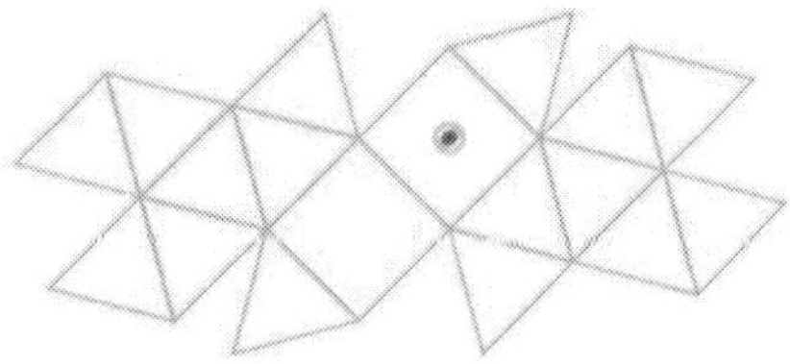

J88의 전개도

존슨입체도형 J88

또한, J88은 다음과 같이 표로 나타낼 수 있다.

[f_3는 존슨입체의 면이 3각형으로 이루어진 것을 나타냄]

분류	v	e	f	$v-e+f$	f_3	f_4	f_5	f_6	f_8	f_{10}
갯수	12	28	18	2	16	2	·	·	·	·

✔ J88은 $f_{3,4}$인 입체이다.

- 양 옆으로 쐐기모양의 왕관(J88)은 특별한 존슨 입체 중 하나로, 플라톤 입체와 아르키메데스 입체의 “자르고-붙이기(cut-and-paste)”연산에 의해 직접 만들어지지 않는 기본적인 존슨입체이다.

- 노먼 존슨의 설명대로 룬(lune)은 정4각형의 반대편에 붙어있는 2개의 3각형의 복합체이고, 접두사 스피노-(spheno-, 라틴어로 쐐기모양)복합체는 2개의 룬(lune)들이 함께 결합되어 쐐기 모양의 구조를 형성한다.

- 접미사 -코로나(-corona)는 8개의 3각형으로 이루어진 왕관 같은 복합체인 반면 접미사 -메가코로나(-megacorona)는 12개의 3각형을 가진 더 큰 코로나이다. 따라서 양 옆으로 쐐기모양의 왕관(J88)은 12개의 3각형의 양 옆으로 왕관모양에 붙인 쐐기 모양의 복합체에서 만들어진 것이다.

J89 양 옆으로 둔화된 쐐기모양의 왕관 (Hebesphenomegacorona)

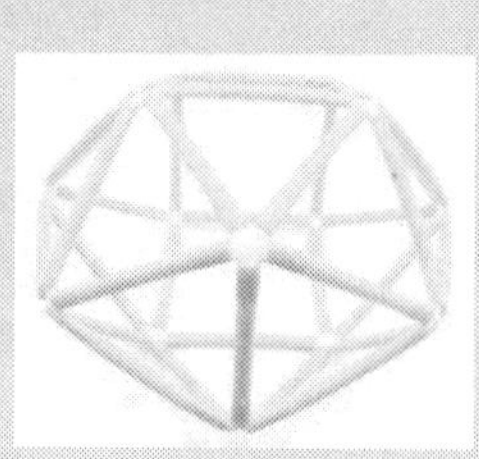

양 옆으로 둔화된 쐐기모양의 왕관(J89)은 21개의 면(18개의 3각형, 3개의 정4각형), 14개의 꼭짓점, 33개의 모서리를 가지고 있다.

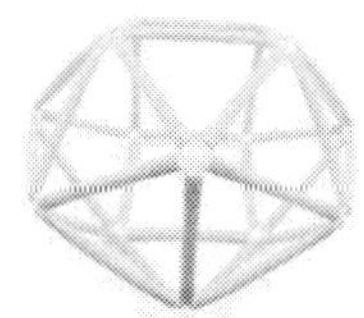

양 옆으로 둔화된
쐐기모양의 왕관(J89)

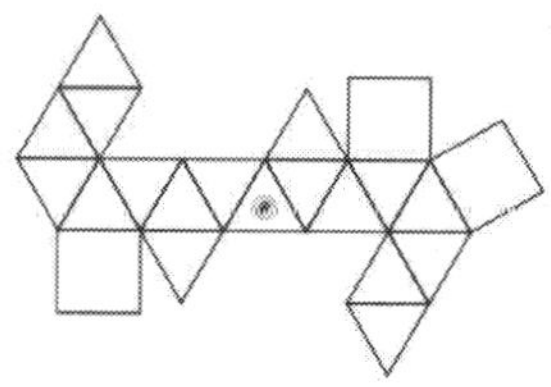

J89의 전개도

존슨입체도형 J89

또한, J89는 다음과 같이 표로 나타낼 수 있다.

[f_3는 존슨입체의 면이 3각형으로 이루어진 것을 나타냄]

분류	v	e	f	$v-e+f$	f_3	f_4	f_5	f_6	f_8	f_{10}
갯수	14	33	21	2	18	3	·	·	·	·

✔ J89는 $f_{3,4}$인 입체이다.

- 양 옆으로 둔화된 쐐기모양의 왕관(J89)은 특별한 존슨 입체 중 하나로, 플라톤 입체와 아르키메데스 입체의 "자르고-붙이기(cut-and-paste)"연산에 의해 직접 만들어지지 않는 기본적인 존슨입체이다.

- 노먼 존슨의 설명대로 룬(lune)은 정4각형의 반대편에 붙어 있는 2개의 3각형의 복합체이고, 쐐기모양의 복합체는 2개의 룬(lune)들에 결합되어 쐐기 모양의 구조를 형성한다.

- 양 옆으로 둔화된 쐐기 모양의 복합체는 3개의 룬(lune)들이 모여 있는 더 크고 더 밝은 복합체이다. 왕관 모양은 8개의 3각형으로 이루어진 왕관 같은 복합체인 반면 양 옆으로 왕관 모양은 12개의 3각형을 가진 더 큰 왕관 모양이다. 양 옆으로 둔화된 쐐기모양의 왕관(J89)은 12개의 3각형의 양 옆으로 왕관 모양(-megacorona)에 붙어있는 둔화된(Hebe-) 쐐기 모양의 복합체로 만들어진 것이다.

- 양 옆으로 둔화된 쐐기모양의 왕관(J89)에서 3개의 정4각형의 모서리를 합쳐서 2개의 인접한 정4각형을 만든 다음 정3각형으로 바꾸어 정20면체를 만들 수 있다.

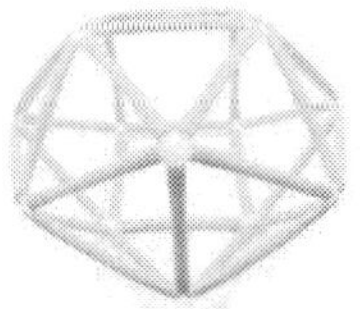

양 옆으로 둔화된
쐐기모양의 왕관(J89)

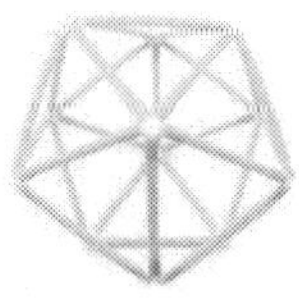

정20면체

J90 2중으로 되어있는 쐐기 모양의 띠 (Disphenocingulum)

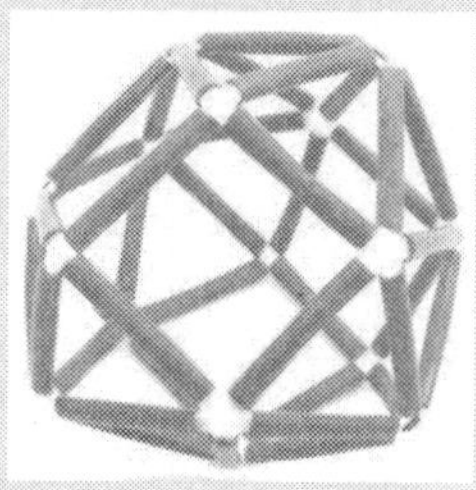

2중으로 되어있는 쐐기 모양의 띠(J90)은 24개의 면(20개의 정3각형, 4개의 정4각형), 16개의 꼭짓점, 38개의 모서리를 가지고 있다.

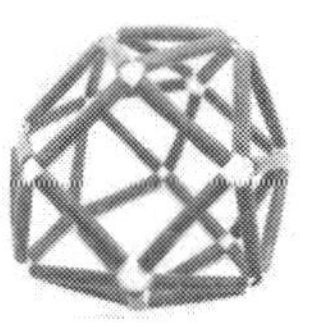

2중으로 되어있는 쐐기 모양의 띠(J90)

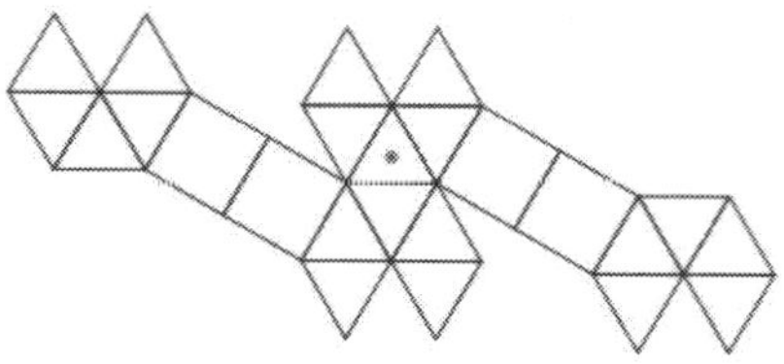

J90의 전개도

존슨입체도형 J90

또한, J90은 다음과 같이 표로 나타낼 수 있다.

[f_3는 존슨입체의 면이 3각형으로 이루어진 것을 나타냄]

분류	v	e	f	$v-e+f$	f_3	f_4	f_5	f_6	f_8	f_{10}
갯수	16	38	24	2	20	4	·	·	·	·

✔ J90은 $f_{3,4}$인 입체이다.

- 2중으로 되어있는 쐐기 모양의 띠(J90)는 특별한 존슨 입체 중 하나로, 플라톤 입체와 아르키메데스 입체의 "자르고-붙이기(cut-and-paste)"연산에 의해 직접 만들어지지 않는 기본적인 존슨입체이다.
- 노먼 존슨의 설명대로 룬(lune)은 정4각형의 반대편에 붙어있는 2개의 3각형의 복합체이고, 스피노-(spheno-, 쐐기모양)의 복합체는 2개의 룬(lune)들에 결합되어 쐐기 모양의 구조를 형성한다.
- 접두사 di-는 2개를 의미하며, 싱귤럼-(cingulum-, 라틴어로 벨트)는 12개의 3각형 벨트를 의미한다. 따라서 디-스피노-싱귤럼(di-spheno-cingulum)은 2개의 스피노-(spheno-, 쐐기모양)의 복합체를 가져다가 12개의 3각형의 벨트 양쪽에 결합하는 것을 말한다.

J91 2중으로 되어 있는 초승달형태의 원형 둥근 지붕 (Bilunabirotunda)

2중으로 되어 있는 초승달 형태의 원형 둥근 지붕(J91)은 14개의 면(8개의 정3각형, 2개의 정4각형, 4개의 정5각형), 14개의 꼭짓점, 26개의 모서리를 가지고 있다.

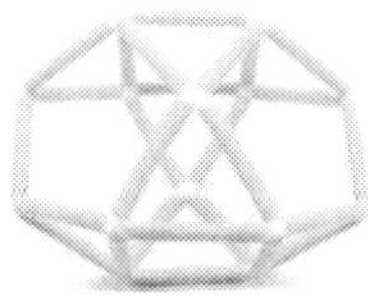

2중으로 되어 있는
초승달 형태의 원형 둥근 지붕(J91)

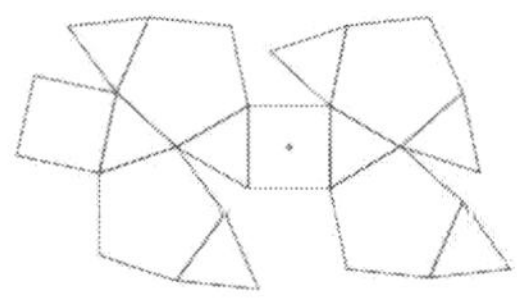

J91의 전개도

존슨입체도형 J91

또한, J91은 다음과 같이 표로 나타낼 수 있다.

[f_3는 존슨입체의 면이 3각형으로 이루어진 것을 나타냄]

분류	v	e	f	$v-e+f$	f_3	f_4	f_5	f_6	f_8	f_{10}
갯수	14	26	14	2	8	2	4	·	·	·

✔ J91은 $f_{3,4,5}$인 입체이다.

- 2중으로 되어 있는 초승달 형태의 원형 둥근 지붕(J91)은 특별한 존슨 입체 중 하나로, 플라톤 입체와 아르키메데스 입체의 "자르고-붙이기(cut-and-paste)"연산에 의해 직접 만들어지지 않는 기본적인 존슨입체이다.

- 2중으로 되어 있는 초승달 형태의 원형 둥근 지붕(J91)은 12 · 20면체와 관련이 있다. 자세히 살펴보면 1220면체에 J91의 모양이 있다.

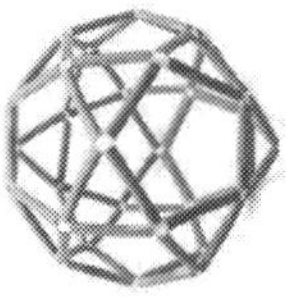

12 · 20면체

2중으로 되어 있는
초승달 형태의 원형 둥근 지붕(J91)

- 12 · 20면체의 "로툰다(rotunda, 원형 둥근 지붕)" 부분은 꼭짓점을 중심으로 2개의 5각형, 2개의 3각형을 구성하는 것을 말하며, 이것은 실제로 5각형 원형 둥근 지붕(J6)의 표면의 일부인데, 이것은 결국 12 · 20면체의 절반이다. 그 이름의 "루나(luna, 초승달형태)" 부분은 노먼 존슨이 원형 둥근 지붕(J6)에 붙인 양쪽에서 발견된 3각형-정4각형-3각형 띠로 정의한다.

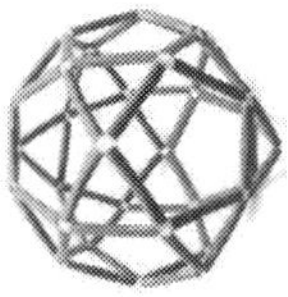

12 · 20면체

5각형 원형 둥근 지붕(J6)

- 바이-루나-바이-로툰다(bi-luna-bi-rotunda)라는 이름의 의미는 2개의 5각형 원형 둥근 지붕(rotunda)의 표면과 2개의 초승달형태(luna)를 붙여 만든 것이다.

5각형 원형 둥근 지붕(J6)

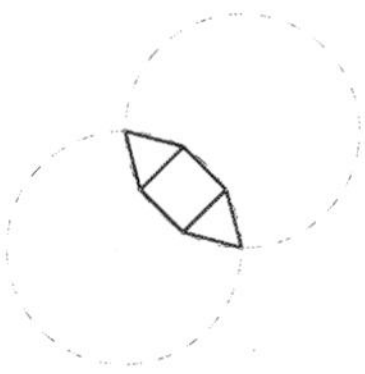

초승달형태(luna)

- 2중으로 되어 있는 초승달 형태의 원형 둥근 지붕(J91)의 4개의 5각형 단면은 20면체의 5각형을 형성하는 부분에서 가운데 꼭짓점을 양쪽 꼭짓점으로 이동시키고 위쪽에 있는 양 끝에 있는 꼭짓점을 한 점의 꼭짓점으로 이동시키는 변형된 확장을 통하여 만들 수 있다.

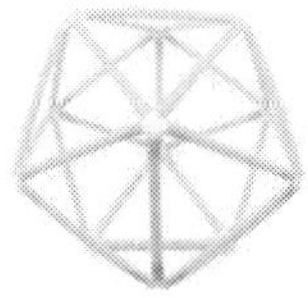

20면체

2중으로 되어 있는 초승달 형태의 원형 둥근 지붕(J91)

- 2중으로 되이 있는 초승달 형태의 원형 둥근 지붕(J91)의 나머지 2개의 면의 클러스터들인 룬(lune)은 마름모12 · 20면체의 면에 같게 붙여 정렬할 수 있다. 만약 2개의 2중으로 되어 있는 초승달 형태의 원형 둥근 지붕(J91)이 마름모12 · 20면체의 반대편에 이렇게 정렬되어 있다면, 마름모12 · 20면체의 바로 중심에 있는 2개의 2중으로 되어 있는 초승달 형태의 원형 둥근 지붕(J91)사이에 정6면체를 넣을 수 있다.

2중으로 되어 있는
초승달 형태의 원형 둥근 지붕(J91)

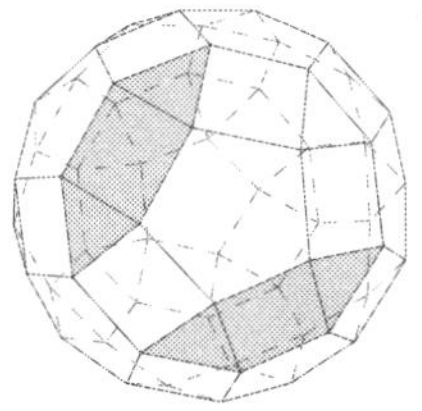

마름모12 · 20면체

- 2중으로 되어 있는 초승달 형태의 원형 둥근 지붕(J91)의 인접한 2쌍의 5각형(각 쌍의 모서리를 공유하는 5각형)도 양 옆으로 2중 감소된 20면체(J62)(metabidiminished icosahedron (J62)) 의 5각형 면으로 정렬할 수 있다.

2중으로 되어 있는
초승달 형태의 원형 둥근 지붕(J91)

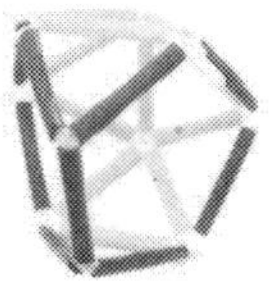

양 옆으로 2중 감소된
20면체(J62)

- 6 · 8면체의 정4각형 면을 5각형으로 대체하여 만들 수 있기 때문에 2중으로 되어 있는 초승달 형태의 원형 둥근 지붕(J91)은 6 · 8면체와의 관계는 약하다.

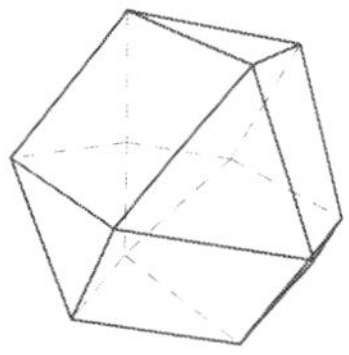

6 · 8면체

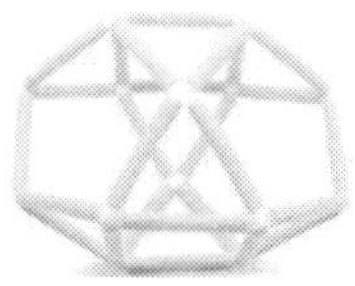

2중으로 되어 있는
초승달 형태의 원형 둥근 지붕(J91)

- 6개의 2중으로 되어 있는 초승달 형태의 원형 둥근 지붕(J91)를 정6면체의 주위에 만들어 증강시킬 수 있고, 2중으로 되어 있는 초승달 형태의 원형 둥근 지붕(J91)은 정12면체와 정6면체를 가지고 공간을 채워서 벌집구조를 만들 수 있다.

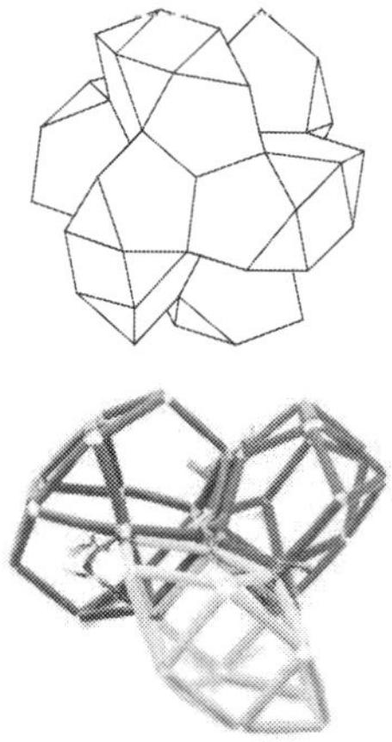

정6면체 주위에 6개의 J91 만들기

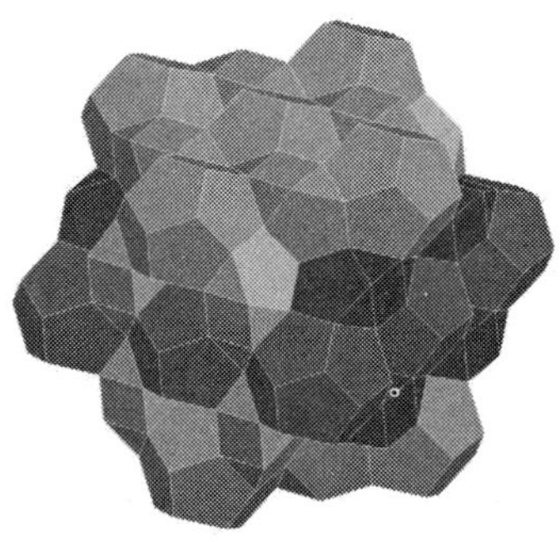

공간을 채워서 벌집구조 만들기

J92 3각형으로 둔화된 쐐기 모양의 원형 둥근 지붕 (Triangular Hebesphenorotunda)

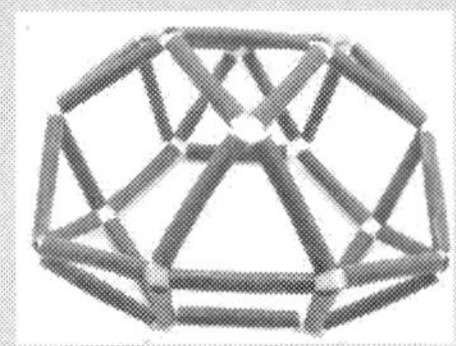

3각형으로 둔화된 쐐기 모양의 원형 둥근 지붕(J92)은 20개의 면(13개의 정3각형, 3개의 정4각형, 3개의 정5각형, 1개의 정6각형), 18개의 꼭짓점, 36개의 모서리를 가지고 있다.

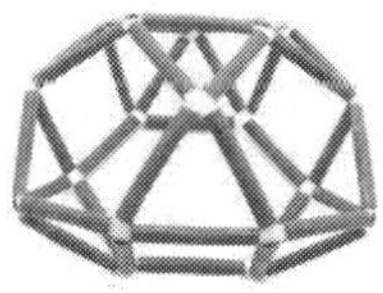

3각형으로 둔화된
쐐기 모양의 원형 둥근 지붕(J92)

J92의 전개도

존슨입체도형 J92

또한, J92는 다음과 같이 표로 나타낼 수 있다.
[f_3는 존슨입체의 면이 3각형으로 이루어진 것을 나타냄]

분류	v	e	f	$v-e+f$	f_3	f_4	f_5	f_6	f_8	f_{10}
갯수	18	36	20	2	13	3	3	1	·	·

✔ J92는 $f_{3,4,5,6}$인 입체(존슨입체 중 유일함)이다.

- 3각형으로 둔화된 쐐기 모양의 원형 둥근 지붕(J92)은 특별한 존슨 입체 중 하나로, 플라톤 입체와 아르키메데스 입체의 "자르고-붙이기(cut-and-paste)"연산에 의해 직접 만들어지지 않는 기본적인 존슨 입체이다.

- 3각형으로 둔화된 쐐기 모양의 원형 둥근 지붕(J92)은 12 · 20면체와 밀접하게 관련되어 있다. 3개의 5각형과 3개의 3각형이 중심 3각형을 둘러싸고 있는 3각형으로 둔화된 쐐기 모양의 원형 둥근 지붕(J92)의 표면의 윗부분은 사실 12 · 20면체의 표면의 일부분이다. 3각형으로 둔화된 쐐기 모양의 원형 둥근 지붕(J92)의 6각형은 이 12 · 20면체를 2등분하는 평면 위에 놓여 있다. 다음 그림은 이러한 관계를 보여준다.

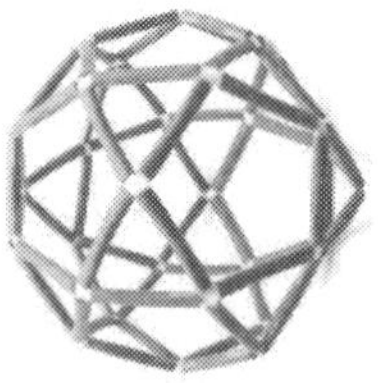

⟹
2등분으로
자르는 것을
생각한다

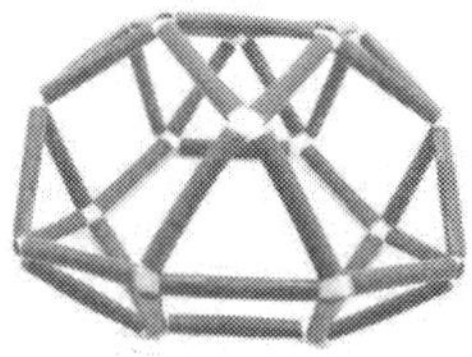

- 3각형으로 둔화된 쐐기 모양의 원형 둥근 지붕(J92)은 또한 마름모12 · 20면체의 해당 면과 정렬할 수 있는 면들의 클러스터를 가지고 있는데, 3개의 룬(lunes)들로 구성되어 있다.

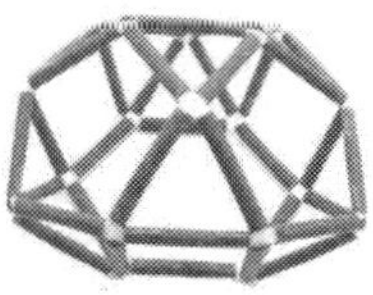

3각형으로 둔화된
쐐기 모양의 원형 둥근 지붕(J92)

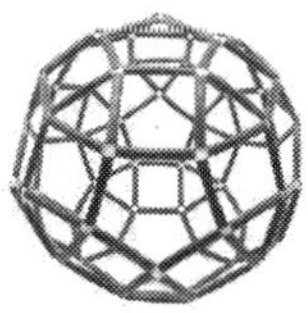

마름모12 · 20면체

- 3각형으로 둔화된 쐐기 모양의 원형 둥근 지붕(J92)의 각각의 $(3^3, 5)$꼭짓점 주위의 면들도 다양한 감소된 20면체(diminished icosahedra, gyroelongated pentagonal pyramid(J11): 회전하여 길게 늘린 5각뿔(J11))의 해당 면과 정렬할 수 있다.

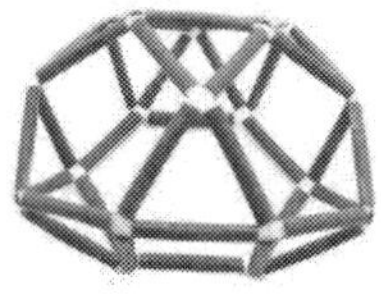

3각형으로 둔화된
쐐기 모양의 원형 둥근 지붕(J92)

회전하여
길게 늘린 5각뿔(J11)

- 존슨은 헤베스피노(hebespheno-, 둔화된 쐐기모양)이라는 접두사를 사용하여 3개의 인접한 룬(lunes)에 의해 형성된 둔화된 쐐기 모양의 복합체를 말하는데, 룬(lune)은 정4각형의 반대편에 붙어 있는 2개의 3각형의 복합체이다. 접미사(3각형) -로툰다(rotunda,원형 둥근 지붕)는 3개의 정3각형과 또 다른 정3각형을 둘러싸고 있는 3개의 정5각형의 복합체를 말하는데, 이는 5각형 원형 둥근 지붕(Pentagonal rotunda, J6)과 구조적으로 유사하다.